高职高专土建专业"互联网+"创新规划教材

工程测量技术

主　编◎马华宇　张文明
副主编◎柴伟杰　翟银凤
参　编◎陈春红　韩瑞丹　杭　芬
　　　　贾凯华　郭　仓　席海鹏
　　　　王小刚

北京大学出版社
PEKING UNIVERSITY PRESS

内 容 简 介

本书是高职高专土建专业"互联网+"创新规划教材,依据"工程测量技术"课程标准进行编写。本书编写过程中结合了大量的工程实例,总结了高职高专院校课堂教学特点和多年的实训指导经验,参照了中华人民共和国住房和城乡建设部颁发的《工程测量标准》(GB 50026—2020)及其他相关规范、标准。

全书共分为 14 章,包括测量基础知识、水准测量、角度测量、距离测量与直线定向、小地区控制测量、智能测绘新技术、地形图的测绘与应用、施工放样、民用建筑施工测量、工业建筑施工测量、装配式建筑施工测量、线路工程测量、园林工程施工测量和竣工测量与变形监测。每章后面均有习题,可供读者练习使用。

本书可以作为高职高专院校土木建筑类、交通运输类相关专业的教学用书,也可作为相关工程技术人员的参考资料。

图书在版编目(CIP)数据

工程测量技术 / 马华宇,张文明主编. ——北京:北京大学出版社,2025.5. ——(高职高专土建专业"互联网+"创新规划教材). —— ISBN 978-7-301-25538-4

Ⅰ. TB22

中国国家版本馆 CIP 数据核字第 2025ZF5155 号

书　　名	工程测量技术 GONGCHENG CELIANG JISHU
著作责任者	马华宇　张文明　主编
策划编辑	赵思儒
责任编辑	伍大维
数字编辑	蒙俞材
标准书号	ISBN 978-7-301-25538-4
出版发行	北京大学出版社
地　　址	北京市海淀区成府路 205 号　100871
网　　址	http://www.pup.cn　新浪微博:@北京大学出版社
电子邮箱	编辑部 pup6@pup.cn　总编室 zpup@pup.cn
电　　话	邮购部 010-62752015　发行部 010-62750672　编辑部 010-62750667
印　刷　者	河北文福旺印刷有限公司
经　销　者	新华书店
	787 毫米×1092 毫米　16 开本　25 印张　600 千字 2025 年 5 月第 1 版　2025 年 5 月第 1 次印刷
定　　价	69.00 元

未经许可,不得以任何方式复制或抄袭本书之部分或全部内容。

版权所有,侵权必究

举报电话: 010-62752024　电子邮箱: fd@pup.cn

图书如有印装质量问题, 请与出版部联系, 电话: 010-62756370

前言 Preface

党的二十大报告对教育工作进行了重要的战略部署,强调了科教兴国和人才强国的重要性,并提出了"全面贯彻党的教育方针,落实立德树人根本任务"的要求。这些战略部署旨在培养出能够适应社会主义现代化建设需要的全面发展的社会主义建设者和接班人。本书以党的二十大精神为引领,注重理论与实践相结合,通过多样化的教学手段引导学生深刻理解党的指导思想,树立正确的世界观、人生观和价值观。这种铸魂育人模式不仅能够培养学生的综合素质,更能够为国家培养出具有坚定信仰和强烈社会责任感的优秀人才。

本书是高职高专土建专业"互联网+"创新规划教材,依据土建施工类专业的人才培养方案和"工程测量技术"课程标准,参照现行的国家标准和行业规范,结合《工程测量员国家职业技能标准》,对接各类测绘技能竞赛和"1+X"证书考核的技术标准进行编写。在编写上,本书充分总结了编者的教学和实践经验,对基本理论的讲授以应用为目的,对教学内容的安排以"必需、够用"为度,突出实训、案例教学,紧跟时代和行业发展步伐,力求体现高职高专院校注重职业能力培养的特点。本书注重讲解测量的基础理论知识和测绘仪器的基本操作,使学生学完本书后能够将理论联系实际,学会分析和解决工程测量中的实际问题。

本书编写时重点介绍了目前测绘工作中普遍采用的全站仪和水准仪,还介绍了自动全站仪、GNSS(全球导航卫星系统)、无人机摄影测量和三维激光扫描系统等智能测绘新技术,使本书的内容既符合行业发展需求,又满足教学实践要求。此外,本书编写时将平时搜集整理的各种素材通过二维码的形式链接到相关知识点处,读者可以通过手机的"扫一扫"功能进行查看,方便拓展学习内容。

本书教学学时建议按 72 学时安排,其中 24 学时为实践学时。各专业可以根据实际情况灵活安排。具体学习内容和建议学时见下表。

学习内容	建议学时		
	理论学时	实践学时	合计
测量基础知识	6	0	6
水准测量	6	6	12
角度测量	6	6	12
距离测量与直线定向	4	2	6
小地区控制测量	4	2	6
智能测绘新技术	2	2	4
地形图的测绘与应用	2	2	4
施工放样	2	2	4

续表

学习内容	建议学时		
	理论学时	实践学时	合计
民用建筑施工测量	4	0	4
工业建筑施工测量	2	0	2
装配式建筑施工测量	2	0	2
线路工程测量	4	2	6
园林工程施工测量	2	0	2
竣工测量与变形监测	2	0	2
合计	48	24	72

　　本书由河南建筑职业技术学院马华宇和张文明担任主编，河南建筑职业技术学院柴伟杰和翟银凤担任副主编；河南建筑职业技术学院陈春红、韩瑞丹、杭芬、贾凯华、郭仓，中铁工程设计咨询集团有限公司席海鹏，郑州南方测绘信息科技有限公司王小刚参与本书编写。本书具体编写分工如下：马华宇编写第 1 章、第 8 章和第 11 章，张文明编写第 2 章和第 14 章，柴伟杰编写第 7 章，翟银凤编写第 3 章和第 13 章，陈春红编写第 12 章，韩瑞丹编写 4 章，杭芬编写第 9 章，贾凯华编写第 5 章，郭仓编写第 10 章，席海鹏和王小刚共同编写第 6 章。全书由马华宇统稿。

　　本书在编写过程中参阅了大量的文献资料，在此对相关资料的作者表示衷心的感谢。

　　由于编者水平有限，书中难免存在不足之处，敬请读者批评指正。读者如有意见或建议，请发送邮件至 94666631@qq.com。

编　者
2025 年 2 月

资源索引

目录

第 1 章 测量基础知识 ... 001
- 1.1 测量学概述 ... 002
- 1.2 地球的形状与大小 ... 005
- 1.3 地面点位置的确定 ... 007
- 1.4 用水平面代替水准面的限度 ... 013
- 1.5 测量工作概述 ... 015
- 1.6 误差基础知识 ... 018
- 1.7 工程测量实验与实习的相关规定 ... 024
- 小结 ... 025
- 习题 ... 026

第 2 章 水准测量 ... 027
- 2.1 水准测量原理 ... 028
- 2.2 DS3 型水准仪及其操作 ... 030
- 2.3 水准测量外业与检核 ... 036
- 2.4 水准测量内业成果计算 ... 041
- 2.5 水准仪的检验与校正 ... 045
- 2.6 水准测量误差分析及注意事项 ... 049
- 2.7 精密水准仪简介 ... 052
- 2.8 自动安平水准仪 ... 055
- 2.9 数字水准仪和条码水准尺 ... 056
- 小结 ... 058
- 习题 ... 058

第 3 章 角度测量 ... 061
- 3.1 角度测量原理 ... 062
- 3.2 全站仪简介 ... 065
- 3.3 全站仪的安置 ... 073
- 3.4 水平角观测 ... 075
- 3.5 竖直角观测 ... 078
- 3.6 全站仪的检验与校正 ... 081
- 3.7 误差分析及注意事项 ... 086

小结 ……………………………………………………………………………………… 091
习题 ……………………………………………………………………………………… 091

第 4 章 距离测量与直线定向 …………………………………………………… 094

4.1 钢尺量距 ……………………………………………………………………… 095
4.2 视距测量 ……………………………………………………………………… 104
4.3 电磁波测距 …………………………………………………………………… 109
4.4 直线定向 ……………………………………………………………………… 121
小结 ……………………………………………………………………………………… 124
习题 ……………………………………………………………………………………… 124

第 5 章 小地区控制测量 …………………………………………………………… 126

5.1 控制测量概述 ………………………………………………………………… 127
5.2 导线测量 ……………………………………………………………………… 133
5.3 导线测量内业计算 …………………………………………………………… 136
5.4 高程控制测量 ………………………………………………………………… 148
5.5 交会测量 ……………………………………………………………………… 154
小结 ……………………………………………………………………………………… 158
习题 ……………………………………………………………………………………… 158

第 6 章 智能测绘新技术 …………………………………………………………… 160

6.1 自动全站仪 …………………………………………………………………… 161
6.2 全球导航卫星系统 …………………………………………………………… 166
6.3 无人机摄影测量 ……………………………………………………………… 174
6.4 三维激光扫描技术 …………………………………………………………… 184
小结 ……………………………………………………………………………………… 189
习题 ……………………………………………………………………………………… 190

第 7 章 地形图的测绘与应用 …………………………………………………… 191

7.1 地形图的基本知识 …………………………………………………………… 192
7.2 大比例尺地形图的测绘 ……………………………………………………… 207
7.3 数字测图 ……………………………………………………………………… 216
7.4 地形图的应用 ………………………………………………………………… 224
小结 ……………………………………………………………………………………… 233
习题 ……………………………………………………………………………………… 234

第 8 章 施工放样 …………………………………………………………………… 235

8.1 点的平面位置放样 …………………………………………………………… 236
8.2 点的高程位置放样 …………………………………………………………… 243

小结 ··· 247
　　习题 ··· 247

第9章　民用建筑施工测量　249

　　9.1　民用建筑施工测量的准备工作 ··· 250
　　9.2　建筑施工场地的控制测量 ·· 254
　　9.3　建筑物放线测量 ·· 259
　　9.4　高程测量 ··· 261
　　9.5　基础施工测量 ··· 263
　　9.6　墙体施工测量 ··· 266
　　9.7　高层建筑施工测量 ·· 269
　　小结 ··· 273
　　习题 ··· 273

第10章　工业建筑施工测量　275

　　10.1　概述 ··· 276
　　10.2　工业厂区施工控制测量 ·· 277
　　10.3　厂房柱列轴线的放样和基坑的施工测量 ······························· 283
　　10.4　厂房预制构件的安装测量 ·· 285
　　10.5　烟囱的施工测量 ·· 289
　　小结 ··· 291
　　习题 ··· 292

第11章　装配式建筑施工测量　293

　　11.1　装配式建筑概述 ·· 294
　　11.2　装配式建筑施工控制测量 ·· 297
　　11.3　预制构件加工测量 ·· 299
　　11.4　装配式建筑施工安装测量 ·· 303
　　小结 ··· 310
　　习题 ··· 310

第12章　线路工程测量　311

　　12.1　道路工程施工测量 ·· 312
　　12.2　桥梁工程施工测量 ·· 330
　　12.3　隧道工程施工测量 ·· 336
　　小结 ··· 346
　　习题 ··· 346

第13章　园林工程施工测量　348

　　13.1　园林工程概述 ··· 349

13.2 园林工程施工测量概述 ……………………………………………………… 351
13.3 园林建筑定位测量 …………………………………………………………… 353
13.4 园路知识 ……………………………………………………………………… 358
13.5 园路测量 ……………………………………………………………………… 360
13.6 造园土方工程测量 …………………………………………………………… 362
13.7 园林树木种植点测量 ………………………………………………………… 364
小结 ………………………………………………………………………………… 366
习题 ………………………………………………………………………………… 366

第 14 章 竣工测量与变形监测 …………………………………………………… 367

14.1 竣工测量 ……………………………………………………………………… 368
14.2 变形监测概述 ………………………………………………………………… 370
14.3 高程控制与沉降观测 ………………………………………………………… 375
14.4 位移观测 ……………………………………………………………………… 381
小结 ………………………………………………………………………………… 387
习题 ………………………………………………………………………………… 387

附 录 AI 伴学内容及提示词 ……………………………………………………… 388

参考文献 …………………………………………………………………………… 390

第 1 章　测量基础知识

思维导图

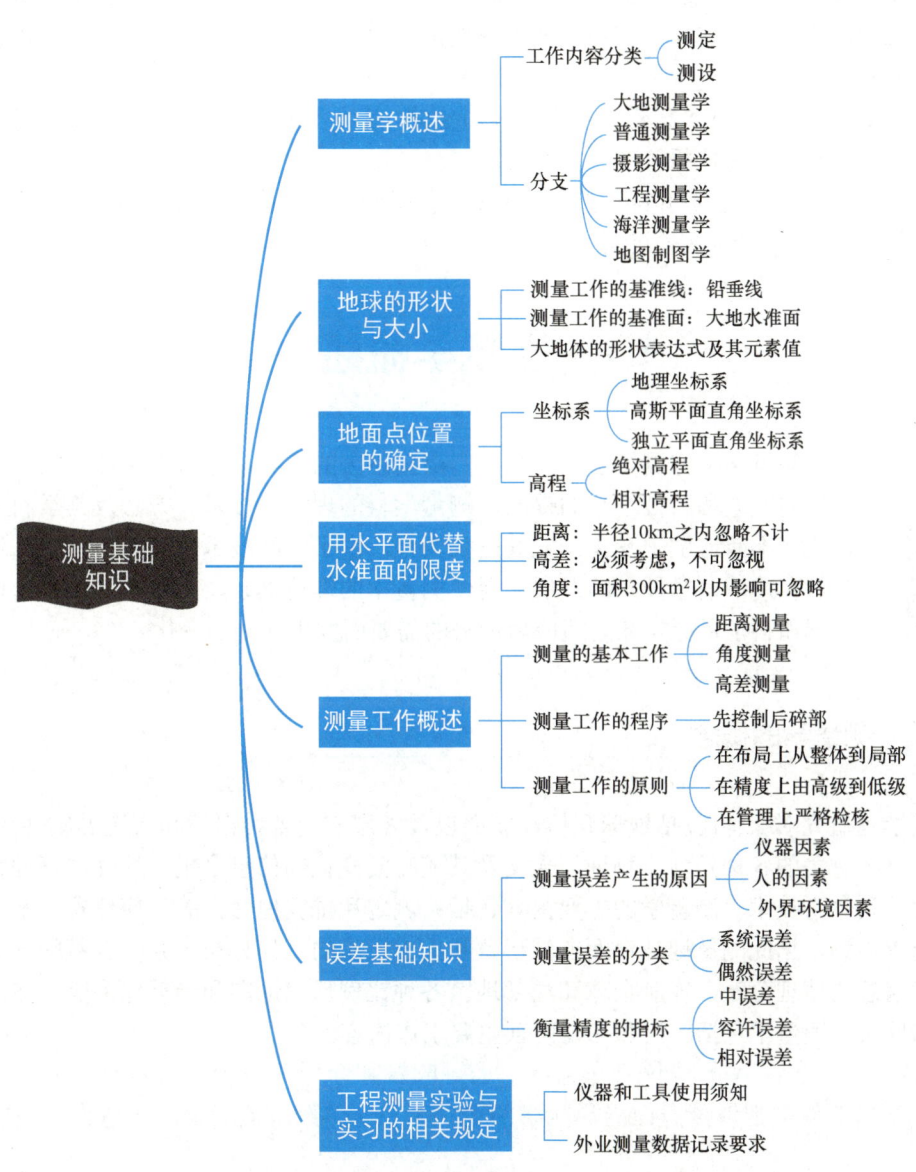

【引言】

工程测量学是测量学下属分支学科中的一门实用技术课,也是土木工程、道路工程、水利工程和桥梁隧道工程等专业的一门必修课,学习本课程的目的是掌握地形图测绘、地形图应用和工程施工放样的基本理论和方法。

在各类工程施工过程中,测绘人员所提供的技术服务可根据时间先后分为以下三个阶段。

(1) 地形图测绘阶段:运用各种测量仪器、软件,通过实地测量,把拟建工程所在范围内地面上的地物、地貌按照一定的比例尺测绘成大比例尺图,为工程设计人员提供设计所需要的资料。

(2) 施工放样阶段:将工程设计图上设计的建(构)筑物各个结构的点、线位置信息在现场做出标记,作为施工的依据。

(3) 变形观测阶段:监测建(构)筑物在施工与使用阶段的沉降和位移状态,以便采取措施防治,保证建(构)筑物的安全运营。

1.1 测量学概述

测量学

测量学又称测绘学,它是一门历史悠久的学科。随着人类社会的进步、经济的发展和科技水平的提高,测量学科的理论、技术、方法及其学科内涵也随之不断地发生变化。尤其是在当代,由于空间技术、计算机技术、通信技术和地理信息技术的发展,促使测量学的理论基础、工程技术体系、研究领域和科学目标正在为适应新形势的需要而发生深刻的变化。

1.1.1 测量学的概念

测量学是研究对实体(包括地球整体、表面以及外层空间各种自然和人造的物体)中与地理空间分布有关的各种几何、物理、人文及其随时间变化的信息采集、处理、管理、更新和利用的科学与技术。测量学的主要内容包括:测定和推算地面点的几何位置、地球形状及地球重力场,据此测量地球表面自然形状和人工设施的几何分布,并结合某些社会信息和自然信息的地理分布,编制全球和局部地区各种比例尺的地图和专题地图等。按照不同的工作性质,测量学包括测定和测设两项主要工作内容。

(1) 测定:是指使用测量仪器和工具,通过测量和计算,得到一系列测量数据或成果,通过测量的数据把地球表面的形状缩绘成地形图,供经济建设、国防建设及科学研究使用。

(2) 测设:又称放样,是指使用测量仪器和工具,把图纸上规划设计好的建(构)筑物的位置坐标信息,用一定的测量方法将其标定在实地上,作为施工的依据。

1.1.2 测量学的发展及分支

测量学是一门古老的学科。古代测量技术起源于农业和水利,那时人们为了获得更好的收成,用脚步测量土地,用石块标记方位。据《史记·夏本纪》记载,大禹受命治理洪水,"左准绳,右规矩,载四时,以开九州,通九道,陂九泽,度九山"。其中,"准""绳""规""矩"即是用来测量的工具。

拓展阅读

中国测绘发展史

党的二十大报告提出,"中华优秀传统文化源远流长、博大精深,是中华文明的智慧结晶",中国测量发展史是中华优秀传统文化的重要组成部分,值得我们深入学习和了解。

测量学在其发展过程中逐步形成大地测量学、普通测量学、摄影测量学、工程测量学、海洋测量学和地图制图学等分支学科。

1. 大地测量学

测量学的主要研究对象是地球及其表面的各种形态。为此,首先要研究和测定地球的形状、大小及其重力场,并在此基础上建立一个统一的坐标系统,用以表示地表任一点在地球上的准确几何位置。地球的外形非常近似于一个椭球,在测量学中用一个同地球外形极为接近的旋转椭球来代表地球,称为地球椭球。地面上任一点的几何位置即用该点在地球椭球面上的经纬度和点的高程表示。测量学中将研究测定地球形状及地球重力场、地球椭球参数,以及地面点的几何位置的理论和方法的这一分支学科称为大地测量学。

2. 普通测量学

有了大量地面点的平面坐标和高程,就可以此为基础进行地表形态的测绘工作。测绘内容既包括地表的各种自然形态(如水系、地貌、土壤和植被的分布),也包括人类社会活动所产生的各种人工形态(如境界线、居民地、交通线和各种建筑物的位置)。由于地表形态的测绘工作是在面积不大的测区内进行的,因此在同一测区内可以既不考虑地球曲率,也不顾及地球重力场的微小影响。研究上述理论和技术的分支学科称为普通测量学。

3. 摄影测量学

测绘地表形态,特别是测绘大面积的地表,可以采用摄影方法或电磁波成像的方法,以获得地表形态的信息。然后根据摄影测量的理论和方法,将获得的地表形态信息以模拟或解析的方式进行处理,使之转变为各种比例尺的地形原图或形成地理数据库。研究上述理论和技术的分支学科称为摄影测量学。

4. 工程测量学

在国民经济建设和国防工程建设的规划设计、施工和部分建筑物建成后的运营管理中,都需要一定的测绘资料和测绘技术手段来指导工程的实施及监视建筑物的变形。这些测绘工作往往要根据具体工程的要求,采取专门的测量方法,有时需要使用特定的高精密度测量仪器或特种测量仪器。研究上述理论和技术的分支学科称为工程测量学。

5. 海洋测量学

海洋环境中进行的测绘工作，同陆地测量有很大的区别。例如：海洋测量工作主要在船上进行，并且大多采用声纳或无线电方法，所以，海面上的定位、海底控制网的建立、海面形态和海底地形测量、海洋重力测量以及海图编制等都不同于陆地的同类工作。此外，海图同地图在用途上也不尽相同。由此，在测量学中又形成一个专门学科——海洋测量学。

6. 地图制图学

测图工作所得到的原始成果仅为地形图或海图的原图，还要经过编绘、整饰和制印，或增加某些专门要素，才能形成各种比例尺的地形图或海图以及各种专题地图。为此，必须进行地图投影、地图编绘、地图整饰和地图制印等项工作。研究上述理论和技术的分支学科称为地图制图学。

现阶段，随着空间技术、计算机技术、信息技术及通信技术的发展，测量学出现了以3S 技术为代表的现代测量科学技术，使测量学科从理论到技术方法发生了根本性的变化。3S 主要包含了以下三门学科。

(1) 全球导航卫星系统 GNSS(Global Navigation Satellite System)是利用卫星信号进行导航定位的各种定位系统的统称，主要用于实时、快速地提供目标的空间位置。目前已建或在建的全球导航卫星系统主要有美国的全球定位系统（GPS）、俄罗斯的格洛纳斯导航卫星系统（GLONASS）、欧盟的伽利略导航卫星系统（Galileo）及中国的北斗卫星导航系统（BDS）。

(2) 遥感 RS(Remote Sensing)是不接触物体本身，而用传感器采集目标物的电磁波信息，经处理、分析后，识别目标物，揭示其几何、物理性质和相互联系及其变化规律的现代科学技术。一切物体，由于其种类及环境条件不同，因此具有反射或辐射不同波长的电磁波的特性。遥感技术就是利用物体的这种电磁波特性，通过观测电磁波，从而判读和分析地表的目标及现象，达到识别物体及物体所在的环境条件的技术。RS 用于实时、快速地提供大面积地表物体及其环境的几何、物理信息和各种变化。

(3) 地理信息系统 GIS(Geographic Information System)是在计算机软件和硬件支持下，把各种地理信息按照空间分布及属性，以一定的格式输入、存储、检索、更新、显示、制图和综合分析应用的技术系统。它是将计算机技术与空间地理分布数据相结合，通过一系列空间操作和分析方法，为地球科学、环境科学和工程设计，乃至政府行政职能和企业经营提供对规划、管理和决策有用的信息，并回答用户提出的有关问题。GIS 用于多种来源的时空数据的综合处理分析和应用平台。

1.1.3 测量任务概述

想一想

在日常生活中，在一项建筑工程的全寿命周期中，测量工作都有哪些具体任务呢？

工程测量的服务领域非常广泛，如建筑、国土、市政、道桥、房地产、水利、城镇规划等，在工程建设的不同阶段，测量工作的任务也不尽相同。

就拿我们常见的建筑工程来说，一项建筑工程的全寿命周期包括三个阶段：规划设计阶段、施工建造阶段、运营管理阶段。测量工作在各阶段的主要任务如下。

1. 规划设计阶段

运用各种测量仪器和工具，通过实地测量和计算，把小范围内地面上的地物、地貌按照一定的比例尺测绘成地形图，为规划设计提供依据。在规划设计阶段，地形图能给设计人员提供很多资料，比如，点的坐标和高程、两点间的水平距离、各地块的面积、地面的坡度、地形的断面，并根据这些资料进行地形分析、计算土方量等。

2. 施工建造阶段

施工前，测量工作的主要任务是将图纸上设计好的建(构)筑物的角点的平面坐标和高程，按设计要求在实地标定出来，作为施工的依据；施工中，测量工作的主要任务是根据设计图纸中提供的数据进行各种施工测量工作，以保证所建的工程符合设计要求。

3. 运营管理阶段

工程完工后，还需要绘制竣工总平面图，进行竣工测量，供日后改扩建、维修和城市管理使用。同时，对重要的建(构)筑物，还需要定期进行变形监测，通过水平位移观测等、沉降观测、倾斜观测、裂缝观测等，了解建(构)筑物的变形规律，以便及时采取措施，保证建(构)筑物的安全。

由此可见，测量工作贯穿于建筑工程的全寿命周期，测量工作的质量直接关系到工程建设的速度和质量。离开了测绘资料，就难以进行科学合理的规划、设计；离开了施工测量，就不能安全、优质地施工；离开了位移和变形观测，就不能有效地研究规划设计和施工的质量，也不能及时采取有效的安全措施，更不能为研究新的科学设计理论和方法提供依据。因此，从事建筑工程类相关专业的技术人员和管理人员，必须掌握一定的测量基础知识和技能，才能完成在工程建设各阶段的任务。

1.2 地球的形状与大小

测绘工作大多是在地球表面进行的，测量基准的确定、测量成果的计算及处理都与地球的形状和大小有关。下面简要介绍与其相关的几个概念。

1.2.1 测量工作的基准线

地球是太阳系中的一颗行星，它围绕太阳旋转，又绕着自己的旋转轴自转。地球上的任一质点都受到地心引力和地球自转的离心力的双重作用，这两个力的合力称为重力，重力的方向线称为铅垂线。铅垂线是测量工作的基准线。在地球的任意一点上，通过用细线悬挂重锤，用重锤静止后细线的方向来取得该点铅垂线的方向。

1.2.2 测量工作的基准面

大地水准面

地球的自然表面很不规则，其上有高山、深谷、丘陵、平原、江湖、海洋等，最高的珠穆朗玛峰高出海水面达 8848.86m，最低的马里亚纳海沟低于海水面达 11034m，其相对高差不足 20km，与地球的平均半径 6371km 相比，是微不足道的。就整个地球表面而言，陆地面积仅占 29%，而海洋面积占了 71%。因此，我们可以设想地球的整体形状是被海水包围的球体，即设想将一静止的海洋面扩展延伸，使其穿过大陆和岛屿，形成一个封闭的曲面。而水是均质流体，地球表面的水受重力的作用，其表面就形成了一个处处与重力方向垂直的连续曲面，这个连续曲面称为水准面。与水准面相切的平面称为水平面。

在各种测量仪器的水准器中，加入加热的酒精或乙醚密封冷却后，形成的水准气泡即为判定测量仪器是否水平或者仪器竖轴是否处于铅垂线方向的参考基准。当测量仪器上的水准气泡居中时，就认为仪器处于水平状态，仪器竖轴与铅垂线方向一致。由于静止的水准面可高可低，测量中每次安置的仪器高低也都不一样，因此符合上述特点的水准面有无数多个。其中与平均海水面相吻合的水准面称为大地水准面。大地水准面是一个重力等位面，也是地球的物理面。大地水准面是测量工作的基准面。由大地水准面包围的地球形体称为大地体，它代表了地球的真实形状和大小。

1.2.3 大地体的形状表达式及其元素值

由于地球内部物质构造分布不均匀，地球表面起伏不平，所以大地水准面各处重力线方向是不规则的，地球重力场是不均匀的。重力方向会偏离低密度物体，而偏向高密度物体，因此大地水准面是一个起伏变化的不规则曲面。这样的曲面很难在其上面进行测量数据的处理，如图 1-1 所示。

为了正确地计算测量成果，准确地表示地面点的位置，测量中选用一个大小和形状接近大地体的旋转椭球体作为地球的参考形状和大小，如图 1-1 所示。这个旋转椭球体称为参考椭球体，它是一个规则的曲面体，可以用数学公式来表示，即

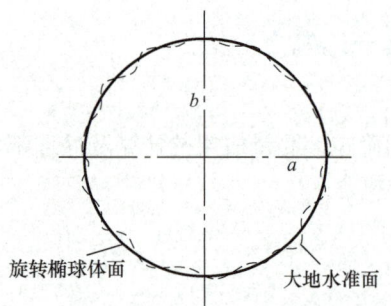

图 1-1　大地水准面与地球旋转椭球体面示意图

$$\frac{X^2}{a^2}+\frac{Y^2}{a^2}+\frac{Z^2}{b^2}=1 \tag{1-1}$$

式中，a、b 分别为参考椭球体的几何参数。a 为长半轴，b 为短半轴。参考椭球体扁率 f 应满足下式

$$f = \frac{a-b}{a} \tag{1-2}$$

我国采用的参考椭球体几何参数为 2000 国家大地坐标系,采用地心坐标系。其参数为

$$a = 6378137\text{m},\ b = 6356752.31414\text{m},\ f = 1:298.257222101$$

参考椭球体参数值见表 1-1。

表 1-1 参考椭球体参数值

坐标系名称	椭球体名称	长半轴 a/m	参考椭球体扁率 f	推算年代和国家
1954 北京坐标系	克拉索夫斯基	6378245	1:298.3	1940 年苏联(参心)
1980 西安坐标系	IUGG—75	6378140	1:298.257	1975年国际大地测量与地球物理联合会(参心)
WGS—84 坐标系(GPS)	WGS—84	6378137	1:298.257223563	1984 年美国(地心)
2000 国家大地坐标系(GPS)	CGCS2000	6378137	1:298.257222101	2008 年中国(地心)

由于参考椭球体扁率很小,所以在测量精度要求不高的情况下,可以近似地把地球当作圆球体,其平均半径 $R = \frac{1}{3}(2a+b)$,R 的近似值可取 6371km。

> **特别提示**
>
> 2000 国家大地坐标系已于 2008 年 7 月 1 日开始使用。当确有必要采用其他坐标系统时,应与 2000 国家大地坐标系建立联系。

1.3 地面点位置的确定

测量上常用的坐标系有地理坐标系、高斯平面直角坐标系、独立平面直角坐标系等。地面点位置的三维坐标在空间直角坐标系中用 X、Y、Z 表示,其中前两个量为平面坐标(表示地面点沿着基准线投影到基准面上后在基准面上的位置),第三个量为高程(表示地面点沿基准线到基准面的距离)。

1.3.1 地理坐标系

在研究和测定整个地球的形状或进行大区域的测绘工作时,可用地理坐标系来确定地面点的位置。地理坐标系是一种球面坐标系,按照基准面和基准线及求算坐标方法的不同,地理坐标系又可分为天文地理坐标系和大地地理坐标系两种。

天文地理坐标系如图 1-2 所示,其基准是铅垂线和大地水准面,它表示地面点 A 在大

地水准面上的位置，用天文经度 λ 和天文纬度 φ 表示。天文经度和天文纬度是用天文测量的方法直接测定的。

大地地理坐标系如图 1-3 所示，其基准是法线和参考椭球面，它表示地面点在地球椭球面上的位置，用大地经度 L 和大地纬度 B 表示。大地经度和大地纬度是根据大地测量所得数据推算得到的。

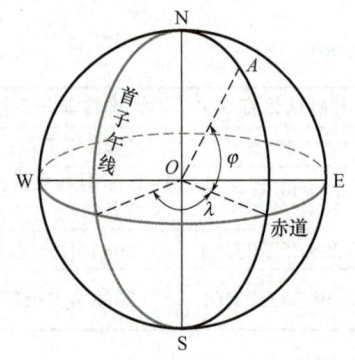

图 1-2　天文地理坐标系

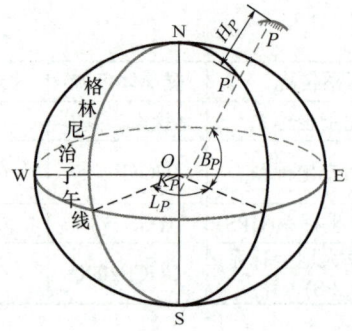

图 1-3　大地地理坐标系

图 1-3 所示为以 O 为球心的参考椭球体，N 为北极、S 为南极，NS 为短轴。过中心 O 与短轴垂直且与椭球相交的平面为赤道面，含有短轴的平面为子午面，P 为地面点。过 P 点沿法线 PK_P 投影到椭球面上，得到 P' 点。$NP'S$ 是过 P 点子午面在椭球面上投影的子午线。过英国格林尼治天文台的子午线称为本初子午线或首子午线。$NP'S$ 子午面与本初子午面所夹的两面角 L_P 称为 P 点的大地经度。法线 PK_P 与赤道平面的交角 B_P 称为 P 点的大地纬度。P 点沿法线到椭球面的距离 PP' 称为 P 点的大地高 H_P。

国际规定，过英国格林尼治天文台的经线的经度为 0°。0° 经线以东为东经，以西为西经，其值域均为 0°～180°。纬度以赤道面为基准面，以北为北纬，以南为南纬，其值均为 0°～90°。椭球面上的大地高为零。沿法线在椭球面外为正，在椭球面内为负。我国处于东经 73°～135°05′、北纬 3°51′～53°34′。如北京位于北纬 40°、东经 116°，用 $B = 40°N$，$L = 116°E$ 表示。

1.3.2　高斯平面直角坐标系

高斯平面直角坐标系

高斯投影

地理坐标系对于局部测量来说计算复杂、烦琐，使用很不方便，因此，把球面问题简化为平面问题，是测量工作满足工程建设及社会事业发展需要的客观要求。

当测区范围大，必须考虑球面弯曲对测量结果的影响时，不能把测量区域当作平面来看待，而必须考虑球面变成平面引起的各种变形，需采用地图投影的方法将球面上的大地坐标转换为平面直角坐标。我国目前采用的是高斯投影的方法建立平面直角坐标系，该坐标系称为高斯平面直角坐标系。

1. 高斯投影

高斯投影是由德国著名的数学家、物理学家、天文学家、几何学家、大地测量学家高斯提出的一种横轴等角切椭圆柱投影，该投影解决了将椭球面转换为平面的问题。从几何意义上看，就是假设一个椭圆柱横套在地球椭球体外并与椭球面上的某一条子午线相切，这条相切的子午线称为中央子午线。假想在椭球体中心放置一个光源，通过光线将椭球面上一定范围内的物象映射到椭圆柱的内表面上，然后将椭圆柱面沿一条母线剪开并展成平面，即获得投影后的平面图形，如图1-4所示。

中央子午线

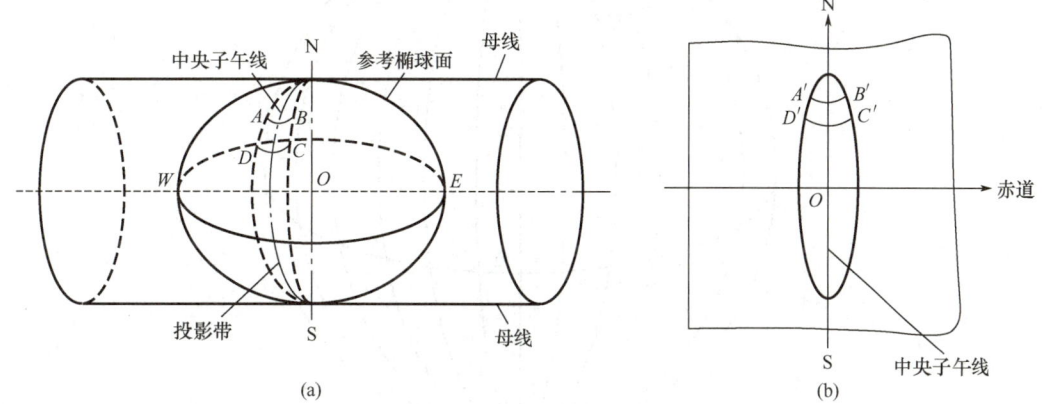

图1-4 高斯投影

该投影的经纬线图形有以下特点。

(1) 保角：经纬线投影后仍然保持相互正交的关系，说明投影后的角度无变形，即投影后角度大小不变。

(2) 长度变形固定性：长度投影后会变形，但是在一点上各个方向的微分线段变形比 m 是不变的，为常数 k。

$$m = \frac{\mathrm{d}s}{\mathrm{d}S} = k \tag{1-3}$$

式中：$\mathrm{d}s$——投影后的长度；
$\mathrm{d}S$——椭球面上的长度。

(3) 投影后的中央子午线为直线，无长度变化。其余的经线投影为凹向中央子午线的对称曲线，长度较椭球面上的相应经线略长。

(4) 赤道的投影也为一直线，并与中央子午线正交。其余的纬线投影为凸向赤道的对称曲线。

2. 高斯投影分带

高斯投影没有角度变形，但有长度变形和面积变形，离中央子午线越远，变形就越大，为了对变形加以控制，测量中通常采用限制投影区域的办法，即将投影区域限制在中央子午线两侧一定的范围，这就是所谓的分带投影，如图1-5所示。

投影带一般分为6°带和3°带两种，如图1-6所示。

(1) 6°带投影是从首子午线开始，自西向东，每隔经差6°分为一带，将地球分成60个带，其编号分别为1、2、…、60。每带的中央子午线经度可用下式计算。

$$L_6 = (6n-3)°\tag{1-4}$$

式中：n——6°带的带号。6°带的最大变形在赤道与投影带最外一条经线的交点上，长度变形为0.14%、面积变形为0.27%。

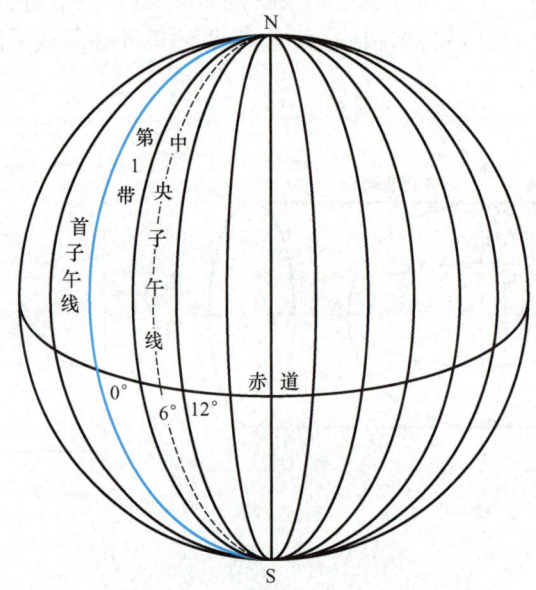

图1-5　高斯平面直角坐标的分带

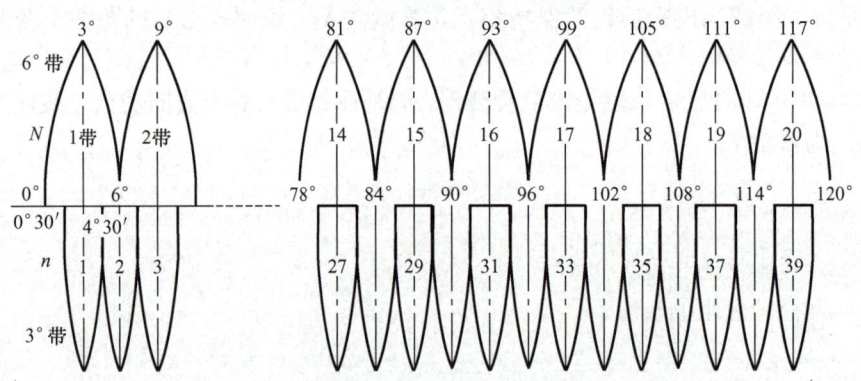

图1-6　高斯平面直角坐标系6°带投影与3°带投影的关系

(2) 3°带是在6°带的基础上划分的。每3°为一带，共120带，其中央子午线在奇数带时与6°带中央子午线重合。每带的中央子午线经度可用下式计算。

$$L_3 = 3°n'\tag{1-5}$$

式中：n'——3°带的带号。3°带的边缘最大变形现缩小为长度0.04%、面积0.14%。

我国领土位于东经72°~136°之间，共包括了11个6°带，即13~23带；22个3°带，即24~45带。我国境内两种投影带的带号不重复。北京天安门位于6°带的第20带中央子午线西,中央子午线经度为117°。

3. 高斯平面直角坐标系的建立

通过高斯投影,将中央子午线的投影作为纵坐标轴,用 x 表示,以向北为正;将赤道的投影作为横坐标轴,用 y 表示,以向东为正;两轴的交点作为坐标原点,由此构成的平面直角坐标系称为高斯平面直角坐标系,如图1-7所示。这样对应于每一个投影带,就有一个独立的高斯平面直角坐标系,但不同投影带、不同位置的点会出现相同坐标。因此,为了区分不同带中坐标相同的点,又规定在横坐标 y 值前应冠以带号。

由于我国位于北半球,x 坐标均为正值,y 坐标则有正有负,这对计算和使用均不方便,为了使 y 坐标都为正值,故将纵坐标轴向西平移 500km,并在 y 坐标前加上投影带的带号。通常,把 y 坐标加 500km 并冠以带号的坐标称为通用坐标,而把没有加 500km 和带号的坐标,称为自然坐标。显然,同一个点的通用坐标和自然坐标的 x 值相等,而 y 值则不同。

如图1-7中的 A 点位于18带内,其自然坐标为 x_A=4585361m,y_A=-82261m,其通用坐标为 x_A= 4585361m,y_A=18417739m。

由此可见,高斯投影后的自然坐标不能唯一确定地球表面点的位置,不同点在各带中肯定会有相同的自然坐标,只有通用坐标才能唯一确定地面点的位置。

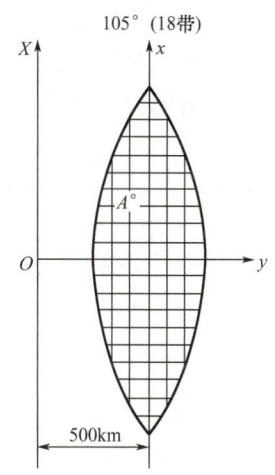

图1-7 高斯平面直角坐标系

【例1-1】某点位于6°带的20带内,中央子午线以西742.40m,则其横坐标的自然坐标值为-742.40m。求该点横坐标的通用坐标值。

【解】根据通用坐标值的定义,则该点横坐标的通用坐标值为
$$y = 带号 + 500000 + (-742.40) = 20499257.60(m)$$

我国使用过的大地坐标系有1954年北京坐标系和1980年国家大地坐标系,它们是利用高斯平面直角坐标的方法建立的全国统一坐标系。我国现在使用的2000年国家大地坐标系,是采用原点位于地球质量中心的坐标系统作为国家大地坐标系。我国以前使用的1954年北京坐标系,其原点位于苏联列宁格勒的普尔科沃天文台中央,为与苏联1942年普尔科夫坐标系联测,经东北传递过来的坐标;1980年国家大地坐标系,简称"80系"或"西安系",该坐标系是选择陕西省泾阳县永乐镇某点为大地原点,进行大地定位的。

大地原点1

大地原点2

在同一个大地坐标系中,地理坐标与高斯平面直角坐标可以相互变换。由地面点的大地经纬度 L、B 计算其在高斯平面直角坐标系中的坐标 x、y 称为高斯投影正算,反之称为高斯投影反算,将点的高斯坐标换算到相邻投影带的高斯坐标称为高斯投影换带计算。

【例1-2】已知 P 点在1980年国家大地坐标系中的地理坐标为 $L = 113°25'31.4880''$,$B = 21°58'47.0845''$,求该点的通用坐标值。

【解】应用式(1-4)可以求得 P 点位于6°带的19带内,应用高斯投影正算公式可以求得

其自然坐标为 $x = 2433544.439$m、$y = 250543.296$m，处理后的通用坐标为 $x=2433544.439$m、$y= 19750543.296$m。

1.3.3　独立平面直角坐标系

当测区范围较小时，可以用测区中心点 A 的水平面来代替大地水准面，如图 1-8 所示。在这个平面上建立的测区平面直角坐标系，称为独立平面直角坐标系。在局部区域内确定点的平面位置，可以采用独立平面直角坐标系。

如图 1-9 所示，在独立平面直角坐标系中，规定南北方向为纵坐标轴，记作 x 轴，x 轴以向北为正，以向南为负；东西方向为横坐标轴，记作 y 轴，y 轴以向东为正，以向西为负；坐标原点 O 一般选在测区的西南角，使测区内各点的 x、y 坐标均为正值；坐标象限按顺时针方向递增编号，如图 1-9 所示，其目的是便于将数学中的公式直接应用到测量计算中，而无须做任何改变。

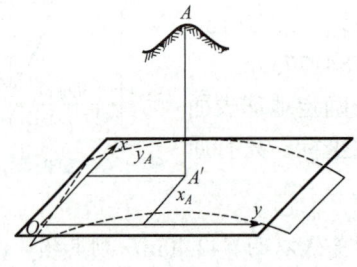

图 1-8　独立平面直角坐标系

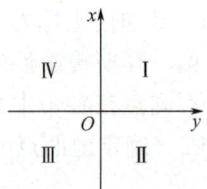

图 1-9　坐标象限

1.3.4　高程

1985国家高程基准

从前述可知，空间直角坐标系能够唯一确定任一地面点的空间位置，而地理坐标系、高斯平面直角坐标系、独立平面直角坐标系只能表示地面点在参考基准面上的位置，地面点离开基准面的垂直距离则不能确定。在一般的测量工作中都以大地水准面作为高程起算面，因此，地面任一点沿铅垂线方向到大地水准面的距离就称为该点的绝对高程或海拔，简称高程，用 H 表示。如图 1-10 所示，图中的 H_A、H_B 分别表示地面上 A、B 两点的高程。

我国曾以 1950—1956 年间青岛验潮站记录的黄海平均海水面作为我国的大地水准面，由此建立的高程系统称为"1956 年黄海高程系统"。新的国家高程基准面是根据青岛验潮站 1952—1979 年间的验潮资料计算确定的，依此基准面建立的高程系统称为"1985 国家高程基准"。

当测区附近暂没有国家高程点可联测时，也可临时假定一个水准面作为该测区的高程起算面。地面点沿铅垂线至假定水准面的距离，称为该点的相对高程或假定高程。如图 1-10 所示，图中的 H'_A、H'_B 分别为地面上 A、B 两点的相对高程。

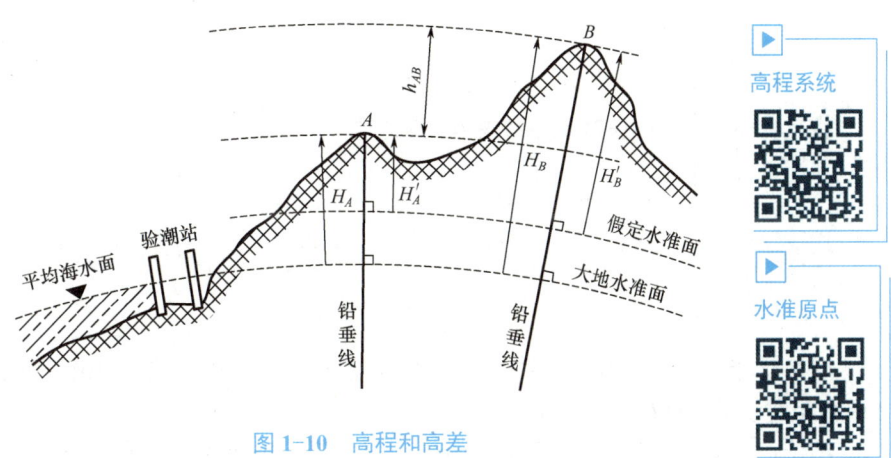

图 1-10 高程和高差

地面上两点之间的高程之差称为高差，用 h 表示。例如，A、B 两点的高差 h_{AB} 可写为

$$h_{AB} = H_B - H_A = H'_B - H'_A \tag{1-6}$$

> **特别提示**
>
> 高差有正、有负，两点间高差的大小与高程起算面无关，在使用时，需用下标注明其方向。

1.4 用水平面代替水准面的限度

当测区范围较小时，可以把水准面看作水平面。本节主要探讨用水平面代替水准面对距离、高差和角度的影响，以便给出用水平面代替水准面的限度。

1.4.1 对距离的影响

如图 1-11 所示，地面上 A、B 两点在大地水准面上的投影点是 a、b，用过 a 点的水平面代替大地水准面，则 B 点在水平面上的投影为 b'。

设 $\overset{\frown}{ab}$ 的弧长为 D，ab' 的长度为 D'，球面半径为 R，$\overset{\frown}{ab}$ 所对的圆心角为 θ，则以水平长度 D' 代替弧长 D 所产生的误差 ΔD 为

$$\Delta D = D' - D = R\tan\theta - R\theta = R(\tan\theta - \theta) \tag{1-7}$$

将 $\tan\theta$ 用级数展开，并省略去高次项为

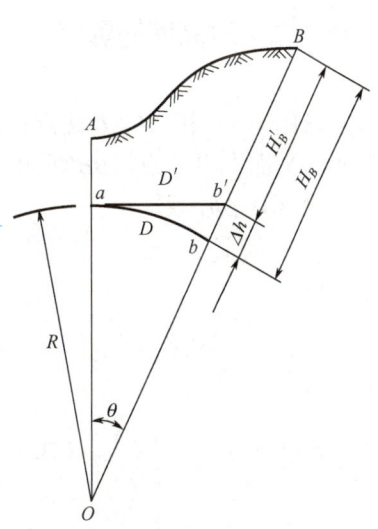

图 1-11 用水平面代替水准面对距离和高差的影响

$$\tan\theta = \theta + \frac{1}{3}\theta^3 + \cdots \tag{1-8}$$

将式(1-8)代入式(1-7)，并考虑 $\theta = D/R$ 得

$$\Delta D = R\left(\theta + \frac{\theta^3}{3} + \cdots - \theta\right) \approx R\frac{\theta^3}{3} = \frac{D^3}{3R^2} \tag{1-9}$$

$$\frac{\Delta D}{D} = \frac{1}{3}\left(\frac{D}{R}\right)^2 \tag{1-10}$$

取地球半径 $R=6371km$，并以不同的 D 值代入式(1-9)和式(1-10)，则可求出距离误差 ΔD 和相对误差 $\Delta D/D$。

结论：由表1-2可知，当距离为10km时，用水平面代替水准面(球面)所产生的距离相对误差为1/1220000，这么小的距离误差与常规量距的允许误差1/150000～1/3000相比是微不足道的，即使是在地面上进行最精密的距离测量也不会受影响。因此，在半径为10km的范围内，用水平面代替水准面所产生的距离误差可忽略不计，也就是说可不考虑地球曲率对距离的影响。

表1-2 用水平面代替水准面的距离误差和相对误差

距离 D/km	距离误差 ΔD/mm	相对误差 $\Delta D/D$
10	8	1：1220000
25	128	1：200000
50	1026	1：49000
100	8212	1：12000

1.4.2 对高差的影响

在图1-11中，A、B两点在同一球面(水准面)上，其高程应相等(即高差为零)。B点投影到水平面上得 B' 点，BB' 即为水平面代替水准面产生的高差误差。

设 $BB'=\Delta h$，则

$$(R+\Delta h)^2 = R^2 + D'^2 \tag{1-11}$$

即

$$2R\Delta h + \Delta h^2 = D'^2 \tag{1-12}$$

$$\Delta h = \frac{D'^2}{2R+\Delta h} \tag{1-13}$$

式(1-13)中，可以用 D 代替 D'，同时 Δh 与 $2R$ 相比可略去不计，则

$$\Delta h = \frac{D^2}{2R} \tag{1-14}$$

以不同的 D 代入式(1-14)，取 $R=6371km$，则得相应的高差误差，具体见表1-3。

表 1-3　用水平面代替水准面的高差误差

距离 D/km	0.1	0.2	0.3	0.4	0.5	1	2	5	10
Δh/mm	0.8	3	7	13	20	78	314	1962	7848

结论：由表 1-3 可知，在进行水准(高程)测量时，即使很短的距离都应考虑地球曲率对高差的影响，即应当用水准面作为高程测量的基准面。

1.4.3　对角度的影响

从球面三角测量中可知(图 1-12)，球面上多边形内角之和比平面上多边形内角之和多一个球面角超 ε。其值可用多边形面积求得。

$$\varepsilon = \rho \frac{P}{R^2} \qquad (1-15)$$

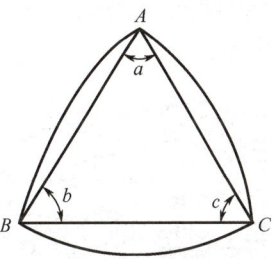

图 1-12　球面、平面三角形

式中：P ——球面多边形面积；

　　　R ——地球半径；

　　　ρ ——1 弧度相应的秒值，$\rho=206265''$。

以不同面积代入式(1-15)，可求出球面角超，具体见表 1-4。

表 1-4　球面角超计算表

P/km²	10	50	100	300	2000
ε/('')	0.05	0.25	0.51	1.52	10.16

结论：当测区面积为 300km² 时，用水平面代替水准面，对角度的影响最大仅为 1.52″，所以在这样的测区进行测量，其误差影响很小。

> **特别提示**
>
> 当测区半径小于 10km 时，用水平面代替水准面，对距离和角度的影响都很小，可以忽略不计；而对于高差的影响却很大，因此测量高差时不可以用水平面代替水准面。

1.5　测量工作概述

1.5.1　测量工作过程简述

测量工作的主要任务是测绘地形图和施工放样。地球表面的形状简称地形，其千姿百态、错综复杂。地形分为地物和地貌两类：地物是指地面上的固定性物体，如房屋、道路、河流、湖泊等；地貌是指地球表面高低起伏的形态，如山岭、河谷、坡地、悬崖等。

测绘地形图实际上是在地物和地貌上选择一些有特征代表性的点进行测量，再将测量点投影到平面上，然后用点、折线、曲线连接起来成为地物和地貌的形状图，如房屋可用房屋底面轮廓折线围成的图形表示。如图1-13所示，测绘某房屋时，可在此房屋附近与房屋通视且坐标已知的点(如 A 点)上安置测量仪器，选择另一坐标已知的点(如 B 点)作为定向方向，即可利用这些点之间的几何关系，测量出这栋房屋角点的坐标。地貌形态虽然复杂，但仍可以将其看成是由许多不同坡度、不同方向的面组成的。如图1-14所示，只要选择坡度变化点、山顶、鞍部、坡脚等能表现地貌特征的点进行测量，然后投影到平面上，将同等高度的线用曲线连起来，就可将地貌的形态表现出来。这些能表现地物和地貌特征的点称为特征点。特征点的测量方法有卫星定位和几何测量定位两种方法，如图1-15和图1-16所示。

图1-13 某地区现状图

测量的基本工作

放样则是先计算好放样地物特征点的平面坐标与高程作为放样数据，然后根据放样数据即可用卫星定位和几何测量定位的方法测出点位，用放样标志在地面上表示出来，再根据地物的形状和细部尺寸，在实地上画线或拉线，即可进行施工。

1.5.2 测量的基本工作

1. 平面坐标的测定

如图1-17所示，设 A、B 为已知坐标点，P 为待定点。首先测出水平角 β 和水平距离 D_{AP}，然后根据 A、B 的平面坐标，即可推算出 P 点的坐标 X_P、Y_P。测定地面点平面坐标的主要测量工作是测量水平角和水平距离。

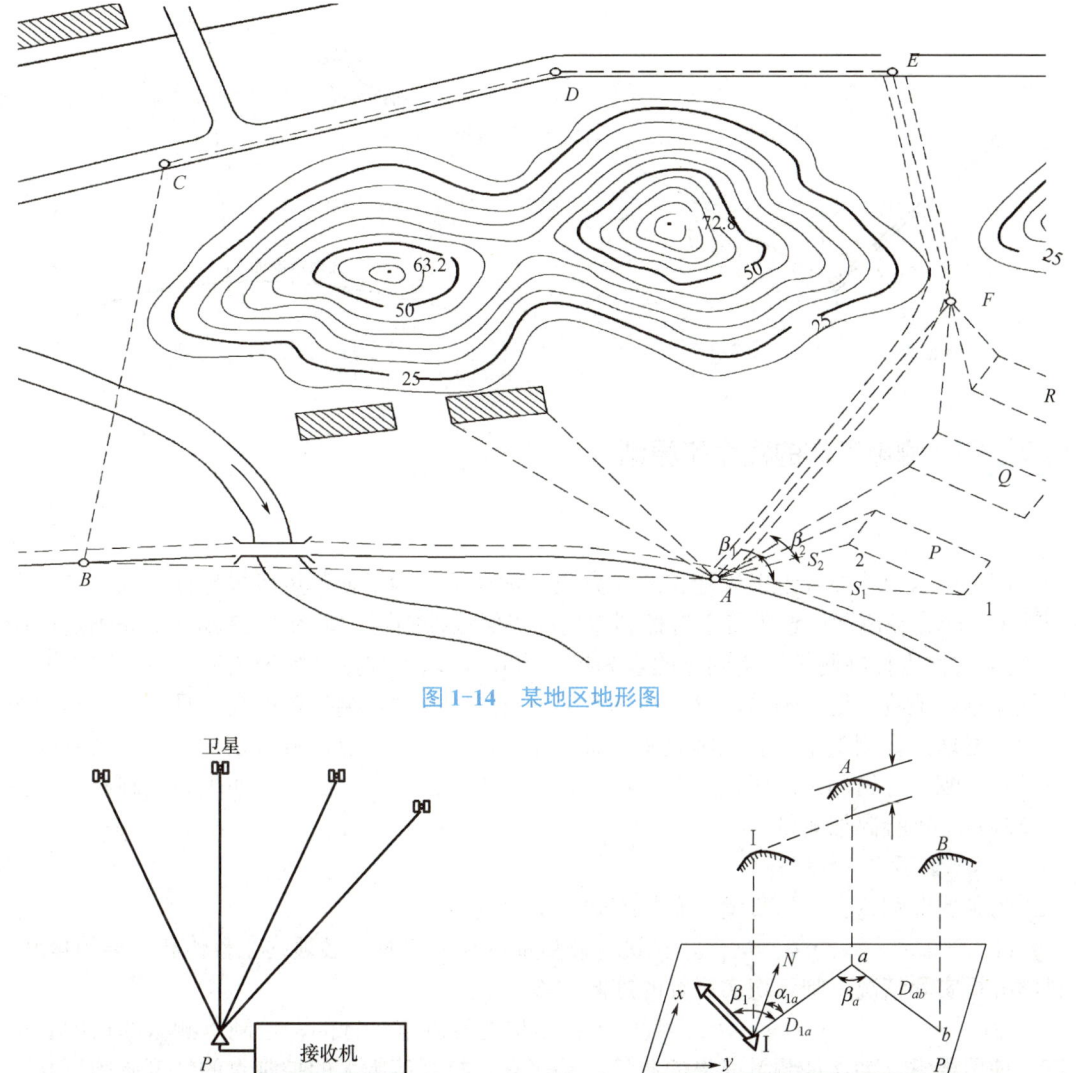

图 1-14 某地区地形图

图 1-15 卫星定位方法   图 1-16 几何测量定位方法

2. 高程坐标的测定

如图 1-18 所示，设 A 为已知高程点，P 为待定点。只要测出 A、P 两点之间的高差 h_{AP}，利用式(1-16)，即可算出 P 点的高程。

$$H_P = H_A + h_{AP} \tag{1-16}$$

测定地面点高程的主要测量工作是测量高差。

结论：测量的实践说明，不论测图还是放样，地面点间的位置关系是以其相对的水平距离、水平角和高差来确定的。因此，距离测量、角度测量和高差测量是测量的三项基本工作，而水平距离、水平角和高差是确定地面点位的三个基本要素。

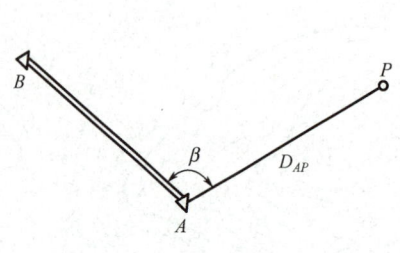

图 1-17 平面坐标的测定

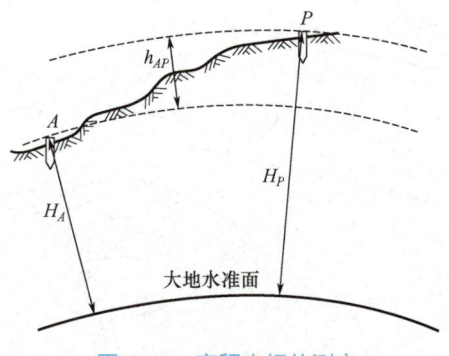

图 1-18 高程坐标的测定

1.5.3 测量工作的程序和原则

1. 测量工作的程序

测量中,仪器要经过多次迁移才能完成测量任务。为了使测量成果坐标一致,减少累积误差,应先在测区内选择若干有控制作用的点组成控制网,如图 1-13 所示。先确定这些点的坐标(称为控制测量,所确定的点为控制点),再以控制点坐标为依据,在控制点上安置仪器进行地物、地貌测量,该步骤称为碎部测量。控制点测量精度高,且经过统一的严密数据处理,在测量中起着控制误差积累的作用。有了控制点,就可以将大范围的测区工作进行分幅、分组测量。所以测量工作的程序是"先控制后碎部",即先做控制测量,再在控制点上进行碎部测量。

2. 测量工作的原则

为了保证测量工作的质量,必须遵守以下原则。

(1) 在布局上从整体到局部。在进行测量前制订方案时,必须站在整体和全局的角度,科学分析实际情况,制订切实可行的施测方案。

(2) 在精度上由高级到低级。测图工作是根据控制点进行的,控制点测量的精度必须符合使用要求。为保证测量成果的质量,等级高、控制范围大的控制点的精度必须更高。只有当处于施工放样时,才会出现控制范围小但控制点精度要求更高的情况。

(3) 在管理上严格检核。在测量过程中,要严格执行检核工作,即对每一项测量成果进行检核,确保前一步工作无误后,方可进行下一步工作,以保证测量成果的正确性。

1.6 误差基础知识

1.6.1 测量误差概述

所谓误差就是被观测量的观测值与其真值之差。真值就是被观测量的真实大小,属于理论值。在测量工作中,观测的未知量是角度、距离和高程等,用仪器观测未知量而获得的数值叫作观测值。在各种测量工作中，对一个量连续进行多次观测时，不论测量仪器多么精密，操作人员多么仔细，观测值与真值之间都会存在微小的差异。例如，往返测量某段距离若干次，或重复观测某一角度，观测结果通常都不会一致。再如，对某一平面三角形的三个内角进行观测，其和不等于理论值180°。这些现象都说明了测量结果不可避免地存在着误差。

误差基础知识

当误差表现为各次测量所得的观测值与未知量客观存在的真值之间的差值时，这种差值称为真误差，即

真误差=观测值－真值

在测量中，某些量很难得到真值，甚至得不到真值，这时真误差也就无法知道。因此，常采用多次观测的平均值作为该量的最可靠值，该平均值称为该量的最或是值，又称似真值。观测值与平均值之差称为最或是误差，又称似真误差，即

最或是误差=观测值－最或是值

1. 测量误差产生的原因

测量工作是观测者使用测量仪器和工具，按照一定的观测方法，在一定的外界条件下完成的，所以测量误差是不可避免的，产生测量误差的原因主要有以下几个方面。

(1) 仪器因素。由于仪器制造的精度有限，或校正不够完善，导致观测值的精度受到一定的影响，从而不可避免地产生误差。例如，仪器各轴线间的几何条件不完全满足、刻划不均匀、采用的量度单位不能量尽物体的大小等。另外，仪器在使用和运输过程中产生的振动和磨损，也会导致精密的仪器存在误差。

(2) 人的因素。由于观测者在测量过程中技术水平和感官能力存在局限性，导致观测值产生误差。例如，在安置仪器时，若对中整平不严格、照准目标时存在偏差或读数估读不准确等技术操作不当，均会产生测量误差。

(3) 外界环境因素。在观测过程中，外界自然环境因素，如地形、温度、湿度、气压、日照、风力、大气折光等都会给观测结果带来影响，而且这些因素处于持续变化状态，由此对观测结果产生的影响也在不断变化，这就必然使观测结果带有误差。

仪器、人和外界环境这三方面是引起测量误差的主要因素，通常把这三个因素称为观测条件。

测量工作不仅要获得测量成果，而且要知道测量成果的精度，而精度是以误差的大小来确定的。一般来说，对同一量的测量，测量误差越小，测量成果精度越高；测量误差越大，测量成果精度越低。因此，在测量工作中，通过对误差理论的探讨和研究，可以根据不同的误差原因采取不同的措施，消除或减少误差对测量成果的影响，提高测量成果的精度。

2. 测量误差的分类

在任何一项测量工作中，误差都是不可避免的。只有对误差的性质、产生的原因及其对测量成果的影响有清楚的了解，才能正确合理地布置测量方案，最大限度地减少误差，得到测量结果的可靠值。在观测过程中，可能会出现一种显然与事实不符，或与真实测量结果相差甚远的特殊事件，即粗差，亦称错误，它不属于测量误差讨论的范畴。因此，作业人员应在工作中认真、仔细，并采取必要的检校，进行多次观测，以发现和避免粗差的发生。

测量误差按其性质可分为系统误差和偶然误差两类。

(1) 系统误差。

在相同的观测条件下，对某量进行一系列观测，其误差的数值大小和符号均相同，或呈现出规律性的变化，具有这种性质的误差称为系统误差。

例如，钢尺的标记长度为 30m，经过检定后的实际长度为 30.003m，当用该钢尺量距时，每量一整尺长就比实际长度减少 0.003m，这 3mm 的误差，大小和符号是相同的，量的整尺越多，误差就越大，量距误差的大小与测量的长度成正比，且符号不变；在水准测量中，因水准仪的视准轴不平行于水准管轴而产生的读数误差，与水准仪到水准尺的距离成正比，且符号不变，距离越远，读数误差就越大；在角度测量中，经纬仪的视准轴不垂直于横轴而产生的读数误差，与仪器到目标点的距离无关，始终为一个固定的常数。这些误差都属于系统误差。

系统误差具有累积性，对测量成果影响较大，但它的数值符号和大小有一定的规律，可以对观测值加改正数或采用一定的观测程序和观测方法来消除或减弱这一误差。例如，在钢尺量距时，先检定钢尺，求出尺长改正数，然后在测量成果中加入尺长改正数，即可消除尺长误差对距离的影响；在水准测量中，将水准仪安置在两立尺中间，可消除视准轴不平行于水准管轴引起的读数误差对高差的影响；在角度测量中，采用盘左盘右观测取平均值的方法可以消除视准轴不垂直于横轴、横轴不垂直于竖轴、照准部偏心差引起的角度误差。

(2) 偶然误差。

在相同的观测条件下，对某量进行一系列观测，如果误差出现的数值大小和符号都不相同，或从表面上看没有明显的规律(每一次误差的出现都具有偶然性，但就大量的误差而言，服从一定的统计规律)，这种误差称为偶然误差。例如，读数时，估读的数值比正确的数值可能或大一点或小一点而产生的读数误差，照准目标时可能偏离目标的左侧或右侧而产生的照准误差，这些误差都属于偶然误差。

偶然误差的大小和符号随着各种偶然因素的综合影响而不断变化。在观测过程中，偶然误差和系统误差可同时发生，但系统误差可以采取适当的方法消除或减少，相对于偶然误差处于次要地位。偶然误差具有不可避免性，所以在测量成果中主要存在偶然误差。当设法消除或减少系统误差后，决定观测精度的关键因素就是偶然误差，为此，在测量误差理论中我们主要是讨论偶然误差。

3. 偶然误差的特性

偶然误差从表面上看似乎没有规律性，但随着对同一量观测次数的增加，大量偶然误差就呈现出一定的统计规律，观测次数越多，这种规律越明显。

例如，三角形内角和的理论值为 180°，在相同的观测条件下，观测 217 个三角形的全部内角。由于观测值中存在偶然误差，使得各三角形内角和的观测值可能不等于 180°，将观测值的真误差按大小和正负号分区统计相应误差观测个数，列入表 1-5 中，同时绘制误差分布频率直方图(图 1-19)。

表 1-5　真误差绝对值大小统计结果

误差区间	正误差个数	负误差个数	总计
0″～3″	30	29	59
3″～6″	21	20	41
6″～9″	15	18	33
9″～12″	14	16	30
12″～15″	12	10	22
15″～18″	8	8	16
18″～21″	5	6	11
21″～24″	2	2	4
24″～27″	1	0	1
27″以上	0	0	0
合计	107	110	217

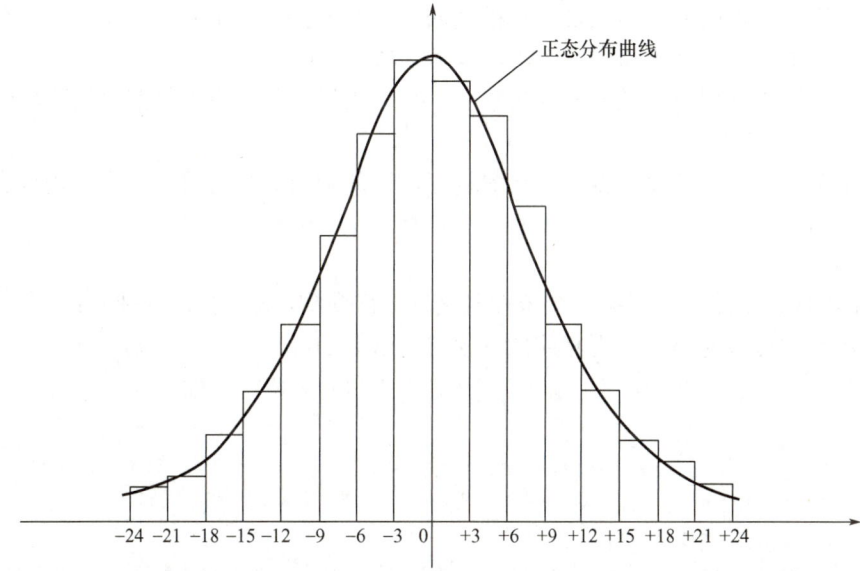

图 1-19　误差分布频率直方图

从表 1-5 中的正负误差个数和误差所在的区间可以看出，该组误差的分布特点如下。
(1) 绝对值小的误差个数比绝对值大的误差个数多。
(2) 绝对值相等的正、负误差个数大致相等。
(3) 最大误差不超过 27″。

在实际测量中，通过对大量的观测数据进行统计分析，总结出偶然误差的统计特性如下。
(1) 在一定的观测条件下，偶然误差的绝对值有一定的限值，即有界性。
(2) 绝对值较小的误差出现的频率较大，绝对值较大的误差出现的频率较小，即聚中性。
(3) 绝对值相等的正、负误差出现的频率大致相同，即对称性。
(4) 偶然误差的算术平均值随着观测次数的无限增加而趋于零，即抵偿性，有

$$\lim_{n \to \infty} \frac{[\Delta]}{n} = 0 \qquad (1\text{-}17)$$

式中：n——观测次数；

Δ——某观测量的真误差。

本式及以后"[ ]"表示取括号中下标变量的代数和，即

$$[\Delta] = \Delta_1 + \Delta_2 + \cdots + \Delta_n$$

实践证明，偶然误差不能用计算改正或用一定的观测方法简单地加以消除，而只能根据偶然误差的特性来改进观测方法并合理地处理数据，以减少偶然误差对测量成果的影响。

1.6.2 测量精度的概念与衡量精度的指标

1. 测量精度的概念

精度又称精密度，是指在对某一个量的多次观测中，各个观测值之间的离散程度。若观测值非常集中，则精度高；反之，则精度低。精度主要取决于偶然误差，可把在相同条件下得到的一组观测误差排列进行比较，以确定精度高低。

误差理论主要是评价一组观测值的精度，即从观测值之间的离散程度来进行评价。

2. 衡量精度的指标

在测量工作中，为了评定测量成果的精度，以便确定其是否符合要求，需要有衡量精度的统一指标。常用的衡量精度的指标有中误差、容许误差和相对误差。

(1) 中误差。

在相同的观测条件下，对某一个未知量进行多次观测，其观测值分别为 l_1, l_2, $\cdots$, l_n，如果该未知量的真值为 X，可得相应的真误差为 Δ_1, Δ_2, $\cdots$, Δ_n，则中误差可由各真误差的平方和的平均值的平方根作为评定该组观测值精度的标准，即

$$m = \pm\sqrt{\frac{[\Delta^2]}{n}} \tag{1-18}$$

式中：m——观测值的中误差；

$[\Delta^2]$——真误差的平方和，$[\Delta^2] = \Delta_1^2 + \Delta_2^2 + \cdots + \Delta_n^2$。

从式(1-18)可以看出中误差不等于真误差，中误差仅是一组真误差的代表值，中误差的大小反映了该组观测值精度的高低，且它能明显地反映出测量结果中较大误差的影响。因此，一般都采用中误差作为评定观测质量的标准。

【例 1-3】 有甲、乙两个小组，分别对同一个三角形的内角和进行 10 次观测，分别求得真误差如下。

甲组：$+2''$，$+1''$，$0''$，$-1''$，$+4''$，$-3''$，$-2''$，$+3''$，$-4''$，$+2''$。

乙组：$-1''$，$+2''$，$-6''$，$0''$，$+7''$，$+1''$，$0''$，$-3''$，$-1''$，$-1''$。

试比较这两组观测值的质量。

【解】 根据式(1-18)计算得两组观测值的中误差。

$$m_{甲} = \pm\sqrt{\frac{2''^2 + 1''^2 + 0''^2 + (-1'')^2 + 4''^2 + (-3'')^2 + (-2'')^2 + 3''^2 + (-4'')^2 + 2''^2}{10}} \approx \pm 2.5''$$

$$m_乙 = \pm\sqrt{\frac{(-1'')^2 + 2''^2 + (-6'')^2 + 0''^2 + 7''^2 + 1''^2 + 0''^2 + (-3'')^2 + (-1'')^2 + (-1'')^2}{10}} \approx \pm 3.2''$$

从计算结果可以看出 $m_甲 < m_乙$，即甲组的误差比乙组的误差小，说明甲组的精度高。应注意的是 $m_甲$ 和 $m_乙$ 是指三角形内角和的观测值的中误差，不能理解为每一个角的观测值的中误差。

(2) 容许误差。

容许误差又称极限误差。由偶然误差的性质可知，在一定的观测条件下，偶然误差的绝对值不超过一定的限值。如果在测量工作中某一个观测值的误差超过这个限值，就认为这次观测的质量不符合要求，应舍去并重新观测。那么怎样确定极限误差呢？观测值的中误差只是衡量观测精度的一种指标，它不能代表某一个观测值真误差的大小，但是它和观测值的真误差之间存在着一定的统计关系。根据误差理论和实践的统计表明，在一系列等精度观测的一组误差中，绝对值大于 1 倍中误差的偶然误差出现的概率为 32%；大于 2 倍中误差的偶然误差出现的概率只有 5%；大于 3 倍中误差的偶然误差出现的概率仅为 0.3%，即大约 300 次观测中，才可能出现 1 次大于 3 倍中误差的偶然误差。而在实际工作中，观测次数是有限的，可认为大于 3 倍中误差的偶然误差实际上是不可能出现的。所以，通常采用 3 倍中误差作为偶然误差的容许误差，也称极限误差或限差，即

$$\Delta_容 = 3m$$

当测量精度要求较高时，也可用 2 倍中误差作为容许误差，即

$$\Delta_容 = 2m$$

(3) 相对误差。

真误差、中误差、容许误差，仅仅表示误差本身的大小都是绝对误差。但评定观测值的精度，有时还不能仅凭绝对误差的大小来衡量。例如，用钢尺测量 30m 和 200m 两段距离，中误差均为 ±15mm，虽然两者的中误差相等，但不能认定测量精度相同，而必须用相对误差来进一步衡量测量精度。

相对误差就是中误差的绝对值与相应观测值之比，以分子为 1 的分数表示，即

$$k = \frac{|m|}{D} = \frac{1}{\frac{D}{|m|}} \tag{1-19}$$

上例中，$k_1 = \frac{|m_1|}{D_1} = \frac{0.01}{30} = \frac{1}{3000}$，$k_2 = \frac{|m_2|}{D_2} = \frac{0.01}{200} = \frac{1}{20000}$。显然后者精度高于前者，所以说相对误差能确切地描述距离测量的精度。

> **特别提示**
>
> 由于多数情况下测量的相对误差都较小，为了能够更直观明了地表示测量的精度，在表示相对误差的分数形式中，通常采用分母为个位和十位都是零的正整数。

1.7　工程测量实验与实习的相关规定

实验实训基本要求

　　党的二十大报告提出："加快建设国家战略人才力量，努力培养造就更多大师、战略科学家、一流科技领军人才和创新团队、青年科技人才、卓越工程师、大国工匠、高技能人才。"这一切优秀人才的培养都是从最基本的点点滴滴的小事做起的。而工程测量是一项认真细致的工作，要求从业者具备良好的职业道德，具有遵纪守法的意识。在日常工作中，仪器使用和数据的记录、计算有哪些基本要求呢？

1.7.1　仪器和工具使用须知

　　(1) 携带仪器时，应注意检查仪器箱是否关紧、锁好，拉手、背带是否牢固。要轻拿、轻放，以免使其碰撞、振动或背起时滑落、摔坏。

　　(2) 开箱时，应注意仪器箱是否放置平稳；开箱后，应记清仪器在箱内的安放位置，以便按原样放回，要轻取、轻放。取出后立即盖上箱盖，实习中不用的仪器，不要挪动。

　　(3) 提仪器时，应先松开各制动螺旋，再用手握住仪器坚实部位，轻拿、轻放，切勿用手提望远镜，以免损坏各部位之间的连接。关好仪器箱，严禁在箱上坐人。

　　(4) 仪器放入箱内时，应先松开制动螺旋，至各部位放妥后，再扭紧制动螺旋。关箱时不能强压，关箱后应及时加锁。

　　(5) 将仪器安于三脚架之前，要注意架腿高度应适当，拧紧架腿螺旋。安置时，应双手握紧仪器及下盘，放平后一手扶持仪器，一手拧紧连接螺旋，注意装置牢固，但不应过紧。

　　(6) 仪器搬站时，对于长距离的平坦地段，应将仪器装箱，再进行搬动；在短距离的平坦地段，应先检查连接螺旋是否旋紧，松开各部分制动螺旋，再收拢脚架，一手握仪器基座及支架，一手握脚架，面对仪器前进，以免碰伤仪器。严禁横扛仪器搬移。

　　(7) 在使用过程中，人不得离开仪器。严禁无人看管仪器和将仪器靠在墙边或树上，以防仪器跌损；严禁将水准尺、标杆倚在树上、电线杆上或仪器上，应使其离开仪器平放。

　　(8) 在使用过程中，各制动螺旋勿拧得过紧，免致损坏；各微动螺旋勿拧至极端，各校正螺钉拧动时应用大小、厚薄合适的螺钉旋具或校正针拧至松紧适度，以免损伤。

　　(9) 转动仪器任何部位时，均应先松开制动螺旋，不得用力猛转，动作要准确、轻捷，用力要均匀。某部分转动不灵时，不得硬扳。

　　(10) 严禁用手或粗布擦拭镜头、度盘与游标，以免污损；严禁随意拆卸仪器。

　　(11) 使用仪器应防止日晒和风尘，需撑伞遮阳、遮风和遮雨。严禁仪器被日晒雨淋，大风沙天气应停止使用,并及时装箱。

(12) 使用钢尺应防压、防扭且防潮湿,用后应擦净涂油,卷入盒内。不可用强力猛拉钢尺,以免扯断。皮尺应注意防潮。

(13) 水准尺、标杆禁止横向受力,以防弯曲变形,不得坐压水准尺与标杆或使用其抬东西。所有测量仪器工具严禁抛掷或用其打闹玩耍。

1.7.2　外业测量数据记录要求

(1) 所有测量成果均须用绘图铅笔(2H～3H)当场认真记入手簿内,不得另外用纸记载,再行转抄。

(2) 记录字体应端正清晰,用稍大于格高一半的斜体工程字填写,并留出空隙作改正错误用。字迹不得潦草,不准用红铅笔或红墨水笔记录。

(3) 记录者应在记完数字后,再向观测者复诵一遍,以免听错、记错。记录数字如有错误,不得用橡皮擦拭或涂改,应用一斜线划去错误部分,在原字上方补记或另行记录正确数字,并在备注栏内注明错误原因。

(4) 记录数字精确度要标准,不得省略零位。例如,水准尺读数为1.300,度盘读数为150°00′00″、127°02′06″中的"0"均应填写。

(5) 按四舍六入、五前单进双舍的取数规则进行计算,如数字1.2335和1.2345均取值为1.234。

(6) 记录或实习报告应妥善保管,不得损毁或丢弃,以便考核成绩。若某次记录错误太多或重做实习,原记录不可撕毁,而应用大字书写"作废"字样并保留,紧接下页开始新的记录。

小　结

测量学是研究对实体(包括地球整体、表面以及外层空间各种自然和人造的物体)中与地理空间分布有关的各种几何、物理、人文及其随时间变化的信息的采集、处理、管理、更新和利用的科学与技术。

按照工作性质不同,测量工作分为测定与测设。

测量工作中常用的坐标系有地理坐标系、高斯平面直角坐标系、独立平面直角坐标系等。

外业测量的三项基本工作:距离测量、高差测量和角度测量。

测量工作的基本程序是"先控制后碎部"。测量工作的基本原则是"从整体到局部""由高级到低级""严格检核"。

误差产生的原因主要有三类:仪器因素、人的因素和外界环境因素的影响。误差可以分为系统误差和偶然误差。衡量精度的指标有中误差、容许误差和相对误差。

习 题

简答题

1．测定与测设有何区别？

2．何谓大地水准面？测量工作的基准面、基准线分别是什么？

3．何谓绝对高程、相对高程及高差？

4．测量上的平面直角坐标系和数学上的平面直角坐标系有什么区别？

5．若已知 A 点的高程为 498.521m，又测得 A 点到 B 点的高差为-16.517m，试问 B 点的高程为多少？

6．测量的三项基本工作是什么？

7．为保证测量质量，测量工作需遵循的原则是什么？

8．误差产生的原因有哪几类？偶然误差有什么特性？

9．衡量精度的指标有哪些？

10．外业测量数据记录有哪些要求？

在线答题

第 2 章 水 准 测 量

思维导图

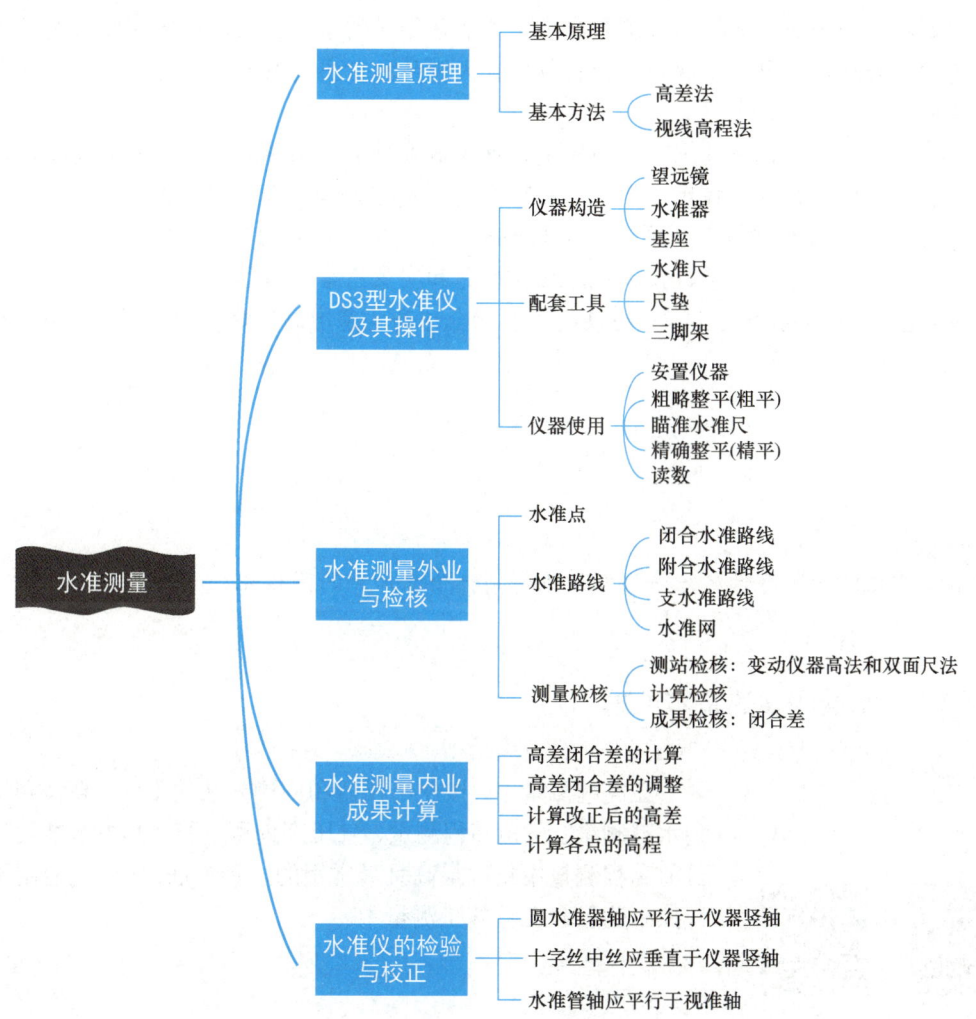

【引言】

党的二十大报告提出，"必须坚持科技是第一生产力、人才是第一资源、创新是第一动力""坚持创新在我国现代化建设全局中的核心地位""以国家战略需求为导向""加快实现高水平科技自立自强"。2020年12月8日，中国和尼泊尔两国联合对外宣布，经过两国团队的扎实工作，珠穆朗玛峰(简称"珠峰")的最新高程为8848.86m。这是首次将北斗卫星导航系统应用于珠峰高程计算，首次完全采用国产测绘仪器装备，首次实测珠峰峰顶重力值，首次在珠峰地区建立全球高程基准，首次利用实景三维技术直观展示珠峰的自然资源状况……此次珠峰高程测量在多个方面取得了创新与突破，是国家测绘技术水平和能力的综合体现，见证了我国测绘科技的重大进步和自主创新能力的显著提升，具有非常重要的历史意义和时代意义。

珠峰是喜马拉雅山脉的主峰，同时也是世界海拔最高的山峰。作为世界最高峰，珠峰的准确高度，素来为世人瞩目。那么，2020年珠峰高程测量是怎样进行的？

2020年珠峰高程测量，我国采用了GNSS卫星测量、水准测量、光电测距、雪深雷达测量、航空重力和遥感测量、似大地水准面精化和实景三维建模等多种传统和现代测绘技术，并与尼泊尔开展技术合作，最终确定了基于全球高程基准的珠峰雪面高程为8848.86m。

2.1 水准测量原理

想一想

在日常生活中，有什么方法可以精确得到一个未知点的高程呢？

2.1.1 水准测量的基本原理

在高程测量中，按使用仪器和施测方法的不同，高程测量分为水准测量、三角高程测量、气压高程测量等，其中水准测量是目前高程测量中精度最高且最常用的一种方法，被广泛应用于高程控制测量和工程施工测量中。

水准测量的原理是利用水准仪提供的水平视线，借助水准尺读数来测定地面点之间的高差，从而由已知点的高程推算出待测点的高程。

如图2-1所示，已知地面A点的高程为H_A，欲测出B点的高程H_B，可在A、B两点上分别竖立水准尺，并在距A、B两点距离相等的位置安置水准仪。根据水准仪提供的水平视线，在A点尺上读数，设为a；在B点尺上读数，设为b。由图可知A、B两点的高差为

$$h_{AB} = a - b \tag{2-1}$$

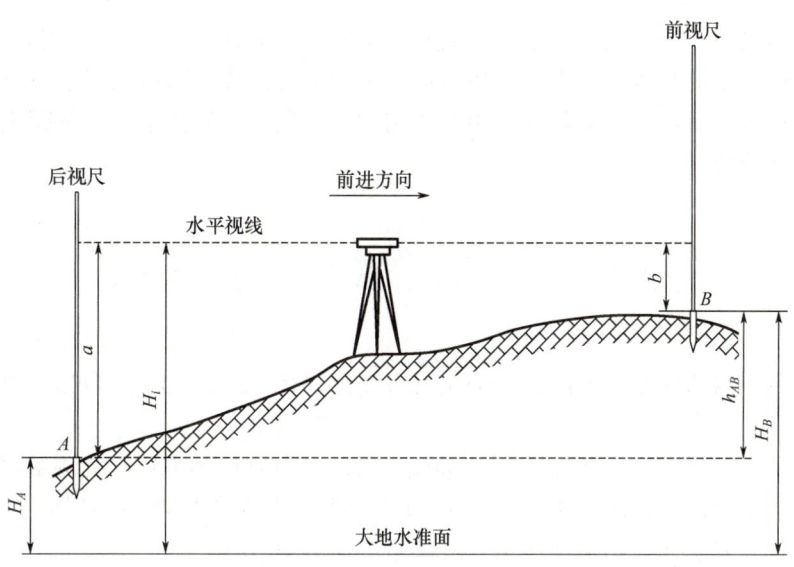

图 2-1 水准测量原理

水准测量方向是由已知高程点开始向待测点方向行进的。在图 2-1 中，A 为已知高程点，B 为待测点，则 A 点尺上的读数 a 称为后视读数，B 点尺上的读数 b 称为前视读数。由此可见，两点之间的高差一定是后视读数减前视读数。如果 $a>b$，则高差 h_{AB} 为正，表示 B 点比 A 点高；如果 $a<b$，则高差 h_{AB} 为负，表示 B 点比 A 点低。

在计算高差 h_{AB} 时，一定要注意 h_{AB} 下标 AB 的写法：h_{AB} 表示 A 点至 B 点的高差，h_{BA} 则表示 B 点至 A 点的高差，两个高差应该是绝对值相同而符号相反，即

$$h_{AB} = -h_{BA} \tag{2-2}$$

2.1.2 高程计算的基本方法

1. 高差法

高差法也称中间水准法。测得 A、B 两点之间的高差 h_{AB} 后，再由高差计算 B 点的高程，则待测点 B 点的高程 H_B 为

$$H_B = H_A + h_{AB} = H_A + (a-b) \tag{2-3}$$

此法一般在水准路线的高程测量中应用较多。

2. 视线高程法

视线高程法简称视线高法，它是通过水准仪的视线高程来计算待测点的高程。从图 2-1 中可以看出，A 点的高程加后视读数即得水准仪的水平视线高程，即

$$H_i = H_A + a \tag{2-4}$$

由此得 B 点的高程为

$$H_B = H_i - b \tag{2-5}$$

在工程测量中,当安置一次水准仪要求测出若干个前视点的高程时,测站上测定的视线高程作为该测站的常数,分别减去各待测点上的前视读数,即可求得各待测点的高程,这种方法比较方便,在土建工程施工中经常用到。但因为不能保证前后视距大致相等,所以其测量精度较低。

2.2　DS3 型水准仪及其操作

水准测量使用的仪器为水准仪,按仪器精度分,有 DS05、DS1、DS3、DS10 等型号,见表 2-1。D、S 分别为"大地测量"和"水准仪"的汉语拼音的第一个字母;数字 05、1、3、10 表示该仪器的精度。如 DS3 型水准仪,表示该型号仪器进行水准测量每千米往返测量高差中数的中误差为±3mm。DS3 型水准仪是土木工程测量中常用的仪器,本节主要介绍 DS3 型水准仪及其操作。图 2-2 所示为我国生产的 DS3 型水准仪。

表 2-1　常用水准仪系列及精度

水准仪系列型号	DS05	DS1	DS3	DS10
每千米往返测量高差中数的中误差	≤0.5mm	≤1mm	≤3mm	≤10mm

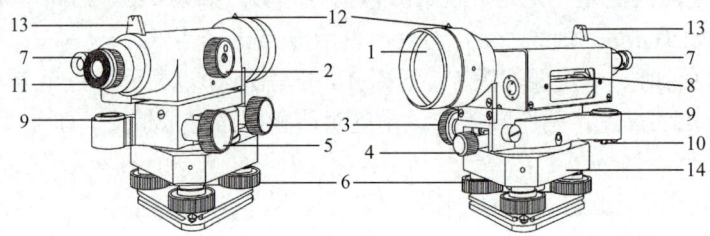

1—物镜;2—调焦螺旋;3—微动螺旋;4—制动螺旋;5—微倾螺旋;6—脚螺旋;7—符合水准器放大镜;8—水准管;9—圆水准器;10—圆水准器校正螺钉;11—目镜;12—准星;13—照门;14—基座。

图 2-2　我国生产的 DS3 型水准仪

2.2.1　DS3 型水准仪的构造

DS3 型水准仪,主要由望远镜、水准器和基座三部分组成。

1. 望远镜

望远镜的作用是能使我们看清不同距离的目标,并提供一条照准目标的视线。

图 2-3 所示为 DS3 型水准仪望远镜的构造,其主要由物镜、目镜、调焦透镜、十字丝分划板、调焦螺旋等部件构成。物镜、调焦透镜和目镜多采用复合透镜组。物镜固定在物镜筒前端,调焦透镜通过调焦螺旋可沿光轴在镜筒内前后移动。十字丝分划板是安装在物镜与目镜之间的一块平板玻璃,上面刻有两条相互垂直的细线,称为十字丝。中间横的一条称为中丝(或横丝)。与中丝平行的上下两条短丝称为视距丝,用来测距离。十字丝分划

板通过压环安装在分划板座上，套入物镜筒后再通过校正螺钉与镜筒固连。

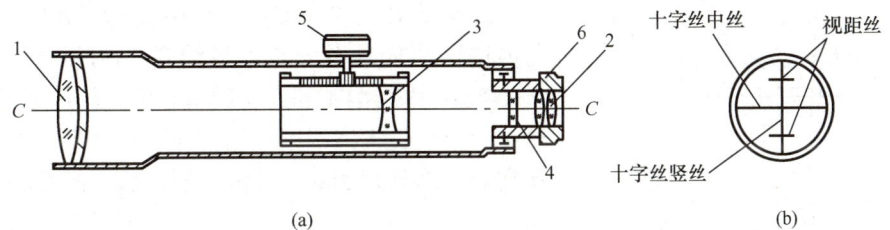

1—物镜；2—目镜；3—调焦透镜；4—十字丝分划板；5—物镜调焦螺旋；6—目镜调焦螺旋。

图 2-3 DS3 型水准仪望远镜的构造

物镜光心与十字丝中丝交点的连线称为视准轴(图 2-3 中的 C-C)。视准轴是水准测量中用来读数的视线。

物镜和目镜采用多块透镜组合而成，调焦透镜由单块透镜或多块透镜组合而成。望远镜成像原理如图 2-4 所示，望远镜所瞄准的目标 AB 经过物镜的作用形成一个倒立而缩小的实像 ab，调节物镜调焦螺旋即可带动调焦透镜在望远镜筒内前后移动，从而将不同距离的目标都能清晰地成像在十字丝平面上。调节目镜调焦螺旋可使十字丝成像清晰，再通过目镜，便可看到同时放大了的十字丝和目标影像 $a'b'$。通过目镜所看到的目标影像的视角 β 与未通过望远镜直接观察目标的视角 α 之比，称为望远镜的放大率，放大率 $V=\beta/\alpha$。DS3 型水准仪望远镜的放大率为 28 倍。

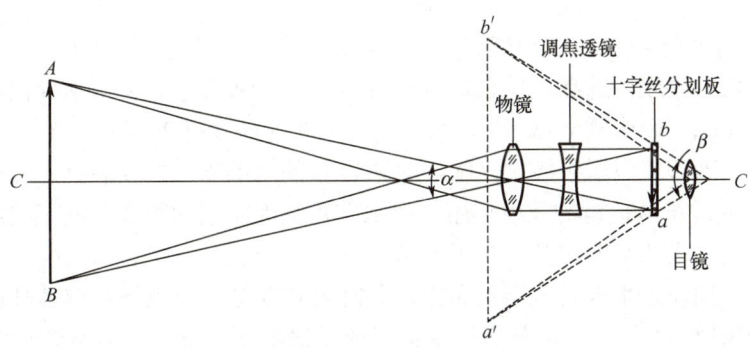

图 2-4 望远镜成像原理

由于物镜调焦螺旋调焦不完善，可能使目标形成的实像 ab 与十字丝分划板平面不完全重合，此时当观测者眼睛在目镜端略作上下少量移动时，就会发现目标的实像 ab 与十字丝平面之间有相对移动，这种现象称为视差。在检查视差是否存在时，观测者眼睛应处于松弛状态，不宜紧张，且眼睛在目镜端上下移动量不宜过大，仅作少量移动，否则会引起错觉而误认为视差存在。

2. 水准器

水准器是水准仪上的重要部件，它是利用液体受重力作用后使气泡居于最高处的特性，指示水准器的水准轴位于水平或竖直位置，从而使水准仪获得一条水平视线的一种装置。水准器分管水准器和圆水准器两种。

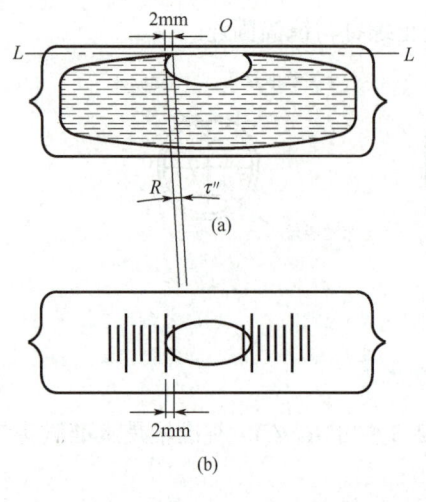

图 2-5 水准管

(1) 管水准器。

管水准器又称水准管,是由玻璃管制成的,其纵向内壁研磨成具有一定半径的圆弧(圆弧半径一般为 7~20m),内装酒精和乙醚的混合液,加热密封冷却后形成一个小长气泡,因气泡较轻,故处于管内最高处。水准管顶面刻有 2mm 间隔的分划线,分划线的中点 O 称为水准管零点,通过零点 O 的圆弧切线 LL,称为水准管轴,如图 2-5(a)所示。当水准管的气泡中点与零点重合时,称为气泡居中,表示水准管轴水平。若保持视准轴与水准管轴平行,则当气泡居中时,视准轴也应位于水平位置。通常根据水准管气泡两端距水准管两端刻划的格数相等的方法来判断水准管气泡是否精确居中,如图 2-5(b)所示。

水准管上两相邻分划线间的圆弧(弧长为 2mm)所对的圆心角,称为水准管分划值 τ。τ 用公式表示为

$$\tau = \frac{2}{R}\rho \tag{2-6}$$

式中:ρ——弧度的秒值,$\rho = 206265''$。

R——水准管圆弧半径,单位为 mm。

式(2-6)说明分划值 τ 与水准管圆弧半径 R 成反比。R 越大,τ 越小,水准管灵敏度越高,则定平仪器的精度也越高,反之定平仪器的精度就越低。DS3 型水准仪水准管的分划值一般为 20″/2mm,表明气泡移动一格(2mm),水准管轴倾斜 20″。

为了提高水准管气泡居中精度,DS3 型水准仪的水准管上方安装有一组符合棱镜,如图 2-6 所示。通过符合棱镜的反射作用,把水准管气泡两端的影像反映在望远镜旁的水准管气泡观察窗内,当气泡两端的两个半像符合成一个圆弧时,就表示水准管气泡居中;若两个半像错开,则表示水准管气泡不居中,此时可转动位于目镜下方的微倾螺旋,使气泡两端的半像严密吻合(即居中),从而达到仪器的精确整平。这种配有符合棱镜的水准器,称为符合水准器。它不仅便于观察,而且可以使气泡居中精度提高一倍。

(2) 圆水准器。

圆水准器是一个圆柱形的玻璃盒子,如图 2-7 所示。圆水准器顶面的内壁磨成圆球面,顶面中央刻有一个小圆圈,其圆心 O 称为圆水准器的零点,过零点 O 的法线 $L'L'$ 称为圆水准器轴。由于它与仪器的旋转轴(竖轴)平行,所以当圆水准器气泡居中时,圆水准器轴处于竖直(铅垂)位置,表示水准仪的竖轴也大致处于竖直位置了。DS3 型水准仪圆水准器分划值一般为 8′~10′,由于分划值较大,灵敏度较低,因此只能用于水准仪的粗略整平,为仪器的精确整平创造条件。

3. 基座

基座主要由轴座、脚螺旋和连接板构成。仪器上部通过竖轴插入轴座内,由基座承托。整个仪器用连接螺旋与三脚架连结。

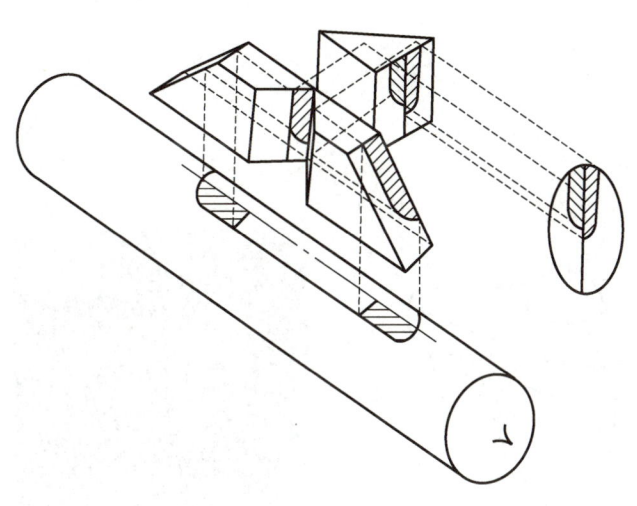
图 2-6 水准管与符合棱镜

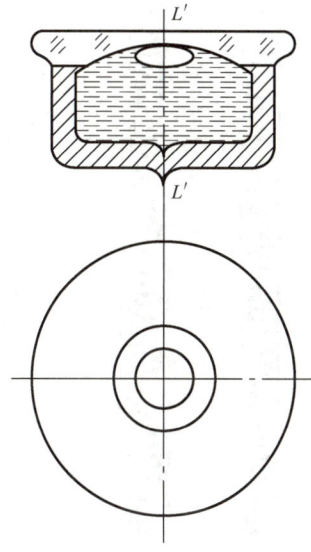
图 2-7 圆水准器

2.2.2 配套工具

1. 水准尺

水准尺是水准测量时使用的标尺,其质量会直接影响水准测量的精度,因此水准尺通常用不易变形且干燥的优良木材或玻璃钢制成,要求尺长稳定、刻划准确,长度从 2m 至 5m 不等。

水准尺

水准尺尺面每隔 1cm 涂有黑白或红白相间的分格,每分米处注有数字,数字一般是倒着写的,以便观测时从望远镜中看到的是正像字。

根据其构造,常用的水准尺可分为直尺(整体尺)和塔尺两种,如图 2-8 所示。其中直尺又分为单面分划尺和双面(红黑面)分划尺。

双面分划尺的两面均有刻划,一面为黑白分划,称为黑面尺(也称主尺),另一面为红白分划,称为红面尺(也称辅尺)。通常用两根尺组成一对进行水准测量,两根尺的黑白尺尺底读数均从零开始,而红面尺尺底,一根从固定数值 4.687m 开始,另一根从固定数值 4.787m 开始,此数值称为零点差(或红黑面常数差)。水平视线在同一根水准尺上的黑面与红面的读数之差称为尺底的零点差,它可作为水准测量时读数的检核。

塔尺由多节小尺套接而成,其长度为 3~5m,不用时可套在最下一节之内,长度仅 1m 左右。塔尺携带方便,但应注意塔尺的连接处,务必使套接准确稳固。塔尺一般用于地形起伏较大,精度要求较低的水准测量。

2. 尺垫

如图 2-9 所示,尺垫一般由三角形的铸铁制成,下面有 3 个尖脚,便于使用时将尺垫踩入土中,使之稳固。上面有一个凸起的半球体,水准尺竖立于球顶最高点。在精度要求较高的水准测量中,转点处应放置尺垫,以防止观测过程中水准尺下沉或位置发生变化而影响读数。

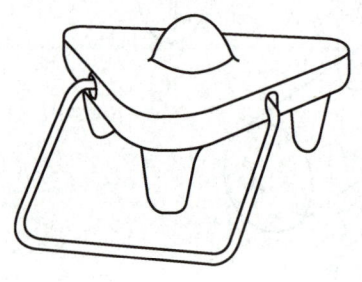

(a) 直尺　(b) 塔尺

图 2-8　水准尺　　　　　　　　　　　图 2-9　尺垫

3. 三脚架

三脚架是水准仪的附件，用以安置水准仪，由木材(或金属)制成。三脚架一般可伸缩，便于携带及调整仪器高度，使用时用中心连接螺旋与仪器紧固。

> **特别提示**
>
> 对于水准尺和尺垫的选用，一定要符合相关测量规范不同等级水准测量对水准尺和尺垫的要求（包括材质、结构、质量等）。

2.2.3　水准仪的使用

微倾式水准仪的基本操作

水准仪的操作包括安置仪器、粗略整平(粗平)、瞄准水准尺、精确整平(精平)和读数等步骤。

1. 安置仪器

在测站上安置三脚架，调节三脚架使高度适中，目估使架头大致水平，检查三脚架伸缩螺旋是否拧紧；然后用连接螺旋把水准仪安置在三脚架架头上，操作时应用手扶住仪器，以防仪器从架头滑落。

2. 粗略整平(粗平)

粗略整平简称粗平。粗平即初步整平仪器，通过调节 3 个脚螺旋使圆水准器气泡居中，从而使仪器的竖轴大致铅垂。具体做法是：如图 2-10(a)所示，外围 3 个圆圈为脚螺旋，中间为圆水准器，虚线圆圈代表气泡所在位置，首先用双手按箭头所指方向转动脚螺旋 1、2，使圆水准器气泡移到这两个脚螺旋连线方向的中间，然后再按图 2-10(b)中箭头所指方向，用左手转动脚螺旋3，使圆水准器气泡居中(即位于黑圆圈中央)。在整平的过程中，气泡移动的方向与左手大拇指转动脚螺旋时的移动方向一致。

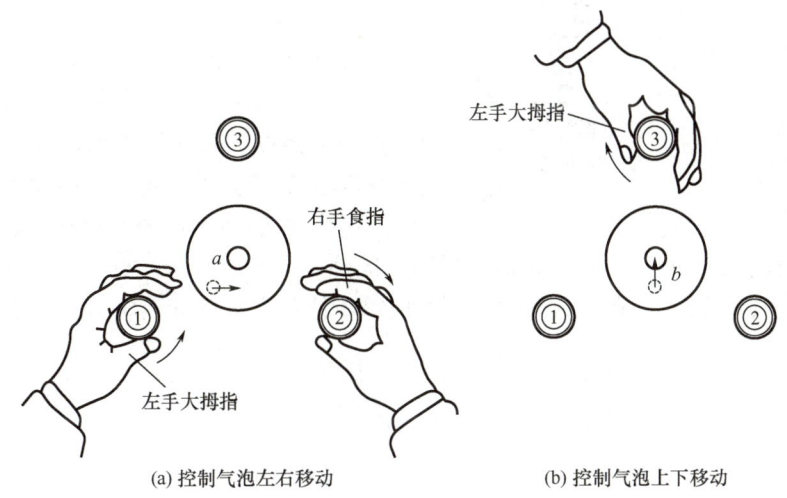

(a) 控制气泡左右移动　　　　　(b) 控制气泡上下移动

图 2-10　圆水准器气泡整平

3．瞄准水准尺

先将望远镜对着明亮背景，转动目镜调焦螺旋使十字丝成像清晰；再松开制动螺旋，转动望远镜，用望远镜筒上部的准星和照门大致对准水准尺后，拧紧制动螺旋；然后从望远镜内观察目标，调节物镜调焦螺旋，使水准尺成像清晰；最后用微动螺旋转动望远镜，使十字丝竖丝对准水准尺的中间稍偏一点，以便读数。

瞄准时应注意消除视差。产生视差的原因是目标通过物镜所成的像没有与十字丝平面重合。视差的存在将影响观测结果的准确性，应予消除。消除视差的方法是仔细地反复进行目镜和物镜调焦，如图 2-11 所示。

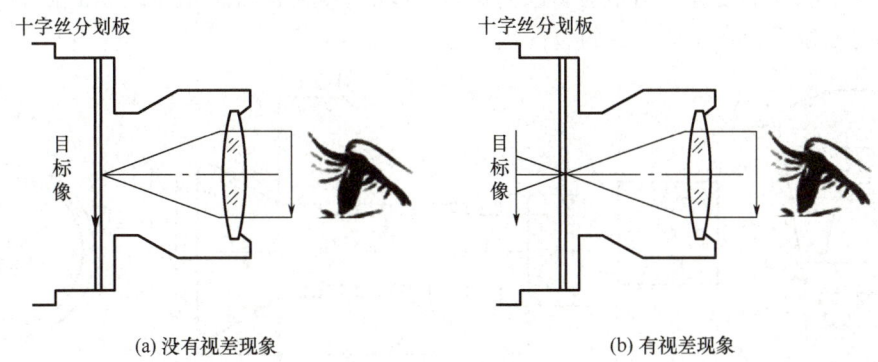

(a) 没有视差现象　　　　　(b) 有视差现象

图 2-11　视差现象

4．精确整平(精平)

精确整平简称精平。精平是调节微倾螺旋，使目镜左边观察窗内的符合水准气泡两个半边影像完全吻合，这时视准轴处于精确水平位置。微倾螺旋转动方向与符合水准管左侧气泡的移动方向一致，由于气泡移动有一个惯性，因此转动微倾螺旋的速度不能太快。只

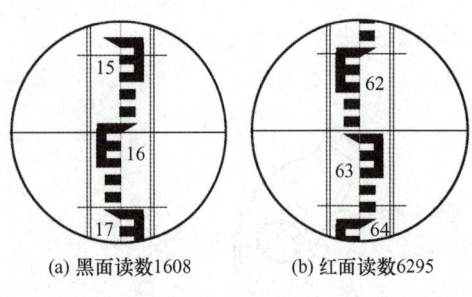

(a) 黑面读数1608　　(b) 红面读数6295

图 2-12　水准尺读数

有符合水准气泡两端影像完全吻合而又稳定不动后气泡才算居中。

5．读数

符合水准器气泡居中后，即可读取十字丝中丝在水准尺上的读数。读数时应从水准尺刻划值的小数向大数读，直接读出米、分米和厘米，估读出毫米(图2-12)。观测者应先估读水准尺上的毫米数(小于一格的估值)，然后读出米、分米及厘米值，一般应读出4位数。读数应迅速、果断、准确，读数后应立即重新检视符合水准气泡是否仍居中，如仍居中，则读数有效，否则应重新使符合水准气泡居中后再读数。

2.3　水准测量外业与检核

2.3.1　水准点与水准路线

1．水准点

用水准测量方法测定的高程控制点称为水准点(Bench Make，BM)。水准点的位置应选在土质坚实、便于长期保存和使用方便的地方。水准点按其精度分为不同的等级。国家水准点分为4个等级，即一、二、三、四等水准点，并按国家规范要求埋设永久性标石标志。地面水准点按一定规格埋设，在标石顶部设置有由不易腐蚀的材料制成的半球状标志［图 2-13(a)］；墙上水准点应按规格要求设置在永久性建筑物的墙角上［图 2-13b］。

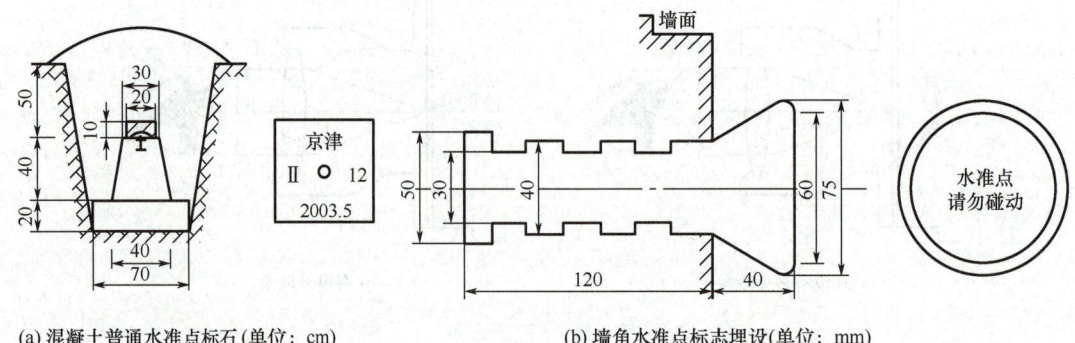

(a) 混凝土普通水准点标石(单位：cm)　　(b) 墙角水准点标志埋设(单位：mm)

图 2-13　二、三等水准点标石埋设

地形测量中的图根水准点和一些施工测量使用的水准点，常采用临时性标志，既可用木桩或道钉打入地面，也可在地表凸出的坚硬岩石或房屋四周的水泥面、台阶等处用油漆做出标志。

2. 水准路线

水准测量是按一定的路线进行的。将若干个水准点按施测前进的方向连接起来，称为水准路线。水准路线有闭合水准路线、附合水准路线、支水准路线(往返路线)及水准网几种类型。

(1) 闭合水准路线。

如图 2-14(a)所示，从一已知高程点 BM_A 出发，沿线测定待测高程点 1、2、3、4 的高程后，最后闭合到 BM_A 上。这种水准路线称为闭合水准路线。

(2) 附合水准路线。

如图 2-14(b)所示，从一已知高程点 BM_A 出发，沿线测定待测高程点 1、2、3 的高程后，最后附合到另一个已知高程点 BM_B 上。这种水准路线称为附合水准路线。

(3) 支水准路线。

如图 2-14(c)所示，从一已知高程点 BM_A 出发，沿线测定待测高程点 1、2 的高程后，既不闭合又不附合到已知高程点上。这种水准路线称为支水准路线。

(4) 水准网。

如图 2-14(d)所示，由多条单一水准路线相互连接构成的网状图形称为水准网。

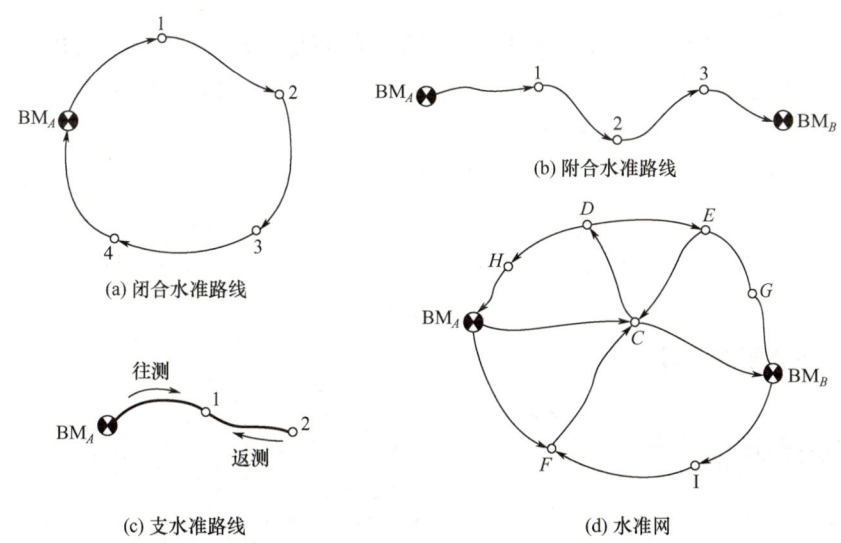

图 2-14 水准路线

2.3.2 水准测量的实施

当已知水准点与待测高程点的距离较远或两点间高差很大、安置一次仪器无法测到两点的高差时，就需要把两点间分成若干测站，连续安置仪器测出每站的高差，然后依次推算两点间的高差和高程。

如图 2-15 所示，水准点 BM_A 的高程为 158.365m，现拟测定 B 点高程，其施测步骤如下。

水准测量的实施与检核

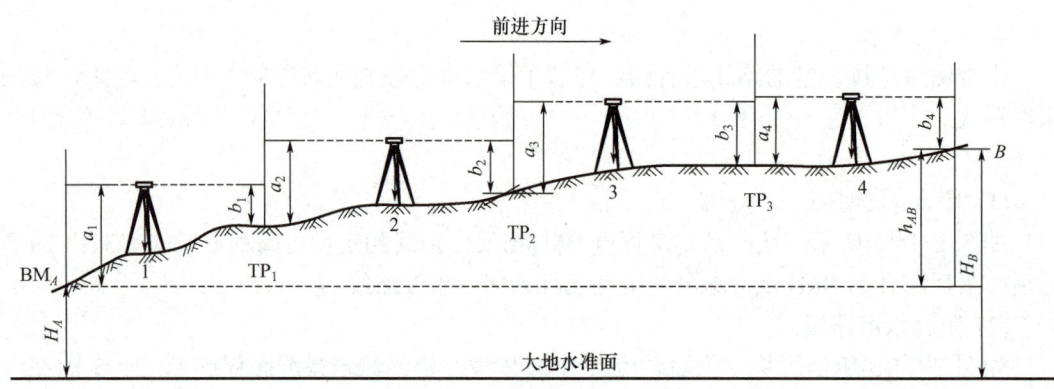

图 2-15 水准测量的施测步骤

在离 A 点适当距离处选择点 TP_1，安放尺垫，在 A、TP_1 两点分别竖立水准尺。在距 A 点和 TP_1 点大致相等距离处（1 点）安置水准仪，瞄准后视点 A，精平后读得后视读数 a_1 为 1.568，记入水准测量手簿(表 2-2)。旋转望远镜，瞄准前视点 TP_1，精平后读得前视读数 b_1 为 1.245，记入水准测量手簿。计算出 A、TP_1 两点的高差为+0.323m。此为一个测站的工作。

TP_1 点的水准尺不动，将 A 点的水准尺立于 TP_2 点处，水准仪安置在 TP_1、TP_2 点之间（2 点），用与上述相同的方法测出 TP_1、TP_2 两点的高差，依次测至终点 B。

每一测站可测得前、后视两点间的高差，即

$$h_1 = a_1 - b_1$$
$$h_2 = a_2 - b_2$$
$$h_3 = a_3 - b_3$$
$$h_4 = a_4 - b_4$$

将以上各式相加，得

$$\sum h_{AB} = \sum h = \sum a - \sum b$$

B 点的高程为

$$H_B = H_A + \sum h_{AB} \tag{2-7}$$

在上述施测过程中，TP_1、TP_2、TP_3 点是临时的立尺点，作为传递高程的过渡点，称为转点(Turning Point，TP)。转点无固定标志，无须计算高程。

A、B 两点间增设的转点起着传递高程的作用。为了保证高程传递的正确性，在连续水准测量过程中，不仅要选择土质稳固的地方作为转点位置(须安放尺垫)，而且在相邻测站的观测过程中，要保持转点(尺垫)稳定不动；同时要尽可能保持各测站的前后视距大致相等；还要通过调节前后视距，尽可能保持整条水准路线中的前视视距之和与后视视距之和相等，这样有利消除(或减少)地球曲率和某些仪器误差对高差的影响。注意在每站观测时，应尽量保持前后视距相等，视距可由上下丝读数之差乘以 100 求得。每次读数时均应使符合水准气泡严密吻合，每个转点均应安放尺垫，但所有已知水准点和待测高程点上不能放置尺垫。

表 2-2 水准测量手簿

观测	测点	水准尺读数 后视 a/m	水准尺读数 前视 b/m	高差/m	高程/m	备注
1	A	1.568		+0.323	158.365	已知高程
	TP_1		1.245			
2	TP_1	1.689		+0.344		
	TP_2		1.345			
3	TP_2	2.025		+0.527		
	TP_3		1.498			
4	TP_3	1.258		+0.194	159.753	
	B		1.064			
计算检核	∑	6.540	5.152	$\sum h = +1.388$	$H_B - H_A = +1.388$	
		$\sum a - \sum b = +1.388$				

2.3.3 水准测量的检核

1. 测站检核

在水准测量每一站测量时，任何一个观测数据出现错误，都将导致所测高差不正确。为保证观测数据的正确性，在观测过程中，通常采用变动仪器高法或双面尺法进行测站检核。

变动仪器高法水准测量

(1) 变动仪器高法。

在每测站上测出两点高差后，改变仪器高度再测一次高差，两次高差之差不超过容许值(如图根水准测量的容许值为±6mm)，取其平均值作为最后结果；若超过容许值，则需重测。

(2) 双面尺法。

在每测站上，仪器高度不变，分别测出两点的黑面尺高差和红面尺高差。若同一水准尺红面读数与黑面读数之差，以及红面尺高差与黑面尺高差均在容许值范围内，则取其平均值作为最后结果，否则应重测。

2. 计算检核

为保证高差计算的正确性，应进行计算检核，检核的依据是：各测站测得的高差的代数和应等于后视读数之和减去前视读数之和。

所求两数相等，即 $\sum h = \sum a - \sum b$，则说明计算正确无误。

3. 成果检核

测站检核能检查每测站的观测数据是否存在错误，但有些错误，如在转站时转点的位置被移动，测站检核是查不出来的。此外，每一测站的高差误差如果出现符号一致性，随着测站数的增多，误差积累起来，就有可能使高差总和的误差累积过大。因此，还必须对水准测量进行成果检核，其方法如下。

(1) 附合水准路线的成果检核。

附合水准路线中各测站实测高差的代数和应等于两已知水准点间的高差。由于实测高差存在误差,使两者之间不完全相等,其差值称为高差闭合差 f_h,即

$$f_h = \sum h_{测} - (H_{终} - H_{始}) \tag{2-8}$$

式中:$H_{终}$——附合水准路线终点的高程;

$H_{始}$——附合水准路线起点的高程。

(2) 闭合水准路线的成果检核。

闭合水准路线中各段高差的代数和应为零,但实测高差总和不一定为零,从而产生高差闭合差 f_h,即

$$f_h = \sum h_{测} \tag{2-9}$$

(3) 支水准路线的成果检核。

支水准路线要进行往返测,往测高差总和与返测高差总和应大小相等、符号相反。但实测值两者之间存在差值,即产生高差闭合差 f_h。

$$f_h = \sum h_{往} + \sum h_{返} \tag{2-10}$$

往返测量即形成往返路线,其实质已与闭合路线相同,可按闭合路线计算。

高差闭合差是各种因素产生的测量误差,故其差值应该在容许值范围内,否则应检查原因,返工重测。

根据工程测量标准,图根水准测量高差闭合差的容许值为

平地 $\qquad f_{h容} = \pm 40\sqrt{L}\,(\text{mm})$
山地 $\qquad f_{h容} = \pm 12\sqrt{n}\,(\text{mm})$ $\tag{2-11}$

四等水准测量高差闭合差的容许值为

平地 $\qquad f_{h容} = \pm 20\sqrt{L}\,(\text{mm})$
山地 $\qquad f_{h容} = \pm 6\sqrt{n}\,(\text{mm})$ $\tag{2-12}$

式中:L——水准路线总长(km);

n——测站数。

> **特别提示**
>
> 水准测量成果检核能有效检验测量过程中的累积误差,是水准测量全线路精度最重要的检核标准。

2.4 水准测量内业成果计算

水准测量内业成果计算,首先要算出高差闭合差,它是衡量水准测量精度的重要指标。当高差闭合差在容许值范围内时,再对高差闭合差进行调整,求出改正后的高差,最后求出待测水准点的高程。下面通过实例介绍水准测量内业成果计算的方法与步骤。

水准测量内业成果计算

2.4.1 附合水准路线测量成果计算

图 2-16 是根据水准测量手簿整理得到的观测数据、各测段高差和测站数。A、B 为已知高程水准点,1、2、3 点为待测高程的水准点。列表 2-3 进行高差闭合差的调整和高程计算。其步骤如下。

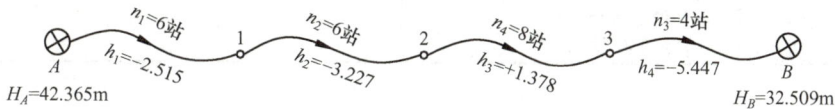

图 2-16 附合水准路线计算

(1) 高差闭合差的计算。

由式(2-8)得 $f_h = \sum h_{测} - (H_B - H_A) = -9.811\text{m} - (32.509 - 42.365)\text{m} = +0.045\text{m}$

按山地及图根水准精度计算高差闭合差的容许值为

$$f_{h容} = \pm 12\sqrt{n} = \pm 12\sqrt{24}\text{ mm} \approx \pm 58\text{mm}$$

$|f_h| < |f_{h容}|$,其精度符合图根水准测量的技术要求。

(2) 高差闭合差的调整。

在同一条水准路线上,假设观测条件相同,可认为各测站产生误差的机会是相同的。根据误差理论,高差闭合差的调整原则是"比例原则,长边优先"。

"比例原则",即将闭合差 f_h 按与测段长度(或测站数)成正比,并反其符号改正到各相应测段的高差中去。第 i 测段高差改正数按下式计算。

$$V_i = -\frac{f_h}{\sum n} n_i \text{ 或 } V_i = -\frac{f_h}{\sum l} l_i \tag{2-13}$$

式中:n ——路线总测站数;

n_i ——第 i 段测站数($i=1,2,\cdots,n$);

$\sum l$ ——路线总长;

l_i ——第 i 段距离。

由式(2-13)算出第 1 测段(A—1)的改正数为

$$V_1 = -\frac{0.045\text{m}}{24} \times 6 \approx -0.011\text{m}$$

其他各测段改正数按式(2-13)算出后列入表 2-3 中。改正数的总和与高差闭合差大小相等、符号相反。

表 2-3　附合水准路线成果计算

测点	测站数	实测高差/m	高差改正数/m	改正后的高差/m	高程/m	备注
A					42.365	
	6	−2.515	−0.011	−2.526		
1					39.839	
	6	−3.227	−0.011	−3.238		
2					36.601	
	8	+1.378	−0.008	+1.370		
3					37.971	
	4	−5.447	−0.015	−5.468		
B					32.509	
∑	24	−9.811	−0.045	−9.856		
辅助计算	f_h=+45mm　$f_{h容}=\pm 12\sqrt{24}$ mm≈±58mm　$\lvert f_h \rvert < \lvert f_{h容} \rvert$，精度符合要求					

特别提示

"长边优先"，即长边优先多拿改正数。由于改正数计算结果末位取舍的原因，可能会使改正数之和与高差闭合差无法满足相反数关系。出现这种情况时，可采用与改正数相同的符号，将两者绝对值的差值以最小计算单位为单元进行平分，当改正数不足以抵消高差闭合差时，将平分的结果优先补到最长的若干条边所对应的改正数上；当改正数足以抵消高差闭合差且多余时，则将平分的结果优先从最短的若干条边所对应的改正数中去除。

(3) 计算改正后的高差。

每测段实测高差加相应的改正数便得到改正后的高差，即

$$h_{i改} = h_{i测} + V_i \tag{2-14}$$

(4) 计算各点的高程。

用每段改正后的高差，由已知水准点 A 开始，逐点算出各点高程，见表 2-3。由计算得到的 B 点高程应与 B 点的已知高程相等，以此作为计算检核。

2.4.2　闭合水准路线测量成果计算

如图 2-17 所示，水准点 BM_4 的高程为 27.015m，1、2、3、4 点为待测高程点。现用图根水准测量方法进行观测，各段观测数据及起点高程均注于图上，图中箭头表示测量前进方向，

现以该闭合水准路线为例将成果计算的方法和步骤介绍如下，并将计算结果列入表2-4中。

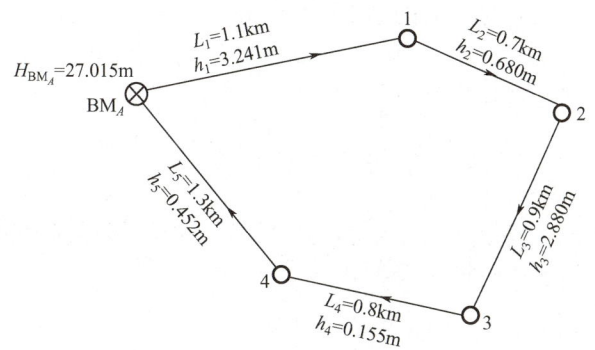

图 2-17 闭合水准路线计算

(1) 高差闭合差的计算。

如前所述，由式(2-9)计算高差闭合差 f_h，即
$$f_h = \sum h_{测} = -0.022\text{m}$$

图根水准的容许限差 $f_{h容} = \pm 40\sqrt{L}$，本例中，路线总长为 4.8km，则 $f_{h容} = \pm 40\sqrt{L} = \pm 40\sqrt{4.8}$ mm ≈ ±87mm，因为 $|f_h| < |f_{h容}|$，故其精度符合要求。在精度合格的情况下，可进行高差闭合差的调整。

(2) 高差闭合差的调整。

按照"比例原则，长边优先"的原则，按照式(2-13)计算各段改正数，检核无误后将各段改正数记入表2-4的改正数栏内。

表 2-4 闭合水准路线测量成果计算

测段编号	测点	距离/km	实测高差/m	高差改正数/m	改正后的高差/m	高程/m	备注
1	2	3	4	5	6	7	8
Ⅰ	BM_A	1.1	+3.241	+0.005	+3.246	27.015	已知高程
Ⅱ	1	0.7	-0.680	+0.003	-0.677	30.261	
Ⅲ	2	0.9	-2.880	+0.004	-2.876	29.584	
Ⅳ	3	0.8	-0.155	+0.004	-0.151	26.708	
Ⅴ	4	1.3	+0.452	+0.006	+0.458	26.557	
∑	BM_A	4.8	-0.022	+0.022	0	27.015	与已知高程相符
辅助计算	$f_h = \sum h_{测} = -0.022$m $f_{h容} = 40\sqrt{L} = 40\sqrt{4.8}$ mm ≈ 87mm $\|f_h\| < \|f_{h容}\|$，精度符合要求						

(3) 计算改正后的高差。

各段实测高差加上相应的改正数得改正后的高差，即

$$h_{i改}=h_{i测}+v_i$$

本例中各段改正后的高差分别为

$$h_{1改}=h_{1测}+v_1=3.241m+0.005m=3.246m$$

……

将上述结果分别记入表 2-4 改正后的高差栏内。改正后各段高差的代数和值应等于高差的理论值，以此作为计算检核，即 $\sum h_{改}=\sum h_{理}=0$。

(4) 计算各点的高程。

根据水准点 BM_A 的高程和各段改正后的高差，按顺序逐点计算各待测点的高程，填入表 2-4 中的高程栏内，本例中各待测点的高程分别为

$$h_{A1(改)}=\frac{|h_{往}|+|h_{返}|}{2}=\frac{1.332+1.350}{2}m=1.341m$$

$$H_1=27.015m+3.246m=30.261m$$

……

此时推算出的 H_A 与该点的已知高程相等，表明计算无误，以此作为计算检核。

2.4.3 支水准路线测量成果计算

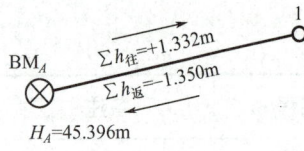

图 2-18 等外支水准路线

图 2-18 所示为等外支水准路线，已知水准点 A 的高程为 45.396m，往返测站各为 8 站，全程共 16 站，其往测高差总和 $\sum h_{往}=+1.332m$，返测高差总和 $\sum h_{返}=-1.350m$，图中箭头表示水准测量往测方向。成果计算方法如下。

(1) 计算高差闭合差。

如前所述，由式(2-10)计算高差闭合差，即

$$f_h=\sum h_{往}+\sum h_{返}=1.332m+(-1.350)m=-0.018m=-18mm$$

计算高差闭合差容许值。

$$f_{h容}=\pm 12\sqrt{n}=\pm 12\sqrt{16}\ mm=\pm 48mm$$

由于$|f_h|<|f_{h容}|$，精度符合要求。

(2) 计算改正后的高差。

对于支水准路线，取各测段往测和返测高差绝对值的平均值即为改正后的高差，其符号以往测高差符号为准，即

$$h_{A1改}=\frac{|+1.332|+|-1.350|}{2}m=1.341m$$

(3) 计算待测点的高程。

$$H_1=H_A+h_{A1改}=45.396m+1.341m=46.737m$$

注意：支水准路线在计算高差闭合差容许值时，路线总长度 L 或测站总数 n 只按单程计算。

2.5　水准仪的检验与校正

水准仪检验就是查明仪器各轴线是否满足应有的几何条件，只有这样水准仪才能真正提供一条水平视线，正确地测定两点间的高差。如果不满足几何条件，且超出规定的范围，则应进行仪器校正，所以校正的目的是使仪器各轴线满足应有的几何条件。

2.5.1　水准仪的轴线及其应满足的几何条件

如图 2-19 所示，水准仪的轴线主要有视准轴 CC、水准管轴 LL、圆水准轴 L'L'、仪器竖轴 VV。

根据水准测量原理，水准仪必须提供一条水平视线(即视准轴水平)，而视线是否水平是根据水准管气泡是否居中来判断的。如果水准管气泡居中，而视线不水平，则不符合水准测量原理。因此水准仪在轴线构造上应满足水准管轴平行于视准轴这个主要的几何条件。

此外，为了便于迅速有效地用微倾螺旋使符合水准气泡居中，应先用脚螺旋使圆水准器

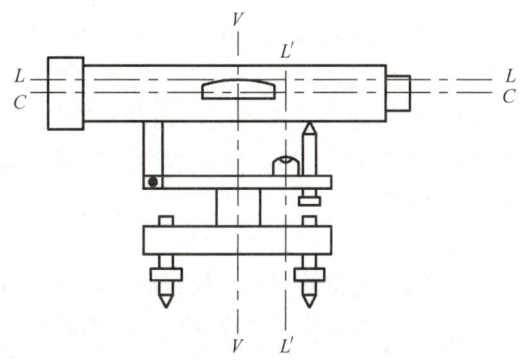

图 2-19　水准仪的轴线

气泡居中，使仪器粗平，仪器竖轴基本处于铅垂位置，故水准仪还应满足圆水准器轴平行于仪器竖轴的几何条件；为了准确地用中丝进行读数，当水准仪的竖轴铅垂时，中丝应当水平。

综上所述，水准仪轴线应满足的几何条件如下。
(1) 圆水准器轴应平行于仪器竖轴(L'L'∥VV)。
(2) 十字丝中丝应垂直于仪器竖轴(即中丝应水平)。
(3) 水准管轴应平行于视准轴(LL∥CC)。

2.5.2　水准仪的检验与校正

1. 圆水准器轴平行于仪器竖轴的检验与校正

圆水准器检验与校正的原理如图 2-20 所示。

1) 检验

安置仪器后，用脚螺旋调节圆水准器气泡居中，然后将望远镜绕竖轴旋转 180°，如气泡仍居中，表示此条件满足要求；若气泡不再居中，则应进行校正。

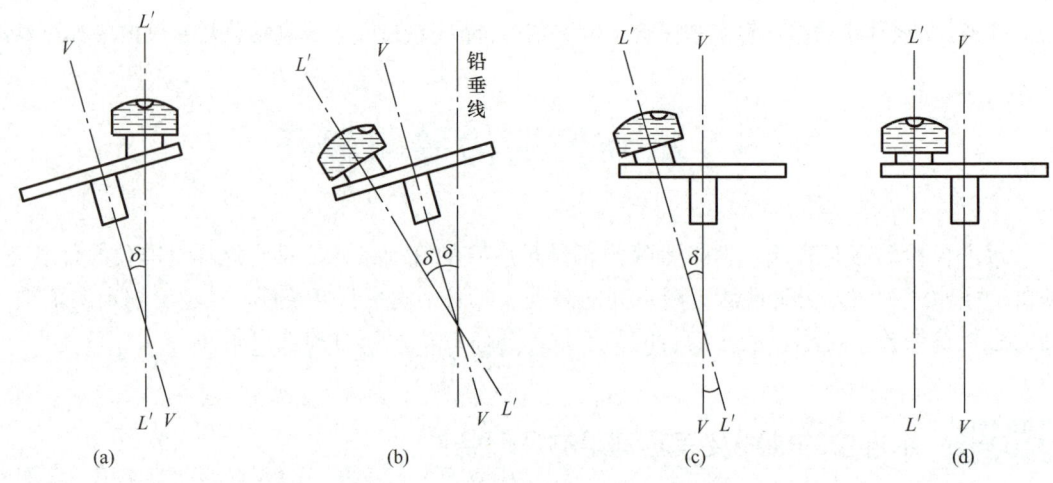

图 2-20 圆水准器检验与校正的原理

当圆水准器气泡居中时,圆水准器轴处于铅垂位置;若圆水准器轴与竖轴不平行,竖轴与铅垂线之间则会出现倾角 δ [图 2-20(a)]。当望远镜绕倾斜的竖轴旋转 180°后,仪器的竖轴位置并没有改变,而圆水准器轴却转到了竖轴的另一侧。这时,圆水准器轴与铅垂线的夹角为 2δ,则圆水准器气泡偏离零点,其偏离零点的弧长所对的圆心角为 2δ [图 2-20(b)]。

2) 校正

根据上述检验原理,校正时,用脚螺旋使气泡向零点方向移动偏离长度的一半,这时竖轴处于铅垂位置 [图 2-20(c)];然后再用校正针调整圆水准器下面的 3 个校正螺钉,使气泡居中。这时,圆水准器轴便平行于仪器竖轴 [图 2-20(d)]。

圆水准器下面的校正螺钉构造如图 2-21 所示。校正时,一般要反复进行数次,直到仪器旋转到任何位置圆水准器气泡都居中。

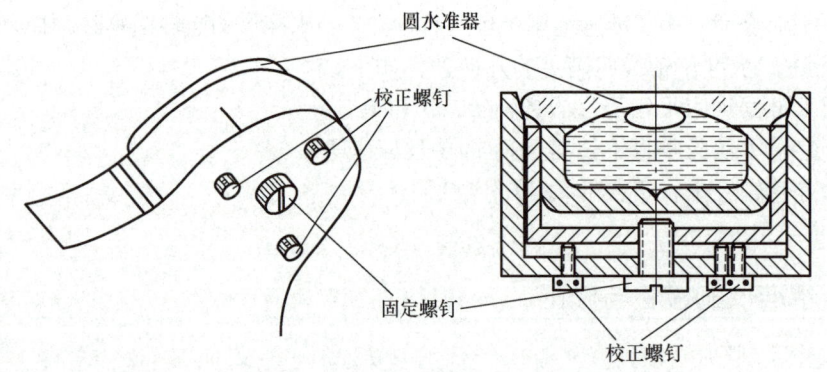

图 2-21 圆水准器下面的校正螺钉构造

2. 十字丝中丝垂直于仪器竖轴的检验与校正

1) 检验

水准仪整平后,先用十字丝中丝的一端对准一个点状目标,如图 2-22(a)中的 P 点,拧紧制动螺旋,然后用微动螺旋缓缓地转动望远镜。若 P 点始终在中丝上移动 [图 2-22(b)],

则说明此条件满足；若 P 点移动的轨迹离开了中丝 [图 2-22(c)、(d)]，则说明此条件不满足，需要校正。

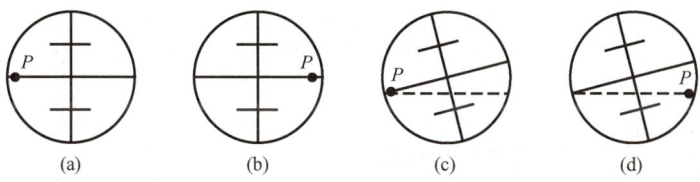

图 2-22 十字丝的检验

2) 校正

校正方法因十字丝分划板座安置的形式不同而异。其中一种十字丝分划板的安置将其固定在目镜筒内，目镜筒插入物镜筒后，再由 4 个固定螺钉与物镜筒连接。校正时，用螺丝刀旋松 4 个固定螺钉，然后转动目镜筒，使中丝水平(图 2-23)。最后将 4 个固定螺钉拧紧。

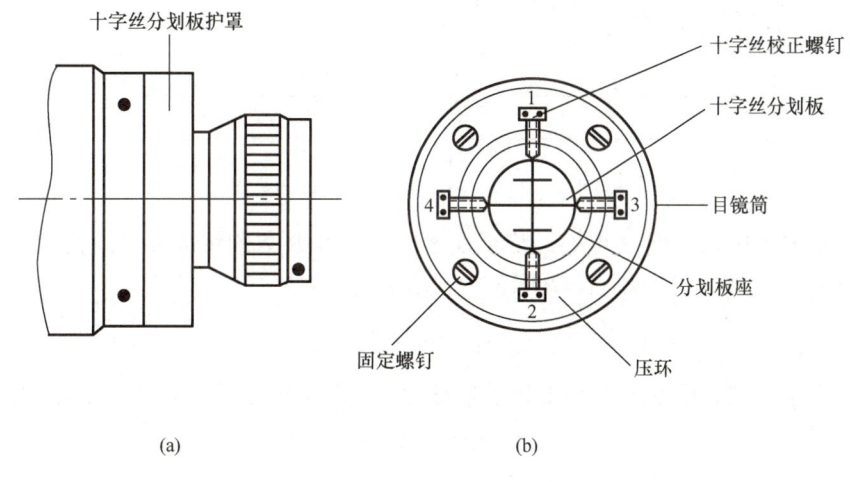

图 2-23 十字丝的校正

3. 水准管轴平行于视准轴的检验与校正

1) 检验

设水准管轴不平行于视准轴，它们在竖直面内投影的夹角为 i，如图 2-24 所示。当水准管气泡居中时，视准轴相对于水平线方向向上(有时向下)倾斜了 i 角，则视线(视准轴)在尺上的读数偏差为 x。当前后视距相等时，所求高差不受影响。当前后视距的差距增大时，i 角误差对高差的影响会随之增大。基于这种分析，提出如下检验方法。

(1) 在平坦地区选择相距约 80m 的 A、B 两点(可打下木桩或安放尺垫)，并在 A、B 两点中间处选择一点 C，且使 $S_1=S_2$。

(2) 将水准仪安置于 C 点处，分别在 A、B 两点上竖立水准尺，读数为 a_1 和 b_1，因 $S_1=S_2$，故 A、B 两点处 x 值相等，则 A、B 两点间的正确高差为

$$h_{AB} = (a_1 - x) - (b_1 - x) = a_1 - b_1 \tag{2-15}$$

为了确保观测的正确性,也可用两次仪器高法测定高差 h_{AB},若两次测得的高差之差不超过 3mm,则取平均值作为最后结果。

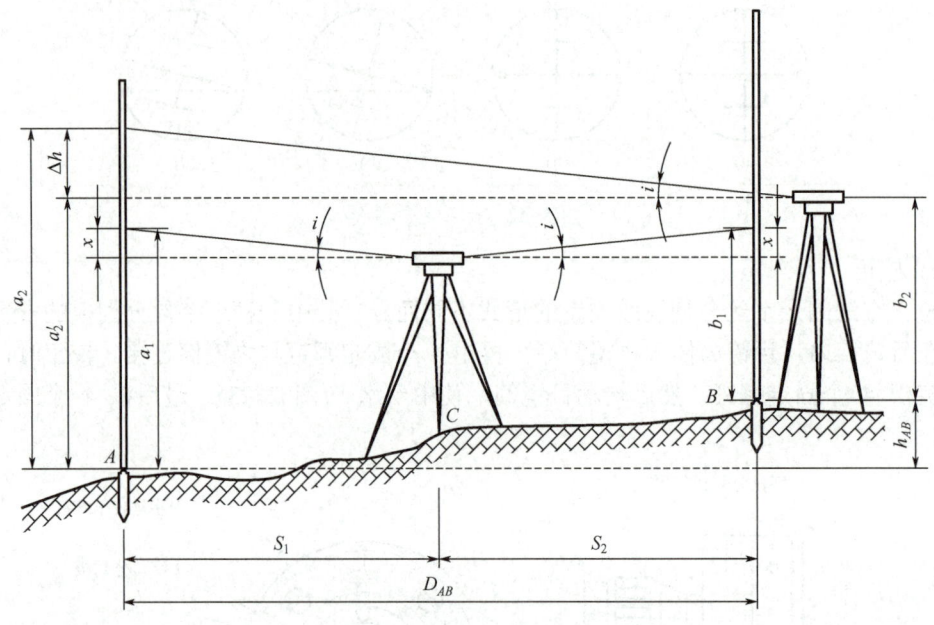

图 2-24 水准管轴平行于视准轴的检验

(3) 将水准仪搬到靠近 B 点处,整平仪器后,瞄准 B 点的水准尺,读数为 b_2,再瞄准 A 点的水准尺,读数为 a_2,则 A、B 间的高差 h'_{AB} 为

$$h'_{AB} = a_2 - b_2 \tag{2-16}$$

若 $h'_{AB}=h_{AB}$,则表明水准管轴平行于视准轴,几何条件满足。若 $h'_{AB} \neq h_{AB}$,则计算

$$i = \frac{h'_{AB} - h_{AB}}{D_{AB}} \rho \tag{2-17}$$

如果 $i>20''$,则需要进行校正。

2) 校正

水准仪不动,先计算视线水平时 A 尺(远尺)上应有的正确读数 a'_2,即

$$a'_2 = b_2 + h_{AB} = b_2 + (a_1 - b_1) \tag{2-18}$$

当 $a_2 > a'_2$,说明视线向上倾斜;反之向下倾斜。瞄准 A 尺,旋转微倾螺旋,使十字丝中丝对准 A 尺上的正确读数 a'_2,此时符合水准气泡就不再居中了,但视线已处于水平位置。用校正针拨动位于目镜端的水准管上下两个校正螺钉,如图 2-25 所示,使符合水准气泡严密居中。此时,水准管轴也处于水平位置,达到了水准管轴平行于视准轴的要求。

校正时,应先松动左右两个校正螺钉,再根据符合水准气泡偏离情况,遵循"先松后紧"的规则,拨动上下两个校正螺钉,使符合水准气泡居中,校正完毕后,再重新紧固左右两个校正螺钉。

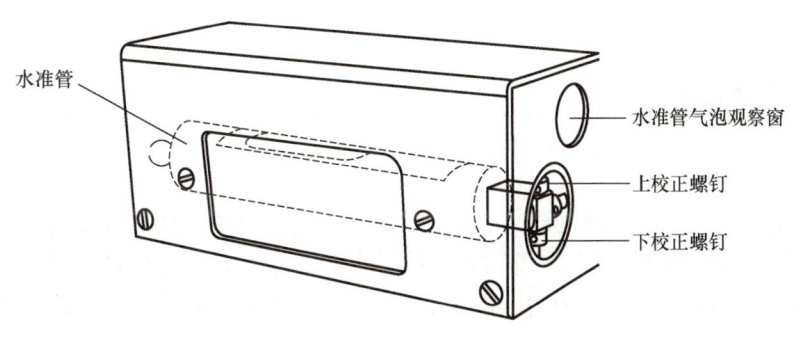

图 2-25 水准管轴的校正

2.6 水准测量误差分析及注意事项

测量人员总是希望在进行水准测量时能够得到非常准确的观测数据,但由于使用的水准仪不可能完美无缺,观测人员的感官也有一定的局限,再加上野外观测必定要受到外界环境的影响,使水准测量中不可避免地存在着误差。为了保证应有的观测精度,测量人员应对水准测量误差产生的原因及如何将误差控制在最小范围内的方法有所了解,尤其要避免读数错误、听错、记错、碰动脚架或尺垫等观测错误。

水准测量误差按其来源可分为仪器误差、观测误差及外界条件影响 3 个方面。

2.6.1 仪器误差

1. 仪器校正后的残余误差

仪器经校正后,很难满足水准管轴绝对平行于视准轴的条件,通常仍有残余误差;当仪器受振或经久使用时,两轴线间也会产生微小的 i 角,即使水准管气泡居中,视线也不会水平,从而使标尺上的读数产生误差。此项误差与仪器至立尺点距离成正比。在测量中,使前后视距相等,在高差计算中可消除该项误差的影响。

除此以外,其他轴系间关系校正后,也会存在残余误差。

2. 望远镜调焦透镜运行的误差

物镜对光时,调焦透镜应严格沿光轴前后移动。由于仪器受振或陈旧磨损等会使得调焦透镜不沿光轴运动,而造成目标影像偏移,导致读数偏差。这项误差随调焦透镜位置不同而变化,根据同距离等影响的原则,采用中间法前后视仅做一次对光调焦,可削弱或消除其误差。

3. 水准尺误差

水准尺误差包括水准尺长度变化、刻划误差和零点误差等。此项误差会直接影响读数和高差测量的精度,因此,不同精度等级的水准测量对水准尺有不同的要求。精密水准测量应对水准尺进行检定,并对读数进行尺长误差改正。零点误差在成对使用水准尺时,可采取设置偶数测站的方法来消除,也可在前后视中使用同一根水准尺来消除。

2.6.2 观测误差

1. 读数误差

此项误差主要由观测者瞄准误差、符合水准气泡居中误差及估读误差等综合影响所致，这是一项不可避免的偶然误差。对于 DS3 型水准仪，望远镜放大率 V 一般为 28 倍，水准管分划值 $\tau=20''/2\text{mm}$，当视距 $D=100\text{m}$ 时，其照准误差 m_1 和符合水准气泡居中误差 m_2 可由下式计算。

$$m_1 = \pm \frac{60''}{V} \cdot \frac{D}{\rho} = \left(\pm \frac{60''}{28} \times \frac{100 \times 10^3}{206265''} \right) \text{mm} \approx \pm 1.04 \text{ mm}$$

$$m_2 = \pm \frac{0.15\tau}{2\rho} D = \left(\pm \frac{0.15 \times 20''}{2 \times 206265''} \times 100 \times 10^3 \right) \text{mm} \approx \pm 0.73 \text{ mm}$$

若取估读误差 $m_3 = \pm 1.50\text{mm}$，则水准尺上读数误差为

$$m = \sqrt{m_1^2 + m_2^2 + m_3^2} = \left[\sqrt{(\pm 1.04)^2 + (\pm 0.73)^2 + (\pm 1.50)^2} \right] \text{mm} \approx \pm 2 \text{mm}$$

因此观测者应认真读数与操作，以尽量减少此项误差的影响。

2. 水准尺竖立不直(倾斜)的误差

根据水准测量的原理，水准尺必须竖直立在点上，否则总会使水准尺上读数增大。这种影响随着视线的抬高(即读数增大)，其影响也随之增大。例如，当水准尺竖立不直，倾斜角 $\alpha=3°$，视线离开尺底(即尺上读数)为 2m 时，其对读数的影响为

$$\delta = 2\text{m} \times (1 - \cos 3°) \approx 2.7 \text{mm}$$

因此，一般在水准尺上安装有圆水准器，扶尺者操作时应注意使尺上的圆水准器气泡居中，以保证水准尺竖直。如果水准尺上没有安装圆水准器，一般可采用摇尺法，使水准尺缓缓地向前、向后倾斜，当观测者读取到最小读数时，即为水准尺竖直时的读数，水准尺左右倾斜可由仪器观测者指挥司尺员纠正。

2.6.3 外界条件影响

1. 仪器下沉

仪器安置在土质松软的地方，在观测过程中会产生下沉。若观测程序是先读后视再读前视，显然前视读数比应读数减小了。用双面尺法进行测站检核时，采用"后、前、前、后"的观测顺序，可减小其影响。此外，应选择坚实的地面作测站，并将脚架踏实，操作仪器和读数时要熟练果断。

2. 尺垫下沉

仪器搬站时，尺垫下沉会使后视读数比应读数大，所以转点也应选在坚实地面，并将尺垫踏实。

3. 地球曲率的影响

如图 2-26 所示，水准测量时，水平视线在尺上的读数为 b，理论上应改算为相应水准面截于水准尺的读数 b'，两者的差值 c 称为地球曲率差。

$$c = \frac{D^2}{2R} \tag{2-19}$$

式中：D ——视线长；

R ——地球半径，取 6371km。

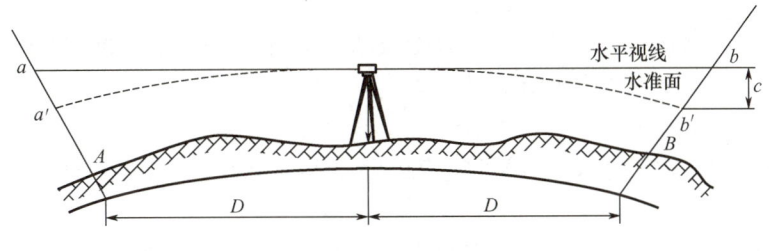

图 2-26 地球曲率的影响

水准测量中，当前后视距相等时，通过高差计算可消除该误差对高差的影响。

4. 大气折光影响

由于地面上空气密度不均匀，使光线发生折射，因而在水准测量中，实际的尺读数不是水平视线的读数，而是一向下弯曲视线的读数。两者之差称为大气折光差，用 γ 表示。在稳定的气象条件下，大气折光差约为地球曲率差的 1/7，即

$$\gamma \approx \frac{1}{7}c = 0.07\frac{D^2}{R} \tag{2-20}$$

这项误差对高差的影响，也可采用前后视距相等的方法来消除。精密水准测量还应选择良好的观测时间(一般认为在日出后或日落前 2h 为好)，并控制视线高出地面一定距离，以避免视线因发生不规则折射而引起的误差。

地球曲率差和大气折光差是同时存在的，两者对读数的共同影响可用下式计算。

$$f = c - \gamma = 0.43\frac{D^2}{R} \tag{2-21}$$

5. 温度的影响

温度的变化会引起大气折射光线变化，造成水准尺影像在望远镜内十字丝面内上下跳动，难以读数。烈日直晒仪器会影响水准管气泡居中，造成测量误差。因此水准测量时，应撑伞保护仪器，并选择有利的观测时间。

2.6.4 水准测量注意事项

水准测量是一项集观测、记录及扶尺为一体的测量工作，只有全体参加人员认真负责，按规定要求仔细观测与操作，才能取得良好的成果。归纳起来，水准测量应注意如下几点。

1. 观测

(1) 观测前应认真按要求检校水准仪、检定水准尺。

(2) 仪器应安置在土质坚实处，并踩实三脚架。

(3) 水准仪至前后视水准尺的视距应尽可能相等。

(4) 每次读数前，注意消除视差，只有当符合水准气泡居中后，才能读数，读数应迅速、果断、准确，特别应认真估读毫米数。

(5) 晴好天气，仪器应打伞防晒，操作时应细心认真，做到"人不离仪器"，使之安全。

(6) 只有当一测站记录计算合格后方能搬站，搬站时先检查仪器连接螺旋是否紧固，一手扶托仪器，一手握住脚架稳步前进。

2. 记录

(1) 认真记录，边记录边复报数字，准确无误地记入记录手簿相应栏内，严禁伪造和转抄。

(2) 字体要端正、清晰，不准在原数字上涂改，不准用橡皮擦改，如按规定可以改正时，应在原数字上划线后再在上方重写。

(3) 每站应当场计算，检查符合要求后，才能通知观测者搬站。

3. 扶尺

(1) 司尺员应认真竖立水准尺，注意保持尺上圆水准器气泡居中。

(2) 转点应选择土质坚实处，并将尺垫踩实。

(3) 水准仪搬站时，要注意保护好原前视点尺垫位置不受碰动。

2.7 精密水准仪简介

测量中将 DS05 型和 DS1 型水准仪作为精密水准仪，并配有相应的精密水准尺。精密水准仪用于国家一、二等水准测量，大型工程建筑物施工和变形测量，以及地下建筑测量、城镇与建(构)筑物沉降观测等。

传统精密光学水准仪的构造与 DS3 型水准仪基本相同。其主要区别是装有光学测微器。此外，精密水准仪较 DS3 型水准仪有更好的光学和结构性能，如望远镜孔径大于 40mm，放大率达 40 倍，符合水准管分划值为(6″~10″)/2mm，同时具有仪器结构坚固，水准管轴与视准轴关系稳定等特点。精密水准仪应与精密水准尺配合使用。图 2-27 所示为某型精密水准仪。

光学测微器的构造及读数原理如图 2-28 所示。在水准仪物镜前装有一可转动的平行玻璃板 P，其转动的轴线与视准轴垂直相交，平行玻璃板与测微分划尺之间用带有齿条的传动杆连接。当旋转测微螺旋时，传动杆会推动平行玻璃板绕其轴 O 前后倾斜，视线通过平行玻璃板产生平行移动，移动的数值由测微分划尺读数反映出来。测微分划尺有 100 个分格，与水准尺上的分划值相对应，若水准尺上的分划值为 1cm，则测微分划尺能直接读到 0.1mm。

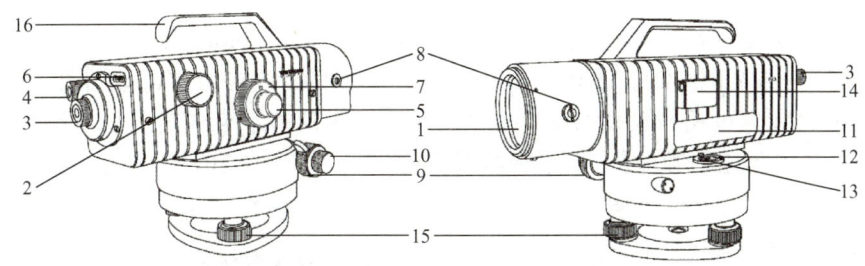

1—物镜；2—物镜调焦螺旋；3—目镜；4—测微尺与水准管气泡观察窗；5—微倾螺旋；
6—微倾螺旋行程指示器；7—平行玻璃板测位螺旋；8—平行玻璃板旋转轴；9—制动螺旋；
10—微动螺旋；11—水准管照明窗口；12—圆水准器；13—圆水准器校正螺钉；
14—圆水准器观察装置；15—脚螺旋；16—手柄。

图 2-27　某型精密水准仪

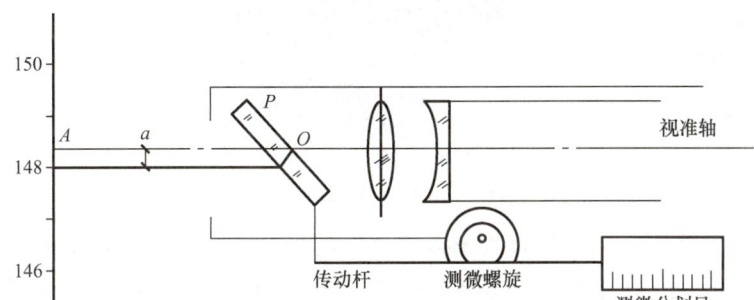

图 2-28　光学测微器的构造及读数原理

当平行玻璃板与水平的视准轴垂直时，视线不受平行玻璃板的影响，对准水准尺的 A 处，即读数为 148(cm)+a。为了精确读出 a 的值，需转动测微轮使平行玻璃板倾斜一个小角，视线经平行玻璃板的作用而上下移动，准确对准水准尺上的 148cm 分划后，再从读数显微镜中读取 a 值，从而得到水平视线的读数。

图 2-29 为国产某 DS1 型精密水准仪，其望远镜放大率为 40 倍，水准管分划值为 10″/2mm，转动水准仪测微螺旋可以使水平视线在 5mm 范围内作平行移动(安有平行玻璃板测微器装置)，测微器的分划值为 0.05mm，共有分划 100 格。DS1 型精密水准仪目镜视场中见到的水准尺影像如图 2-30 所示，视场左侧为水准管气泡的影像，目镜右下方为测微器读数显微镜。作业时，先转动微倾螺旋使符合水准管气泡居中，再转动测微螺旋用楔形丝精确地夹准水准尺上某一整分划，如在图 2-30 所示的视场中，读出水准尺上整分划读数为 197(197cm)，然后从测微器读数显微镜中读出尾数值为 152(0.152cm)，其末位 2 为估读数(即 0.002cm)，全部读数为 197.152cm。

图 2-31 所示为 N3 精密水准仪目镜视场及测微器显微镜视场。N3 精密水准仪望远镜的放大率为 42 倍，水准管分划值为 6″/2mm，转动测微螺旋可使水平视线在 10mm 范围内作平行移动，测微器分划值为 0.1mm，共有 100 个分划格。作业时，也是先转动微倾螺旋使符合水准气泡居中，再转动测微螺旋用楔形丝精确夹准水准尺上某一整分划(如基本分划)，其读数为 148(148cm)，再在测微器上读出尾数值为 650(0.650cm)，故基

本分划全部读数为 148.650cm。由于 N3 精密水准仪配套 10mm 分划水准尺，并有基本分划(图 2-31 左侧)和辅助分划(图 2-31 右侧)之分。因此，读得全部读数即为实际读数(基本分划)。同理，也可读得辅助分划的读数。对于 N3 精密水准仪配套的水准尺，其辅助分划读数与基本分划读数(同一水平视线时)之差为某一常数(301.550cm)。具体可详见仪器说明书。

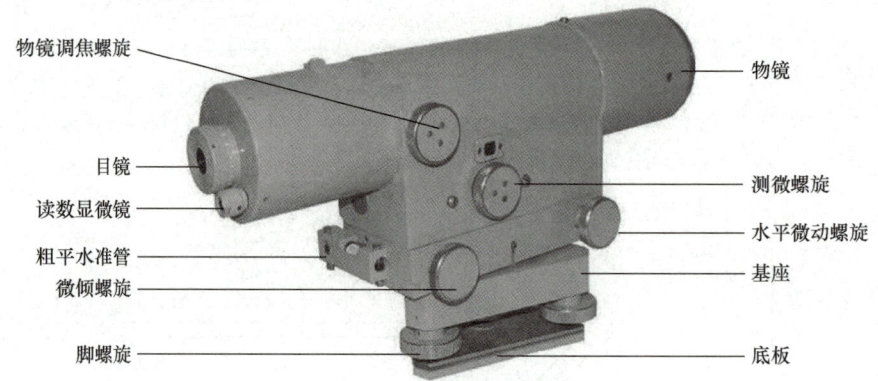

图 2-29　国产某 DS1 型精密水准仪

精密水准尺是在木质或金属尺身槽内置一铟瓦合金带，在带上标有分划线，数字注在周边木尺或金属尺上，尺上两排分划彼此错开，分划宽度有 10mm 和 5mm 两种。图 2-30 所示水准尺属 5mm 分划的水准尺，注记从尺底 0m 开始，直至 4m 或 6m。图 2-31 所示水准尺属 10mm 分划的水准尺，注记左排从尺底 0m 开始，直至 2m 或 3m(称为基本分划)；右排从尺底 3.01550m 开始，直至 5.01550m 或 6.01550m(称为辅助分划)。精密水准尺比一般水准尺准确，同时应注意与所使用的精密水准仪配套。

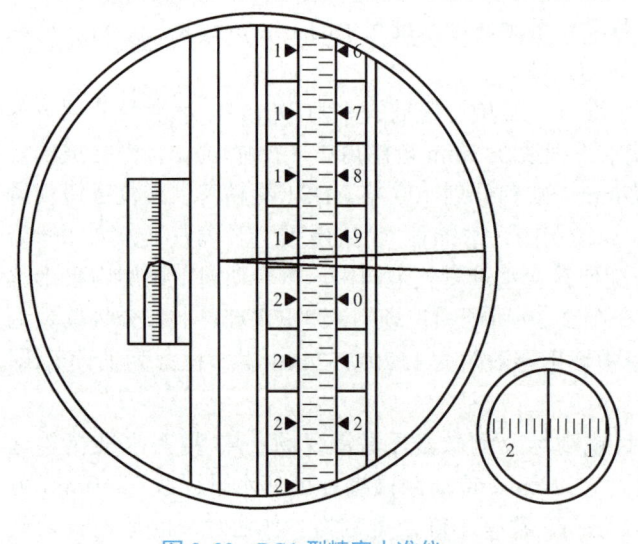

图 2-30　DS1 型精密水准仪目镜视场中见到的水准尺影像

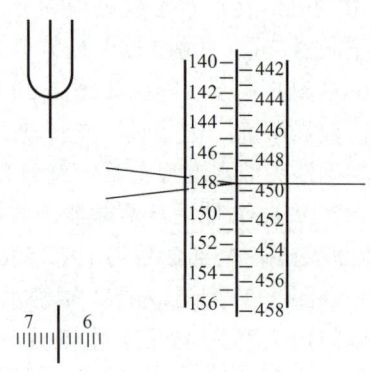

图 2-31　N3 精密水准仪目镜视场及测微器显微镜视场

2.8 自动安平水准仪

2.8.1 自动安平水准仪的基本原理

自动安平水准仪是用设置在望远镜内的自动安平补偿器代替水准管，观测时，只需将水准仪上的圆水准器气泡居中，便可通过中丝读到水平视线在水准尺上的读数。由于自动安平水准仪不用调节水准管气泡居中，从而简化了操作，提高了观测速度，因此在使用常规水准仪进行水准测量中，自动安平水准仪已几乎全部取代微倾式水准仪。

自动安平水准仪原理如图 2-32 所示。当视准轴水平时，设在水准尺上的正确读数为 a，因为没有水准管和微倾螺旋，依据圆水准器将仪器粗平后，视准轴相对于水平面将有微小的倾斜角 α。如果没有补偿器，此时在水准尺上的读数设为 a'；当在物镜和目镜之间设置有补偿器后，进入十字丝分划板的光线将全部偏转 β 角，使来自正确读数 a 的光线经过补偿器后正好通过十字丝分划板的中丝，从而读出视线水平时的正确读数。

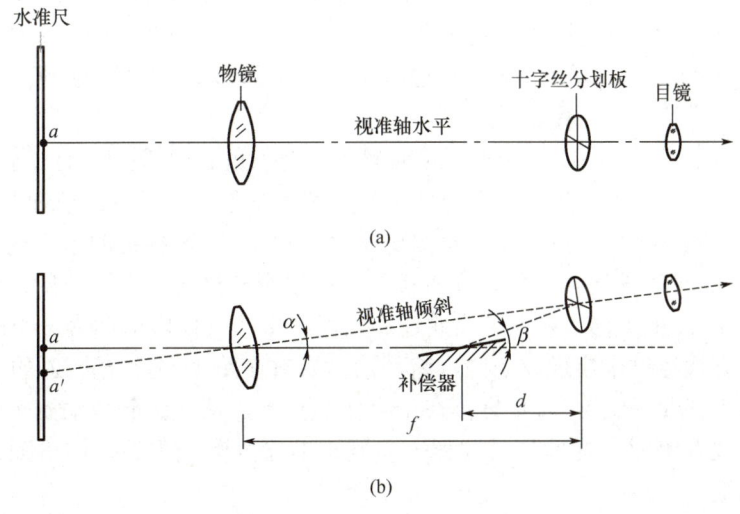

图 2-32 自动安平水准仪原理

2.8.2 自动安平补偿器

补偿器的结构形式较多，我国生产的 DSZ3 型自动安平水准仪采用悬吊棱镜组借助重力作用达到补偿。

图 2-33 所示为 DSZ3 型自动安平水准仪的补偿结构。补偿器装在对光透镜和十字丝分

划板之间，其结构是将一个屋脊棱镜固定在望远镜筒上，在屋脊棱镜下方用交叉金属丝悬吊着两块直角棱镜。当望远镜有微小倾斜时，直角棱镜在重力 P 的作用下，与望远镜做相反的偏转。空气阻尼器的作用是使悬吊的两块直角棱镜迅速(1~2s 内)处于静止状态。

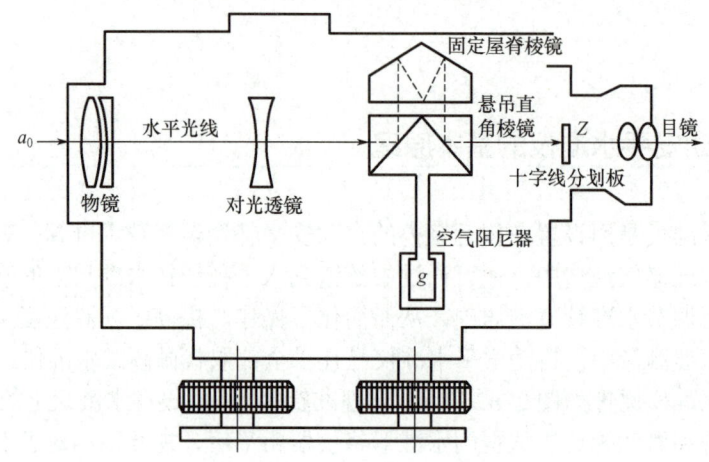

图 2-33　DSZ3 型自动安平水准仪的补偿结构

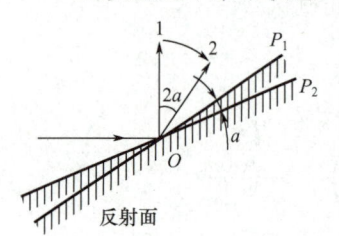

图 2-34　平面镜全反射原理图

当仪器处于水平状态、视准轴水平时，水平光线与视准轴重合，不发生任何偏转。水平光线进入物镜后经第一个直角棱镜反射到屋脊棱镜，在屋脊棱镜内做 3 次反射，到达另一个直角棱镜，又被反射一次，最后水平光线通过十字丝交点 Z，这时可读到视线水平时的读数 a_0。

当望远镜倾斜了一个小角 α 时(图 2-34)，屋脊棱镜也随之倾斜 α 角，两个直角棱镜在重力作用下，相对望远镜的倾斜方向沿反方向偏转 α 角。这时，经过物镜的水平光线经过第一个直角棱镜后产生 2α 的偏转，再经过屋脊棱镜，在屋脊棱镜内做 3 次反射，到达另一个直角棱镜后又产生 2α 的偏转，水平光线通过补偿器产生两次偏转的和为 $\beta=4\alpha$。要使能过补偿器偏转后的光线经过十字丝交点 Z，将补偿器安置在距十字丝交点 Z 的 $f/4$(f 为焦距)处，便可使水平视线的读数 a_0 正好落在十字丝交点上，从而达到自动安平的目的。使用自动安平水准仪观测时，在安置好仪器、将圆水准器气泡居中后，即可瞄水准尺，直接读出水准尺读数。

2.9　数字水准仪和条码水准尺

2.9.1　概述

数字水准仪是在仪器望远镜光路中增加了分光镜和光电探测器等部件，采用条形码分划水准尺和图像处理电子系统构成光、机、电及信息存储与处理的一体化水准测量系统。与光学水准仪相比，数字水准仪有以下特点。

数字水准仪的使用

(1) 用自动电子读数代替人工读数，不存在读错、记错等问题，没有人为读数误差。

(2) 精度高。多条码(等效为多分划)测量，削弱了标尺分划误差；自动多次测量，削弱了外界环境变化的影响。

(3) 速度快、效率高，实现自动记录、检核、处理和存储，可实现水准测量从外业数据采集到最后成果计算的内外业一体化。

(4) 数字水准仪一般是设置有补偿器的自动安平水准仪，当采用普通水准尺时，数字水准仪又可当作普通自动安平水准仪使用。

2.9.2 数字水准仪的原理

数字水准仪的关键技术是自动电子读数及数据处理，目前各厂家采用了原理上相差较大的 3 种数据处理算法方案，如瑞士徕卡 NA 系列采用相关法；德国蔡司 DiNi 系列采用几何法；日本托普康 DL 系列采用相位法，3 种方法各有优势。图 2-35 所示为徕卡 NA3003 数字水准仪的机械光学结构图。当用望远镜照准标尺并调焦后，标尺上的条形码影像便入射到分光镜上，分光镜将其分为可见光和红外光两部分，可见光影像成像在分划板上，供目视观测；红外光影像成像在电荷耦合器件(Charge-Coupled Device，CCD)线阵光电探测器上(探测器长约 6.5mm，由 256 个口径为 25μm 的光敏二极管组成，一个光敏二极管就是线阵的一个像素)，探测器将接收到的光图像先转换成模拟信号，再转换为数字信号传送给仪器的处理器，通过与机内事先存储好的标尺条形码本源数字信息进行相关比较，当两信号处于最佳相关位置时，即可获得水准尺上的水平视线读数和视距读数，最后将处理结果存储并送往屏幕显示。

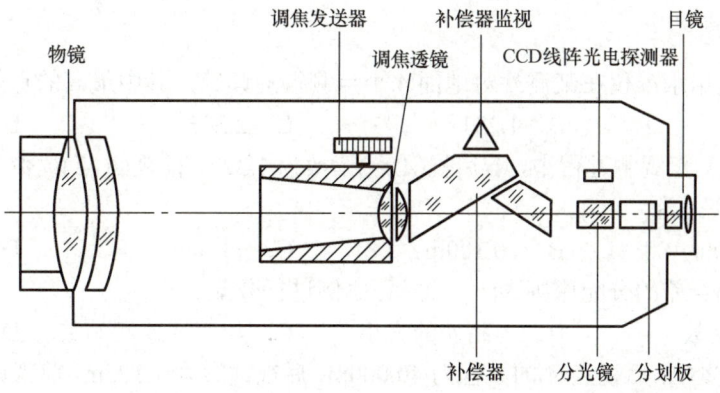

图 2-35　徕卡 NA3003 数字水准仪的机械光学结构图

2.9.3 条码水准尺

图 2-36 条码水准尺

与数字水准仪配套的条码水准尺一般为因瓦合金、玻璃钢或铝合金制成的单面或双面尺,形式有直尺和折叠尺两种,规格有 1m、2m、3m、4m、5m 几种。尺子的分划一面为二进制伪随机码分划线(配徕卡仪器)或规则分划线(配蔡司仪器),其外形类似于一般商品外包装上印制的条形码。图 2-36 所示为与徕卡数字水准仪配套的条码水准尺,它用于数字水准测量。双面尺的另一面为长度单位的分划线,用于普通水准测量。

小 结

水准测量的原理是利用水准仪提供的一条水平视线,测出两地面点之间的高差,然后根据已知点的高程,推算出另一个点的高程。

水准仪由望远镜、水准器、基座三部分构成。

水准仪的操作包括安置仪器、粗略整平(粗平)、瞄准水准尺、精确整平(精平)和读数等步骤。

水准测量路线形式有闭合水准路线、附合水准路线、支水准路线及水准网。

水准测量的成果计算步骤:①高差闭合差的计算;②高差闭合差的调整;③计算改正后的高差;④计算各点的高程。

水准仪的轴线主要有视准轴、水准管轴、圆水准轴、仪器竖轴。

水准测量误差按其来源可分为仪器误差、观测误差及外界条件影响 3 个方面。

习 题

一、选择题

1. 下面是用水准仪在某测站对地面 4 个点测得的读数,其中最高的点是( )。
   A. 0.500   B. 1.231   C. 2.345   D. 2.354

2. 在水准测量观测过程中,若后视(A 点)读数为 1.325,前视(B 点)读数为 1.425,则 A、B 两点之间的高差为( )。
   A. +0.100m   B. -0.100m   C. +100m   D. -100m

3. 高差闭合差的分配原则为( )成正比例进行分配。
   A. 与测站数   B. 与高差的大小   C. 与距离或测站数   D. 与视线的长度

4. 水准测量中,后视点 A 的高程为 40.000m,后视读数为 1.125m,前视读数为 2.521m,则前视点 B 的高程应为( )。
   A. 43.696m   B. 38.554m   C. 41.446m   D. 36.304m

5. 微倾式水准仪应满足如下几何条件( )。

A．水准管轴平行于视准轴　　　　　　B．横轴垂直于仪器竖轴
C．水准管轴垂直于仪器竖轴　　　　　D．圆水准器轴平行于仪器竖轴
E．十字丝中丝应垂直于仪器竖轴

二、填空题

1．在 DS3 型水准仪的使用中，每次读数之前必须调节_____螺旋，使_____气泡吻合。
2．粗平的规律是：气泡移动的方向与_____手大拇指转动脚螺旋的方向一致。
3．精平的规律是：观测镜中左侧的半像移动方向与_____手大拇指转动微倾螺旋的方向一致。

三、简答题

1．水准路线的布设方式有哪几种？
2．何谓视差？产生视差的原因是什么？如何消除？

四、计算题

1．根据表 2-5 中的水准测量数据，计算 B 点的高程。

表 2-5　水准测量记录手簿(高差法)

测点	后视读数/m	前视读数/m	高差/m +	高差/m -	高程/m
BM_1	0.666				102.989
TP_1	1.545	2.006			
TP_2	1.512	1.003			
TP_3	1.642	0.555			
B		0.747			
计算校核					

2．根据图 2-37 中所示图根水准测量外业观测成果计算各点高程，计算过程及结果填入表 2-6，已知 H_A=240.000m，h_{A1}=+1.224m，h_{12}=-1.424m，h_{23}=+0.067m，h_{34}=+0.108m；A—1、1—2、2—3、3—4 各段测站数分别为 10 站、8 站、19 站、12 站。

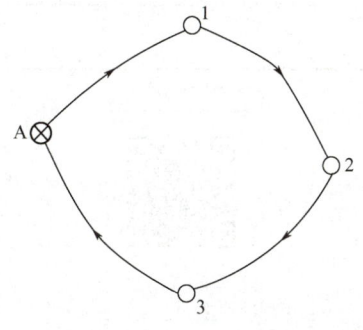

图 2-37　计算题 2 图

表 2-6　附合水准路线成果计算

段号	点名	测站数	实测高差/m	改正数/mm	改正后的高差/m	高程/m	备注
∑ 辅助计算							

3．图 2-38 所示为一图根水准测量附合水准路线及其观测数据和已知数据，试计算 1、2 点的高程，并将计算过程填入表 2-7 中。

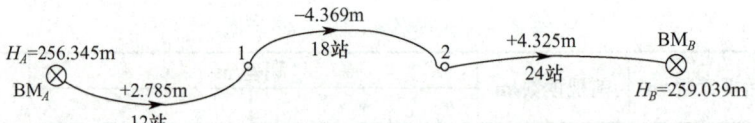

图 2-38　计算题 3 图

表 2-7　附合水准路线成果计算

段号	点名	测站数	实测高差/m	改正数/mm	改正后的高差/m	高程/m	备注
∑ 辅助计算							

在线答题

第3章 角度测量

思维导图

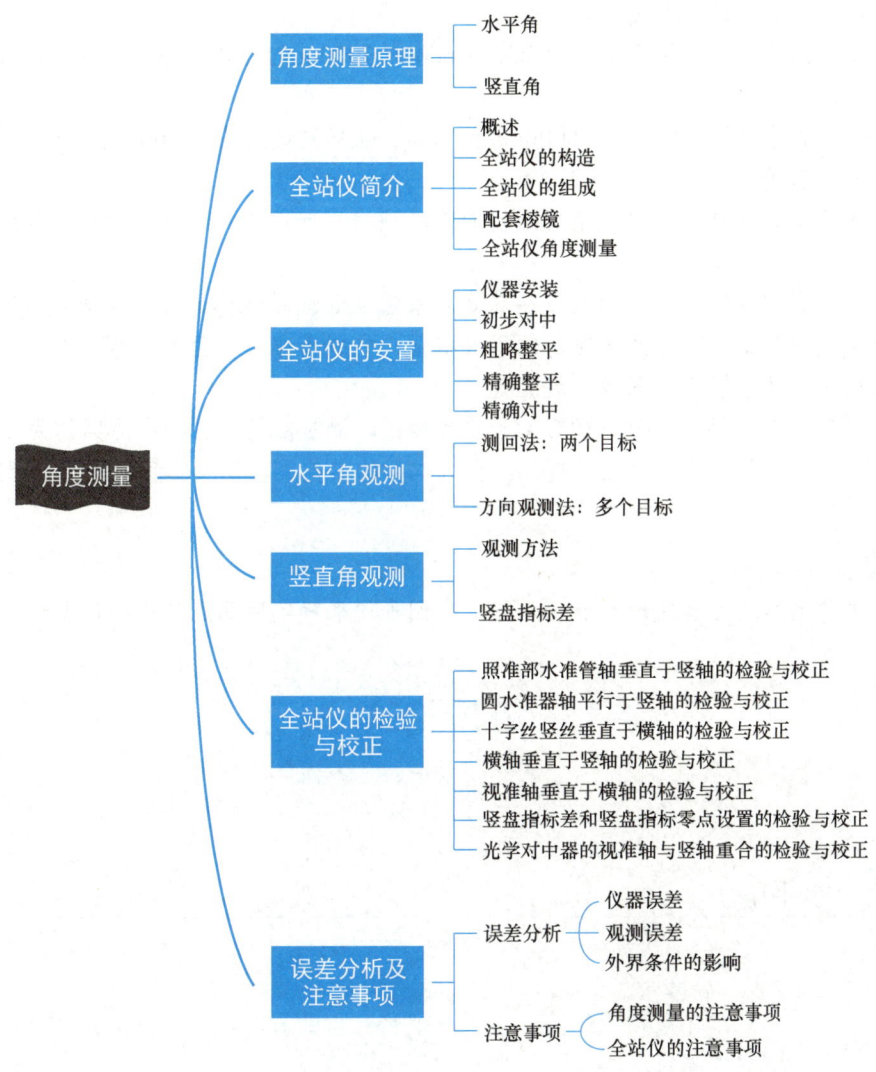

【引言】

2020 年珠峰高程测量路线包括 6 个营地，直线距离约 19km，高差约 3600m。根据之前发布的珠峰高程测量路线图，登顶测量可以分为以下步骤。

第一步：测量队员从海拔 5200m 的珠峰大本营出发，途经绒布冰川和东绒布冰川抵达海拔 5800m 的中间营地宿营。

第二步：测量队员从中间营地出发达到海拔 6500m 的前进营地。前进营地氧气非常稀少，高原反应强烈，队员们需在此休整。

第三步：休整完毕，测量队员途经海拔 6600～7000m 的北坳大冰壁，到达海拔 7028m 的一号营地。

第四步：测量队员途经海拔 7500m 的大风口，陆续到达海拔 7790m 的二号营地、海拔 8300m 的三号营地。

第五步：测量队员将视天气情况择机向珠峰顶峰发起冲击。最后的冲击需要经过海拔 8680～8700m 的第二阶梯。

第六步：登顶成功后，测量队员在珠峰之巅竖立起测量觇标，开展全球导航卫星系统测量和雪深测量等工作。与此同时，位于大本营、中绒布冰川、西绒布冰川等 6 个交会点的测量队员瞄准峰顶觇标，同步开展测量。

珠峰峰顶气温常年在-40～-30℃，含氧量极低，测量队员停留极限时间约为 40min。

请思考，测量队员登顶竖立了觇标，在大本营的其他测量队员如何获取 A 点到 B 点的高差呢？

想一想

测量工作的本质是确定地面点的位置，我们如何来确定地面点的平面位置呢？

3.1 角度测量原理

3.1.1 水平角

角度测量原理1

1. 定义

水平角是指空间内一点到两个目标点的方向线垂直投影到水平面上的夹角，或者是过两条方向线的竖直面所夹的两面角。

2. 有效范围

水平角值的有效范围为 0°～360°。

3. 方向性

测 $\angle ABC$ 时，AB 为初始方向，BC 为终点方向。

角度测量要求尽量在外业测量直接观测值。若需要测量 $\angle ABC$，而实际却测了

∠CBA，利用公式∠ABC=360°−∠CBA 可求出∠ABC，则此时提供的∠ABC 被称为间接观测值。

4. 水平角测量原理(图 3-1)

建立一个刻有 0°～360°的圆形度盘，使度盘处于水平状态，度盘圆心与地面点处于同一铅垂线上，在度盘圆心与地面点所在的同一铅垂线 BB_1 上设计一个能"上下左右"转动的望远镜，当分别瞄准 A 点和 C 点时，在水平度盘上会有一与其同步旋转的指针指示出该方向的投影角度值 a 和 c，则水平角为

$$\beta = c - a \tag{3-1}$$

这样就可以获得地面上任意 3 点间所构成的水平角的大小。

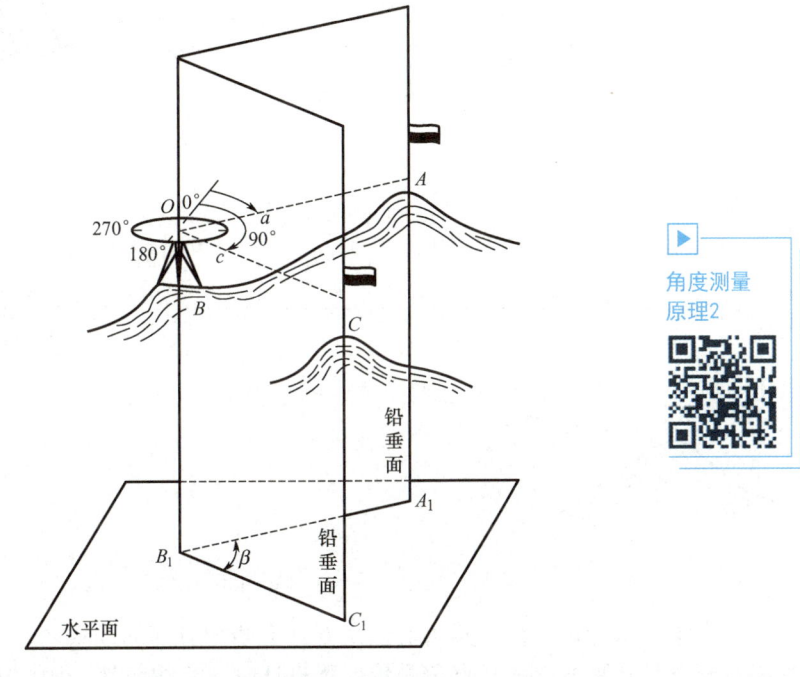

图 3-1 水平角测量原理

3.1.2 竖直角

1. 定义

竖直角是指在同一竖直面内，某一方向线与水平线的夹角。竖直角在测量上又称垂直角。

2. 有效范围

竖直角有仰角和俯角之分。夹角在水平线以上的，称为仰角，取正号，角值为 0°～+90°；夹角在水平线以下的，称为俯角，取负号，角值为-90°～0°。

3. 方向性

A 点到 B 点的竖直角为 α_{AB}，B 点到 A 点的竖直角为 α_{BA}。

4. 竖直角测量原理(图 3-2)

建立一个刻有 0°～360°的圆形竖直度盘(简称"竖盘"),使度盘处于竖直状态,设计一个能垂直旋转的望远镜,使其旋转的圆心与地面点处于同一铅垂线上。使度盘与垂直旋转的望远镜平行且两圆心共处于同一水平线上。当望远镜上下转动时,侧面度盘会同步旋转且有一指针会指示出此时望远镜的竖直角。

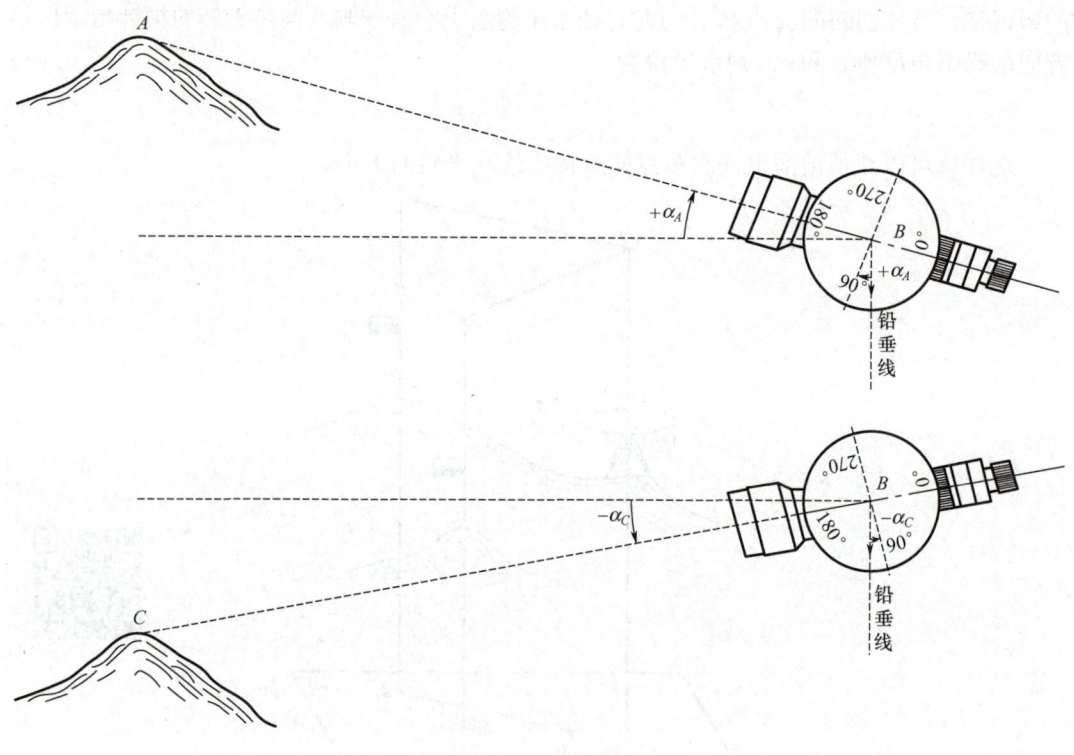

图 3-2 竖直角测量原理

竖直角与水平角一样,其角值也是度盘上两个方向的读数之差,不同的是,这两个方向必有一个是水平方向。竖直角测量仪器设计时,将提供这一固定方向,即视线水平时,竖盘读数为固定值 90°或 270°。在竖直角测量时,只需读目标点一个方向值,便可算得竖直角。

$$\alpha = 照准目标的读数 - 视线水平的读数$$

或者
$$\alpha = 视线水平的读数 - 照准目标的读数$$

根据上述角度测量原理,研制出的能同时完成水平角和竖直角测量的仪器称为经纬仪。经纬仪按不同测角精度又分成多种等级,如 DJ1、DJ2、DJ6、DJ10 等。"D"和"J"为"大地测量"和"经纬仪"的汉语拼音第一个字母,后面的数字代表该仪器的测量精度。如 DJ6 表示一测回方向观测中误差不超过±6″。随着技术的发展,现在的经纬仪已经基本被精度更高、使用更方便的全站仪所取代,全站仪与经纬仪的区别在于度盘读数及显示系统,根据测角精度可分为 0.5″、1″、2″、3″、5″、7″等几个等级。

本章我们将重点介绍使用全站仪进行角度测量的方法。

第3章 角度测量

3.2 全站仪简介

3.2.1 概述

全站仪又称电子速测仪,是一种由机械、光学、电子元件组合而成的测量仪器,它可以同时进行角度(水平角、竖直角)测量和距离(平距、斜距、高差)测量。相对于传统的经纬仪、水准仪、测距仪来说,它可以一次性地完成测站上所有的测量工作,精确地确定地面两点间的坐标增量和高差。

全站仪

全站仪由测角系统、测距系统和数据处理系统三部分组成。从结构上分,全站仪可分为组合式和整体式两种。组合式全站仪是用一些连接器将测距部分、电子经纬仪部分和电子记录装置部分连接成一组合体的仪器。它的优点是能通过不同的构件进行灵活多样的组合,当个别构件损坏时,可以用其他的构件代替,具有很强的灵活性。整体式全站仪是在一个仪器内装配测距、测角和电子记录三部分的仪器。它的优点是测距和测角共用一个光学望远镜,在进行方向和距离测量时只需一次照准,使用十分方便。

全站仪的电子记录装置由微处理器、只读存储器、输入和输出设备组成。全站仪的微处理器对获取的斜距、水平角、竖直角、视准轴误差、指标差、棱镜常数、气温、气压等信息进行处理,可以获得各种改正后的数据。在只读存储器中固化了一些常用的测量程序,如坐标测量、导线测量、放样测量、后方交会等,只要进入相应的测量程序模式,输入已知数据,便可依据程序进行测量,获取观测数据,并解算出相应的测量结果。通过输入和输出设备,全站仪可以与计算机交互通信,将测量数据直接传输给计算机,在软件的支持下,进行计算、编辑和绘图。测量作业所需要的已知数据也可以从计算机输入全站仪,从而实现整个测量作业的高度自动化。

全站仪的认识

如今,全站仪已经成为最常用的测量仪器之一,它的发展改变着我们的测量工作模式,极大地提高了工作效率。全站仪具有价格相对较低、观测数据直观、数据处理简单、操作方便、精度高等方面的优点,虽然 GNSS 技术已经在测量领域广泛应用,但它依然取代不了全站仪,特别是在隐蔽地区测量。因此,全站仪在测绘工程方面的应用越来越广泛。特别是现阶段,全站仪正朝着全自动化、多功能化、开放性、智能化等方向发展。它在地形测量、工程测量、工业测量、建工施工测量和变形测量等领域的应用日益广泛且重要。

3.2.2 全站仪的构造

全站仪的种类很多,目前常用的全站仪主要有瑞士徕卡(Leica)的 TPS 系列、日本索佳(Sokkia)的 SET 系列、拓扑康(Topcon)的 GTS 系列、尼康(Nikon)的 DTM 系列,以及我国国产的南方 NTS 系列、博飞 BTS 系列等。各种型号仪器的基本结构大致相同,工作原理也基本相同。现以国产的南方 NTS-332R6 全站仪为例进行介绍。

NTS-332R6 全站仪的基本构造如图 3-3 所示。

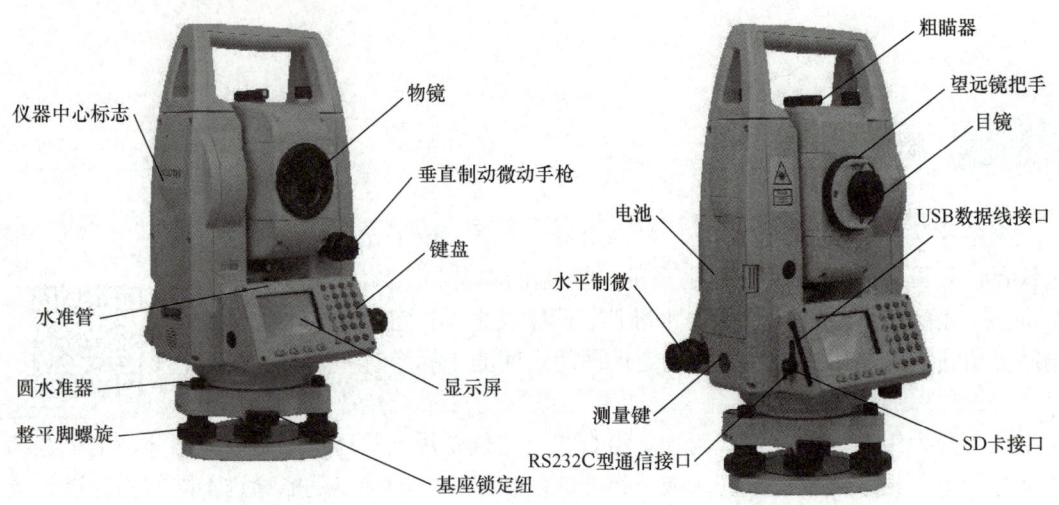

图 3-3　NTS-332R6 全站仪的基本构造

3.2.3　全站仪的组成

全站仪几乎可以用在所有的测量领域。全站仪由电源部分、测角系统、测距系统、数据处理部分、通信接口、显示屏、键盘等组成。NTS-332R6 全站仪各部件的主要技术指标见表 3-1。

表 3-1　NTS-332R6 全站仪各部件的主要技术指标

序号	部件	主要指标
1	电源部分	配置两块内嵌式电池,容量 3100mAh
2	测角系统	测角精度:±2″ 最小角度显示:1″ 测角方式:绝对编码 测角探测方式:水平及垂直度盘对径探测 测角最小读数:1″/5″可选 补偿器:双轴补偿,补偿范围±6′,精度 1″
3	测距系统	测距精度:有棱镜±(2mm+2×10^{-6}D①) 免棱镜测程:600m
4	数据处理部分	计算功能:坐标正算、坐标反算、面积测量、点线反算
5	通信接口	数据传输接口:RS232C 型通信接口、SD 卡接口、USB 数据线接口
6	显示屏	双面显示,每面 400×240 点阵液晶显示 屏幕尺寸:3.0 英寸(1 英寸≈2.54cm),7 行中文显示
7	键盘	双面全数字键盘 测量或放样测量状态下,一键触发测量,快速测量

① D 为所测距离。

相比经纬仪，全站仪增加了许多特殊部件，因此使得全站仪具有比其他测角、测距仪器更多的功能，使用也更加方便。这些特殊部件构成了全站仪在结构方面独树一帜的特点。

1. 同轴望远镜

全站仪同轴望远镜的主光轴就是照准部目镜中心到物镜中心的连线，也就是仪器的视准轴；测距光轴是指测距仪的光波发射和接收光轴。全站仪的同轴望远镜实现了视准轴、测距光轴的同轴化。

如图 3-4 所示，全站仪同轴望远镜同轴化的基本原理是：在望远镜物镜与调焦透镜间设置分光棱镜系统，通过该系统实现望远镜的多功能，即可瞄准目标，使之成像于十字丝分划板上，从而进行角度测量。同时，其测距部分的外光路系统又能使测距部分的光敏二极管发射的调制红外光在经物镜射向反光棱镜后，沿同一路径反射回来，再经分光棱镜使回光被光电二极管接收。为测距需要，在仪器内部另设一内光路系统，通过分光棱镜系统中的光导纤维将由光敏二极管发射的调制红外光也传送给光电二极管接收。通过比较内外光路调制红外光的相位差，可间接计算光的传播时间，进而得出实测距离。

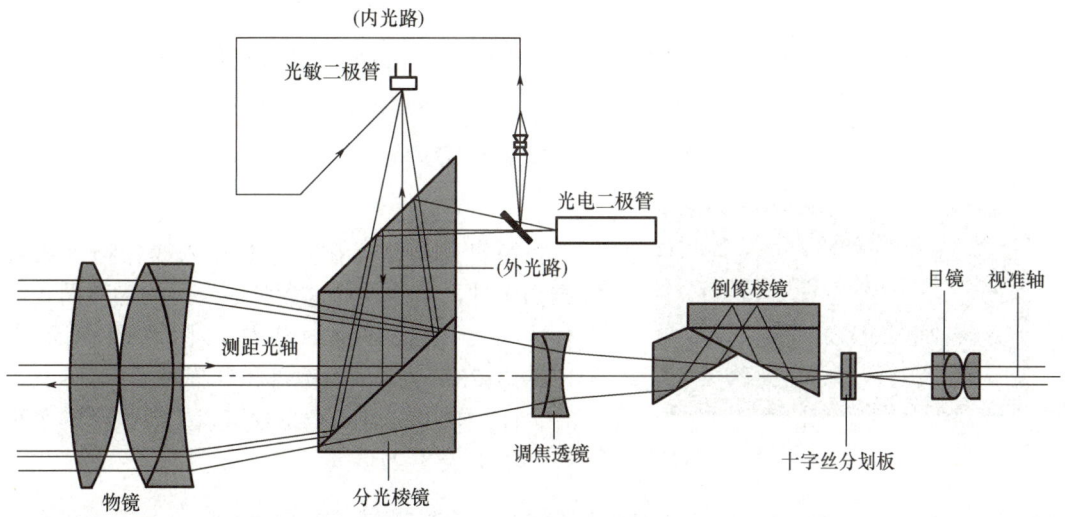

图 3-4　全站仪同轴望远镜同轴化的基本原理

同轴化使得同轴望远镜一次瞄准即可实现同时测定水平角、竖直角和斜距等全部基本测量要素的测定功能，加之全站仪强大的数据处理功能，使测量工作更加高效便捷。

2. 双轴自动补偿器

补偿就是修正。双轴补偿是指全站仪中竖轴在视准轴方向(纵向)的倾斜分量对竖盘读数的补偿和全站仪中竖轴在横轴方向(横向)的倾斜分量对水平度盘读数的补偿。双轴自动补偿是指全站仪在没有完全整平的情况下，通过双轴自动补偿器反馈回的倾斜角度，在一定的范围内可自动改正误差，达到精确测量的目的。因为测量时外界的环境会对仪器有影响，可能导致仪器发生倾斜，而双轴自动补偿器的作用是在一定范围内检测倾斜角度的变化，并实时对这些轻微变化进行修正，从而使仪器保持水平垂直的测量状态。

全站仪特有的双轴自动补偿器，可对纵轴的倾斜进行监测，并在度盘读数中对因纵轴倾斜造成的测角误差自动加以改正(某些全站仪纵轴最大倾斜可允许至±6′)；也可通过将因竖轴倾斜引起的角度误差，由微处理器自动按竖轴倾斜改正计算式计算，并加入度盘读数中进行改正，使度盘显示读数为正确值，即所谓的纵轴倾斜自动补偿。

双轴自动补偿器的构造如图 3-5 所示。棱镜上的三角线状分划板被发光二极管照明，在液体表面上经过两次反射后经成像透镜在线性 CCD 阵列上形成影像。通过三角线状分划板影像线间距的变化信息求得纵向倾斜量，横向倾斜量则由三角线状分划板影像中心在线性 CCD 阵列中的位移变化而求得。当作业中全站仪倾斜时，运算电路能实时计算出光强的差值，从而换算成倾斜的位移，并将此信息传达给控制系统，以决定自动补偿的值。

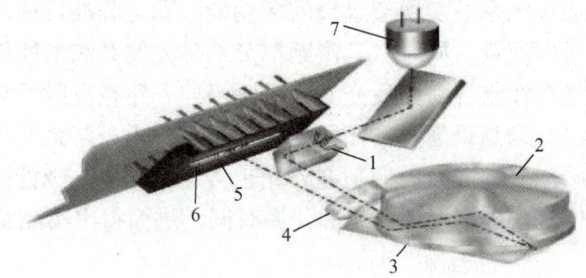

1—三角线状分划板；2—液面；3—偏转棱镜；4—成像透镜；5—分划板影像；
6—线性 CCD 阵列；7—发光二极管。

图 3-5 双轴自动补偿器的构造

3. 键盘

键盘是全站仪在测量时输入操作指令或数据的硬件，全站仪的键盘和显示屏均为双面式，便于正、倒镜作业时操作。图 3-6 所示为 NTS-332R6 全站仪的键盘和屏幕显示。

（1）NTS-332R6 全站仪键盘上各按键的名称及功能见表 3-2。

图 3-6 NTS-332R6 全站仪的键盘和屏幕显示

表 3-2 NTS-332R6 全站仪键盘上各按键的名称及功能

按键	名称	功能
ANG	角度测量键	进入角度测量模式
◢	距离测量键	进入距离测量模式
∠	坐标测量键	进入坐标测量模式(上移键)
S.O	坐标放样键	进入坐标放样模式(下移键)
K1	快捷键1	用户自定义快捷键1(左移键)
K2	快捷键2	用户自定义快捷键2(右移键)
ESC	退出键	返回上一级状态或返回测量模式
ENT	回车键	对所做操作进行确认
M	菜单键	进入菜单模式
T	转换键	测距模式转换
★	星键	进入星键模式或直接开启背景光

续表

按键	名称	功能
⏻	电源开关键	电源开关
F1～F4	软键(功能键)	对应显示的软键信息
0～9	数字字母键盘	输入数字和字母
-	负号键	输入负号，开启电子气泡功能
.	点号键	开启或关闭激光指向功能、输入小数点

(2) NTS-332R6 全站仪屏幕上各符号表示的含义见表 3-3。

表 3-3　NTS-332R6 全站仪屏幕上各符号表示的含义

显示符号	含义	显示符号	含义
V	竖直角	E	东向坐标
V%	竖直角(坡度显示)	Z	高程
HR	水平右角(仪器向右旋转，角度增加)	*	EDM(电子测距)正在进行
HL	水平左角(仪器向左旋转，角度增加)	m/ft	米与英尺之间的转换
HD	水平距离	m	以米为单位
VD	高差	S/A	气象改正与棱镜常数设置
SD	斜距	PSM	棱镜常数(以毫米为单位)
N	北向坐标	(A)PPM	大气改正值(A 为开启温度气压自动补偿功能)

4．存储器

全站仪存储器的作用是将实时采集的测量数据存储起来，再根据需要传送到其他设备(如计算机等)中，供进一步处理或利用。全站仪的存储器有内存储器和存储卡两种。

全站仪内存储器相当于计算机的内存(RAM)，存储卡是一种外存储媒体，又称 PC 卡，作用相当于计算机的磁盘。

5．通信接口

全站仪可以通过通信接口和通信电缆将内存中存储的数据输入计算机，或将计算机中的数据和信息经通信电缆传输给全站仪，从而实现双向信息传输。目前市场上的全站仪种类繁多，其通信方式也很多：图 3-7(a)所示为 RS232C 型通信接口，可以通过该类型专用接口与计算机直接相连；图 3-7(b)所示为 SD 卡，可以把 SD 卡插入读卡器与计算机相连；图 3-7(c)所示为 U 盘，可以直接插入计算机读取数据。

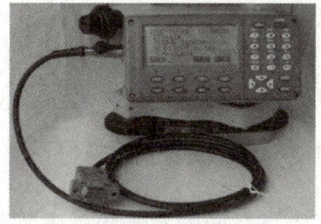

(a) RS232C型通信接口

(b) SD卡

(c) U盘

图 3-7　全站仪的各类通信方式

3.2.4　配套棱镜

全站仪可根据需要选用各种棱镜框、棱镜、标杆连接器、三角基座连接器及三角基座等组件，并可根据测量的需要进行组合，形成满足各种距离测量所需的棱镜组合。

棱镜数不同，测程也不同，棱镜数越多，测程越大。但全站仪的测程是有限的，所以棱镜数应根据全站仪的测程和所测距离来选择。图3-8所示为全站仪常用的反射棱镜组。

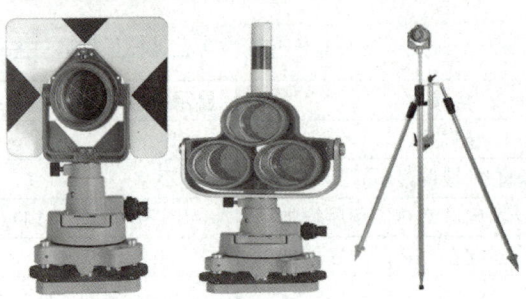

图3-8　全站仪常用的反射棱镜组

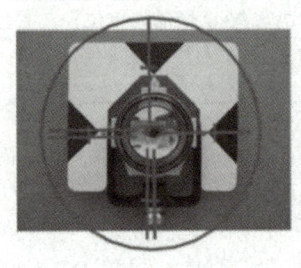

图3-9　全站仪的十字丝

单棱镜、三棱镜等在使用时一般安置在三脚架上，用于控制测量。在放样测量和精度要求不高的测量中，采用测杆棱镜十分便利。

在实际测量过程中，全站仪目镜中的十字丝由中丝和竖丝组成，中丝和竖丝又都由单丝和双丝组成，如图3-9所示。因此在瞄准棱镜时，如果进行水平角测量，则需要用竖丝瞄准；如果进行竖直角测量，则需要用中丝瞄准。但不管何种测量，都需要遵循"单丝切，双丝夹"的原则，即对于较近的目标，需用单丝切住目标中心线，而对于较远的目标，则用双丝夹住目标中心线。

3.2.5　全站仪角度测量

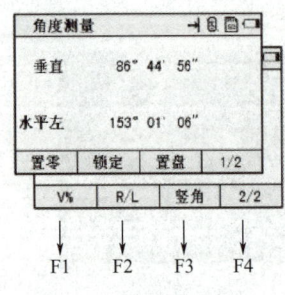

图3-10　角度测量界面

全站仪的基本测量模式有角度测量、距离测量和坐标测量。全站仪的基本程序测量有数据采集和放样；其他程序测量还有悬高测量、对边测量、偏心测量、后方交会测量、面积测量等多种。本节仅介绍角度测量，其他功能在具体实施时可参考仪器使用说明书。

1. 角度测量界面

角度测量就是测定地面上几个点之间的水平角或者竖直角。全站仪的角度测量有两个界面，如图3-10所示，按F4键可以进行切换。全站仪角度测量界面的显示符号及功能见表3-4。

第3章 角度测量

表 3-4 全站仪角度测量界面的显示符号及功能

页数	软键	显示符号	功　　能
第 1 页 (1/2)	F1	置零	水平角置为 0°0′0″
	F2	锁定	水平角读数锁定
	F3	置盘	通过键盘输入设置水平角
	F4	1/2	显示第 2 页软键功能
第 2 页 (2/2)	F1	V%	竖直角显示格式(绝对值/坡度)的切换
	F2	R/L	水平角(右角/左角)模式之间的转换
	F3	竖角	高度角/天顶距的切换
	F4	2/2	显示第 1 页软键功能

2．电子测角原理

全站仪电子测角系统是基于光电转换原理，通过微处理器自动测量照准方向在度盘上的读数。测量结果可实时显示在仪器显示屏上，并支持自动储存功能。全站仪采用的电子测角系统，主要类型有光栅度盘测角系统和编码度盘测角系统两种。

1) 光栅度盘测角系统

光栅度盘测角系统属于增量式电子测角系统，早期的全站仪大多采用光栅度盘测角系统。

在径向均匀地刻有许多等间隔线条的玻璃圆盘称为光栅度盘。光栅度盘测角系统通常由两个光栅度盘组成，其中一个称为主光栅，另一个称为指示光栅。两个光栅度盘的光栅方向会形成一个很小的角度 θ，如图 3-11(a)所示。当两个间隔相同的光栅以很小的交角重叠时，在它们相对移动过程中可以看到明暗相间的干涉条纹，这些条纹称为莫尔条纹，如图 3-11(b)所示。

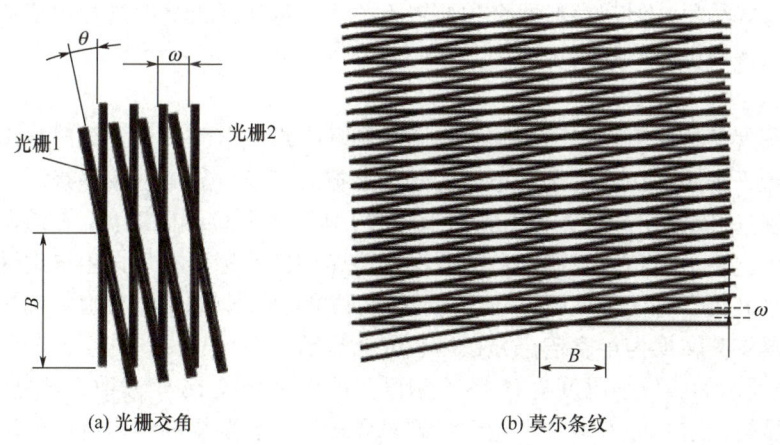

(a) 光栅交角　　(b) 莫尔条纹

B—条纹宽度；ω—光栅距；θ—两光栅的交角。

图 3-11 光栅交角及莫尔条纹

由图 3-11(a)可以看出，莫尔条纹的宽度 B 可近似为

$$B = \frac{\frac{\omega}{2}}{\tan\frac{\theta}{2}} \tag{3-2}$$

由于 θ 角度很小，因此式(3-2)可简化为

$$B = \frac{\omega}{\theta} \tag{3-3}$$

莫尔条纹的宽度 B 与栅距 ω 之比被定义为莫尔条纹的放大倍数 K。

$$K = \frac{B}{\omega} = \frac{1}{\theta} \tag{3-4}$$

由于 θ 很小，因此 K 值很大，也就是说，莫尔条纹起着放大作用，这样便大大提高了分辨率。而且 θ 越小，K 值越大。由此可见，要想知道光栅相对移动的数目，只需测出莫尔条纹的移动数目即可。当光栅相对移动一个栅距 ω 时，莫尔条纹就沿垂直于光栅相对移动的方向移动一个条纹宽度 B。

光栅度盘的读数系统采用发光二极管和接收二极管进行光电探测，如图 3-12 所示。在光栅度盘的一侧安置发光二极管，另一侧正对位置安装接收二极管，指示光栅、发光二极管、光电二极管固定，而主光栅度盘随照准部一起旋转。当望远镜从一个方向转到另一个方向时，两光栅度盘相对移动，就会出现莫尔条纹的移动。莫尔条纹的光信号被接收二极管接收，经整形电路转换成矩形信号，再经计数器记录信号周期数，通过总线系统输入存储器，再经计算由显示屏以度、分、秒的格式显示出来。

光栅度盘测角是通过测定从起始方向开始两个光栅度盘相对移动的光栅数来实现角度测量的，因此这种测角方式被称为增量式测角。这种测角方式相对简单，早期的全站仪大多采用这种方式测角。但其存在两个主要缺点：一是每次开机需要进行角度初始化；二是关机后不能保持关机时的测角状态。

2）编码度盘测角系统

光学编码度盘是在度盘表面刻制数道同心圆环，形成若干码道，同时将编码度盘等间隔地划分为若干扇区，在各扇区内不同的码道上按规律设置导电区和绝缘区，用导电和不导电分别代表二进制中的"1"和"0"。图 3-13 所示为四位编码度盘，在编码度盘下方安置电信号输出电路。测角时编码度盘随照准部旋转到某目标不动后，由该扇区的导电区与不导电区得到其组合电信号。图 3-14 所示的编码度盘信号输出为 1001。输出的组合电信号通过译码器将其转换为角度值，并在显示屏上显示。

图 3-13 所示的四位编码度盘有 16 个扇区，即可以读取 16 个读数，其分辨率为 360°/16=22.5°。显然，这个分辨率是不能满足测角要求的。若要提高编码度盘的测角分辨率，除适当增加扇区数和码道数外，主要是采用角度电子测微技术。角度电子测微技术是利用电子技术对交变的电信号进行内插，从而提高计数脉冲的频率，来达到细分效果并提高测角分辨率的。

由于编码度盘可以在任意位置上直接读取度、分、秒值，故编码测角又称绝对式测角。绝对式测角系统，不仅具有开机无须角度初始化、关机后能保留角度信息的特点，而且可

以使仪器获得更稳定、更精确的测量值。现在生产的普通全站仪，无论是进口的还是国产的，基本上都是采用绝对式测角系统。

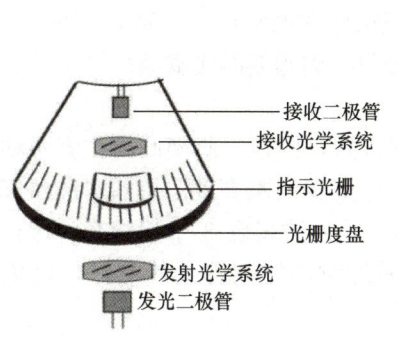

图 3-12　光栅度盘测角原理

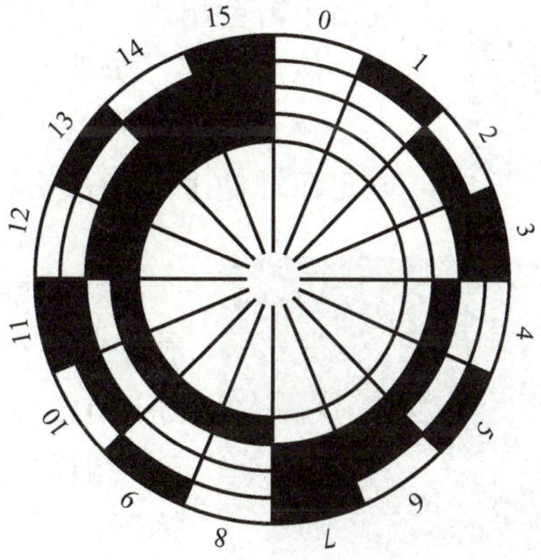

图 3-13　四位编码度盘

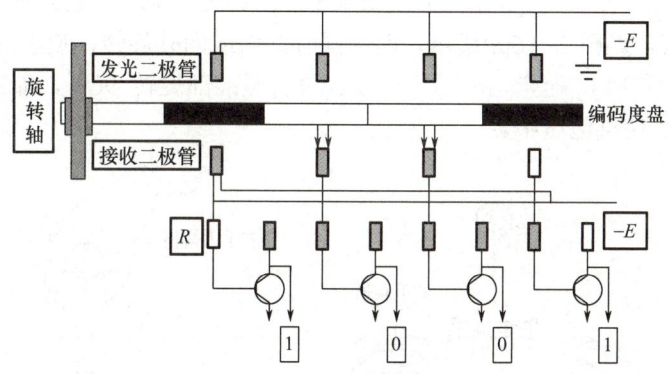

图 3-14　编码度盘信号输出

3.3　全站仪的安置

全站仪的安置包括仪器安装、对中和整平。其中对中又分为初步对中和精确对中，其目的是使仪器中心与测站点中心位于同一铅垂线上。整平又分为粗略整平和精确整平，其目的是使仪器竖轴竖直和水平度盘水平。

1. 仪器安装

将三脚架拉伸到适当高度，调整三条腿使其长度基本一致后打开，使三脚架顶面近似水平。采用激光对中时，应确保三脚架中心位于测站点的正上方。将三脚架腿支撑在地面上，并将仪器小心地安置到三脚架上，拧紧中心螺旋。

2. 初步对中

初步对中的具体做法如下。

全站仪的对中与整平

先调整光学对中器，使十字丝成像清晰。现在部分全站仪采用激光对中，采用激光对中时需要打开电源开关，在设置中找到激光对中器并打开，此时仪器下方会出现一个明亮的激光点。

然后固定三脚架的一条腿，双手拿起另外两条腿，通过对中器观察地面点，调节该两条腿的位置。当对中器粗略对准测站点时，放下三脚架，使其固定在地面上。如在松软的泥土地面操作，则需要踩实脚架。

3. 粗略整平

观察圆水准器气泡的位置，固定三脚架底部位置不动，松开架腿上的固定螺钉，伸缩架腿调整高度，使圆水准器气泡移动居中，如图 3-15 所示。此方法需要 3 个架腿交替进行，直到气泡居中。每次调整后注意固定架腿上的螺钉，以免仪器摔落。

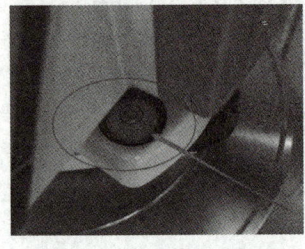

图 3-15　圆水准器居中

4. 精确整平

松开照准部水平制动螺旋，旋转照准部使水准管与任意两个脚螺旋的连线平行，如图 3-16(a)所示，两手同时向内或向外旋转，使水准管气泡居中，注意气泡移动方向和左手大拇指运动方向一致。再将照准部旋转 90°，如图 3-16(b)所示调节第三个脚螺旋，使气泡居中。

全站仪的安置

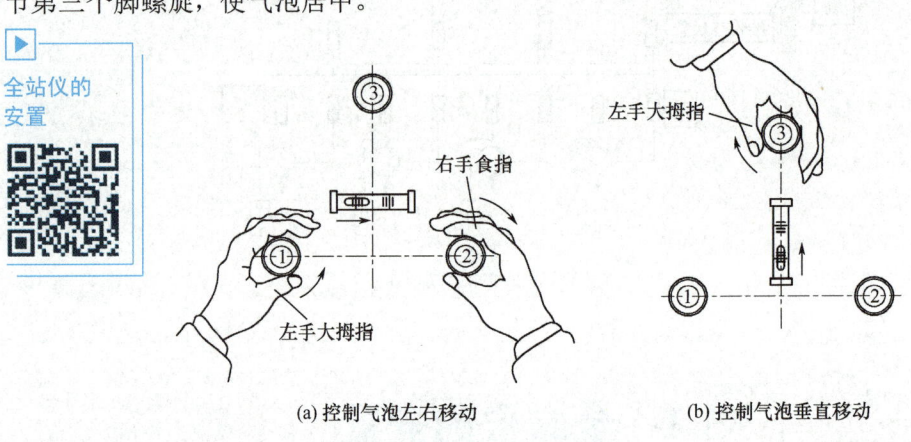

(a) 控制气泡左右移动　　　　(b) 控制气泡垂直移动

图 3-16　水准管调整方法

5. 精确对中

由于整平过程可能会导致仪器几何中心位置发生水平偏移，因此需要再次检查对中器是否还对准地面点。如果偏离，则需松开三脚架与仪器连接的中心螺旋，将仪器在基座上平移，使对中器中心与测站点重合，拧紧中心螺旋。

重复 4、5 两个步骤，使对中和整平均满足要求。其中：对中误差一般不大于 2mm，气泡居中误差不得大于一格。

注意：在全站仪的安置过程中，对中和整平是交替进行的，这两项工作相互影响，操作过程需要反复进行，直到对中和整平都达到要求。

3.4 水平角观测

水平角观测的主要目的是和水平距离一起求解点的平面坐标。水平角的观测方法一般根据目标的多少和精度要求而定，常用的观测方法有测回法和方向观测法。

3.4.1 测回法

测回法常用于测量两个方向之间的单角，如图 3-17 所示，将仪器安置在 O 点，地面有 A、B 两个目标点，欲测定 $\angle AOB$ 的大小，可采用测回法进行观测，具体步骤如下。

图 3-17　测回法测量水平角

(1) 在 O 点安置仪器，对中、整平。

(2) 将全站仪调整成盘左位置(竖盘在望远镜的左侧，也称正镜)，转动照准部，用十字丝竖丝瞄准左目标点 A，读数 $a_左$ 为 $0°06'24''$，记入测回法水平角观测手簿(表 3-5)中。

(3) 顺时针转动照准部，瞄准右目标点 B，读数 $b_左$ 为 $72°46'18''$，记入表 3-5 中。

以上过程称之为上半测回，所测水平角大小为

$$\beta_左 = b_左 - a_左 = 72°46'18'' - 0°06'24'' = 72°39'54''$$

(4) 松开水平制动螺旋和竖直制动螺旋，转动望远镜成盘右位置(竖盘在望远镜右侧，也称倒镜)，瞄准右目标点 B，读数 $b_右$ 为 $252°46'36''$，记入表 3-5 中。

(5) 逆时针转动照准部，照准左目标点 A，读数 $a_右$ 为 $180°06'48''$，记入表 3-5 中。

以上过程称之为下半测回，所测水平角大小为

$$\beta_右 = b_右 - a_右 = 252°46'36'' - 180°06'48'' = 72°39'48''$$

上、下半测回合称一测回。

由于测量过程存在误差,不同等级的角度测量对于限差要求也不一样。例如,对于三级导线测量,水平角测量要求盘左、盘右观测值 $\beta_左$ 与 $\beta_右$ 之差不超过±24″,满足要求时取二者的平均值作为最终结果,否则应重新观测。

$$\beta = \frac{\beta_左 + \beta_右}{2} = \frac{1}{2}(72°39'54''+72°39'48'')=72°39'51''$$

在计算时需要注意,若右方向读数减去左方向读数不够减时,应先加上360°再减。

表 3–5 测回法水平角观测手簿

测站	竖盘位置	目标	水平度盘读数 /(° ′ ″)	半测回角度 /(° ′ ″)	一测回角度 /(° ′ ″)	各测回平均值 /(° ′ ″)
第一测回 O	左	A	0 06 24	72 39 54	72 39 51	72 39 52
		B	72 46 18			
	右	A	180 06 48	72 39 48		
		B	252 46 36			
第二测回 O	左	A	90 06 18	72 39 48	72 39 54	
		B	162 46 06			
	右	A	270 06 30	72 40 00		
		B	342 46 30			

当测角精度要求较高时,可以观测多个测回,取其平均值作为水平角测量的最后结果。为了减少度盘刻划不均匀的误差,各测回间应根据测回数,按照 180°/n 的差值变换水平度盘的起始位置。

例如:

观测两测回——0°、90°

观测三测回——0°、60°、120°

观测四测回——0°、45°、90°、135°

观测六测回——0°、30°、60°、90°、120°、150°

表 3-5 中就是两测回观测的成果。

对于三级导线,各测回之间水平角互差不得超过±24″,若超过此限制,应重新观测。

3.4.2 方向观测法

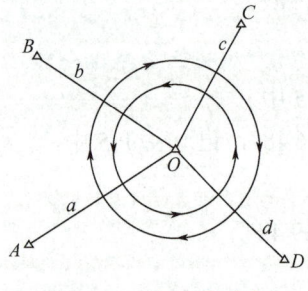

图 3-18 方向观测法

当测站上的方向观测数在 3 个或 3 个以上时,一般采用方向观测法。当观测方向多于 3 个时,需"归零"。当观测方向为 3 个时,可不归零。

方向观测法(图 3-18)观测计算步骤如下。

(1) 在 O 点安置仪器,对中、整平。

(2) 上半测回 (盘左)。

调整仪器为盘左观测状态,选择一个距离适中且影像清晰的方向作为起始方向，设为 OA。盘左照准 A 点，并安置水平度盘读数，使其稍大于 0°，由零方向 A 起始，按顺时针依次精确瞄准各点读数 A→B→C→D→A("全圆")，并记入方向观测法观测手簿(表 3-6)中。

表 3–6　方向观测法观测手簿

测站	测回	觇点	水平度盘读数		2C /(")	平均读数 /(° ′ ″)	一测回归零方向值 /(° ′ ″)	各测回平均方向值 /(° ′ ″)
			盘左 /(° ′ ″)	盘右 /(° ′ ″)				
1	2	3	4	5	6	7	8	9
O	1					(0 00 34)		
		A	0 00 54	180 00 24	+30	0 00 39	0 00 00	0 00 00
		B	79 27 48	259 27 30	+18	79 27 39	79 27 05	79 26 59
		C	142 31 18	322 31 00	+18	142 31 09	142 30 35	142 30 29
		D	288 46 30	108 46 06	+24	288 46 18	288 45 44	288 45 47
		A	0 00 42	180 00 18	+24	0 00 30		
		Δ=	−12	−6				
O	2					(90 00 52)		
		A	90 01 06	270 00 48	+18	90 00 57	0 00 00	
		B	169 27 54	349 27 36	+18	169 27 45	79 26 53	
		C	232 31 30	42 31 00	+30	232 31 15	142 30 23	
		D	18 46 48	198 46 36	+12	18 46 42	288 45 50	
		A	90 01 00	270 00 36	+24	90 00 48		
		Δ=	−6	−12				

(3) 下半测回(盘右)。

纵转望远镜 180°，使仪器为盘右观测状态，按逆时针顺序 A→D→C→B→A 依次精确瞄准各点读数，并记入表 3-6 中。

(4) 方向观测法的记录、计算。

① 观测角度记录顺序：盘左自上而下，盘右自下而上。

② 计算 2C 值(两倍视准轴误差)。

$$2C = 盘左读数 - (盘右读数 \pm 180°) \qquad (3\text{-}5)$$

将计算结果计入表 3-6 中的第 6 栏。2C 本身为一常数，故 2C 的互差可作为评定观测质量的一个指标，若超限则需重测。

③ 计算半测回归零差(即上下半测回中零方向两次读数之差)。

$$\Delta = 零方向归零方向值 - 零方向起始方向值 \qquad (3\text{-}6)$$

④ 计算各方向盘左、盘右平均值。

$$平均值 = (盘左读数 + 盘右读数 \pm 180°) / 2 \qquad (3\text{-}7)$$

将计算结果计入表 3-6 中的第 7 栏。

⑤ 归零方向值的计算。

先计算出归零方向 A 的总平均值(计算结果计入表 3-6 中第 7 栏的最上部)，其他各方向的方向值减去零方向总平均值(括号内数值)，即得各方向归零后的方向值，填入表 3-6 中的第 8 栏。应注意零方向归零后的方向值为 0°00′00″。

⑥ 各测回同方向归零方向值的计算。

只有各测回同方向归零方向值互差小于限差(表 3-7)，方可取平均值计入表 3-6 中的第 9 栏。若超限，则需重测。

表 3–7 水平角方向观测法的技术要求

等级	仪器精度等级	半测回归零差限差/(″)	一测回内 2C 互差限差/(″)	同一方向各测回较差限差/(″)
四等及以上	0.5″级仪器	≤3	≤5	≤3
	1″级仪器	≤6	≤9	≤6
	2″级仪器	≤8	≤13	≤9
一级及以下	2″级仪器	≤12	≤18	≤12
	6″级仪器	≤18	—	≤24

3.5 竖直角观测

3.5.1 观测方法

图 3-19 竖直角测量

竖直角观测的主要目的是确定地面两点间的高差，或者将地面的倾斜距离改化成水平距离。如图 3-19 所示，欲测定从 A_2 点观测 A_1 点的竖直角，其观测步骤如下。

(1) 安置仪器：仪器架设在测站点 A_2 上，对中、整平，将双轴补偿器设置为打开状态。

(2) 上半测回：盘左位置瞄准目标点 A_1，使十字丝中丝精确瞄准目标棱镜中心，读数为 L。

(3) 下半测回：调整仪器为盘右观测状态，再次瞄准目标点 A_1，读数为 R。

(4) 记录、计算。

在计算竖直角时，需首先判断竖直角的计算公式。根据竖直角测量原理我们知道竖直角 α 的大小是照准目标方向的读数与视线水平方向的读数之差。而全站仪在出厂时就已经把视线水平时的读数固定为一常数，即当望远镜视线水平时，竖盘读数为 90°或 270°。因此，在判定竖直角计算公式时，我们只需判断所测角度是仰角还是俯角，即竖直角是大于 0°还是小于 0°，就可以了。

如图 3-20 所示，盘左位置，视线水平时读数为 90°，抬高望远镜，即竖直角为仰角，若竖盘读数为 L，则盘左竖直角计算公式为

$$\alpha_L = 90° - L \tag{3-8}$$

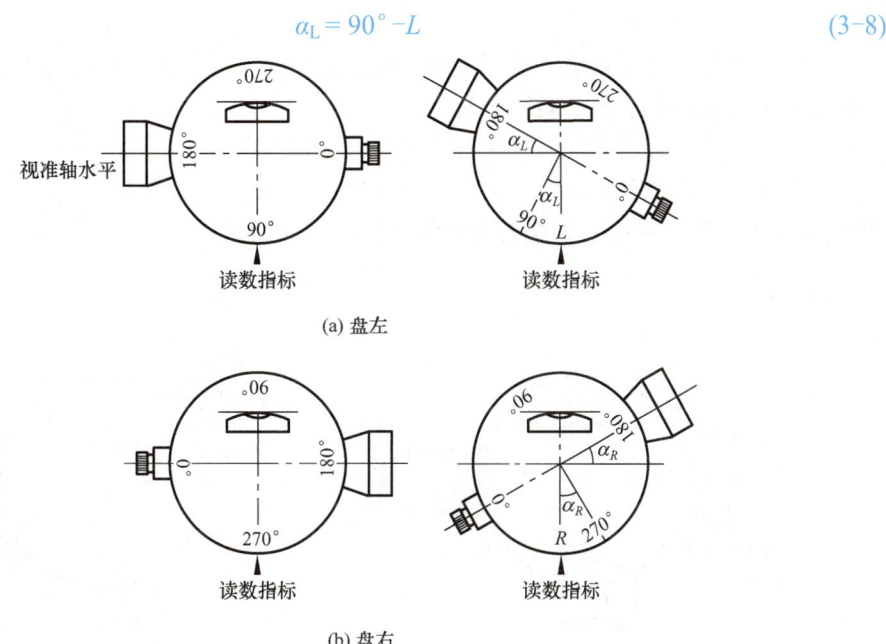

图 3-20 竖直角的读数

盘右位置，视线水平时读数为 270°，抬高望远镜，即竖直角为仰角，若竖盘读数为 R，则盘右竖直角计算公式为

$$\alpha_R = R - 270° \tag{3-9}$$

一测回的竖直角值为上下半测回的平均值，即

$$\alpha = \frac{\alpha_L + \alpha_R}{2} = \frac{1}{2}(R - L - 180°) \tag{3-10}$$

表 3-8 为某次测量，仪器架设在 O 点，分别瞄准目标 M、N 所测量的竖直角观测手簿。

表 3-8 竖直角观测手簿

测站	目标	竖盘位置	竖盘读数 /(° ′ ″)	半测回竖盘角 /(° ′ ″)	指标差/(″)	一测回竖直角 /(° ′ ″)	备注
O	M	左	71 12 36	+18 47 24	-12	+18 47 12	
		右	288 47 00	+18 47 00			
	N	左	96 18 42	-6 18 42	-9	-6 18 51	
		右	263 41 00	-6 19 00			

3.5.2 竖盘指标差

全站仪的竖盘由主光栅、指示光栅、指示光栅座、轴和轴套组成，在竖盘安装过程中会产生竖盘指标差和水平轴倾斜误差。

竖盘指标差是由固定指示光栅安装不正确引起的，即指当视准轴水平时，其指标不恰好在 90°或 270°，而与正确位置差一个小角度 x，x 即称为竖盘指标差，一般用 i 表示。如图 3-21 所示，盘左和盘右测量的竖直角计算公式分别为

$$\alpha_左 = 90° - L + x \tag{3-11}$$

$$\alpha_右 = R - 270° - x \tag{3-12}$$

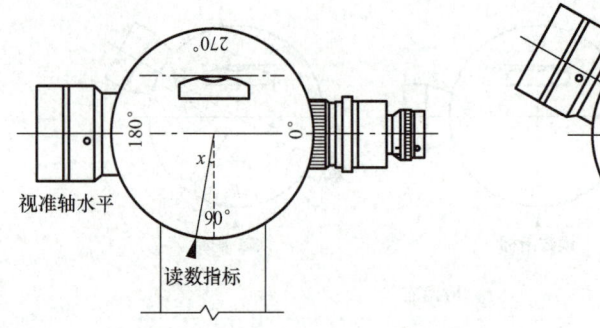
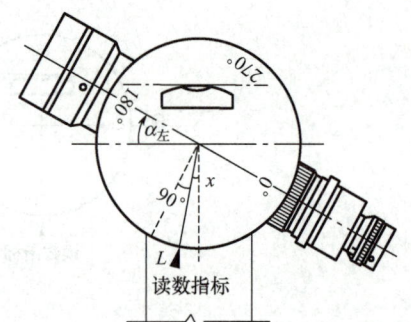

(a) 盘左

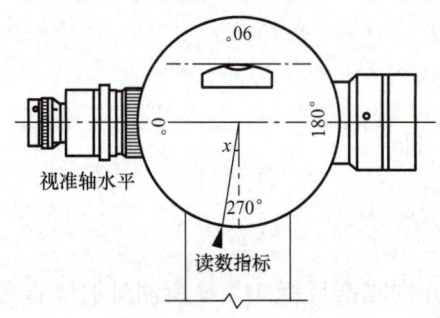
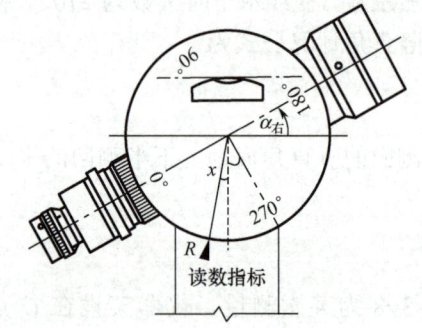

(b) 盘右

图 3-21 竖盘指标差

两者取平均得竖直角 α 为

$$\alpha = \frac{1}{2}(\alpha_左 + \alpha_右) = \frac{1}{2}[(R-L) - 180°] \tag{3-13}$$

可见，式(3-13)与式(3-10)计算竖直角 α 的公式相同。说明采用盘左、盘右位置观测取平均计算得竖直角，其角值不受竖盘指标差的影响。

若将式(3-12)减去式(3-11)，则得

$$x = \frac{1}{2}[(L+R) - 360°] \tag{3-14}$$

式(3-14)为全站仪的竖盘指标差计算公式。

竖盘指标差主要用于检查观测质量。在野外测量时，竖直角被广泛地应用于电磁波三角高程测量，《工程测量标准》(GB 50026—2020)对竖直角观测的主要技术要求规定见表3-9。

表3-9 电磁波三角高程观测的主要技术要求(竖直角观测部分)

等级	竖直角观测			
	仪器精度等级	测回数	指标差较差	测回较差
四等	2″级仪器	3	≤7″	≤7″
五等	2″级仪器	2	≤10″	≤10″

3.5.3 竖直角应用举例

1. 将斜距化为水平距离

如图3-22所示，测得 AB 两点间的斜距 D 及竖直角 α，可将斜距 D' 化为水平距离 D，其计算公式为

$$D = D' \cos\alpha \tag{3-15}$$

2. 三角高程测量

三角高程测量法可以用来测量高差较大的点的高程、高大建(构)筑物和大树的高度等。

如图3-23所示，欲求某铁塔的高度，可在距离大于铁塔高度的 C 点安置全站仪，用十字丝中丝切准铁塔顶端 B 点，测得竖直角 α_1，再用十字丝中丝切准铁塔底部 A 点，测得竖直角 α_2，然后用钢尺量取 AC 两点间的距离 D，即可计算出铁塔的高度 H

$$H = h_1 + h_2 = D\tan\alpha_1 + D\tan\alpha_2 \tag{3-16}$$

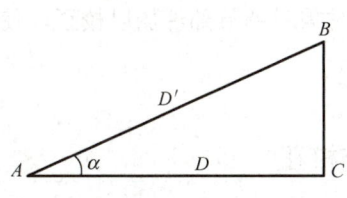

图3-22 将斜距转化为水平距离

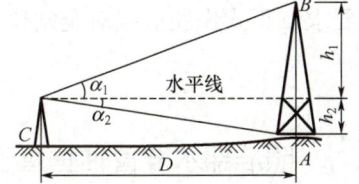

图3-23 三角高程测量

3.6 全站仪的检验与校正

如图3-24所示，全站仪各部件的主要轴线有竖轴 VV、横轴 HH、视准轴 CC、圆水准器轴 $L'L'$ 和照准部水准管轴 LL。

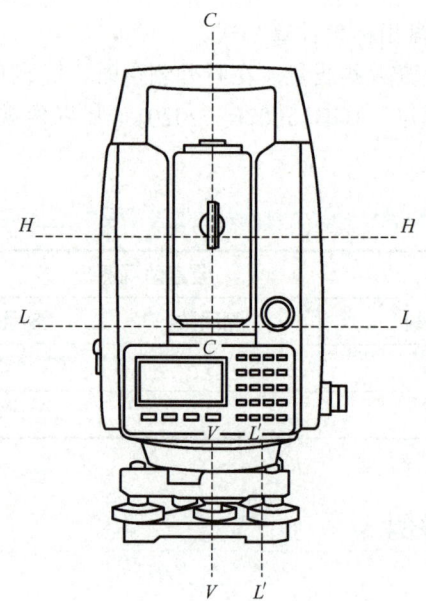

图 3-24 全站仪的轴线关系

根据角度测量原理，以及为了保证角度观测的精度，全站仪的主要轴线之间应满足以下条件。

(1) 照准部水准管轴 LL 应垂直于竖轴 VV。
(2) 圆水准器轴 $L'L'$ 应平行于竖轴 VV。
(3) 十字丝竖丝应垂直于横轴 HH。
(4) 横轴 HH 应垂直于竖轴 VV。
(5) 视准轴 CC 应垂直于横轴 HH。
(6) 竖盘指标差应为零。
(7) 光学对中器的视准轴应与竖轴重合。

由于全站仪长期在野外使用，其轴线关系可能被破坏，从而产生测量误差。因此，测量规范要求，正式作业前应对全站仪进行检验。必要时需对调节部件加以校正，使之满足要求。

3.6.1 照准部水准管轴垂直于竖轴的检验与校正

该检验的目的是使仪器满足照准部水准管轴垂直于仪器竖轴的几何条件，使仪器精确整平后，保证竖轴铅直，水平度盘水平。

1. 检验

(1) 先将仪器粗略整平，转动照准部，使水准管平行于任一对脚螺旋，调节该对脚螺旋，使水准管气泡居中。
(2) 将照准部旋转 90°，再旋转第三个脚螺旋，使水准管气泡居中。
(3) 再次将仪器旋转 90°，重复步骤(1)、(2)，直到四个位置上的气泡均居中。此时，若气泡在任意位置均居中，则说明满足条件。若气泡偏离量超过两格，则应进行校正。

2．校正

(1) 在检验时，若水准管气泡偏离了中心，先用与水准管平行的脚螺旋进行调整，使气泡向中心移近一半的偏离量。剩余的一半用校正针转动水准器校正螺钉(在水准管右边)进行调整，直至气泡居中。

(2) 将仪器旋转180°，检查气泡是否居中。如果气泡仍不居中，重复步骤(1)，直至气泡居中。

(3) 将仪器旋转90°，用第三个脚螺旋调整，直至气泡居中。

重复检验与校正步骤，直至照准部转至任何方向气泡均居中。

3.6.2　圆水准器轴平行于竖轴的检验与校正

该检验的目的是使仪器满足圆水准器轴平行于仪器竖轴的几何条件，使仪器粗略整平后，保证竖轴大致铅直，水平度盘大致水平。

1．检验

将仪器精确整平，水准管检校准确后，若圆水准器气泡也居中，则表明仪器满足条件，不必校正，否则需校正。

2．校正

用校正针或内六角扳手调整气泡下方的校正螺钉使气泡居中。校正时，应先松开气泡偏移方向对面的校正螺钉(1个或2个)，然后拧紧偏移方向的其余校正螺钉，使气泡居中。气泡居中时，3个校正螺钉的紧固力均应一致。这项工作需要反复检验，直至满足要求。

3.6.3　十字丝竖丝垂直于横轴的检验与校正

1．检验

该检验的目的是使十字丝竖丝铅直，保证精确瞄准目标。

(1) 整平仪器后，用十字丝中点精确瞄准一个清晰目标点 P，然后锁紧望远镜水平和垂直制动螺旋。

(2) 慢慢转动望远镜竖直微动螺旋，使望远镜上下移动，使 P 点移动至视场的边沿。

(3) 如 P 点始终沿竖丝移动，则不必校正，否则需进行校正，如图3-25所示。

2．校正

(1) 如图3-26所示，首先取下位于望远镜目镜与调焦手轮之间的分划板座护盖，便看见4个分划板座固定螺钉。

(2) 用螺丝刀均匀地旋松该4个固定螺钉，绕视准轴旋转分划板座，使 P 点落在竖丝的位置上。

(3) 均匀地旋紧固定螺钉，再用上述方法检验校正结果，直至照准部水平微动时 P 点始终在中丝上移动。

(4) 将分划板座护盖安装回原位。

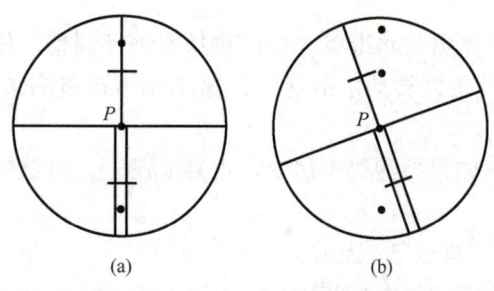

图 3–25 十字丝竖丝检验

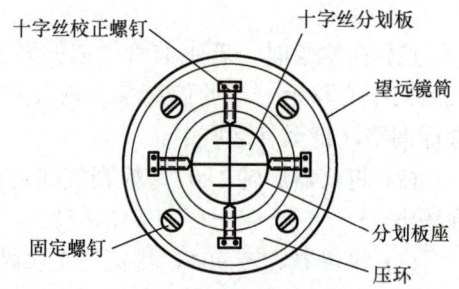

图 3–26 十字丝分划板校正

3.6.4 横轴垂直于竖轴的检验与校正

1. 检验

(1) 安置精确整平好仪器，盘左精确照准距仪器约 50cm 处一目标 A。

(2) 垂直转动望远镜 $i(10°<i<45°)$，精确照准另一目标 B。

(3) 转动仪器，盘右精确照准同一目标 A，同样垂直转动望远镜 i，检查十字丝距 B 的距离 D，要求 $D≤15″$。如果 $D>15″$，则需进行校正。

2. 校正

(1) 用螺丝刀调整望远镜下方的校正螺钉。

(2) 重复检验步骤，检查并调整校正螺钉，直至 $D≤15″$。

3.6.5 视准轴垂直于横轴的检验与校正(2C)

1. 检验

该检验的目的是保证当竖轴铅直时，横轴处于水平；否则，视准轴绕横轴旋转轨迹不是铅垂面，而是一个倾斜面。其检验步骤如下。

(1) 距离仪器同高的远处设置目标 A，精确整平仪器并打开电源。

(2) 在盘左位置将望远镜照准目标 A，读取水平角(如水平角 $L=10°13′10″$)。

(3) 松开垂直及水平制动手轮纵转望远镜，旋转照准部盘右照准同一目标 A(照准前应旋紧垂直及水平制动手轮)读取水平角(如水平角 $R=190°13′40″$)。

(4) 当 $2C=L-(R±180°)=-30″≥±20″$，需校正。

2. 校正

(1) 用水平微动手轮将水平角读数调整到消除 C 后的正确读数。

$$R+C=190°13′40″-15″=190°13′25″$$

(2) 取下位于望远镜目镜与调焦手轮之间的分划板座护盖，调整分划板上水平左右两个十字丝校正螺钉，先松一侧螺钉后紧另一侧的螺钉，移动分划板，使十字丝中心照准目标 A。

(3) 重复检验步骤，校正至|2C|<20″符合要求。
(4) 将分划板座护盖安装回原位。

3.6.6 竖盘指标零点自动补偿的检验与校正

1. 检验

(1) 安置和整平仪器后，使望远镜的指向和仪器中心与任一脚螺旋的连线相一致，旋紧水平制动手轮。

(2) 开机后指示竖盘指标归零，旋紧垂直制动手轮，仪器显示当前望远镜指向的竖直角值。

(3) 朝一个方向慢慢转动脚螺旋至 10mm 圆周距左右时，仪器显示的竖直角由正常显示到出现"补偿超出"信息，即表示仪器竖轴倾斜已大于 3′，超出竖盘补偿器的设计范围。当反向旋转脚螺旋复原时，仪器又复现竖直角，在临界位置可反复试验观察其变化，这就证明竖盘补偿器工作正常。

2. 校正

当发现仪器补偿失灵或异常时，应送厂检修。

3.6.7 竖盘指标差(i角)和竖盘指标零点设置的检验与校正

1. 检验

(1) 安置整平好仪器后开机，盘左照准任一清晰目标 A，得竖直角盘左读数 L。
(2) 转动望远镜成盘右，再照准 A，得竖直角盘右读数 R。
(3) 若竖直角天顶为 0°，则 $i = (L+R-360°)/2$；若竖直角水平为 0°，则 $i = (L+R-180°)/2$。
(4) 若$|i|\geq 10″$，则需对竖盘指标零点重新设置。

2. 校正

(1) 整平仪器后进入仪器常数设置，选择竖直角零基准设置(或指标差设置)。

(2) 选择竖直角零基准校正(或指标差设置)，转动仪器盘左精确照准与仪器同高的远处任一清晰稳定目标 A，并按"是"键。

(3) 再旋转望远镜，盘右精确照准同一目标 A，并按"是"键，设置完成，仪器自动返回测角模式。

(4) 重复检验步骤，重新测定指标差(i 角)。若指标差仍不符合要求，则应检查校正(指标零点设置)的 3 个步骤的操作是否有误、目标照准是否准确等，并按要求再重新进行设置。

(5) 经反复操作仍不符合要求时，应送厂检修。

3.6.8 光学对中器的视准轴与竖轴重合的检验与校正

1. 检验

目的是使光学对中器的视准轴与仪器竖轴重合。先架好仪器，整平后在仪器正下方地

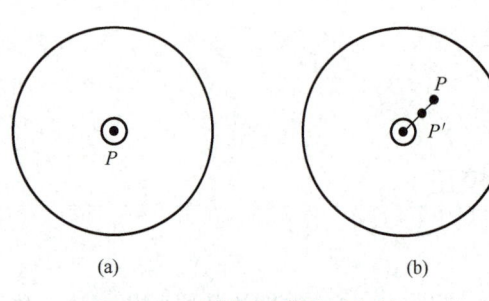

图 3-27 光学对中器检验与校正

面上安置一块白色纸板。将光学对中器分划板中心(或十字丝中心)投影到纸板上,如图 3-27(a)所示,并绘制标志点 P。然后将照准部旋转 180°,如果 P 点仍在分划板内,表示条件满足,否则应校正。

2. 校正

在纸板上画出分划板中心与 P 点之间连线中点 P' 点,如图 3-27(b)所示。松开两支架之间圆形护盖上的两颗螺钉,取下护盖,可见到转向棱镜座。调节调整螺钉,使分划板中心前后左右移动,直至分划板中心与 P' 点重合。

3.7 误差分析及注意事项

3.7.1 误差分析

仪器误差、观测误差及外界条件的影响都会给角度测量的精度带来影响,为了得到符合规定要求的角度测量成果,必须分析这些误差的影响,采取相应有效的措施,将其消除或控制在容许的范围以内。

1. 仪器误差

仪器误差包括仪器校正之后的残余误差及仪器加工不完善引起的误差。

(1) 视准轴误差。

视准轴误差是由视准轴不垂直于横轴引起的,其对水平方向观测值的影响为 $2C$。由于盘左、盘右观测时符号相反,故水平角测量时,视准轴误差可采用盘左、盘右观测取平均值的方法加以消除。

(2) 横轴误差。

横轴误差是支承横轴的支架有误差,造成横轴与竖轴不垂直。盘左、盘右观测时对水平角的影响为 i 角误差,并且方向相反。所以横轴误差也可以采用盘左、盘右观测取平均值的方法加以消除。

(3) 竖轴倾斜误差。

竖轴倾斜误差是水准管轴不垂直于竖轴,以及照准部水准管不居中引起的误差。这时,竖轴偏离竖直方向一个小角度,从而引起横轴倾斜及度盘倾斜,造成测角误差。这种误差与盘左、盘右观测无关,并且随望远镜瞄准不同方向而变化,不能用盘左、盘右观测取平均值的方法消除。因此,测量前应严格检校仪器,观测时仔细整平,并始终保持照准部水准管气泡居中(气泡不可偏离一格)。

(4) 度盘偏心差。

度盘偏心差主要是由度盘加工及安装不完善引起的。该误差导致照准部旋转中心 C_1

与水平度盘圆心 C 不重合引起读数误差，如图 3-28 所示。若 C 和 C_1 重合，瞄准 A、B 目标时，其正确读数为 a_L、b_L、a_R、b_R。若不重合，其读数为 a'_L、b'_L、a'_R、b'_R；相比正确读数变化了 x_a、x_b。从图 3-28 中可见，在盘左、盘右时，指标线在水平度盘上的读数具有对称性，而符号相反，因此，可用盘左、盘右观测取平均值的方法加以消除。

(5) 度盘刻划不均匀误差。

度盘刻划不均匀误差是由仪器加工不完善引起的。这项误差一般很小。在高精度测量时，为了提高测角精度，可在各测回间变换度盘初始位置，以减小这项误差的影响。

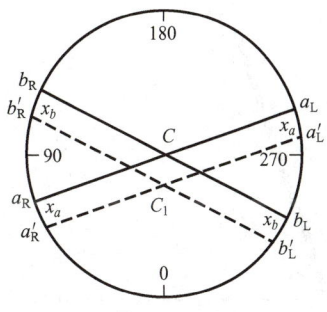

图 3-28 度盘偏心差

(6) 竖盘指标差。

竖盘指标差可用盘左、盘右取平均值的方法加以消除。

2. 观测误差

(1) 对中误差。

在测角时，若仪器对中有误差，将使仪器中心与测站点不在同一条铅垂线上，从而造成测角误差。如图 3-29 所示，O 为测站点，A、B 为目标点，O' 为仪器中心在地面上的投影，OO' 为偏心距，以 e 表示，则对中引起的测角误差为

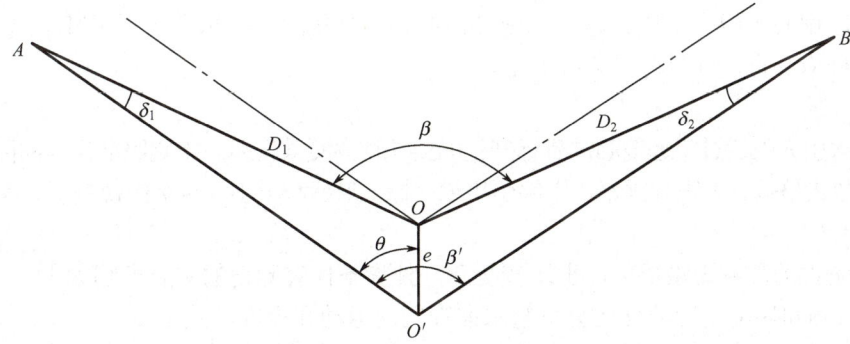

图 3-29 仪器对中误差

$$\beta = \beta' + (\varepsilon_1 + \varepsilon_2) \tag{3-17}$$

$$\varepsilon_1 \approx \frac{\rho}{d_1} e \sin\theta \tag{3-18a}$$

$$\varepsilon_2 \approx \frac{\rho}{d_2} e \sin(\beta' - \theta) \tag{3-18b}$$

$$\varepsilon = \varepsilon_1 + \varepsilon_2 = \rho e \left[\frac{\sin\theta}{D_1} + \frac{\sin(\beta' - \theta)}{D_2} \right] \tag{3-19}$$

式中，$\rho = 206265''$。从式(3-19)可见，对中误差的影响 ε 与偏心距成正比，与边长成反比。当 $\beta = 180°$、$\theta = 90°$ 时，ε 角值最大。当 $e = 3\text{mm}$、$D_1 = D_2 = 60\text{m}$ 时，对中误差为

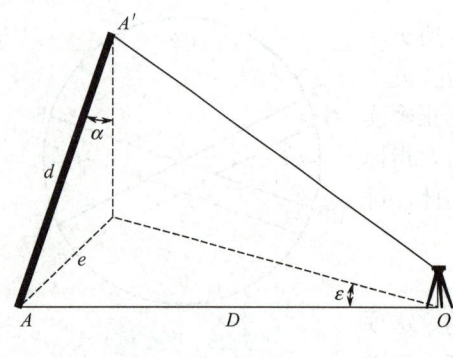

图 3-30 目标偏心误差

$$\varepsilon = \rho e \left(\frac{1}{D_1} + \frac{1}{D_2} \right) \approx 20.6''$$

这项误差不能通过观测方法消除,所以测水平角时要仔细对中,在短边测量时更要严格对中。

(2) 目标偏心误差。

在测角时,通常都要在地面点上设置观测标志。造成目标偏心的原因可能是标志与地面点对得不准,或者标志没有铅垂,而照准标志的上部时使视线偏移。如标杆倾斜,又没有瞄准底部,则会产生目标偏心误差。如图 3-30 所示,O 为测站,A 为地面目标点,AA' 为标杆,标杆倾角为 α。目标偏心差为

$$e = d\sin\alpha \tag{3-20}$$

目标偏斜对观测方向的影响为

$$\varepsilon = \frac{e}{D}\rho = \frac{d\sin\alpha}{D}\rho \tag{3-21}$$

从式(3-21)可见,目标偏心误差对水平方向的影响与 e 成正比,与边长成反比。与测站偏心类似,偏心距越大,边长越短,则目标偏心对测角的影响越大。为了减小这项误差,测角时标杆应竖直,并尽可能瞄准底部。

(3) 照准误差。

测角时由人眼通过望远镜瞄准目标产生的误差称为照准误差。影响照准误差的因素很多,如望远镜放大倍数、人眼分辨率、十字丝粗细、标志形状和大小、目标影像亮度、颜色等。

3. 外界条件的影响

外界条件的影响因素很多,也比较复杂。外界条件对测角的主要影响如下。

(1) 日晒和环境温度的变化会引起水准管气泡运动和视准轴发生变化。
(2) 大风会影响仪器和目标的稳定。
(3) 视线太靠近建(构)筑物时容易引起旁折光,大气折光会导致视线改变方向。
(4) 大气透明度(如雾气)会影响照准精度。
(5) 地面的坚实程度、车辆的振动等会影响仪器的稳定。

以上这些因素都会给测角的精度带来影响。要完全避免这些影响是不可能的,但如果选择有利的观测时间和避开不利的外界条件,并采取相应的措施,则可以使这些外界条件的影响降低到较小的程度。

3.7.2 注意事项

1. 角度测量的注意事项

通过上述分析,为了保证测角的精度,观测时必须注意下列事项。

(1) 观测前应先检验仪器，如不符合要求应进行校正。

(2) 安置仪器要稳定，脚架应踩实，应仔细对中、整平。尤其对短边时应特别注意仪器对中，在地形起伏较大地区观测时，应严格整平。一测回内不得再对中、整平。

(3) 目标应竖直，仔细对准地面上的标志中心，根据远近选择不同粗细的标杆，尽可能瞄准标杆底部，最好直接瞄准地面上的标志中心。

(4) 严格遵守各项操作规定和限差要求。采用盘左、盘右观测取平均值的观测方法。照准时应消除视差，一测回内观测避免碰动度盘。

(5) 当对一水平角进行 n 个测回(次)观测，各测回间应变换度盘起始位置，每测回观测度盘起始读数变动值为 $180/n$(n 为测回数)。

(6) 水平角观测时，应以十字丝交点附近的竖丝仔细瞄准目标底部；竖直角观测时，应以十字丝交点附近的中丝照准目标的顶部(或某一标志)。

(7) 观测结果应及时记录在正规的观测手簿上，并当场计算。当各项限差满足规定要求后，方能搬站。如有超限或错误，应立即重测。

(8) 选择有利的观测时间和避开不利的外界条件。

(9) 仪器安置的高度应合适，脚架应踩实，中心螺旋应拧紧，观测时手不扶脚架，转动照准部及使用各种螺旋时，用力要轻。

2．全站仪的注意事项

1) 仪器保管的注意事项

(1) 仪器的保管由专人负责，每天现场使用完毕应带回库房；不得放在现场工具箱内。

(2) 仪器箱内应保持干燥，要防潮、防水并及时更换干燥剂。仪器必须放置于专门架上或固定位置。

(3) 仪器长期不用时，应定期（一月左右）取出通风防霉并通电驱潮，以保持仪器良好的工作状态。

(4) 仪器放置要整齐，不得倒置。

2) 仪器使用时的注意事项

(1) 开工前应检查仪器箱背带及提手是否牢固。

(2) 开箱后提取仪器前，要看准仪器在箱内放置的方式和位置。将仪器从仪器箱取出或装入仪器箱时，应握住仪器提手和底座，不可握住显示单元的下部。切不可拿仪器的镜筒，否则会影响内部固定部件，从而降低仪器的精度。应握住仪器的基座部分，或双手握住望远镜支架的下部。仪器用毕，应先盖上物镜罩，并擦去表面的灰尘。仪器装箱时各部位要放置妥帖，合上箱盖时应无障碍。

(3) 在太阳光照射下观测仪器，应给仪器打伞，并戴上遮阳罩，以免影响观测精度。在杂乱环境下测量时，仪器要有专人守护。当仪器架设在光滑的表面时，要用细绳(或细铅丝)将三脚架的三个脚连起来，以防滑倒。

(4) 当架设仪器在三脚架上时，应尽可能用木制三脚架，因为使用金属三脚架可能会产生振动，从而影响测量精度。

(5) 若测站之间距离较远，搬站时应将仪器卸下，装箱后背着走。行走前要检查仪器箱是否锁好，检查安全带是否系好。若测站之间距离较近，搬站时可将仪器连同三脚架一起靠在肩上，但仪器要尽量保持直立放置。

(6) 搬站之前，应检查仪器与脚架的连接是否牢固。搬运时，应把制动螺旋略微关住，使仪器在搬站过程中不致晃动。

(7) 仪器任何部分发生故障，不得勉强使用，而应立即检修，否则会加剧仪器的损坏程度。

(8) 光学元件应保持清洁，如沾染灰尘，则必须用毛刷或柔软的擦镜纸擦掉。禁止用手指抚摸仪器的任何光学元件表面。清洁仪器透镜表面时，应先用干净的毛刷扫去灰尘，再用干净的无线棉布蘸酒精由透镜中心向外一圈圈地轻轻擦拭。除去仪器箱上的灰尘时，切不可使用任何稀释剂或汽油，而应用干净的布蘸中性洗涤剂擦洗。

(9) 在潮湿环境中工作，作业结束后，要用软布擦干仪器表面的水分及灰尘后装箱。回到办公室后应立即开箱取出仪器放于干燥处，待彻底晾干后再装入箱内。

(10) 冬天室内外温差较大时，仪器搬出室外或搬入室内，应隔一段时间后才能开箱。

3) 仪器转运时的注意事项

(1) 先把仪器装在仪器箱内，再把仪器箱装在专供转运用的木箱内，并在空隙处填以泡沫、海绵、刨花或其他防振物品。装好后将仪器箱的盖子盖好。需要时应用绳子捆扎结实。

(2) 无专供转运的木箱或塑料箱的仪器不应托运，而应由测量员亲自携带。在整个转运过程中，要做到人不离开仪器，如乘车时应将仪器放在松软物品上面，并用手扶住，在颠簸厉害的道路上行驶时，应将仪器抱在怀里。

(3) 注意轻拿轻放、放正、不挤不压，无论天气情况，均要事先做好防晒、防雨、防振等措施。

4) 仪器电池使用的注意事项

全站仪的电池是其最重要的部件之一，现在全站仪所配备的电池一般为镍氢电池和镍镉电池，电池的好坏、电量的多少决定了外业时间的长短。

(1) 建议在电源打开期间不要将电池取出，否则存储数据可能会丢失，因此请在电源关闭后再装入或取出电池。

(2) 可充电池可以反复充电使用，但是如果在电池还存有剩余电量的状态下充电，则会缩短电池的工作时间。此时，电池的电压可通过刷新予以复原，从而改善作业时间，充满电的电池放电时间约需 8h。

(3) 不要连续进行充电或放电，否则会损坏电池和充电器，如有必要进行充电或放电，则应在停止充电约 30min 后再使用充电器。

(4) 不要在电池刚充电后就进行充电或放电，这样有可能会造成电池损坏。

(5) 电池充电超过规定的充电时间会缩短电池的使用寿命，应尽量避免。

(6) 电池剩余容量显示级别与当前的测量模式有关，在角度测量的模式下，电池剩余容量够用，并不能保证电池在距离测量模式下也够用，因为距离测量模式耗电通常要高于角度测量模式。当从角度测量模式转换为距离测量模式时，有可能会由于电池容量不足，而导致中止测距。

总之，只有在日常的工作中注意全站仪的使用和维护，注意全站仪电池的充放电，才能延长全站仪的使用寿命,使全站仪的功效发挥到最大。

小 结

水平角是指空间内一点到两个目标点的方向线垂直投影到水平面上的夹角,或者是过两条方向线的竖直面所夹的两面角。

竖直角是指在同一竖直面内,某一方向线与水平线的夹角。

全站仪是集测角、测距于一体,由微处理计算机控制实现自动测距、测角,自动归算水平距离、高差、坐标,配有若干特殊功能,观测结果能自动显示、记录、存储、变换、预处理及输出的仪器。

全站仪安置仪器的步骤包括仪器安装、初步对中、初步整平、精确整平和精确对中。

水平角测量方法包括测回法(两个目标方向)和方向观测法(多个目标方向)。

全站仪的角度测量误差来源主要有仪器误差、观测误差和外界条件的影响三个方面。

习 题

一、选择题

1. 测量水平角时,盘左、盘右瞄准同一方向所读的水平方向值理论上应相差( )。
 A. 180° B. 0°
 C. 90° D. 270°

2. 测量水平角和竖直角时,采用盘左、盘右观测取平均值的方法可以消除一些误差,下面哪个仪器误差不能用该方法消除?( )
 A. 视准轴不垂直于横轴 B. 竖盘指标差
 C. 横轴不水平 D. 竖轴不竖直

3. 测回法测水平角时,如要测4个测回,则第二个测回起始读数为( )。
 A. 15°00′00″ B. 30°00′00″
 C. 45°00′00″ D. 60°00′00″

4. 测回法适用于( )。
 A. 单角 B. 测站上有3个方向
 C. 测站上有3个以上方向 D. 所有情况

5. 测量竖直角时,盘左读数为81°12′18″,盘右读数为278°45′54″,则该仪器的指标差为( )。
 A. 54″ B. -54″
 C. 6″ D. -6″

6. 在竖直角观测中,盘左、盘右观测取平均值的方法是否能够消除竖盘指标差的影响?( )

A．不能

B．能消除部分影响

C．可以消除

D．二者没有任何关系

二、填空题

1．视准轴是指_____与_____的连线。转动目镜调焦螺旋的目的是_____。

2．水平角的取值范围是_____。竖直角的取值范围是_____。

3．全站仪由_____、_____和_____三部分组成。

4．在水平角测量中影响测角精度的因素很多，主要有_____、_____及_____的影响。

5．测量水平角时，要用望远镜十字丝分划板的_____丝瞄准观测标志。测量竖直角时，要用望远镜十字丝分划板的_____丝瞄准观测标志。

三、简答题

1．什么是水平角？什么是竖直角？

2．试分述用测回法与方向观测法测量水平角的操作步骤。

3．观测水平角时，如测两个以上测回，为什么各测回要变换度盘位置？若测回数为4，各测回的起始读数应如何变换？

4．全站仪有哪些主要轴线？各轴线之间应满足哪些几何条件？为什么？

5．水平角测量的误差来源有哪些？在观测中应如何消除或削弱这些误差的影响？

6．采用盘左、盘右观测水平角，能消除哪些仪器误差？

7．全站仪对中、整平的目的是什么？操作方法如何？

四、计算题

1．整理表3-10中测回法观测水平角的记录。

表3-10　测回法观测手簿

测站	竖盘位置	目标	水平度盘读数/(° ′ ″)	半测回角度/(° ′ ″)	一测回角度/(° ′ ″)	各测回平均值/(° ′ ″)	备注
第一测回 O	左	A	0 01 12				
		B	200 08 54				
	右	A	180 02 00				
		B	20 09 30				
第二测回 O	左	A	90 00 36				
		B	290 08 00				
	右	A	270 01 06				
		B	110 08 48				

2．整理表3-11中方向观测法测水平角的记录。

表 3-11　方向观测法观测手簿

测站	测回数	目标	水平度盘读数 盘 左 /(° ′ ″)	水平度盘读数 盘 右 /(° ′ ″)	2C /(″)	平均读数 /(° ′ ″)	归零方向值 /(° ′ ″)	各测回平均方向值 /(° ′ ″)	备 注
O	1	C	0 00 42	180 01 24					
		D	76 25 36	256 26 30					
		B	128 48 06	308 48 54					
		A	290 56 24	110 57 00					
		C	0 00 54	180 01 30					
		Δ=							
O	2	C	90 01 30	270 02 06					
		D	166 26 30	346 27 12					
		B	218 49 00	38 49 42					
		A	20 57 06	200 57 54					
		C	90 01 30	270 02 12					
		Δ=							

3．整理表 3-12 中竖直角观测的记录。

表 3-12　竖直角观测手簿

测站	目标	竖盘位置	竖盘读数 /(° ′ ″)	半测回竖直角 /(° ′ ″)	指标差 /(″)	一测回竖直角 /(° ′ ″)	备　注
O	A	左	98 44 18				竖盘为顺时针注记
		右	261 15 30				
	B	左	75 36 00				
		右	284 24 36				

在线答题

第4章 距离测量与直线定向

思维导图

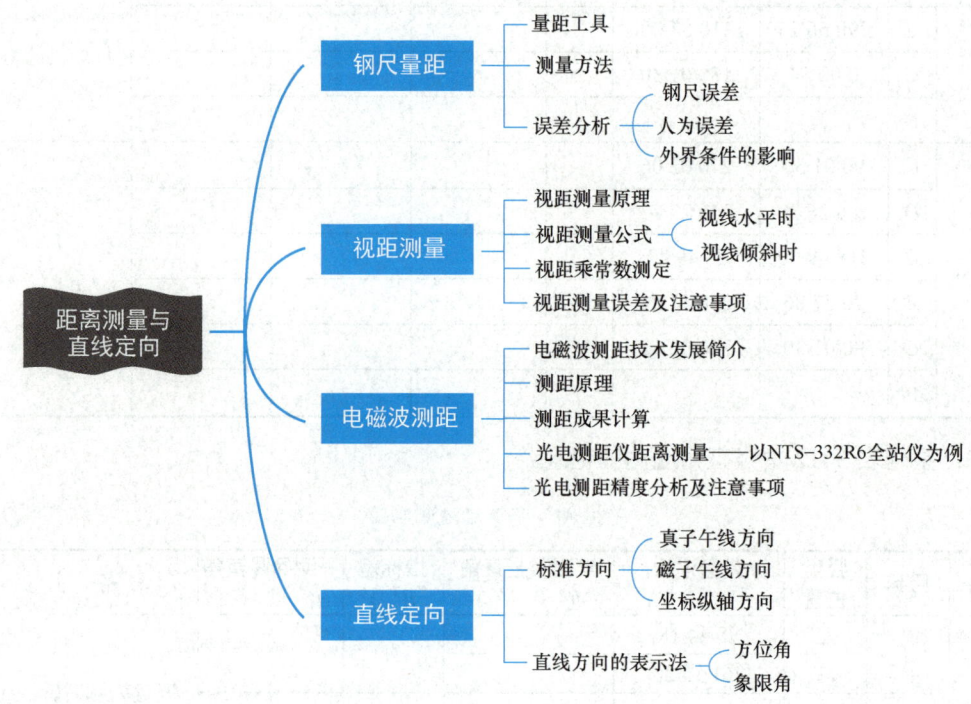

第4章 距离测量与直线定向

【引言】

如果要外出游玩，我们在需要知道目的地的距离和方位，那么距离和方位是如何测量和表示的呢？

距离分为水平距离、倾斜距离和垂直距离。我们在测量中经常用到的是水平距离，水平距离测量是测量的三项基本工作之一。水平距离的测量方法有很多，按照测距工具的不同可以分为钢尺量距、视距测量、电磁波测距。目前常用的全站仪测距就属于电磁波测距。

直线定向就是确定直线方向与标准方向之间的水平夹角的关系，一般用方位角来表示直线的方向。方位角是测量的重要概念，在计算点位坐标和放样数据时经常用到。

4.1 钢尺量距

钢尺量距工具简单，是工程测量中最常用的一种距离测量方法，按精度要求不同又分为一般方法和精密方法。

4.1.1 量距工具

钢尺量距是利用钢尺直接量测地面两点间的距离，又称距离测量。钢尺量距时，根据不同的精度要求所用的工具和方法也不同。普通钢尺是钢制带尺，尺宽10～15mm，长度有20m、30m和50m等多种。为了便于携带和保护，一般将钢尺卷放在圆形皮盒内或金属尺架上。图4-1所示为钢卷尺。

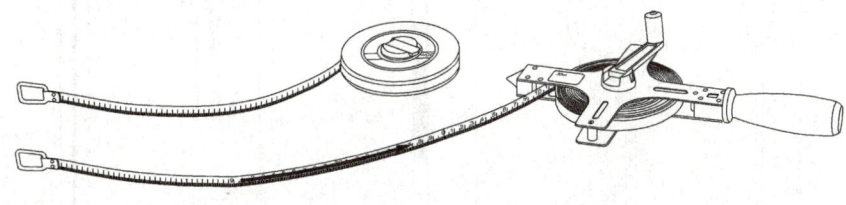

图4-1 钢卷尺

钢尺根据零分划位置不同可分为两种：一种是在钢尺前端有一条刻线作为尺长的零分划，这种尺称为刻线尺［图4-2(a)］；另一种是零点位于尺端，即拉环外沿，这种尺称为端点尺［图4-2(b)］，端点尺的缺点是拉环易磨损。钢尺上在分米和米处都刻有注记，便于量距时读数。

量距工具还有皮尺，外形同钢卷尺，用麻皮制成，基本分划为厘米，零点在尺端。

皮尺精度低，只用于精度要求不高的距离测量。钢尺量距最高精度可达到1/10000。由于皮尺在短距离量距中使用方便，因此常在工程中使用。

钢尺量距中辅助工具还有测钎、标杆、弹簧秤、温度计等(图4-3)。测钎是用直径5mm左右的粗铁丝制成的，长30～40cm。它的一端磨尖，便于插入土中，用来标志所量尺段的起止点；另一端做成环状便于携带。测钎以6根或11根为一组，它用于计算已量过的整尺段数。标杆长 2~3m，杆上涂以 20cm 间隔的红、白漆，以便远处清晰可见，用于标定直线。弹簧秤用来控制拉力。温度计用来测定温度。

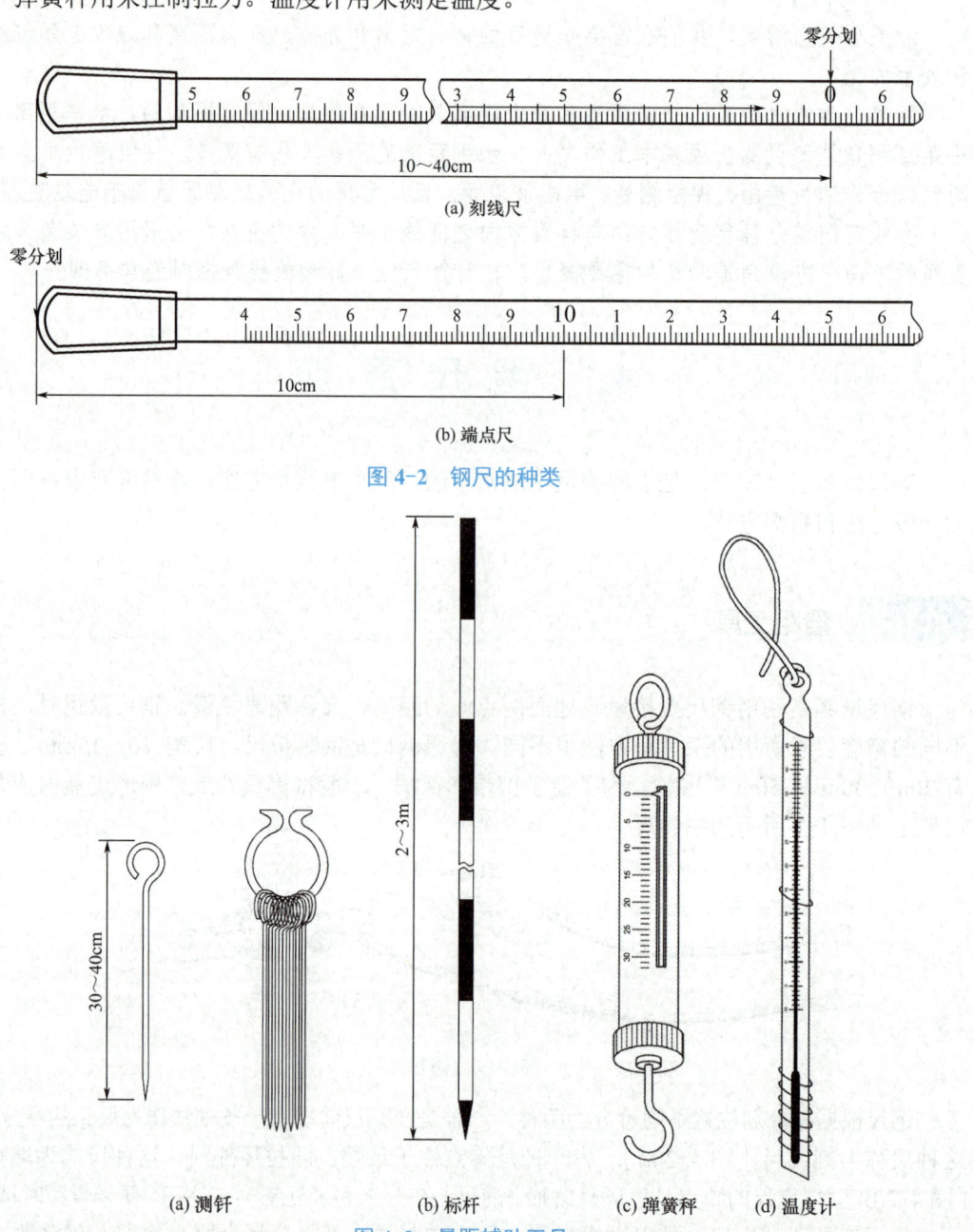

图 4-2　钢尺的种类

图 4-3　量距辅助工具

4.1.2　钢尺量距的一般方法

1. 直线定线

如果地面两点之间距离较长或地面起伏较大，则需要分段进行量测。为了使所量线段在一条直线上,需要在每一尺段首尾立标杆。在所量尺段中,把相应标志标定在待测两点间直线上的工作称为直线定线。

一般量距用目估法定线。首先在待测距离两个端点 A、B 上竖立标杆,如图 4-4 所示,作业员甲立于端点 A 后 1m 处,瞄准 A、B 上的标杆,并指挥作业员乙左右移动标杆,直到 3 个标杆在一条直线上,然后将标杆竖直插下。直线定线一般由远到近进行。

图 4-4 直线定线

当量距精度要求较高时,应使用全站仪定线,其方法同目估法,只是将全站仪安置在 A 点,用望远镜瞄准 B 点进行定线。

2. 量距方法

1) 平坦地面的量距方法

如图 4-5 所示,欲量 A、B 两点之间的水平距离,需先在 A、B 处竖立标杆,作为测量时定线的依据;清除直线上的障碍物以后,即可开始测量。

图 4-5 平坦地面的量距方法

测量工作一般由两人进行,后尺手持尺的零端位于 A 点,前尺手持尺的末端并携带一组测钎沿 AB 方向前进,行至一尺段处停下。后尺手以尺的零点对准 A 点,当两人同时把钢尺拉紧、拉平和拉稳后,前尺手在尺的末端刻线处竖直地插下一根测钎,得到点 1,这样便量完了一个尺段。如此继续测量下去,直至最后不足一整尺段的长度,称为余长(图 4-5 中 nB 段);测量余长时,后尺手将尺上零分划对准 n 点,由前尺手对准 B 点,在尺上读出读数,即可求得不足一尺段的余长,则 A、B 两点之间的水平距离为

$$D_{AB} = nl + q \qquad (4\text{-}1)$$

式中: n ——尺段数;

l —— 尺长；

q —— 余长。

2) 倾斜地面的量距方法

如果 A、B 两点间有较大的高差，但地面坡度比较均匀，大致成一倾斜面，如图 4-6 所示，则可沿地面测量倾斜距离 D'，用水准仪测定两点间的高差 h，按式(4-2)或式(4-3)中任一式计算水平距离 D。

$$D = \sqrt{D'^2 - h^2} \tag{4-2}$$

$$D = D' + \Delta D_h = D' - \frac{h^2}{2D'} \tag{4-3}$$

式中：ΔD_h ——量距时的高差改正(或称倾斜改正)。

3) 高低不平地面的量距方法

当地面高低不平时，为了能量得水平距离，前、后尺手应同时抬高并拉紧钢尺，使尺悬空并大致水平(如为整尺段时则中间有一人托尺)，同时用垂球把钢尺两个端点投影到地面上，用测钎等做出标记，如图 4-7 所示，分别量得各段的水平距离 l_i，然后取其总和，即得到 A、B 两点间的水平距离 D。这种方法称为水平钢尺法或平量法。当地面高低不平并向一个方向倾斜时，可只抬高钢尺的一端，然后在抬高的一端用垂球投影。

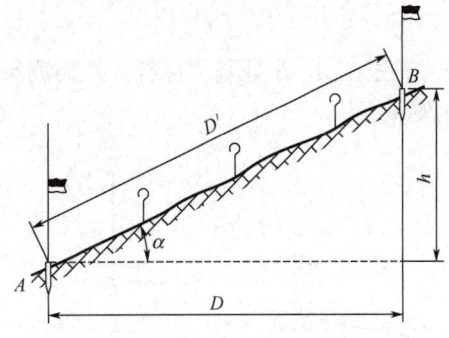

图 4-6　倾斜地面的量距方法

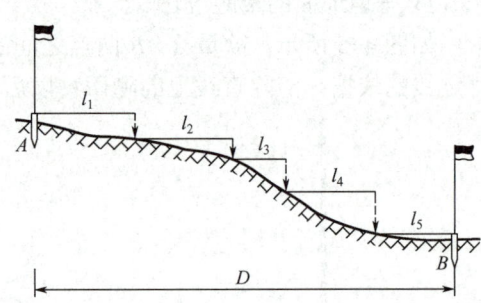

图 4-7　高低不平地面的量距方法

4) 成果计算

为了防止测量错误和提高量距精度，距离要往返测量。上述介绍的方法为往测，返测时要重新定线。把往返测量所得距离的差数除以往返测量距离的平均值，称为距离测量的相对精度，或称相对误差，即

$$K = \frac{|D_{往} - D_{返}|}{D_{平均}} \tag{4-4}$$

【例 4-1】距离 AB，往测时为 155.642m，返测时为 155.594m，求量距相对精度。

【解】量距相对精度为

$$K = \frac{|155.642 - 155.594|}{(155.642 + 155.594)/2} = \frac{0.048}{155.618} \approx \frac{1}{3242}$$

在计算相对精度时，往返测量之差取其绝对值，并将结果化成分子为 1 的分式。相对

精度的分母越大,说明量距的精度越高。在平坦地区钢尺量距的相对精度一般不应大于 1/3000;在量距困难地区,其相对精度也不应大于 1/1000。若量距的相对精度没有超过规定值,则可取往返测量结果的平均值作为两点间的水平距离 D。

钢尺量距一般方法的记录及成果计算见表 4-1。

表 4-1 钢尺量距一般方法的记录及成果计算

线段	尺段长/m	往测			返测			往返差/m	相对精度	往返平均/m
		尺段数	余长数/m	总长/m	尺段数	余长数/m	总长/m			
AB	30	5	27.478	177.478	5	27.452	177.452	0.026	1/6800	177.465
BC	50	2	46.935	146.935	2	46.971	146.971	0.036	1/4100	146.953

4.1.3 钢尺量距的精密方法

钢尺量距的一般方法的精度只能达到 1/5000～1/1000,当量距精度要求较高时,如要求量距精度达到 1/40000～1/10000,这时应采用精密方法进行测量。钢尺量距的精密方法与钢尺量距的一般方法基本步骤是相同的,只不过前者在相应步骤中采用了较精密的方法,并对一些影响因素进行了相应的改正。

1. 钢尺检定

钢尺因刻划误差、使用中的变形、测量时温度变化和拉力不同的影响,其实际长度往往不等于尺上所注的长度(名义长度)。因此,测量时应对钢尺进行检定,求出在标准温度和标准拉力下的实际长度,以便对测量结果加以改正。在一定的拉力下,以温度 t 为变量的函数式来表示尺长 l_t,这就是尺长方程式,其一般形式为

$$l_t = l_0 + \Delta l + \alpha(t - t_0)l_0 \tag{4-5}$$

式中:l_t——钢尺在温度 t(℃)时的实际长度;

l_0——钢尺的名义长度;

Δl——尺长改正数,即钢尺在温度 t_0 时的改正数;

α——钢尺的线膨胀系数,其值约为$(1.15\times10^{-5}～1.25\times10^{-5})$/℃;

t_0——钢尺检定时的温度,一般取 20℃;

t——钢尺量距时的温度。

每根钢尺都应有尺长方程式,用以对测量结果进行改正,尺长方程式中的尺长改正数 Δl 要通过钢尺检定,与标准长度相比较而求得。

2. 定线

确定了距离测量的两个端点后,即可开始直线定线工作。由于目估定线精度较低,在钢尺精密量距时,必须用全站仪定线,其定线内容主要有全站仪在两点间定线及全站仪延长直线。

1) 全站仪在两点间定线

如图 4-8 所示,欲在 AB 线内精确定出 1、2 点的位置,可由作业员甲将全站仪安置于

A 点,用望远镜照准 B 点,固定照准部制动螺旋。然后将望远镜向下俯视,用手势指挥作业员乙移动标杆至与十字丝竖丝重合时,便在标杆位置打下木桩,再根据十字丝在木桩上刻出十字细线(或钉上小钉),即为准确定出 1 点位置。用同样的方法定出 2 点的位置。

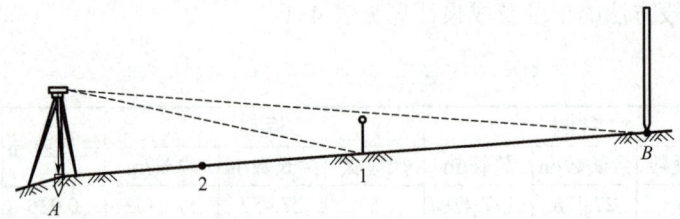

图 4-8　全站仪在两点间定线

2) 全站仪延长直线

如图 4-9 所示,如果需将直线 AB 延长至 C 点,则可将全站仪安置于 B 点,对中整平后,望远镜以盘左位置用竖丝瞄准 A 点,制动照准部,松开望远镜制动螺旋,倒转望远镜,用竖丝定出 C' 点。望远镜以盘右位置再瞄准 A 点,制动照准部,再倒转望远镜定出 C'' 点。取 $C'C''$ 的中点,即为精确位于 AB 直线延长线上的 C 点。这种延长直线的方法称为正倒镜分中法。用正倒镜分中法可以消除全站仪可能存在的视准轴误差与横轴不水平误差对延长直线的影响。

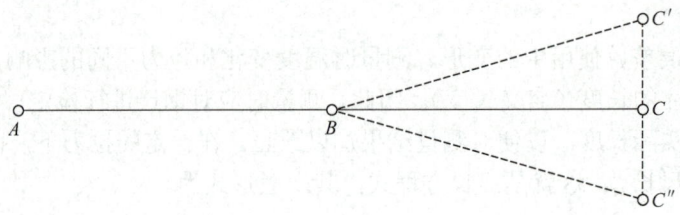

图 4-9　全站仪延长直线

3. 量距

用检定过的钢尺精密测量 A、B 两点间的距离,测量组一般由 5 人组成,两人拉尺,两人读数,一人指挥兼记录读数及温度。

测量时,拉伸钢尺置于相邻两木桩顶上,并使钢尺有刻划线的一侧贴切十字线或小钉。后尺手将弹簧秤挂在尺的零端,以便施加钢尺检定时的标准拉力,如图 4-10 所示。两端同时根据十字丝交点读取读数,估读到 0.5mm 记入手簿(表 4-2),并计算尺段长度。

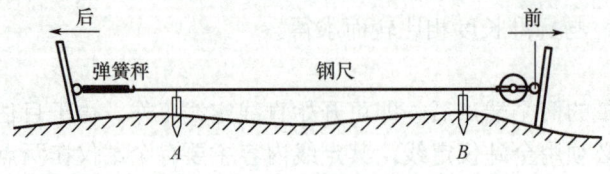

图 4-10　钢尺精密量距

前后移动钢尺 2~3cm,同法再次测量,每一尺段要读 3 组数,由 3 组读数算得的长度较差应小于 3mm,否则应重测。如在限差之内,则取 3 次结果的平均值,作为该尺段的观测结果。每一尺段应记温度一次,估读至 0.5℃。如此继续测量至终点,即完成往测。完成往测后,应立即返测。每条直线所需测量的往返次数视量距的精度要求而定。

4. 测定相邻桩顶间的高差

上述所量的距离,是相邻桩顶点间的倾斜距离,为了改算成水平距离,要用水准测量的方法测出各桩顶间的高差,以便进行倾斜改正。水准测量宜在量距前或量距后往返观测一次,以资检核。相邻两桩顶往返所测高差之差,一般不得超过±10mm,如在限差以内,则取其平均值作为观测的成果。

5. 成果计算

精密量距中,将每一段测量结果经过尺长改正、温度改正和倾斜改正换算成水平距离,并求总和,即得到直线往测或返测的全长。如相对精度符合要求,则取往返测平均值作为最后成果。

1) 尺段长度的计算

(1) 尺长改正。

钢尺在标准拉力、标准温度下的实际长度为 l',它与钢尺的名义长度 l_0 的差数 Δl 即为整尺段的尺长改正数,$\Delta l = l' - l_0$,则有

$$\Delta l_d = \frac{l' - l_0}{l_0} l \tag{4-6}$$

式中:Δl_d——尺段的尺长改正数;

l——尺段的倾斜距离。

【例 4-2】表 4-2 中 $A1$ 尺段,$l = l_{A1} = 29.8755$m。求 $A1$ 尺段的尺长改正数。

【解】钢尺实际长度与名义长度的差数为

$$\Delta l = l' - l_0 = 30.0025\text{m} - 30\text{m} = +0.0025\text{m} = +2.5\text{mm}$$

故 $A1$ 尺段的尺长改正数为

$$\Delta l_d = \frac{2.5\text{mm}}{30\text{m}} \times 29.8755\text{m} \approx 2.5\text{mm}$$

(2) 温度改正。

设钢尺在检定时的温度为 t_0℃,测量时的温度为 t℃,钢尺的线膨胀系数为 α,则测量一个尺段 l 的温度改正数 Δl_t 为

$$\Delta l_t = \alpha(t - t_0)l \tag{4-7}$$

式中:l——尺段的倾斜距离。

【例 4-3】表 4-2 中,No.11 钢尺的线膨胀系数为 0.000012/℃,检定时温度为 20℃,测量时的温度为 26.5℃,$l = l_{A1} = 29.8755$m,求 $A1$ 尺段的温度改正数。

【解】$A1$ 尺段的温度改正数为

$$\Delta l_t = \alpha(t - t_0)l = 0.000012/\text{℃} \times (26.5 - 20)\text{℃} \times 29.8755\text{m} \approx 2.3\text{mm}$$

(3) 倾斜改正。

如图 4-11 所示,设 l 为量得的斜距,h 为尺段两端点间的高差,现要将 l 改算成水平

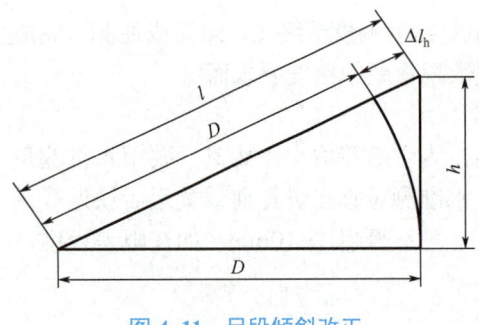

图 4-11 尺段倾斜改正

距离 D，故要加倾斜改正数 Δl_h，从图 4-11 可以看出

$$\Delta l_h = D - l$$

即

$$\Delta l_h = \sqrt{l^2 - h^2} - l = l\left(1 - \frac{h^2}{l^2}\right)^{\frac{1}{2}} - l \quad (4\text{-}8)$$

将 $\left(1 - \dfrac{h^2}{l^2}\right)^{\frac{1}{2}}$ 展成级数后代入得

$$\Delta l_h = l\left(1 - \frac{h^2}{2l^2} - \frac{h^4}{8l^4} - \cdots\right) - l \approx -\frac{h^2}{2l}$$

由上式可以看出，倾斜改正数永远为负值。

把表 4-2 中 $A1$ 段的数据代入上式，可得 $A1$ 尺段的倾斜改正数为

$$\Delta l_h = \left[-\frac{(-0.115)^2}{2 \times 29.8755}\right]\text{m} \approx -0.2\text{mm}$$

综上所述，每一尺段改正后的水平距离 D 为

$$D = l + \Delta l_d + \Delta l_t + \Delta l_h \quad (4\text{-}9)$$

【例 4-4】表 4-2 中，$A1$ 尺段实测距离为 29.8755m，三项改正值为 Δl_d=+2.5mm，Δl_t=+2.3mm，Δl_h=-0.2mm，求 $A1$ 尺段的水平距离。

【解】按式(4-9)计算 $A1$ 尺段的水平距离为

$$D_{A1} = l + \Delta l_d + \Delta l_t + \Delta l_h = 29.8755\text{m} + 2.5\text{mm} + 2.3\text{mm} - 0.2\text{mm} = 29.8801\text{m}$$

2）计算全长

将各个改正后的尺段和余长相加起来，便得到 AB 距离的全长。表 4-2 为往测结果，其值为 196.5186m，同样算出返测的全长，其值为 196.5136m，故平均距离为 196.5161m。其相对误差为

$$K = \frac{|D_{往} - D_{返}|}{D_{平均}} = \frac{|196.5186 - 196.5136|}{196.5161} \approx \frac{1}{39000}$$

如果相对误差在限差范围内，则平均距离即为观测结果；如果相对误差超限，则应重测。钢尺精密量距的记录及成果计算见表 4-2。

表 4-2 钢尺精密量距的记录及成果计算

钢尺号码：No.11　　钢尺线膨胀系数：0.000012/℃　　钢尺检定时温度 t_0：20℃　　计算者：×××
钢尺名义长度 l_0：30m　　钢尺检定长度 l'：30.0025m　　钢尺检定时拉力：100N　　日期：××××·××·××

尺段编号	实测次数	前尺读数/m	后尺读数/m	前尺读数/m	温度/℃	高差/m	温度改正数/m	尺长改正数/mm	倾斜改正数/mm	改正后尺段长/m
$A1$	1	29.8955	0.0200	29.8755	26.5	-0.115	+2.3	+2.5	-0.2	29.8801
	2	29.9115	0.0345	29.8770						

续表

尺段编号	实测次数	前尺读数/m	后尺读数/m	前尺读数/m	温度/℃	高差/m	温度改正数/m	尺长改正数/mm	倾斜改正数/mm	改正后尺段长/m
A 1	3	29.8980	0.0240	29.8740	26.5	−0.115	+2.3	+2.5	−0.2	29.8801
	平均			29.8755						
1 2	1	29.9350	0.0250	29.9100	25.0	+0.411	+1.8	+2.5	−2.0	29.9120
	2	29.9565	0.0460	29.9105						
	3	29.9780	0.0695	29.9085						
	平均			29.9097						
…	…	…	…	…	…	…	…	…	…	…
6 B	1	19.9345	0.0385	19.8960	28.0	+0.0112	+0.19	+1.7	−0.3	19.8990
	2	19.9470	0.0610	19.8960						
	3	19.9565	0.0615	19.8950						
	平均			19.8957						
			总和							196.5186

4.1.4 钢尺量距误差

钢尺量距误差主要有钢尺误差、人为误差及外界条件的影响。

1. 钢尺误差

如果钢尺的名义长度和实际长度不符,则产生了尺长误差。尺长误差属系统误差,是累积误差,所量距离越长,误差越大。因此新购置的钢尺必须经过检定,以求得尺长改正数。

2. 人为误差

人为误差主要有钢尺倾斜误差和垂曲误差、定线误差、拉力误差及测量误差。

1) 钢尺倾斜误差和垂曲误差

当地面高低不平、按水平钢尺法量距时,若钢尺没有处于水平位置或因自重导致中间下垂而成曲线,都会使所量距离增大,因此测量时必须注意钢尺水平。

2) 定线误差

由于测量时钢尺没有准确地放在所量距离的直线方向上,使所量距离不是直线而是一组折线,因而使测量结果偏大,这种误差称为定线误差。一般量距时,要求定线误差不大于0.1m,可以用目估法定线。当直线较长或精度要求较高时,应用全站仪定线。

3) 拉力误差

钢尺在测量时所受拉力应与检定时的拉力相同,一般量距时只要保持拉力均匀即可,而精密量距时则需使用弹簧秤。

4) 测量误差

测量时用测钎在地面上标志尺端点位置时插测钎不准,前、后尺手配合不佳,余长读数不准,都会引起测量误差,这种误差对测量结果的影响可正可负,大小不定。因此,在测量中应尽力做到对点准确、配合协调、认真读数。

3. 外界条件的影响

外界条件的影响主要是温度的影响,钢尺的长度随温度的变化而变化,当测量时的温度和标准温度不一致时,将导致钢尺长度发生变化。按照钢尺的线膨胀系数计算,温度每变化1℃,约影响长度的1/80000。一般量距时,当温度变化小于10℃时可以不予改正,但精密量距时则必须考虑温度改正。

4.1.5 钢尺的维护

不论是一般量距还是精密量距,都要精心地维护和保养钢尺,主要有以下三点。
(1) 钢尺易生锈,收工时应立即用软布擦去钢尺上的泥土和水珠,并涂上机油以防生锈。
(2) 钢尺易折断,在行人和车辆多的地区量距时,应严防钢尺被车辆压过而折断。当钢尺出现卷曲时,切不可用力硬拉,应顺弯曲方向收卷钢尺。
(3) 不允许将钢尺沿地面拖拉,以免磨损尺面刻划。

4.2 视距测量

4.2.1 视距测量原理

视距测量

视距测量是利用望远镜内的视距装置配合视距尺,根据几何光学和三角测量原理,同时测定距离和高差的方法。最简单的视距装置是在测量仪器(如经纬仪、水准仪)的望远镜十字丝分划板上刻制上下对称的两条短线,这两条短线称为视距丝,如图4-12所示。视距测量中的视距尺可用普通水准尺,也可用专用视距尺。

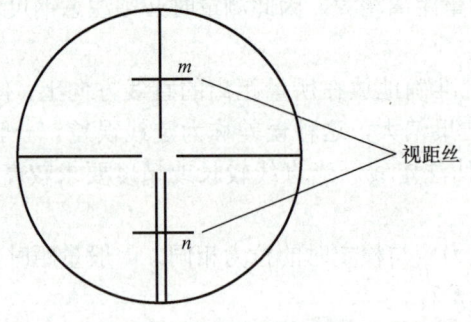

图 4-12 望远镜视距丝

视距测量精度一般为 1/500～1/300,精密视距测量可达 1/2000。由于视距测量仅用一台经纬仪即可同时完成两点间平距和高差的测量,操作简便,因此当地形起伏较大时,视距测量常用于碎部测量和图根控制网的加密。

4.2.2 视线水平时视距测量公式

目前测量上常用的望远镜是内调焦望远镜,其成像原理图如图 4-13 所示。R 为视距尺,L_1 为物镜,焦距为 f_1;L_2 为调焦透镜,焦距为 f_2。V 为仪器中心,即竖轴中心。K 为十字丝板,b 为十字丝板至调焦物镜 L_2 之间的距离。$δ$ 为仪器中心至物镜 L_1 间的距离。当望远镜瞄准视距尺时,移动 L_2 可使标尺像落在十字丝面上。通过上下两个视距丝 m、n 就可读取视距尺上 M、N 两点的读数。其差称为尺间隔 l,即

$$l = n - m \tag{4-10}$$

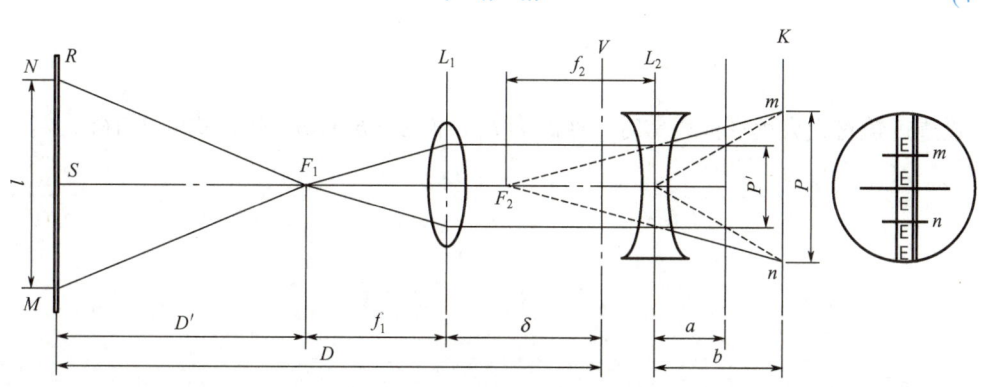

图 4-13 内调焦望远镜成像原理图

从图 4-13 中可见,待测距离 D 为

$$D = D' + f_1 + δ \tag{4-11}$$

由物镜(凸透镜)成像原理可得

$$\frac{D'}{f_1} = \frac{l}{P'} \tag{4-12}$$

则

$$D' = \frac{f_1}{P'} l \tag{4-13}$$

式中:P'——l 经过 L_1 后的像长。

由调焦透镜(凹透镜)成像原理可得

$$\frac{P}{P'} = \frac{b}{a} \tag{4-14}$$

式中:P——P' 经过凹透镜 L_2 后的像长;
a——物距;
b——像距。

根据凹透镜成像公式可得

$$\frac{1}{b} - \frac{1}{a} = \frac{1}{f_2}$$

$$\frac{b}{a} = \frac{f_2 - b}{f_2} \tag{4-15}$$

将式(4-15)代入式(4-14),可得

$$\frac{1}{P'} = \frac{f_2 - b}{f_2 P} \tag{4-16}$$

再将式(4-16)代入式(4-12)和式(4-11)则得

$$D' = \frac{f_1(f_2 - b)}{f_2 P} l$$

$$D = \frac{f_1(f_2 - b)}{f_2 P} l + f_1 + \delta \tag{4-17}$$

设望远镜对无穷远目标调焦时,像距为 b_∞,而 $b = b_\infty + \Delta b$,代入式(4-17)得

$$D = \frac{f_1(f_2 - b_\infty - \Delta b)}{f_2 P} l + f_1 + \delta = \frac{f_1(f_2 - b_\infty)}{f_2 P} l - \frac{\Delta b f_1}{f_2 P} l + f_1 + \delta \tag{4-18}$$

令

$$K = \frac{f_1(f_2 - b_\infty)}{f_2 P}, \quad c = \frac{-f_1 \Delta b}{f_2 P} l + f_1 + \delta$$

则

$$D = Kl + c \tag{4-19}$$

式中：K ——视距乘常数；

c ——视距加常数。

在仪器设计时,选择适当参数,可使 $K=100$, c 值很小,可以忽略不计,所以视线水平时视距测量公式为

$$D = Kl = 100l \tag{4-20}$$

视线水平时,高差由图 4-14 可得

$$h = i - v \tag{4-21}$$

式中：i ——仪器高,为仪器横轴至桩顶的距离；

v ——中丝读数,为十字丝中丝在标尺上的读数。

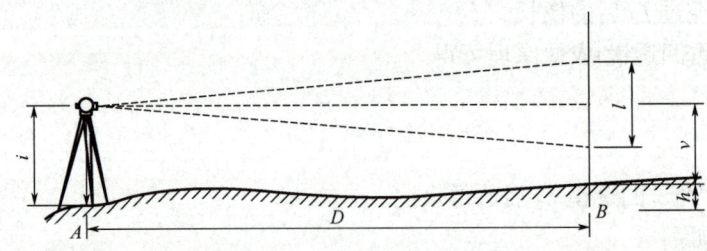

图 4-14 视线水平时的视距测量

4.2.3 视线倾斜时视距测量公式

当地面起伏比较大时，望远镜倾斜才能瞄到视距尺(图 4-15)，此时视线不再垂直于视距尺，因此需要将 B 点视距尺的尺间隔 l，即 M、N 读数差，转算成垂直于视线的尺间隔 l'，图中为 $M'N'$，求出斜距 D'，然后再求水平距离 D。

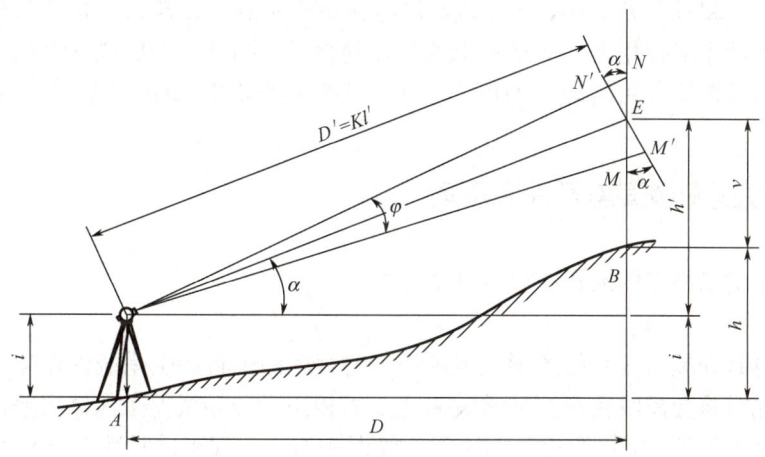

图 4-15　视线倾斜时视距测量

设视线竖直角为 α，由于十字丝上下丝的间距很小，视线夹角约为 $34'$，故可以将 $\angle EM'M$ 和 $\angle EN'N$ 近似看成直角。$\angle MEM'=\angle NEN'=\alpha$。从图 4-15 中可见

$$\left. \begin{array}{l} M'E + EN' = (ME + EN)\cos\alpha \\ l' = l\cos\alpha \\ D' = Kl' = Kl\cos\alpha \end{array} \right\} \quad (4\text{-}22)$$

水平距离为

$$D = D'\cos\alpha = Kl\cos^2\alpha \quad (4\text{-}23)$$

初算高差为

$$h' = D'\sin\alpha = Kl\cos\alpha\sin\alpha = \frac{1}{2}Kl\sin 2\alpha \quad (4\text{-}24)$$

A、B 两点的高差为

$$h = h' + i - v = \frac{1}{2}Kl\sin 2\alpha + i - v = D\tan\alpha + i - v \quad (4\text{-}25)$$

在实际工作中，可以使中丝读数等于仪器高 i，则式(4-25)可简化为

$$h = \frac{1}{2}Kl\sin 2\alpha \quad (4\text{-}26)$$

4.2.4 视距乘常数测定

为了保证视距测量精度，在视距测量前必须对仪器的视距常数进行测定。现代经纬仪为内调焦望远镜，$c=0$ 不需测定，只需进行视距乘常数测定。

在平坦地区选择一段直线，沿直线在距离为 25m、50m、100m、150m、200m 的地方分别打下木桩，编号为 B_1、B_2、…、B_n，仪器安置在 A 点，在 B_i 桩上依次立视距尺，在视线水平时，以两个盘位用上下丝在尺上读数，测得尺间隔 l_i。然后进行返测，并将每一段尺间隔平均值除以该段距离 D_i，即可求出 K_i，再取其平均值，即为视距乘常数 K。

4.2.5 视距测量误差及注意事项

影响视距测量精度的因素有以下几个方面。

1. 视距尺分划误差

视距尺分划误差若是系统性增大或减小，对视距测量将产生系统性误差。这个误差在仪器常数检测时将会反映在视距乘常数 K 上。若视距尺分划误差是偶然误差，则对视距测量的影响也是偶然性的。视距尺分划误差一般为 ±0.5mm，视距乘常数 K 一般为 100，因此，引起的距离误差为 $m_d = K(\sqrt{2} \times 0.5) \approx 0.071 \text{m}$。

2. 视距乘常数 K 不准确的误差

虽然一般视距乘常数 $K=100$，但由于视距丝间隔有误差、视距尺有系统性误差、仪器检定有误差，会使 K 值不为 100。K 值误差会使视距测量产生系统误差。K 值应在 100±0.1 之内，否则应加以改正。

3. 竖直角观测误差

竖直角观测误差对视距测量有影响。根据视距测量公式，其影响为

$$m_d = Kl\sin 2\alpha \frac{m_\alpha}{\rho} \tag{4-27}$$

当 $\alpha=45°$，$m_\alpha=±10''$，$l=1\text{m}$，$\rho=206265'$ 时，$m_d \approx ±5\text{mm}$，可见竖直角观测误差对视距测量影响不大。

4. 视距丝读数误差

视距丝读数误差是影响视距测量精度的重要因素，它与视距远近成正比，距离越远误差越大，所以视距测量中要根据测图对测量精度的要求限制最远视距。

5. 视距尺倾斜对视距测量的影响

视距测量公式是在视距尺严格与地面垂直条件下推导出来的。若视距尺倾斜，设其倾角误差为 $\Delta \alpha'$，则对视距测量式(4-23)微分，得视距测量误差 ΔD 为

$$\Delta D = -2Kl\cos\alpha \sin\alpha \frac{\Delta \alpha}{\rho} \tag{4-28}$$

其相对误差为

$$\frac{\Delta D}{D} = \left| \frac{-2Kl\cos\alpha\sin\alpha}{Kl\cos^2\alpha} \cdot \frac{\Delta\alpha}{\rho} \right| = 2\tan\alpha \frac{\Delta\alpha}{\rho} \qquad (4-29)$$

视距测量精度一般为 1/300,即要保证 $\frac{\Delta D}{D} \leqslant \frac{1}{300}$。视距测量时,倾角误差应满足式(4-30)。

$$\Delta\alpha \leqslant \frac{\rho\cot\alpha}{600} = 5.8'\cot\alpha \qquad (4-30)$$

根据式(4-30)可计算出不同竖直角测量时对倾角测量精度的要求,见表 4-3。

表 4-3　不同竖直角测量时对倾角测量精度的要求

竖直角	3°	5°	10°	20°
$\Delta\alpha$ 允许值	1.8°	1.1°	0.5°	0.3°

由此可见,视距尺倾斜时,对视距测量的影响不可忽视,特别是在山区,倾角大时更要注意,必要时可在视距尺上附加圆水准器。

6. 外界气象条件对视距测量的影响

(1) 大气折光的影响。视线穿过大气时会产生折射,其光程从直线变为曲线,会造成误差。由于视线靠近地面时折光大,因此规定视距测量时视线应高出地面 1m 以上。

(2) 大气湍流的影响。空气的湍流会使视距成像不稳定,造成视距误差。当视线接近地面或水面时这种现象更为严重,所以视距测量时视线要高出地面 1m 以上。除此以外,风和大气能见度对视距测量也会产生影响。风力过大尺子会抖动,空气中的灰尘和水汽会使视距尺成像不清晰,造成读数误差,所以应选择良好的天气进行测量。

4.3　电磁波测距

钢尺量距是一项十分繁重的工作,在山区或沼泽地区使用钢尺更为困难,且视距测量精度又较低。为了提高测距速度和精度,降低测距人员的劳动强度,科研人员发明了能代替钢尺的电子测距仪器——电磁波测距仪。电磁波测距(electromagnetic distance measuring, EDM)是用电磁波(光波或微波)作为载波,传输测距信号,以测量两点间距离的一种方法。与传统的钢尺量距和视距测量相比,EDM 具有测程长、精度高、作业快、工作强度低、几乎不受地形限制等优点。

4.3.1　电磁波测距技术发展简介

1948 年,瑞典 AGA(阿嘎)公司 [现更名为 Geotronics(捷创力)公司] 成功研制了世界上第一台电磁波测距仪,它采用白炽灯发射的光波作为载波,应用了大量的电子管元件,仪器相当笨重且功耗大。为避开白天太阳光对测距信号的干扰,电磁波测距仪只能在夜间作业,测距操作和计算都比较复杂。

1960年世界上成功研制出了第一台红宝石激光器和第一台氦氖激光器,1962年砷化镓半导体激光器研制成功。与白炽灯比较,激光器的优点是发散角小、大气穿透力强、传输的距离远、不受白天太阳光干扰、基本上可以全天候作业。1967年AGA公司推出了世界上第一台商品化的激光测距仪AGA-8。该仪器采用5mW的氦氖激光器作发光元件,白天测程为40km,夜间测程达60km,测距精度为±(5mm+1×10^{-6}D),主机质量23kg。

我国的武汉地震大队也于1969年研制成功了JCY-1型激光测距仪,1974年又研制并生产了JCY-2型激光测距仪。该仪器采用2.5mW的氦氖激光器作发光元件,白天测程为20km,测距精度为±(5mm+1×10^{-6}D),主机质量16.3kg。

随着半导体技术的发展,从20世纪60年代末70年代初起,采用砷化镓发光二极管作发光元件的红外测距仪逐渐在世界上流行起来。与激光测距仪相比,红外测距仪有体积小、质量轻、功耗小、测距快、自动化程度高等优点。但由于红外光的发散角比激光大,所以红外测距仪的测程一般小于15km。现在的红外测距仪已经和电子经纬仪及计算机软硬件制造在一起,形成了全站仪,并向着自动化、智能化和利用蓝牙技术实现测量数据的无线传输方向飞速发展。

电磁波测距仪按其所采用的载波可分为:①用微波段的无线电波作为载波的微波测距仪(microwave EDM instrument);②用激光作为载波的激光测距仪(laser EDM instrument);③用红外光作为载波的红外测距仪(infrared EDM instrument)。后两者又统称为光电测距仪。微波测距仪和激光测距仪多属于长程测距,测程可达60km,一般用于大地测量,而红外测距仪属于中、短程测距(测程为15km以内),一般用于小地区控制测量、地形测量、地籍测量和工程测量等。

光电测距是一种物理测距的方法,它通过测定光波在两点间传播的时间来计算距离,按此原理制作的以光波为载波的测距仪称为光电测距仪。按测距原理不同,光电测距仪分为相位式光电测距仪和脉冲式光电测距仪;按测程大小不同,光电测距仪可分为远程、中程和短程光电测距仪三种,见表4-4。目前工程测量中使用较多的是相位式短程光电测距仪。

表4-4 光电测距仪的种类

仪器种类	短程光电测距仪	中程光电测距仪	远程光电测距仪
测距	<3km	3～15km	>15km
精度	±(5mm+5×10^{-6}D)	±(5mm+2×10^{-6}D)	±(5mm+1×10^{-6}D)
光源	红外光源 (砷化镓发光二极管)	1.砷化镓发光二极管 2.激光管	—
测距原理	相位式	相位式	相位式

4.3.2 电磁波测距仪测距原理

电磁波测距是利用电磁波(微波、光波)作为载波,在测线上传输测距信号,测量两点间距离的方法。若电磁波在测线两端往返传播的时间为t,则两点间的距离D为

$$D = \frac{1}{2}ct \tag{4-31}$$

式中：c——电磁波在大气中的传播速度。

电磁波测距仪测距原理有以下两种。

1. 脉冲法测距

用红外测距仪测定 A、B 两点间的距离 D，在待测距离的一端安置测距仪，另一端安放反光镜，如图 4-16 所示。红外测距仪发出光脉冲，经反光镜反射，回到红外测距仪。若能测定光在距离 D 上往返的传播时间，即测定反射光脉冲与接收光脉冲的时间差 Δt，则测距公式为

$$D = \frac{c_0}{2n_g}\Delta t \tag{4-32}$$

式中：c_0——光在真空中的传播速度；

n_g——光在大气中的传输折射率。

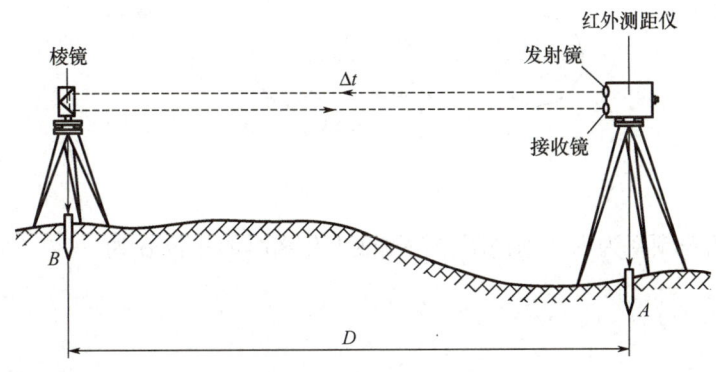

图 4-16 脉冲法测距

此公式为脉冲法测距公式。这种方法测定距离的精度取决于时间 Δt 的量测精度。如要达到 ± 1cm 的测距精度，时间量测精度应达到 6.7×10^{-11}s，这对电子元件的性能要求很高，一般难以达到。所以一般脉冲法测距常用于激光雷达、微波雷达等远距离测距，其测距精度为 $0.5 \sim 1$m。

2. 相位法测距

在工程中使用的红外测距仪，都是采用相位法测距原理的。它将测量时间变成光在测线中传播的载波相位差，通过测定相位差来测定距离，故称为相位法测距。

红外测距仪采用砷化镓发光二极管作光源，其波长为 $6700 \sim 9300$A(1A$= 10^{-10}$m)。由于砷化镓发光二极管耗电省、体积小、寿命长、抗震性能强，能连续发光并能直接调制等特点，因此目前工程中使用的测距仪以红外测距仪为主。

在砷化镓发光二极管上注入一定的恒定电流，使其发射的红外光光强恒定不变，如图 4-17(a)所示。若改变注入电流的大小，砷化镓发光二极管发射的光强也随之变化。若对发光管注入交变电流，便使发光管发射的光强随着注入电流的大小发生变化，如图 4-17(b)所示。上述两种光称为调制光。

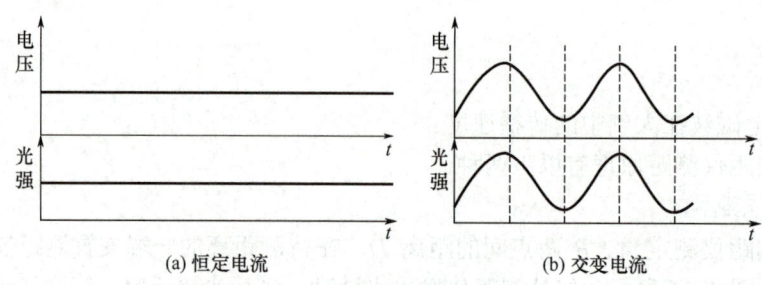

图 4-17　调制光

红外测距仪在 A 点发射的调制光在待测距离上传播,被 B 点的反光镜反射后又回到 A 点,被红外测距仪接收器接收,所经过的时间为 t。为便于说明,将 B 点反光镜反射后回到 A 点的光波沿测线方向展开,则调制光往返经过了 $2D$ 的路程,如图 4-18 所示。

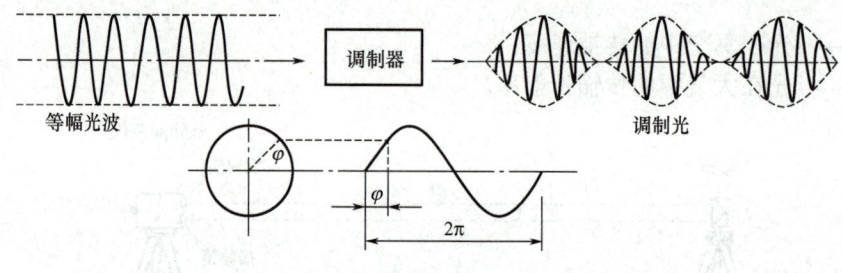

图 4-18　光的调制

设调制光的角频率为 ω,则调制光在测线上传播时的相位 φ 为

$$\varphi = \omega \Delta t = 2\pi f \Delta t \tag{4-33}$$

$$\Delta t = \frac{\varphi}{2\pi f} \tag{4-34}$$

将 Δt 代入式(4-32),得

$$D = \frac{c_0}{2n_g f} \cdot \frac{\varphi}{2\pi} \tag{4-35}$$

从图 4-19 中可见,相位 φ 还可以用相位的整周数 N 和不足一个整周数的 $\Delta \varphi$ 来表示,则

$$\varphi = N \times 2\pi + \Delta \varphi \tag{4-36}$$

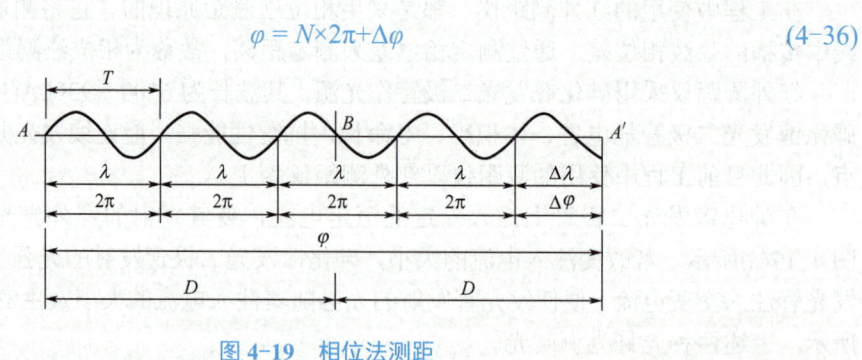

图 4-19　相位法测距

将 φ 代入式(4-35)，得相位法测距基本公式

$$D = \frac{c_0}{2n_g f}\left(N + \frac{\Delta\varphi}{2\pi}\right) = \frac{\lambda}{2}\left(N + \frac{\Delta\varphi}{2\pi}\right) \tag{4-37}$$

式中：λ——调制光的波长，$\lambda = \frac{c_0}{n_g f}$。

将式(4-37)与钢尺量距公式相比，发现它们有相似之处。$\frac{\lambda}{2}$ 相当于尺长，N 为整尺段数，$\frac{\Delta\varphi}{2\pi}$ 为不足一整尺段的余长，令其为 ΔN。因此我们常称 $\frac{\lambda}{2}$ 为 "光测尺"，令其为 L_s，则

$$L_s = \frac{\lambda}{2} = \frac{c_0}{2n_g f} \tag{4-38}$$

所以

$$D = L_s(N + \Delta N) \tag{4-39}$$

仪器在设计时，选定发射光源后，发射光源波长 λ 即确定，然后确定一个标准温度 t 和标准气压 P，这样就可以求得仪器在确定的标准气压条件下的折射率 n_g。因为测距时的气温、气压、湿度与仪器设计时选用的标准温度、气压等不一致，所以在测距时还要测定测线的温度和气压，对所测距离进行气象改正。

测距仪对于相位 φ 的测定是采用将接收测线上返回的载波相位与机内固定的参考相位在相位计中比相。相位计只能分辨 $0\sim2\pi$ 之间的相位变化，即只能测出不足一个整周期的相位差 $\Delta\varphi$，而不能测出整周数 N。例如，光尺为 10m，只能测出小于 10m 的距离；光尺为 1000m，只能测出小于 1000m 的距离。由于仪器测相精度一般为 $\frac{1}{1000}$，即 1km 的测尺测量精度只有米级。测尺越长，精度越低。所以为了兼顾测程和精度，目前测距仪常采用多个调制频率(即 n 个测尺)进行测距。用短测尺(称为精尺)测定精确的小数，用长测尺(称为粗尺)测定距离的大数，将两者衔接起来，就解决了长距离测距数字直接显示的问题。

例如，某双频测距仪，测程为 2km，设计了精、粗两个测尺，精尺为 10m(载波频率 f_1=15MHz)，粗尺为 2000m(载波频率 f_2=75kHz)。用精尺测 10m 以下小数，用粗尺测 10m 以上大数。如实测距离为 1156.356m，其中：精测距离为 6.356m；粗测距离为 1150m；仪器显示距离为 1156.356m。

对于更远测程的测距仪，可以设几个测尺配合测距。

4.3.3　测距成果计算

一般测距仪测定的是斜距，因而需对测距成果进行仪器常数改正、气象改正、倾斜改正等，最后求得水平距离。

1. 仪器常数改正

仪器常数有加常数和乘常数两项。

(1) 对于加常数，由于发光管的发射面、接收面与仪器中心不一致，反光镜的等效反射面与反光镜中心不一致，内光路产生相位延迟及电子元件的相位延迟，使得测距仪测出的距离值与实际距离值不一致。加常数一般在仪器出厂时预置在仪器中，但是由于仪器在搬运过程中的振动、电子元件老化，常数还会变化，因此，还会存在剩余加常数。这个常数要经过仪器检测确定，并对所测距离加以改正。需要注意的是，不同型号的测距仪，其反光镜常数是不一样的。若互换反光镜，则要重测加常数方可使用。

(2) 仪器的测尺长度与仪器振荡频率有关。仪器经过一段时间的使用，晶体会老化，致使测距时仪器的晶振频率与设计时的频率有偏移，因此产生与测距成正比的系统误差。其比例因子称为乘常数。如晶振有 15kHz 误差，则会产生 10^{-6} 的系统误差，即会使 1km 的距离产生 1mm 的误差。此项误差也应通过检测确定，在所测距离中加以改正。

现代测距仪都具有设置仪器常数的功能，测距前预先设置常数，在仪器测距过程中可自动改正。若测距前未设置常数，可按下式计算。

$$\Delta D_K = K + RD \tag{4-40}$$

式中：ΔD_K——仪器常数改正值；

K——仪器加常数；

R——仪器乘常数。

2. 气象改正

仪器的测尺长度是在一定的气象条件下推算出来的，但是仪器在野外测量时气象参数与仪器标准气象参数不一致，会使测距值产生系统误差。所以在测距时，应同时测定环境温度(读至 1℃)和气压 [读至 1mmHg(133.3Pa)]，然后利用仪器生产厂家提供的气象改正公式计算距离改正值。如某厂家生产的测距仪的气象改正公式为

$$\Delta D_0 = 28.2 - \frac{0.029P}{1 + 0.0037t}$$

式中：ΔD_0——以 100m 为单位的改正值；

P——观测时气压，mbar($1bar=10^5Pa$)；

t——观测时温度，℃。

目前测距仪都具有设置气象参数的功能，在测距前设置气象参数，在测距过程中仪器可自动进行气象改正。

3. 倾斜改正

测距仪测距结果经过前几项改正后的距离 D_0 是测距仪几何中心到反光镜几何中心的斜距，要改算成平距还应进行倾斜改正。现代测距仪一般都与光学经纬仪或电子经纬仪组合，测距时可以同时测出竖直角 α 或天顶距 z (天顶距是指从天顶方向到目标方向的角度)。平距 D 的计算公式为

$$D = D_0 \sin z \tag{4-41}$$

4.3.4 光电测距仪距离测量——以 NTS-332R6 全站仪为例

1. 距离测量界面

全站仪开机后,通常需要确认测站周边温度和气压改正的设置,选择合作目标,然后点击距离测量键,进入距离测量模式。全站仪可以同时测量地面两点之间的水平距离、倾斜距离和垂直距离。

如图 4-20 所示,NTS-332R6 全站仪距离测量模式有两个界面,界面的显示符号及功能见表 4-5。

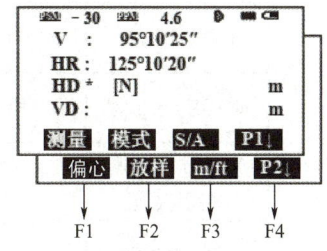

图 4-20　NTS-332R6 全站仪距离测量界面

表 4-5　全站仪距离测量界面的显示符号及功能

页数	软键	显示符号	功能
第 1 页 (P1)	F1	测量	启动距离测量
	F2	模式	设置测距模式为单次精测/连续精测/连续跟踪
	F3	S/A	温度、气压、棱镜常数等设置
	F4	P1↓	显示第 2 页软键功能
第 2 页 (P2)	F1	倾斜	进入倾斜测量模式
	F2	放样	进入距离放样模式
	F3	m/ft	单位米与英尺转换
	F4	P2↓	显示第 1 页软键功能

2. 合作目标设置

根据全站仪测距原理,在进行距离测量时,目标点需要有反射物。NTS-332R6 全站仪有棱镜、反射片和无合作目标三种模式可选。

选择棱镜时,注意设置棱镜常数,目前国产的大多数棱镜的棱镜常数是-30mm。

若选择的合作目标是反射片或者无合作目标,则测量时棱镜常数自动设置为 0mm。

3. 仪器基本操作

1) 基本设置

按住 F4 键开机,可做如表 4-6 所示设置。

表 4-6　开机后可做的设置

菜单	项目	选择项	内容
单位设置	英尺	F1: 美国英尺 F2: 国际英尺	选择 m/ft 转换系数 美国英尺:1m=3.2803333333333ft 国际英尺:1m=3.280839895013123ft
	角度	度(360°) 哥恩(400G) 密位(6400M)	选择测角单位 DEG/GON/MIL(度/哥恩/密位)
	距离	m/ft/ft.in	选择测距单位:m/ft/ft.in (米/英尺/英尺.英寸)
	温度气压	温度:℃/℉ 气压:hPa/mmHg/inHg	选择温度单位:℃/℉ 选择气压单位:hPa/mmHg/inHg

115

续表

菜单	项目	选择项	内容
模式设置	开机模式	测角/测距	选择开机后进入角度测量模式或距离测量模式
模式设置	精测/跟踪	精测/跟踪	选择开机后的测距模式，精测/跟踪
模式设置	HD&VD/SD	平距和高差/斜距	说明开机后的数据项显示顺序，平距和高差或斜距
模式设置	垂直零/水平零	垂直零/水平零	选择垂直角读数从天顶方向为零基准或水平方向为零基准计数
模式设置	N次测量/复测	N次测量/复测	选择开机后测距模式，N次测量/连续测量
模式设置	测量次数	0～99	设置测距次数，若设置为1次，即为单次测量
模式设置	关测距时间	1～99	设置测距完成后到测距功能中断的时间可以使用此功能
模式设置	格网因子	使用/不使用	使用或不使用格网因子
模式设置	ENZ/NEZ	ENZ/NEZ	坐标显示顺序为E/N/Z或N/E/Z
其他设置	水平角蜂鸣声	开/关	说明每当水平角过90°时是否要发出蜂鸣声
其他设置	测距蜂鸣	开/关	当有回光信号时是否蜂鸣
其他设置	两差改正	0.14/0.20/关	大气折光改正和地球曲率改正的设置

2) 距离测量

在进行距离测量前通常需要确认大气改正的设置和棱镜常数的设置，再进行距离测量。

(1) 大气改正的设置。

全站仪发射红外光的光速随大气温度和压力的改变而改变，本仪器一旦设置了大气改正值即可自动对测距结果实施大气改正。

NTS系列全站仪标准气象条件(即仪器气象改正值为0时的气象条件)如下。

气压：1013hPa

温度：20℃

设置大气改正值的方法(表4-7)：测定温度和气压，然后从大气改正图上或根据改正公式求得大气改正值(PPM)。

表4-7 设置大气改正值的方法

步骤	操作	操作过程	显示
第1步	F3	由距离测量模式或坐标测量模式按F3	设置音响模式 PSM： 0.0　　PPM： 0.0 信号：[||||||] 棱镜　PPM　T-P　---
第2步	F2	按F2 (PPM)键，显示当前设置值	PPM　设置 PPM： 0.0　ppm 输入　---　---　回车

续表

步骤	操作	操作过程	显示
第3步	F1 输入数据 F4	输入大气改正值①，返回到设置模式	PPM 设置 PPM: 4.0 ppm 输入 --- --- 回车 设置音响模式 PSM: 0.0 PPM 4.0 信号: [|||||] 棱镜 PPM T-P ---

① 输入范围：-999.9～+999.9(步长 $0.1×10^{-6}$)。

(2) 棱镜常数的设置。

NST 系列全站仪的棱镜常数的出厂设置为-30mm，若使用棱镜常数不是-30mm 的配套棱镜，则必须设置相应的棱镜常数。一旦设置了棱镜常数，则关机后该常数仍被保存。表 4-8 所示为棱镜常数设置的操作方法。

表 4-8 棱镜常数设置的操作方法

步骤	操作	操作过程	显示
第1步	F3	由距离测量模式或坐标测量模式按 F3(S/A)键	设置音响模式 PSM: -30.0 PPM: 0.0 信号: [|||||] 棱镜 PPM T-P ---
第2步	F1	按 F1(棱镜)键	棱镜常数设置 棱镜: 0.0 mm 输入 --- --- 回车
第3步	F1 输入数据 F4	按 F1(输入)键输入棱镜常数改正值①，按 F4 键确认，显示屏返回到设置模式	设置音响模式 PSM: 0.0 PPM: 0.0 信号: [|||||] 棱镜 PPM T-P ---

① 输入范围：-99.9mm～+99.9mm(步长 0.1mm)。

(3) 距离测量(连续测量)。

距离测量(连续测量)的操作方法见表 4-9。

表 4-9　距离测量(连续测量)的操作方法

操作过程	操作	显示
第 1 步：照准棱镜中心	照准	V:　　　90°10′20″ HR:　　170°30′20″ H-蜂鸣　　R/L　　竖角　　P3↓
第 2 步：按 ◢ 键，距离测量开始①②	◢	HR:　　170°30′20″ HD*[r]　　　　　　　<<m VD:　　　　　　　　　m 测量　　模式　　S/A　　P1↓ HR:　　170°30′20″ HD*　　　　　　235.343m VD:　　　　　　　36.551m 测量　　模式　　S/A　　P1↓
第 3 步：显示测量的距离③~⑥，再次按 ◢ 键，显示变为水平角(HR)、垂直角(V)和斜距(SD)	◢	V:　　　　90°10′20″ HR:　　　170°30′20″ SD*　　　　　　241.551m 测量　　模式　　S/A　　P1↓

① 当光电测距(EDM)正在工作时，"*"标志就会出现在显示窗。
② 将模式从精测转换到跟踪，参阅下述"(5)精测模式/跟踪模式/粗测模式"。
在仪器电源打开状态下，要设置距离测量模式，可参阅上述"1)基本设置"。
③ 距离的单位表示为"m"(米)或"ft"(英尺)、"fi.in"(英尺. 英寸)，并随着蜂鸣声在每次距离数据更新时出现。
④ 如果测量结果受到大气抖动的影响，仪器可以自动重复测量工作。
⑤ 要从距离测量模式返回正常的角度测量模式，可按 ANG 键。
⑥ 对于距离测量，初始模式可以选择显示顺序(HR, HD, VD)或(V, HR, SD)，参阅上述"1)基本设置"。

(4) 距离测量(N 次测量/单次测量)。

当输入测量次数后，仪器就按设置的次数进行测量，并显示出距离平均值。当输入测量次数为 1 时，因为是单次测量，仪器不显示距离平均值。距离测量(N 次测量/单次测量)的操作方法见表 4-10。

表 4-10　距离测量(N 次测量/单次测量)的操作方法

操作过程	操作	显示
第 1 步：照准棱镜中心	照准	V:　　　122°09′30″ HR:　　　90°09′30″ 置零　　锁定　　置盘　　P1↓

续表

操作过程	操作	显示
第2步：按 ◁ 键，连续测量开始①	◁	HR： 170°30′20″ HD*[r] <<m VD： m 测量 模式 S/A P1↓
第3步：当连续测量不再需要时，可按 F1 (测量)键②，测量模式为 N 次测量模式。当光电测距(EDM)正在工作时，再按 F1 (测量)键，模式转变为连续测量模式	F1	HR： 170°30′20″ HD*[n] <<m VD： m 测量 模式 S/A P1↓ HR： 170°30′20″ HD： 566.346 m VD： 89.678 m 测量 模式 S/A P1↓

① 在仪器开机时，测量模式可设置为 N 次测量模式或者连续测量模式，参阅上述"1)基本设置"。
② 在测量中，要设置测量次数(N 次)，参阅上述"1)基本设置"。

通过软键可以改变距离测量模式的单位(米/英尺/英尺.英寸)，见表 4-11。
此项设置在电源关闭后不保存，参见上述"1)基本设置"进行初始设置(此设置关机后仍被保留)。

表 4-11 距离测量模式单位的设置

操作过程	操作	显示
第1步：按 F4(↓)键转到第 2 页功能	F4	HR： 170°30′20″ HD： 2.000m VD： 3.678m 测量 模式 S/A P1↓ 偏心 放样 m/ft P2↓
第2步：每次按 F3 (m/ft)键，显示单位就可以改变(依次切换)	F3	HR： 170°30′20″ HD： 566.346 ft VD： 89.678 ft 偏心 放样 m/ft P2↓

(5) 精测模式/跟踪模式/粗测模式。

精测模式是正常的测距模式，最小显示单位为 0.2mm 或 1mm，其测量时间在 0.2mm 模式下约为 2.8s，在 1mm 模式下约为 1.2s。

跟踪模式常用于跟踪移动目标或放样时连续测距，此模式观测时间比精测模式短，最小显示单位为 1cm，每次测距时间约 0.4s。

粗测模式观测时间比精测模式短，最小显示单位为 1cm 或 1mm，测量时间约为 0.7s。

这个设置在关机后不保留，参见上述"1)基本设置"进行初始设置(此设置关机后仍被保留)。精测模式/跟踪模式/粗测模式的设置见表 4-12。

表 4-12　精测模式/跟踪模式/粗测模式的设置

操作过程	操作	显示
第 1 步：在距离测量模式下按 F2(模式)① 键设置模式的首字符(F/T)	F2	HR:　　170°30′20″ HD:　　　　566.346 m VD:　　　　　89.678 m 测量　模式　S/A　P1↓
第 2 步：按 F1(精测)键精测，按 F2(跟踪)键跟踪测量	F1	HR:　　170°30′20″ HD:　　　　566.346 m VD:　　　　　89.678 m 精测　跟踪　---　F
	F2	HR:　　170°30′20″ HD:　　　　566.346 m VD:　　　　　89.678 m 测量　模式　S/A　P1↓

① 若要取消设置，可按 ESC 键。

4.3.5　光电测距精度分析及注意事项

1. 光电测距误差

光电测距误差来自以下三个方面。

(1) 仪器误差，主要是测距仪的调制频率误差和仪器的测相误差。

(2) 人为误差，这方面主要是仪器对中、反射棱镜对中时产生的误差。

(3) 外界条件的影响，主要是气象参数即大气温度和气压的影响。

2. 光电测距的精度

光电测距的误差有两部分：一部分与所测距离的长短无关，称为常误差(固定误差)，用 a 表示；另一部分与距离的长度 D 成正比，称为比例误差，其比例系数为 b。因此，光电测距的测距中误差 m_D(又称测距仪的标称精度)为

$$m_D = \pm(a + bD) \tag{4-42}$$

式中：a——仪器标称的测距固定误差，mm；

　　　　b——仪器标称的测距比例误差系数，mm/km；

　　　　D——测距长度，km。

例如，某短程红外测距仪标称精度为 $\pm(5+3D)$，对照式(4-42)，即 $a=5$mm，$b=3$mm/km$=3\times10^{-6}$。

表 4-13 列出了各等级控制网边长测距的主要技术要求，在测量时可供参考。

表 4-13　各等级控制网边长测距的主要技术要求

平面控制网等级	仪器精度等级	每边测回数 往	每边测回数 返	一测回读数较差/mm	单程各测回较差/mm	往返测距较差/mm
三等	5mm 级仪器	3	3	≤5	≤7	≤2(a+bD)
三等	10mm 级仪器	4	4	≤10	≤15	≤2(a+bD)
四等	5mm 级仪器	2	2	≤5	≤7	≤2(a+bD)
四等	10mm 级仪器	3	3	≤10	≤15	≤2(a+bD)
一级	10mm 级仪器	2	—	≤10	≤15	—
二、三级	10mm 级仪器	1	—	≤10	≤15	—

注：距离测量一测回是指全站仪盘左盘右各测量 1 次的过程。

3. 光电测距仪使用注意事项

(1) 切不可将照准头对准太阳，以免损坏光电器件。

(2) 注意电源接线，不可接错，经检查无误后方可开机测量。测距完毕注意关机，不要带电迁站。

(3) 视场内只能有反光棱镜，应避免测线两侧及镜站后方有其他光源和反射物体，并应尽量避免逆光观测；测站应避开高压线、变压器等处。

(4) 仪器应在大气比较稳定和通视良好的条件下使用。

(5) 仪器不要暴晒和雨淋，在强烈阳光下要撑伞遮阳，经常保持仪器清洁和干燥，在运输过程中要注意防振。

4.4　直 线 定 向

为了确定地面上两点之间的相对位置，除量测两点之间的水平距离外，还必须确定该直线与标准方向之间的水平夹角，这项工作称为直线定向。

4.4.1　标准方向

测量工作中常用真子午线方向、磁子午线方向或坐标纵轴方向作为直线定向的标准方向。

1. 真子午线方向(真北方向)

过地球南北极的平面与地球表面的交线叫真子午线。通过地球某点的真子午线的切线方向，称为该点的真子午线方向。指向北方的一端叫真北方向，如图 4-21 所示。真子午线方向是用天文测量方法或陀螺经纬仪测定的。地面上各点的真子午线方向是互相不平行的。

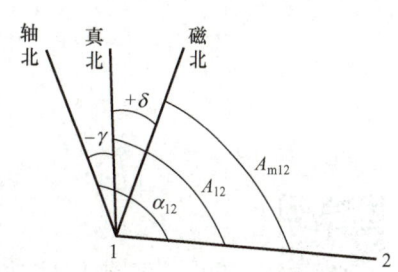

图 4-21　三北之间的关系

2. 磁子午线方向(磁北方向)

磁子午线方向是磁针在地球磁场的作用下,自由静止时磁针轴线所指的方向,指向北端的方向称为磁北方向,如图 4-21 所示,可用罗盘仪测定。

3. 坐标纵轴方向(轴北方向)

坐标方位角

在测量工作中通常采用高斯平面直角坐标或独立平面直角坐标确定地面点的位置,因此,取坐标纵轴作为直线定向的标准方向,如图 4-21 所示。高斯平面直角坐标系中的坐标纵轴是高斯投影带中的中央子午线的平行线;独立平面直角坐标系中的坐标纵轴,可以由假定获得。

4.4.2 直线方向的表示法

测量中常用方位角、象限角来表示直线方向。

1. 方位角

由标准方向北端起,顺时针方向量到某直线的水平夹角,称为该直线的方位角,其取值范围是 0°~360°。

1) 方位角的种类

由于标准方向有真北方向、磁北方向和轴北方向之分,如图 4-21 所示,因此对应的方位角分别称为真方位角(用 A 表示)、磁方位角(用 A_m 表示)和坐标方位角(用 α 表示)。为了标明直线的方向,通常在方位角的右下方标注直线的起终点。如 α_{12} 表示直线 1 到直线 2 的坐标方位角,直线的起点是 1,终点是 2。

测量工作中,一般采用坐标方位角 α 表示直线方向。如图 4-22 所示,直线 $O1$、$O2$、$O3$、$O4$ 的坐标方位角分别为 α_{O1}、α_{O2}、α_{O3}、α_{O4}。

2) 三种方位角之间的关系

由于地球的南北两极与地球的南北两磁极不重合,因此地面上同一点的真子午线方向与磁子午线方向是不一致的,两者之间的夹角称为磁偏角,用 δ 表示(图 4-21)。地球上不同地点的磁偏角并不相同,我国磁偏角的变化大约在-10°~+6°。过同一点的真子午线方向与坐标轴方向的夹角称为子午线收敛角,用 γ 表示(图 4-21)。并规定,磁子午线北端或坐标纵轴方向偏于真子午线东侧时,δ 和 γ 为正;偏于西侧时,δ 和 γ 为负。不同点的 δ、γ 值一般是不相同的。由图 4-21 可知,直线的三种方位角之间的关系如下。

$$A = A_m + \delta \tag{4-43}$$

$$A = \alpha + \gamma \tag{4-44}$$

$$\alpha = A_m + \delta - \gamma \tag{4-45}$$

象限角

2. 象限角

由标准方向北端或南端起,顺时针或逆时针方向量到某直线所夹的水平锐角,称为该直线的象限角,并注记象限,通常用 R 表示,角值为 0°~90°。如图 4-23 所示,直线 $O1$、$O2$、$O3$、$O4$ 的象限角分别为北东 R_{O1}、南东 R_{O2}、南西 R_{O3}、北西 R_{O4}。表 4-14 列出了不同象限的象限角与坐标方

位角之间的换算关系。

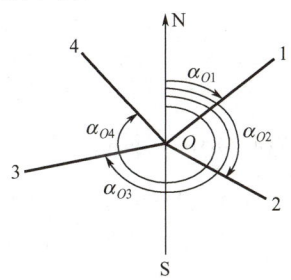

图 4-22　坐标方位角

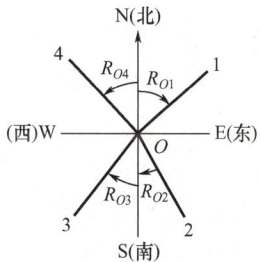

图 4-23　坐标象限角

表 4-14　不同象限的象限角与坐标方位角之间的换算关系

直线方向	由坐标方位角推算坐标象限角	由坐标象限角推算坐标方位角
北东(NE)，第Ⅰ象限	$R = \alpha$	$\alpha = R$
南东(SE)，第Ⅱ象限	$R = 180° - \alpha$	$\alpha = 180° - R$
南西(SW)，第Ⅲ象限	$R = \alpha - 180°$	$\alpha = 180° + R$
北西(NW)，第Ⅳ象限	$R = 360° - \alpha$	$\alpha = 360° - R$

4.4.3　正、反坐标方位角

直线是有向线段，如图 4-24 所示，直线 12 的坐标方位角为 α_{12}，直线 21 的坐标方位角为 α_{21}，如果把 α_{12} 称为直线 12 的正方位角，则 α_{21} 称为直线 12 的反方位角；反之也一样。一般在测量工作中常以直线的前进方向为正方向，反之称为反方向。在同一平面直角坐标系中，由于各点的纵坐标轴方向彼此平行，因此正、反坐标方位角应相差 180°，即

$$\alpha_{反} = \alpha_{正} \pm 180° \tag{4-46}$$

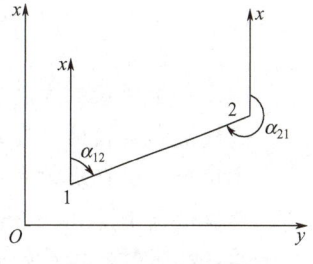

图 4-24　正、反坐标方位角

式中，当 $\alpha_{正} < 180°$ 时，式(4-46)取加号；当 $\alpha_{正} > 180°$ 时，式(4-46)取减号。

4.4.4　坐标方位角的推算

实际工作中，为了得到多条直线的坐标方位角，需把这些直线首尾相接，依次观测各接点处两条直线之间的转折角。若已知第一条直线的坐标方位角，便可根据该坐标方位角依次推算出其他各条直线的坐标方位角。

如图 4-25 所示，已知直线 12 的方位角 α_{12}，若用仪器观测了 2 点的右角(测量前进方向右侧的水平角)β_2，可用式(4-47)推算出直线 23 的坐标方位角 α_{23}；若用仪器观测了 3 点的左角(测量前进方向左侧的水平角)β_3，则可用

坐标方位角的推算

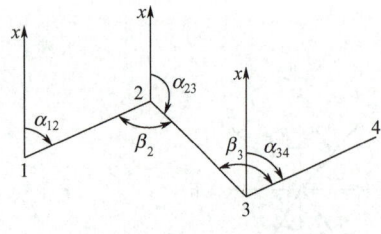

式(4-48)推算出直线 34 的坐标方位角 α_{34}。

$$\alpha_{前} = \alpha_{后} + 180° - \beta_{右} \quad (4\text{-}47)$$

$$\alpha_{前} = \alpha_{后} + 180° + \beta_{左} \quad (4\text{-}48)$$

由式(4-47)和式(4-48)可归纳得出坐标方位角推算的一般公式为

$$\alpha_{前} = \alpha_{后} + 180° \pm \beta_{右}^{左} \quad (4\text{-}49)$$

图 4-25 坐标方位角的推算

式中：$\alpha_{前}$——上一条直线的坐标方位角；

$\alpha_{后}$——下一条直线的坐标方位角。

如果计算的结果 $\alpha_{前} > 360°$，应减去 360°；如果计算的结果 $\alpha_{前}$ 为负值，则应加上 360°。

【例 4-5】如图 4-25 所示，已知 $\alpha_{12}=50°$，且观测 $\beta_2=110°$，$\beta_3=100°$，求 α_{23}、α_{34}。

【解】由于 β_2 为右折角，因此可以使用式(4-47)由 α_{12} 推算 α_{23}，即

$$\alpha_{23} = \alpha_{12} + 180° - \beta_2 = 50° + 180° - 110° = 120°$$

由于 β_3 为左折角，因此可以使用式(4-48)由 α_{23} 推算 α_{34}，即

$$\alpha_{34} = \alpha_{23} + 180° + \beta_3 = 120° + 180° + 100° = 400°$$

此时注意，计算结果大于 360°，需要再减去 360°。

$$\alpha_{34} = 400° - 360° = 40°$$

小 结

距离测量的基本方法包括钢尺量距、视距测量和电磁波测距。

直线定向是指确定直线与标准方向之间的角度关系。

方位角：由标准方向北端起，顺时针方向量到某直线的水平夹角，称为该直线的方位角，其取值范围是 0°～360°。

正、反坐标方位角的关系是：$\alpha_{反} = \alpha_{正} \pm 180°$。

坐标方位角的推算公式：$\alpha_{前} = \alpha_{后} + 180° \pm \beta_{右}^{左}$。

象限角：由标准方向北端或南端起，顺时针或逆时针方向量到某直线所夹的水平锐角，称为该直线的象限角，并注记象限，通常用 R 表示。

习 题

一、选择题

1. 某段距离测量的平均值为 100m，其往返较差为+4mm，其相对误差为( )。

A. 1/25000　　B. 1/25　　C. 1/2500　　D. 1/250

2. 坐标方位角的取值范围为( )。

A. 0°～180°　　B. -90°～+90°　　C. 0°～360°　　D. -180°～+180°

3．地面上有 A、B、C 三点，已知 AB 边的坐标方位角 α_{AB} 等于 $35°23'$，测得左夹角 $\angle ABC=89°34'$，则 CB 边的坐标方位角 $\alpha_{CB}=(\quad)$。

A．$124°57'$　　　　B．$304°57'$　　　　C．$-54°11'$　　　　D．$305°49'$

4．电磁波测距的基本公式 $D=1/2ct_{2D}$，式中 t_{2D} 为(　　)。

A．温度　　　　　　　　　　　　　　B．光从仪器到目标传播的时间

C．光速　　　　　　　　　　　　　　D．光从仪器到目标往返传播的时间

二、简答题

1．影响钢尺量距的主要因素有哪些？

2．普通视距测量的误差来源有哪些？

3．象限角和坐标方位角有何不同？如何换算？

三、计算题

1．用钢尺测量两段距离，一段往测为 135.78m、返测为 135.67m，另一段往测为 357.58m、返测为 357.23m，这两段距离测量的精度是否相同？

2．将一根 30m 的钢尺与标准钢尺比较，发现此钢尺比标准钢尺长 16mm，已知标准钢尺的尺长方程式为 $l_t=30\text{m}+0.0052\text{m}+1.25\times10^{-5}\times30\times(t-20℃)\text{m}$，钢尺比较时的温度为 31℃，求此钢尺的尺长方程式。

3．进行普通视距测量时，上下丝在标尺上读数的尺间隔 $l=0.65\text{m}$，竖直角 $\alpha=15°$，试求站点到立尺点的水平距离。

4．测得 AB 的磁方位角为 $60°45'$，查得当地磁偏角 δ 为西偏 $4°03'$，子午线收敛角 γ 为 $2°16'$，求 AB 的真方位角 A 和坐标方位角 α。

5．已知 $\alpha_{12}=46°$，β_2、β_3 及 β_4 的角值均注于图 4-26 上，求其余各边坐标方位角。

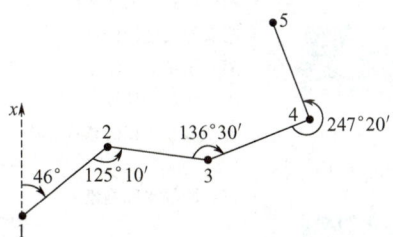

图 4-26　计算题 5 图

在线答题

第 5 章 小地区控制测量

思维导图

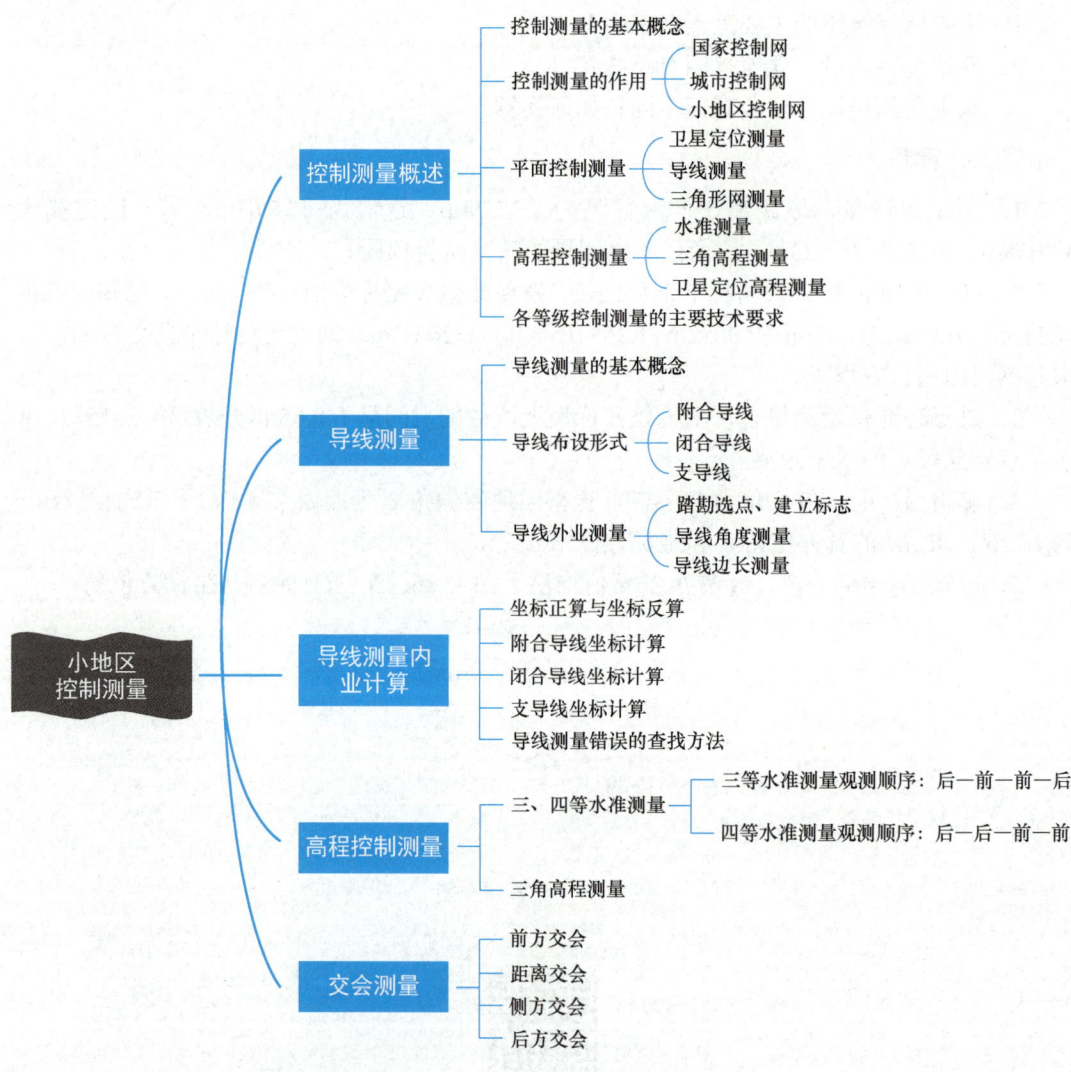

第 5 章 小地区控制测量

【引言】

党的二十大报告提出,"加快实施一批具有战略性全局性前瞻性的国家重大科技项目,增强自主创新能力"。位于中国贵州省黔南布依族苗族自治州境内的500m口径球面射电望远镜(简称 FAST)被誉为"中国天眼",是目前世界上最大、灵敏度最高的单口径射电望远镜,是中国国家"十一五"重大科技基础设施。从2011年开工建设,到2016年7月主体工程完工,截至2022年7月,FAST共观测发现660颗脉冲星。依靠它,我国探测宇宙天体的能力拓展到了137亿年前。在射电天文领域,我国已从落后发展为领先世界20年。FAST开创了建造巨型望远镜的新模式,其反射面相当于30个足球场大,大幅拓展了人类的视野,可用于巡视星际、搜寻地外文明及探索宇宙的起源和演化。

为了保证 FAST 能够满足设计要求,达到高灵敏度、高准确性,该项目在建设过程中对每一块反射面单元的平面位置和高程都有严格的控制。在施工控制测量阶段,对23个基准墩 GNSS 测量方案进行了反复优化设计,同时制订了基准水平控制网测量方案,高程控制测量则按照国家一、二等水准测量标准结合电磁波测距高程导线实施,相关测量均采用高精度测量仪器,严格限制误差范围,加以重力测量,最终为后续工程施工和设备安装提供了高精度控制测量数据,创造了 FAST 灵敏度达到世界第二大单镜面射电望远镜(阿雷西博望远镜)的2.5倍以上的世界纪录。

5.1 控制测量概述

想一想

某测量单位接到任务,需要进行某学校(图 5-1)的 1∶500 地形图测绘,第一步需要做什么工作?

图 5-1 某学校平面图

5.1.1　控制测量的基本概念

为了限制误差传递和误差积累,提高测量精度,无论是测定还是测设,都必须遵循"从整体到局部,先控制后碎部,由高级到低级"的原则来组织实施。那么,什么是控制测量呢?

控制测量是指在测区内,按测量任务所要求的精度,测定一系列控制点的平面位置和高程,建立起测量控制网,作为各种测量的基础。

其中,在测区范围内按要求选择一些对整体起控制作用的点,这些点称为控制点。

控制测量的任务就是采用精密仪器和精密方法测量控制点间的角度、距离和高差等要素,根据已知点的三维坐标、方位角,计算出各控制点的坐标。根据控制点再测定碎部点的位置,这个测量过程称为碎部测量。

为获取控制点平面位置而构建的控制网称为平面控制网,为获取控制点高程而构建的控制网称为高程控制网。平面控制网和高程控制网既可以单独布设,也可以布设成平面和高程同时具备的三维控制网。控制网的布设取决于测区的情况、要求的测量精度和使用的仪器设备等。

5.1.2　控制测量的作用

测量控制网按照控制区域的大小可以划分为国家控制网、城市控制网和小地区控制网等,各控制网的作用如下。

1. 国家控制网

国家控制网,又称基本控制网,是在全国范围内建立的控制网,采用"逐级控制、分级布设"的原则,在全国范围内按统一的方案建立控制网,利用精密仪器采用精密方法测定,并进行严格的数据处理,最后求得控制点的三维坐标。

国家控制网是全国各种比例尺测图和工程建设的基本控制资料,为空间科学技术和国防军事应用提供精确的点位坐标、距离、方位资料,并为研究地球大小和形状、地震预报等提供重要资料。

2. 城市控制网

城市控制网是在城市地区,为城市规划测绘大比例尺地形图、进行市政工程和建筑工程放样而建立的控制网。

城市控制网是在国家控制网的基础上建立起来的,它服务于为城市规划、市政建设、工业和民用建筑设计及施工放样的平面控制网。

3. 小地区控制网

小地区(一般指面积在 $15km^2$ 以内的地区)控制网是在国家控制网和城市控制网的基础上进一步加密,为了某项工程的设计、施工、运营管理等需要,在较小区域内布设足够的控制点,将控制点以一定的关系连接构成的工程控制网。小地区控制网按照国家或部门颁布的规程、规范进行控制测量。

测区范围内建立的最高一级控制网，称为首级控制网；直接为测图而建立的控制网，称为图根控制网。

5.1.3 平面控制测量

1. 精度等级

平面控制网按精度划分为等和级两种规格，由高向低依次宜为二、三、四等和一、二、三级。

2. 实施方法

平面控制网的建立可采用卫星定位测量、导线测量和三角形网测量等方法。其中：卫星定位测量可用于二、三、四等和一、二级控制网的建立；导线测量可用于三、四等和一、二、三级控制网的建立；三角形网测量可用于二、三、四等和一、二级控制网的建立。

1) 卫星定位测量

卫星定位测量就是用 GNSS 技术建立测量控制网，它是控制测量的主流方法之一。GNSS 控制网服务对象可分为：国家或区域性的高精度 GNSS 控制网和局部性的小范围 GNSS 控制网。前者相邻点的距离从数百千米到数千千米，其主要任务是建立高精度的三维国家大地控制基准，以确定国家大地坐标系的转换参数或研究地球区域形变规律；后者相邻点的距离为几千米到几十千米，主要为城市、矿区或其他工程建设建立控制基准，直接为城市测量、矿山测量、土地调查、工程测量服务。

2) 导线测量

导线测量是把控制点用折线连接起来，测量各边的长度和各转折角，通过计算获得它们之间的相对位置，如图 5-2 所示。5.2 节我们将重点介绍导线测量的实施方法。

导线测量

3) 三角形网测量

三角形网测量是通过观测由一系列控制点组成的若干三角形结构的控制网的所有三角形的内角，并至少测量其中一条边长作为起算边，通过计算就可以获得它们之间的相对位置，如图 5-3 所示。这种三角形的顶点称为三角点，构成的网形称为三角形网。

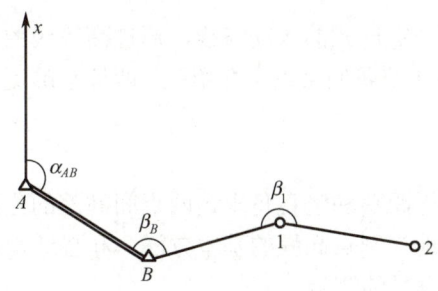

图 5-2 导线测量

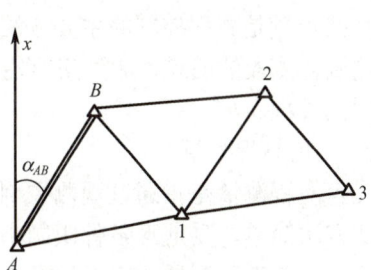

图 5-3 三角形网测量

现阶段，由于测量设备更新换代很快，各工程单位首级控制网大多采用卫星定位测量控制网，加密网多采用导线或导线网的形式，三角形网测量目前已很少使用。

3．布设原则

(1) 首级控制网的布设应因地制宜且兼顾网的拓展；当与国家坐标系统联测时，还应统筹联测方案。

(2) 首级控制网的等级应根据工程规模控制网的用途和精度要求确定。

(3) 加密控制网可越级布设或同等级扩展。

4．坐标系统

平面控制网的坐标系统，应在满足测区内投影长度变形不大于 25mm/km 的要求下，做下列选择。

(1) 可采用 2000 国家大地坐标系，统一的高斯正形投影 3°带平面直角坐标系统。

(2) 可采用高斯投影 3°带，投影面为测区抵偿高程面或测区平均高程面的平面直角坐标系统；或任意带，投影面为 1985 国家高程基准面或测区平均高程面的平面直角坐标系统。

(3) 小测区或有专项工程需求的控制网，可采用独立坐标系统。

(4) 在已有平面控制网的区域可沿用原有的坐标系统。

(5) 厂区内可采用建筑坐标系统。

(6) 大型的、有特殊精度要求的工程测量项目或新建城市平面控制网，坐标系统可进行专项设计。

5.1.4 高程控制测量

1．精度等级

高程控制测量精度等级划分为二、三、四、五等。

2．实施方法

高程控制网的建立可采用水准测量、三角高程测量和卫星定位高程测量等方法。其中：水准测量可用于各等级的高程控制测量，三角高程测量可用于四等及以下等级高程控制测量，卫星定位高程测量可用于五等高程控制测量。

1) 水准测量

水准测量是高程控制的主要方法，就是布设一定形式的水准路线，通过高等级的测量方法测量各测段的高差，计算获得各点的高程。5.4 节我们将重点介绍三、四等水准测量的具体实施过程。

2) 三角高程测量

三角高程测量是指通过观测控制点之间的水平距离和竖直角求定两点间高差的方法。它观测方法简单，受地形条件限制小，是测定大地控制点高程的基本方法。和普通水准测量相比，三角高程测量适用于地面点之间高差较大时的测量。

3) 卫星定位高程测量

卫星定位高程测量是利用 GNSS 测量技术直接测定地面点的大地高，或间接确定地面点的正常高的方法。卫星定位高程测量以其速度快、精度高及不受通视条件和边长限制等优点，广泛应用于范围较大的地区的高程控制测量。

3．布设原则

(1) 首级高程控制网的等级应根据工程规模、控制网的用途和精度要求选择，首级高程控制网应布设成环形网，加密网应布设成附合路线或结点网。

(2) 高程控制点之间的距离，一般地区应为 1～3km，工业厂区、城镇建筑区应小于 1km。一个测区至少要有 3 个高程控制点。

4．高程系统

测区的高程系统应采用 1985 国家高程基准。在已有高程控制点的地区测量时，可沿用原有的高程系统；小地区不具备联测条件时，也可采用假定高程系统。

5.1.5 各等级控制测量的主要技术要求

按现行的《工程测量标准》(GB 50026—2020)，各等级导线测量的主要技术要求见表 5-1，图根导线控制测量的主要技术要求见表 5-2，各等级水准测量的主要技术要求见表 5-3，图根水准测量的主要技术要求见表 5-4，电磁波测距三角高程测量的主要技术要求见表 5-5，图根电磁波测距三角高程测量的主要技术要求见表 5-6，各等级平面控制测量内业计算值取位要求见表 5-7，图根控制测量内业计算和成果的取位要求见表 5-8。

《工程测量标准》

表 5-1　各等级导线测量的主要技术要求

等级	导线长度/km	平均边长/km	测角中误差/(″)	测距中误差/mm	测距相对中误差	测回数				方位角闭合差/(″)	导线全长相对闭合差
						0.5″级仪器	1″级仪器	2″级仪器	6″级仪器		
三等	14	3	1.8	20	1/150000	4	6	10	—	$3.6\sqrt{n}$	≤1/55000
四等	9	1.5	2.5	18	1/80000	2	4	6	—	$5\sqrt{n}$	≤1/35000
一级	4	0.5	5	15	1/30000	—	—	2	4	$10\sqrt{n}$	≤1/15000
二级	2.4	0.25	8	15	1/14000	—	—	1	3	$16\sqrt{n}$	≤1/10000
三级	1.2	0.1	12	15	1/7000	—	—	1	2	$24\sqrt{n}$	≤1/5000

注：1. 表中 n 为测站数。
　　2. 当测区测图的最大比例尺为 1∶1000 时，一、二、三级导线的导线长度、平均边长可放长，但最大长度不应大于表中规定相应长度的 2 倍。

表 5-2　图根导线控制测量的主要技术要求

导线长度/m	导线全长相对闭合差	测角中误差/(″)		方位角闭合差/(″)	
		首级控制	加密控制	首级控制	加密控制
≤αM	≤1/(2000α)	20	30	$40\sqrt{n}$	$60\sqrt{n}$

注：表中 n 为测站数；$α$ 为比例系数，取值宜为 1，当采用 1∶500、1∶1000 比例尺测图时，$α$ 值可在 1～2 之间选择；M 为测图比例尺的分母。

表 5-3 各等级水准测量的主要技术要求

等级	每千米高差全中误差/mm	路线长度/km	水准仪级别	水准尺	观测次数		往返较差、附合或环线闭合差/mm	
					与已知点联测	附合或环线	平地	山地
二等	2	—	DS1、DSZ1	条码因瓦、线条式因瓦	往返各一次	往返各一次	$4\sqrt{L}$	—
三等	6	≤50	DS1、DSZ1	条码因瓦、线条式因瓦	往返各一次	往一次	$12\sqrt{L}$	$4\sqrt{n}$
			DS3、DSZ3	条码式玻璃钢、双面		往返各一次		
四等	10	≤16	DS3、DSZ3	条码式玻璃钢、双面	往返各一次	往一次	$20\sqrt{L}$	$6\sqrt{n}$
五等	15	—	DS3、DSZ3	条码式玻璃钢、双面	往返各一次	往一次	$30\sqrt{L}$	

注：1. 结点之间或结点与高级点之间，其路线的长度，不应大于表中规定的 70%。
2. L 为往返测段、附合或环线的水准路线长度(km)；n 为测站数。

表 5-4 图根水准测量的主要技术要求

每千米高差全中误差/mm	附合路线长度/km	仪器类型	视线长度/m	观测次数		往返较差、附合或环线闭合差/mm	
				附合或闭合路线	支水准路线	平地	山地
20	≤5	DS10	≤100	往一次	往返各一次	$40\sqrt{L}$	$12\sqrt{n}$

注：L 为往返测段、附合或环线的水准路线的长度(km)；n 为测站数；当水准线路布设成支线时，其线路长度不应大于 2.5km。

表 5-5 电磁波测距三角高程测量的主要技术要求

等级	每千米高差全中误差/mm	边长/km	观测方式	对向观测高差较差/mm	附合或环形闭合差/mm
四等	10	≤1	对向观测	$40\sqrt{D}$	$20\sqrt{\sum D}$
五等	15	≤1	对向观测	$60\sqrt{D}$	$30\sqrt{\sum D}$

注：D 为测距边的长度(km)。

表 5-6 图根电磁波测距三角高程测量的主要技术要求

每千米高差全中误差/mm	附合路线长度/km	仪器精度等级	中丝法测回数	指标差较差/(″)	垂直角较差/(″)	对向观测高差较差/mm	附合或环形闭合差/mm
20	≤5	6″级仪器	2	25	25	$80\sqrt{D}$	$40\sqrt{\sum D}$

注：D 为电磁波测距边的长度(km)，仪器高和觇标高应精确量至 1mm。

表 5-7 各等级平面控制测量内业计算值取位要求

等级	观测方向值及各项修正数/(″)	边长观测值及各项修正数/m	边长及坐标/m	方位角/(″)
三、四等	0.1	0.001	0.001	0.1
一级及以下	1	0.001	0.001	1

表 5-8 图根控制测量内业计算和成果的取位要求

各项计算修正值 /("或 mm)	方位角计算值 /(")	边长及坐标计算值/m	高程计算值/m	坐标成果/m	高程成果/m
1	1	0.001	0.001	0.01	0.01

5.2 导线测量

小地区平面控制测量的主要方法是导线测量。导线测量布设灵活，要求通视方向少，边长可直接测定，适宜布设在视野不够开阔的地区，如城市、厂区、矿山建筑区、森林等，也适用于狭长地带的控制测量，如道路、隧道、渠道等。随着全站仪的普及，一测站可同时完成测距、测角的全部工作，使导线测量成为平面控制中简单而有效的方法。

全站仪导线测量

5.2.1 导线测量的基本概念

(1) 导线测量：平面控制测量的一种方法，它是将相邻控制点连接构成折线或多边形，由导线点、导线边、转折角构成，根据已知起始边的边长和坐标方位角，既测边又测角，推算出各边的坐标方位角，最后计算出各控制点的平面坐标。
(2) 导线：将测区内相邻控制点用直线连接而构成的折线图形。
(3) 导线点：构成导线的控制点。
(4) 导线边：相邻导线点的连线。
(5) 导线转折角：相邻导线边之间的水平夹角。沿前进方向左侧的角为左角；沿前进方向右侧的角为右角。
(6) 导线连接角：导线与高级控制边连接形成的夹角为连接角。

5.2.2 导线布设形式

根据测区的具体情况，单一导线的布设有附合导线、闭合导线和支导线三种基本形式（图 5-4）。

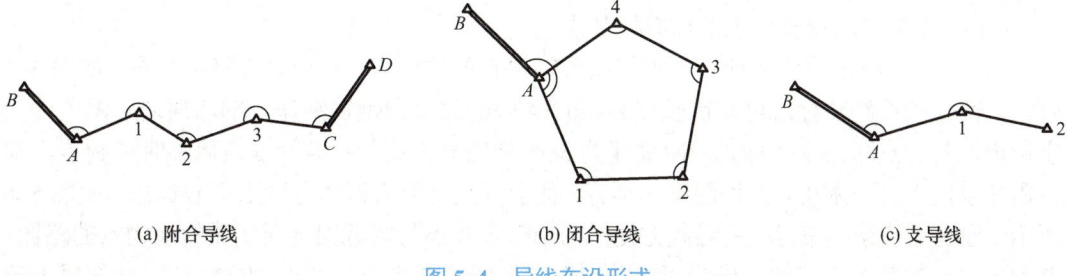

(a) 附合导线　　(b) 闭合导线　　(c) 支导线

图 5-4 导线布设形式

1. 附合导线

布设在两已知控制点间的导线，称为附合导线。如图 5-3(a)所示，导线从已知控制点 A 和已知方向 α_{AB} 出发，经 1、2、3 等一系列导线点，最后附合到另一已知控制点 C 和已知方向 α_{CD} 上。附合导线由本身的已知条件构成对观测成果的校核作用，常用于带状地区的控制测量。

2. 闭合导线

导线是从一高级控制点(起始点)开始，经过各个导线点，最后又回到原来起始点，形成闭合多边形，这种导线称为闭合导线。如图 5-4(b)所示，导线从已知控制点 A 和已知方向 α_{AB} 出发，经 1、2、3、4 等一系列导线点，最后仍回到原已知控制点 A，形成一个闭合多边形。闭合导线有着严密的几何条件，构成对观测成果的校核作用，常用于进行面积开阔的局部地区的控制测量。

3. 支导线

由一已知控制点和一已知方向出发，既不附合到另一已知控制点，又不回到原已知控制点的导线，称为支导线，亦称自由导线。如图 5-3(c)所示，A 为已知控制点，α_{AB} 为已知方向，1、2 为支导线点。由于支导线无校核条件，不易发现错误，一般不宜采用。支导线常用于导线点不能满足局部测图而增设导线时的测量工作。

5.2.3 导线外业测量

导线外业测量主要包括踏勘选点、建立标志、导线角度测量及导线边长测量。

1. 踏勘选点、建立标志

在踏勘选点前，应调查收集测区已有地形图和高一级控制点的成果资料，把控制点展绘在地形图上，然后在地形图上拟定导线的布设方案，最后到野外去踏勘，实地核对、修改、落实点位。如果测区没有地形图资料，则需详细踏勘现场，根据已知控制点的分布、测区地形条件及测图和施工需要等具体情况，合理地选定导线点的位置。

选点时应注意以下几点。

(1) 点位应选在稳固地段，视野应开阔且方便加密、扩展和寻找。

(2) 相邻点之间应通视，视线距障碍物的距离，三、四等不宜小于 1.5m，四等以下应以不受旁折光的影响为原则。

(3) 当采用电磁波测距时，相邻点之间视线应避开烟囱、散热塔、散热池等发热体及强电磁场。

(4) 相邻两点之间的视线倾角不宜过大。

(5) 应充分利用符合要求的原有控制点。

一、二、三级导线点和埋石图根点属长期保存的控制点，应埋设混凝土标石，如图 5-5 所示，其平面控制点标志可采用长度为 30～40cm 的普通钢筋制作，钢筋顶端应锯"十"字标记，其交点即为永久标志，距底端约 5cm 处应弯成钩状。若导线点属临时控制点，则只需在点位上打一木桩，桩顶面钉一小钉，其小钉几何中心即为导线点中心标志，如图 5-6 所示。导线点应统一编号。为寻找方便，应绘出导线点与附近固定而明显的地物点的略图，并测量和标注其关系尺寸，作为"点之记"，如图 5-7 所示。规范规定，三、四等以上等级的点必须绘制点之记,其他控制点可根据工程项目的需要确定。

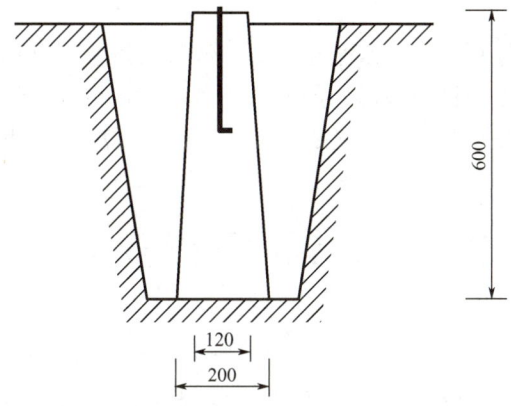

图 5-5　永久导线点标石规格及埋设结构(单位:mm)

2. 导线角度测量

导线角度测量有转折角测量和连接角测量之分。在各待定点上所测的角为转折角,导线与高级控制边连接形成的夹角为连接角。

(1) 转折角测量。

导线的转折角可使用全站仪按测回法进行观测。为计算方便和防止出错,应全部观测同一个方向的转折角,闭合导线通常测内角,附合导线测左角或者右角均可,但整条路线中要统一。

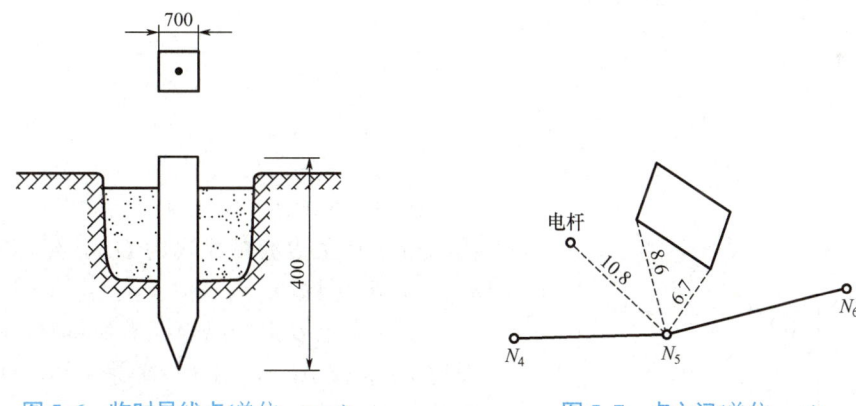

图 5-6　临时导线点(单位:mm)　　图 5-7　点之记(单位:m)

测角时,为了便于瞄准,可用测钎、觇牌或者棱镜作为照准标志。在建筑物密集区域,受地物限制,导线边长较短,应特别注意仪器和目标的对中。

(2) 连接角测量。

导线与高级控制点连接角的测量称为导线定向。导线定向的目的是使导线点的坐标纳入国家坐标系或该地区的统一坐标系中。当导线与测区已有控制点连接时,必须测出连接角,以作为传递坐标方位角和坐标之用。例如,图 5-4(a)所示附合导线的连接角有两个,分别是∠BA1 和∠3CD;图 5-4(b)所示闭合导线的连接角是第一导线边 A-1 与已知边 A-B 的夹角∠BA1;图 5-4(c)所示支导线的连接角是∠BA1。当测区无高级控制点联测时,可假定起始点的坐标,用罗盘仪测定起始边的方位角。

3. 导线边长测量

导线边长是指相邻导线点间的水平距离。导线边长测量可采用全站仪、光电测距仪、普通钢卷尺。全站仪测距是目前最常用的方法。当用普通钢卷尺量距时,必须使用经国家测绘机构鉴定的钢尺,并应对测量长度进行尺长改正、温度改正和倾斜改正。

5.3 导线测量内业计算

导线测量内业计算

导线计算的目的是要计算出导线点的坐标,计算导线测量的精度是否满足要求。首先要查实起始点的坐标、起始边的方位角,校核外业资料,确保外业资料的计算正确无误。外业资料计算之前,应注意以下几点。

(1) 应全面检查导线外业测量记录、数据是否齐全,有无记错、算错,成果是否符合精度要求,起算数据是否准确;如果不合格,要查明原因后返工重测。

(2) 绘制导线略图,把各项数据标注于图上相应位置。

(3) 确定内业计算中数字取位的要求。

5.3.1 坐标正算与坐标反算

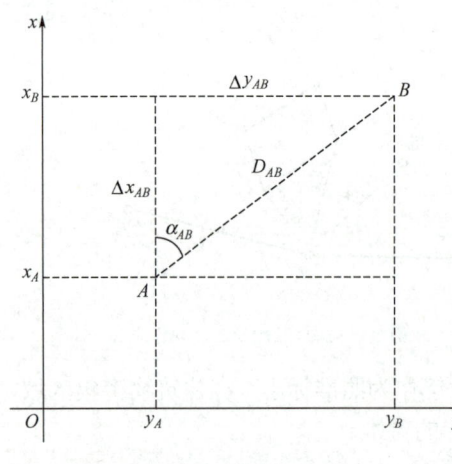

图 5-8 坐标计算

1. 坐标正算

根据已知点坐标、已知边长和坐标方位角,计算未知点坐标,称为坐标正算。

如图 5-8 所示,设 A 点的已知坐标为 (x_A, y_A),又已知 A 点至 B 点的距离为 D_{AB},坐标方位角为 α_{AB},求 B 点坐标 (x_B, y_B)。

设 A 点至 B 点的纵坐标增量和横坐标增量分别为 Δx_{AB} 和 Δy_{AB},由图中关系可知,计算 Δx_{AB} 和 Δy_{AB} 的公式为

$$\begin{cases} \Delta x_{AB} = D_{AB} \cos \alpha_{AB} \\ \Delta y_{AB} = D_{AB} \sin \alpha_{AB} \end{cases} \quad (5-1)$$

则 B 点坐标的计算公式为

$$\begin{cases} x_B = x_A + \Delta x_{AB} \\ y_B = y_A + \Delta y_{AB} \end{cases} \quad (5-2)$$

在计算时,坐标增量 Δx_{AB} 和 Δy_{AB} 有正有负。由于边长 D_{AB} 是正值,则 Δx_{AB} 和 Δy_{AB} 的正负号取决于坐标方位角 α_{AB} 的象限。用有函数功能的计算器计算坐标增量时,计算器会

自动判断，直接输出带正负号的结果，因此坐标计算时，不管方位角多大、在哪个象限，均可直接输入计算器中计算。

【例5-1】设 A 点的已知坐标为(8000m，4000m)，又知 A 点至 B 点的边长为150m，坐标方位角为 $136°48'20''$，求 B 点坐标(x_B, y_B)。

【解】根据式(5-1)计算坐标增量为

$$\begin{cases} \Delta x_{AB} = 150\text{m} \times \cos 136°48'20'' \approx -109.355\text{m} \\ \Delta y_{AB} = 150\text{m} \times \sin 136°48'20'' \approx 102.671\text{m} \end{cases}$$

根据式(5-2)计算 B 点坐标为

$$\begin{cases} x_B = 8000\text{m} - 109.355\text{m} = 7890.645\text{m} \\ y_B = 4000\text{m} + 102.671\text{m} = 4102.671\text{m} \end{cases}$$

2. 坐标反算

根据两个已知点的平面直角坐标，计算两点间的水平距离和坐标方位角，称为坐标反算。

图5-8中，设已知 A 点的已知坐标为(x_A, y_A)，B 点的已知坐标为(x_B, y_B)，求 A 点至 B 点的水平距离 D_{AB} 和坐标方位角 α_{AB}。

计算与上述的坐标正算相反，先根据两点坐标值计算坐标增量 Δx_{AB} 和 Δy_{AB}。

$$\begin{cases} \Delta x_{AB} = x_B - x_A \\ \Delta y_{AB} = y_B - y_A \end{cases} \tag{5-3}$$

再计算边长 D_{AB} 和方位角 α_{AB}。

$$D_{AB} = \sqrt{\Delta x_{AB}^2 + \Delta y_{AB}^2} \tag{5-4}$$

$$\alpha_{AB} = \arctan \left| \frac{\Delta y_{AB}}{\Delta x_{AB}} \right| \tag{5-5}$$

用计算器按反三角函数式(5-5)计算方位角时，显示的结果是象限角(R)。如图5-9所示，由于 R 值在 $0°\sim90°$ 之间，而坐标方位角在 $0°\sim360°$ 之间取值，因此应根据坐标增量的正负来判断此直线方向处在哪个象限，再将象限角换算为方位角。以起始点为原点画一个如图5-8所示的草图，可以直观方便地判断直线所处的象限，然后换算成方位角。由象限角推算坐标方位角的关系见表5-9。

【例5-2】设 A 点的已知坐标为(4500m，5500m)，B 点的已知坐标为(4280m，5660m)，求 A 点至 B 点的边长 D_{AB} 和坐标方位角 α_{AB}。

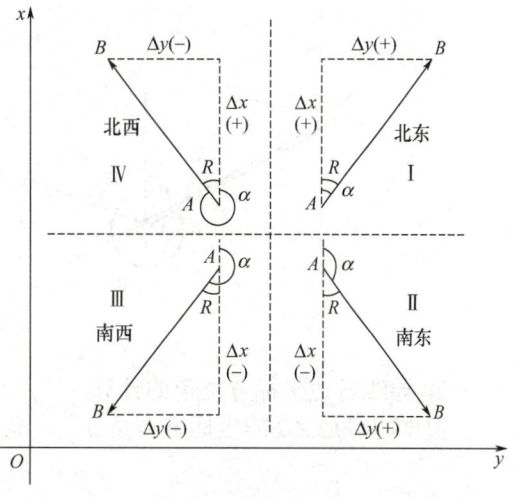

图5-9 坐标增量与象限的关系

【解】根据式(5-3)计算坐标增量为

$$\begin{cases} \Delta x_{AB} = 4280\text{m} - 4500\text{m} = -220\text{m} \\ \Delta y_{AB} = 5660\text{m} - 5500\text{m} = 160\text{m} \end{cases}$$

根据式(5-4)计算边长 D_{AB} 为

$$D_{AB} = \sqrt{(-220\text{m})^2 + (160\text{m})^2} \approx 272.029\text{m}$$

此例的 Δx 为负、Δy 为正，处在第二象限，对照表5-9根据式(5-5)计算方位角 α_{AB} 为

$$\alpha_{AB} = 180° - \arctan\left|\frac{160}{-220}\right| \approx 180° - 36°01'38'' = 143°58'22''$$

表5-9　由象限角推算坐标方位角的关系

象限	方向	坐标增量正负号	坐标方位角区间	由象限角推算坐标方位角
第一象限	北东	Δx_{AB} 正、Δy_{AB} 正	0°～90°	$\alpha_{AB} = R_{AB}$
第二象限	南东	Δx_{AB} 负、Δy_{AB} 正	90°～180°	$\alpha_{AB} = 180° - R_{AB}$
第三象限	南西	Δx_{AB} 负、Δy_{AB} 负	180°～270°	$\alpha_{AB} = 180° + R_{AB}$
第四象限	北西	Δx_{AB} 正、Δy_{AB} 负	270°～360°	$\alpha_{AB} = 360° - R_{AB}$

5.3.2　附合导线坐标计算

附合导线坐标计算过程如下。

1. 角度闭合差的计算与调整

1) 联测边坐标方位角的计算(坐标反算)

图5-10所示为一附合导线，由于 A、B、C、D 点的坐标已知，先用坐标反算的方法计算起始边与终边的坐标方位角。

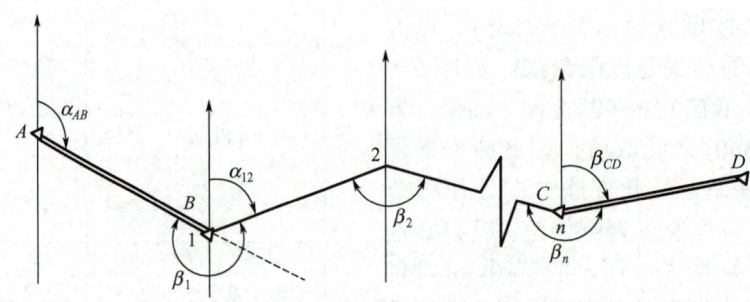

图5-10　附合导线坐标计算

2) 导线各边坐标方位角的计算

根据起算边 AB 的坐标方位角 α_{AB}，观测右角 β_i 则各边方位角为

$$\alpha_{12} = \alpha_{AB} + 180° - \beta_1$$

$$\alpha_{23} = \alpha_{12} + 180° - \beta_2 = \alpha_{AB} + 180° + 180° - \beta_1 - \beta_2$$
$$\cdots$$
$$\alpha'_{CD} = \alpha_{AB} + n \times 180° - \sum_{1}^{n} \beta_{右} \tag{5-6}$$

式中：n ——右角个数，包括两个连接角；

α'_{CD} ——按观测角值推算 CD 边的方位角；

$\sum_{1}^{n} \beta_{右}$ ——右角之和。

从式(5-6)可知，按导线右角推算坐标方位角时，导线前一边的坐标方位角等于后一边的坐标方位角加180°再减去两相邻边所夹右角，即

$$\alpha_{前} = \alpha_{后} + 180° - \beta_{右} \tag{5-7}$$

式中：$\alpha_{后}$ ——已知后方边方位角；

$\alpha_{前}$ ——待求前方边方位角。

若导线转折角为左角，可采用式(5-8)计算各边方位角，推算终边方位角 α'_{CD}。

$$\alpha_{前} = \alpha_{后} - 180° + \beta_{左}$$
$$\alpha'_{CD} = \alpha_{AB} + \sum_{1}^{n} \beta_{左} - n \times 180° \tag{5-8}$$

计算坐标方位角的结果，若为负值，则加360°；若大于360°，则减去360°。

3) 角度闭合差的调整

理论上，根据观测角值推算出的终边方位角 α'_{CD} 应等于终边已知方位角 α_{CD}，但是由于观测角值中不可避免地含有误差，因此它们之间存在差值，这个差值称为附合导线的角度闭合差，用 f_β 表示。

$$f_\beta = \alpha'_{CD} - \alpha_{CD} \tag{5-9}$$

各等级角度闭合差的容许误差见表 5-1 和表 5-2。若角度闭合差在容许范围内，则说明导线角度测量的精度是合格的。这样就可以将角度闭合差进行调整，以满足终边方位角 α'_{CD} 等于终边已知方位角 α_{CD}，使角度闭合差等于零。

角度闭合差调整的原则是，将闭合差 f_β 反符号平均分配到观测角中，每个角的改正数按式(5-10)计算。

$$v_\beta = -\frac{f_\beta}{n} \tag{5-10}$$

改正后角值为

$$\beta_{改} = \beta_{测} + v_\beta \tag{5-11}$$

当 f_β 不能被 n 整除时，可将余数均匀地分配到若干较短的边所夹的角度改正数中。

2. 坐标方位角的推算

根据调整后的角度，按照前面式(5-7)或者式(5-8)重新推算各边的方位角。

3. 坐标增量闭合差的计算和调整

坐标增量是两点的坐标之差。理论上，如图 5-11 所示，附合导线各边坐标增量的代数和应等于起点和终点已知坐标之差，即

$$\begin{cases} \sum \Delta x_{理} = x_{终} - x_{起} \\ \sum \Delta y_{理} = y_{终} - y_{起} \end{cases} \tag{5-12}$$

在测量过程中，虽然已经对量边误差和角度进行了调整，但由于各种因素的影响，仍然可能存在残余误差。这些残余误差会使推算出来的坐标增量总和不等于已知两端点的坐标差，这种不符值称为附合导线坐标增量闭合差。

如图 5-11 所示，坐标增量闭合差的存在，会导致附合导线在终点 $C(C')$ 不能闭合，从而产生纵坐标增量闭合差 f_x 和横坐标增量闭合差 f_y，即

$$\begin{cases} f_x = \sum \Delta x_{测} - (x_{终} - x_{起}) \\ f_y = \sum \Delta y_{测} - (y_{终} - y_{起}) \end{cases} \tag{5-13}$$

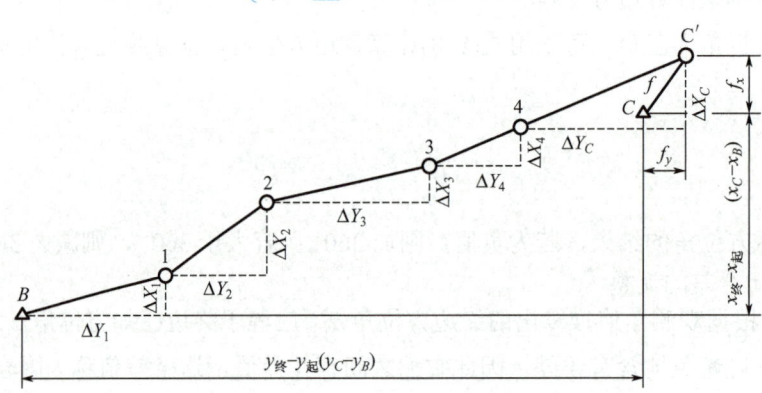

图 5-11 坐标增量闭合差的计算

CC' 的距离 f 值，称为导线全长闭合差，即

$$f = \sqrt{f_x^2 + f_y^2} \tag{5-14}$$

导线愈长，导线全长闭合差也愈大，所以衡量导线精度不能只看导线全长闭合差的大小，而应考虑导线总长度，故需要采用导线全长闭合差 f 与导线全长 $\sum d$ 的比值来衡量，该比值即导线全长相对闭合差，用 K 表示，即

$$K = \frac{f}{\sum d} = \frac{1}{\sum d / f} \tag{5-15}$$

式中：$\sum d$ ——导线边总长度。

K 即为导线测量的精度，通常以分子为 1、分母为整数的形式表示。当 K 大于容许闭合差时，测量成果不合格，应进行外业工作和内业计算检查。当 K 小于容许闭合差时，测量成果合格，将坐标增量闭合差 f_x、f_y 调整到各增量中。坐标增量闭合差调整的原则是，以相反符号，将坐标增量闭合差按边长成正比例分配到各坐标增量中去，并将因计

算凑整残余的不符值分配到长边的坐标增量上去，使调整后的坐标增量代数和等于已知两端点的坐标差。设纵坐标增量改正数为 v_x，横坐标增量改正数为 v_y，则边长 d_i 的坐标增量改正数按式(5-16)计算。

$$\begin{cases} v_{xi} = -\dfrac{f_x}{\sum d} d_i \\ v_{yi} = -\dfrac{f_y}{\sum d} d_i \end{cases} \tag{5-16}$$

坐标增量改正数之和必须满足式(5-17)的要求，也就是说，必须将闭合差分配完，使改正后的坐标增量满足理论要求。

$$\begin{cases} \sum v_{xi} = -f_x \\ \sum v_{yi} = -f_y \end{cases} \tag{5-17}$$

改正后的坐标增量等于各边坐标增量计算值加相应的改正数。改正后的坐标增量代数和应等于两已知点的坐标差，以此作为校核，即

$$\begin{cases} \sum \Delta x_{改} = x_{终} - x_{起} \\ \sum \Delta y_{改} = y_{终} - y_{起} \end{cases} \tag{5-18}$$

4. 导线点坐标的计算

附合导线起始点和终点坐标是已知的，用起始点已知坐标加上 $B1$ 边改正后的坐标增量等于第一点的坐标，用第一点的坐标加上 12 边改正后的坐标增量等于第二点的坐标。依此类推，可求出其他各点的坐标，即

$$\begin{aligned} x_1 &= x_B + \Delta x_{改B1} & y_1 &= y_B + \Delta y_{改B1} \\ x_2 &= x_1 + \Delta x_{改12} & y_2 &= y_1 + \Delta y_{改12} \\ &\cdots & &\cdots \end{aligned} \tag{5-19}$$

为了确保坐标推算的准确性，需验证推算终点的坐标与已知坐标完全吻合，以此作为计算校验的标准。

【例 5-3】某一级附合导线外业观测成果如图 5-12 所示，已知控制点的坐标见表 5-10，计算各点坐标并检验是否满足精度要求，并将计算结果填入表 5-11 中。

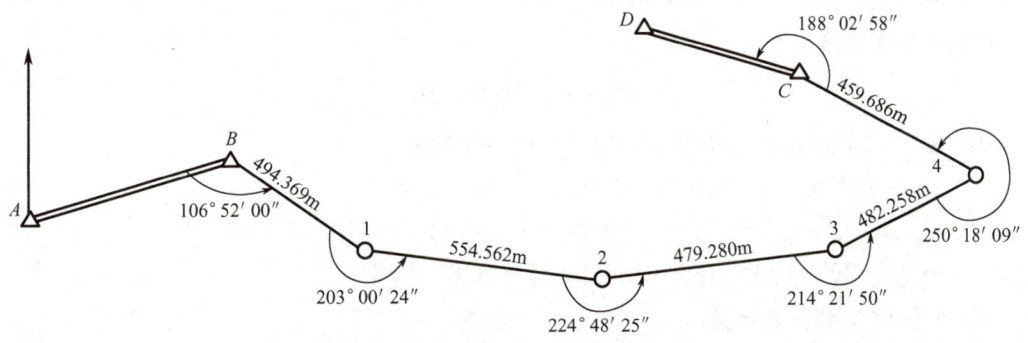

图 5-12 某一级附合导线外业观测成果

表 5-10 已知控制点的坐标

点名	已知坐标/m		点名	已知坐标/m	
	x	y		x	y
A	2686.681	3744.191	C	2882.598	5574.768
B	2808.333	4229.166	D	3309.042	5313.721

【解】(1) 坐标反算。

$$\alpha_{AB} = \arctan\frac{y_B - y_A}{x_B - x_A} = \arctan\frac{4229.166\text{m} - 3744.191\text{m}}{2808.333\text{m} - 2686.681\text{m}} \approx 75°55'06''$$

$$\alpha_{CD} = \arctan\frac{y_D - y_C}{x_D - x_C} = \arctan\frac{5313.721\text{m} - 5574.768\text{m}}{3309.042\text{m} - 2882.598\text{m}} \approx 328°31'38''$$

(2) 角度闭合差计算。

$$\alpha'_{CD} = \alpha_{AB} + n \times 180° - \sum\beta_{右}$$
$$= 75°55'06'' + 6 \times 180° - 1187°23'46''$$
$$= 328°31'20''$$

$$f_\beta = \alpha'_{CD} - \alpha_{CD} = 328°31'20'' - 328°31'38'' = -18''$$

(3) 根据限差判断是否超限。

导线级别为一级导线，$f_{\beta限} = \pm10''\sqrt{n} = \pm10''\sqrt{6} \approx \pm 24.49''$

闭合差 $f_\beta = -18''$

由于闭合差小于限差，因此外业观测数据合格。

(4) 角度闭合差的调整。

$$v_\beta = +f_\beta / n = -3''$$

$$\beta_{改} = \beta_{测} + v_\beta$$

例：$\beta_B = 106°52'00'' - 3'' = 106°51'57''$

$\beta_1 = 203°00'24'' - 3'' = 203°00'21''$

……

$\beta_C = 188°02'58'' - 3'' = 188°02'55''$

(5) 推算方位角。

$$\alpha_{前} = \alpha_{后} + 180° - \beta_{右}$$

例：$\alpha_{B1} = 75°55'06'' + 180° - 106°51'57'' = 149°03'09''$

$\alpha_{12} = 149°03'09'' + 180° - 203°00'21'' = 126°02'48''$

……

$\alpha'_{CD} = 336°34'33'' + 180° - 188°02'55'' = 328°31'38''$

(6) 坐标增量闭合差计算。

以上结果填于表 5-11 中，表中第 6、7 栏各坐标增量纵向相加得

$$\sum \Delta x_{测} = 74.123 \text{m}$$

$$\sum \Delta y_{测} = 1345.560 \text{m}$$

$$\sum \Delta x_{理} = x_{终} - x_{起} = 2882.598\text{m} - 2808.333\text{m} = 74.265\text{m}$$

$$\sum \Delta y_{理} = y_{终} - x_{起} = 5574.768\text{m} - 4229.166\text{m} = 1345.602\text{m}$$

$$f_x = 74.123\text{m} - 74.265\text{m} = -0.142\text{m}$$

$$f_y = 1345.560\text{m} - 1345.602\text{m} = -0.042\text{m}$$

(7) 根据限差判断是否超限。

$$f = \sqrt{f_x^2 + f_y^2} \approx 0.15$$

$$K = \frac{f}{\sum d} = \frac{1}{\sum d / f} \approx \frac{1}{16467}$$

导线级别为一级导线，$K_{容} \approx \dfrac{1}{15000}$。

由于 $\dfrac{1}{16467} < \dfrac{1}{15000}$，因此外业测量数据合格。

(8) 坐标增量闭合差分配。

例：Δx_{B1}、Δy_{B1} 的改正数计算如下。

$$v_{xB1} = -\frac{f_x}{\sum d} \times d_{B1} = +\frac{0.142\text{m}}{2470.155\text{m}} \times 494.369\text{m} \approx 0.028\text{m}$$

$$v_{yB1} = -\frac{f_y}{\sum d} \times d_{B1} = +\frac{0.042\text{m}}{2470.155\text{m}} \times 494.369\text{m} \approx 0.008\text{m}$$

校核

$$\sum v_{xi} = -f_x = 0.142\text{m}$$

$$\sum v_{yi} = -f_y = 0.042\text{m}$$

(9) 改正后的坐标增量。

例：$B1$ 边的增量为

$$\Delta x_{改} = -423.990\text{m} + 0.028\text{m} = -423.962\text{m}$$

$$\Delta y_{改} = 254.230\text{m} + 0.008\text{m} = 254.238\text{m}$$

(10) 各导线点坐标推算。

例：第一点的坐标为

$$x_1 = 2808.333\text{m} - 423.962\text{m} = 2384.371\text{m}$$

$$y_1 = 4229.166\text{m} + 254.238\text{m} = 4483.404\text{m}$$

逐点推算至终点，推算出的终点 C 点的坐标应等于 C 点的已知坐标，以此作为校核。计算结果见表 5-11。

表 5-11 附合导线坐标计算

测点	角度观测值(右角)/(° ′ ″)	改正后角值/(° ′ ″)	方位角/(° ′ ″)	边长/m	坐标增量		改正后坐标增量		坐标值	
					Δx/m	Δy/m	Δx/m	Δy/m	x/m	y/m
1	2	3	4	5	6	7	8	9	10	11
A									2686.681	3744.191
			75 55 06							
B	−3 106 52 00	106 51 57							2808.333	4229.166
			149 03 09	494.369	+28 −423.990	+8 254.230	−423.962	254.238		
1	−3 203 00 24	203 00 21							2384.371	4483.404
			126 02 48	554.562	+32 −326.329	+9 448.384	−326.297	448.393		
2	−3 224 48 25	224 48 22							2058.074	4931.798
			81 14 26	479.280	+28 72.988	+8 473.690	73.016	473.698		
3	−3 214 21 50	214 21 47							2131.090	5405.496
			46 52 39	482.258	+28 329.652	+8 351.997	329.680	352.005		
4	−3 250 18 09	250 18 06							2460.770	5757.501
			336 34 33	459.686	+26 421.802	+8 −182.741	421.828	−182.733		
C	−3 188 02 58	188 02 55							2882.598	5574.768
			328 31 38							
D									3309.042	5313.721
∑	1187 23 46	1187 23 28		2470.155	74.123	1345.560	74.265	1345.602		

$\alpha'_{CD} = \alpha_{AB} + n \times 180° - \sum \beta_{右} = 328°31'20''$

$f_\beta = \alpha'_{CD} - \alpha_{CD} = 328°31'20'' - 328°31'38'' = -18''$

$f_{\beta限} = \pm 10''\sqrt{n} = \pm 10''\sqrt{6} \approx \pm 24.49'' > 18''$，合格

$f_x = \sum \Delta x_{测} - (x_{终} - x_{起}) = -0.142 \text{m}$

$f_y = \sum \Delta y_{测} - (y_{终} - y_{起}) = -0.042 \text{m}$

$f = \sqrt{f_x^2 + f_y^2} \approx 0.15 \text{m}$

$K = \dfrac{f}{\sum d} = \dfrac{1}{\sum d / f} \approx \dfrac{1}{16467} < \dfrac{1}{15000}$

5.3.3 闭合导线坐标计算

闭合导线坐标计算的步骤与附合导线基本上是相同的，由于几何图形的不同，构成的检核条件也不同，因此在计算角度闭合差、坐标增量闭合差及闭合差调整方面不同于附合导线。现将其不同之处分述如下。

1. 角度闭合差的计算和调整

由几何原理可知，多边形内角之和的理论值应为

$$\sum \beta_{理} = (n-2) \times 180° \tag{5-20}$$

式中：n——多边形内角数。

由于观测角值中不可避免地含有误差，实测的内角和 $\sum \beta_{测}$ 与理论上的内角和 $\sum \beta_{理}$ 之差，称为闭合导线角度闭合差，以 f_β 表示，即

$$f_\beta = \sum \beta_测 - \sum \beta_理 \tag{5-21}$$

角度闭合差 f_β 与限差 $f_{\beta限}$ 比较，当 $f_\beta \leq f_{\beta限}$ 时，观测成果符合要求，可进行闭合差的调整。闭合导线角度闭合差的调整原则是，角度闭合差以相反符号平均分配到各个内角中，如果不能均分，闭合差的余数则应分配给短边的夹角。

2. 各边方位角的计算

闭合导线点编号顺序为顺时针，则内角是右角，推算方位角时则用右角公式。若闭合导线点编号顺序为逆时针，则内角是左角，推算方位角时则用左角公式。

3. 增量闭合差的计算和调整

如图 5-13 所示，闭合导线纵坐标增量之和与横坐标增量之和均等于零。

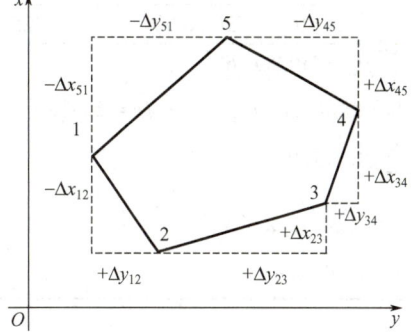

图 5-13 闭合导线计算

$$\begin{cases} \sum \Delta x_理 = 0 \\ \sum \Delta y_理 = 0 \end{cases} \tag{5-22}$$

由于测量误差的存在，不能满足式(5-22)的要求，所以产生坐标增量闭合差，即

$$\begin{cases} f_x = \sum \Delta x_测 - \sum \Delta x_理 = \sum \Delta x_测 \\ f_y = \sum \Delta y_测 - \sum \Delta y_理 = \sum \Delta y_测 \end{cases} \tag{5-23}$$

表 5-12 为某三级闭合导线坐标计算的案例，具体计算过程不再介绍。

表 5-12 某三级闭合导线坐标计算

测点	角度观测值(左角)/(° ′ ″)	改正后角值/(° ′ ″)	方位角/(° ′ ″)	边长/m	坐标增量		改正后坐标增量		坐标值	
					Δx/m	Δy/m	Δx/m	Δy/m	x/m	y/m
1	2	3	4	5	6	7	8	9	10	11
A									301152.805	510653.195
			181 56 47	140.028	−4 −139.947	−14 −4.756	−139.951	−4.770		
B	+4 71 31 42	71 31 46							301012.854	510648.425
			73 28 33	159.109	−4 +45.254	−17 +152.538	+45.250	+152.521		
1	+4 204 13 57	204 14 01							301058.104	510800.946
			97 42 34	145.128	−4 −19.469	−15 +143.816	−19.473	+143.801		
2	+4 86 36 29	86 36 33							301038.631	510944.747
			4 19 07	164.357	−4 +163.890	−17 +12.377	+163.886	+12.360		
3	+4 91 08 46	91 08 50							301202.517	510957.107
			275 27 57	141.990	−4 +13.525	−15 −141.344	+13.521	−141.359		
4	+4 153 16 35	153 16 39							301216.038	510815.748
			248 44 36	174.400	−5 −63.228	−18 −162.535	−63.233	−162.553		
A	+4 113 12 07	113 12 11							301152.805	510653.195
			181 56 47							

续表

测点	角度观测值(左角)/(° ′ ″)	改正后角值/(° ′ ″)	方位角/(° ′ ″)	边长/m	坐标增量 Δx/m	坐标增量 Δy/m	改正后坐标增量 Δx/m	改正后坐标增量 Δy/m	坐标值 x/m	坐标值 y/m
B										
∑	719 59 36	720 00 00		925.012	+0.025	+0.096	0.000	0.000		

$\sum \beta_{测} = 719°59'36''$

按三级导线，$f_{\beta限} = \pm 24''\sqrt{n} = \pm 24''\sqrt{6} \approx \pm 59'' > 24''$，合格

$\sum \beta_{理} = 720°$

$f_\beta = \sum \beta_{测} - \sum \beta_{理} = -24''$

$v_\beta = +f_\beta / n = -4''$

$f_x = +0.025\text{m}$

$f_y = +0.096\text{m}$

$f = \sqrt{f_x^2 + f_y^2} \approx 0.099\text{m}$

$K = \dfrac{f}{\sum d} = \dfrac{1}{\sum d / f} \approx \dfrac{1}{9300} < \dfrac{1}{5000}$

5.3.4 支导线坐标计算

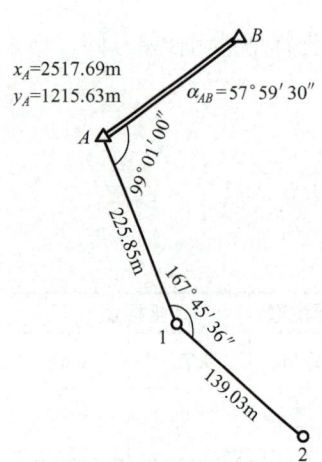

图 5-14 某支导线的已知数据和观测数据略图

图 5-14 所示为某支导线的已知数据和观测数据略图，拟计算 1、2 导线点的坐标。

1. 各导线边的坐标方位角推算

1) 第一条边的方位角计算

该边与已知方向 α_{AB} 是角度增加关系，有

$$\begin{aligned}\alpha_{A1} &= \alpha_{AB} + \beta_A \\ &= 57°59'30'' + 99°01'00'' \\ &= 157°00'30''\end{aligned}$$

2) 第二条边的方位角计算

先求第一条边的反方位角，再增减去 1 号点的转折角，由于该转折角是左角，故方位角推算为

$$\begin{aligned}\alpha_{12} &= \alpha_{A1} - 180° + \beta_1 \\ &= 157°00'30'' - 180° + 167°45'36'' \\ &= 144°46'06''\end{aligned}$$

2. 各导线边的坐标增量计算

1) 第一条边的坐标增量计算

$\Delta x_{A1} = D_{A1}\cos\alpha_{A1} = 225.85\text{m} \times \cos 157°00'30'' \approx -207.91\text{m}$

$\Delta y_{A1} = D_{A1}\sin\alpha_{A1} = 225.85\text{m} \times \sin 157°00'30'' \approx 88.22\text{m}$

2) 第二条边的坐标增量计算

$\Delta x_{12} = D_{12}\cos\alpha_{12} = 139.03\text{m} \times \cos 144°46'06'' \approx -113.56\text{m}$

$\Delta y_{12} = D_{12}\sin\alpha_{12} = 139.03\text{m} \times \sin 144°46'06'' \approx 80.20\text{m}$

3. 各导线点的坐标计算

1) 第一点的坐标计算

$$x_1 = x_A + \Delta x_{A1} = 2517.69\text{m} - 207.91\text{m} = 2309.78\text{m}$$

$$y_1 = y_A + \Delta y_{A1} = 1215.63\text{m} + 88.22\text{m} = 1303.85\text{m}$$

2) 第二点的坐标计算

$$x_2 = x_1 + \Delta x_{12} = 2309.78\text{m} - 113.56\text{m} = 2196.22\text{m}$$

$$y_2 = y_1 + \Delta y_{12} = 1303.85\text{m} + 80.20\text{m} = 1384.05\text{m}$$

5.3.5 导线测量错误的查找方法

在导线计算中，如果发现角度闭合差或导线全长闭合差超限，则应首先复查导线测量外业观测记录、内业计算的数据抄录和内业计算是否有误。如果都没有发现问题，则说明导线外业中的测角或量距有错误，应到现场返工重测。如果角度闭合差超限，则肯定角度观测有错误；如果角度闭合差在允许值以内，而导线全长相对闭合差超过了容许值，则认为角度观测没有错误，而是边长观测有错误。

在重测角度或边长时，应随时将新测数据与原有数据进行比较，重算闭合差，直至找到出现错误的地方，使闭合差小于容许值。重测前如果能分析判断错误可能发生在某处，就应首先到该处重测，这样就可以避免角度或边长全部重测，大大减少返工的工作量。下面介绍仅有一个错误存在的查找方法。

1. 一个角度测错的查找方法

在图 5-15 中，设附合导线的第 3 点上的转折角发生一个错误，使角度闭合差超限。如果分别从导线两端的已知坐标方位角推算各边的坐标方位角，则到测错角度的边为止，导线边的坐标方位角仍然是正确的。经过第 3 点的转折角以后，导线边的坐标方位角开始向错误方向偏转，使以后各边坐标方位角都包含错误。

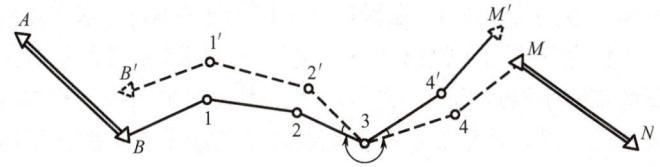

图 5-15 一个角度测错的查找方法

因此，一个转折角测错的查找方法为：分别从导线两端的已知点坐标方位角出发，按支导线计算导线各点的坐标，则所得到的同一个点的两套坐标值非常接近的点，最有可能为角度测错的点。对于闭合导线，方法类似，只是从同一个已知点及已知坐标方位角出发，分别沿顺时针方向和逆时针方向，按支导线计算两套坐标值，去寻找两套坐标值接近的点。

2. 一条边长测错的查找方法

当角度闭合差在容许范围以内，而坐标增量闭合差超限时，说明边长测量有错误，在

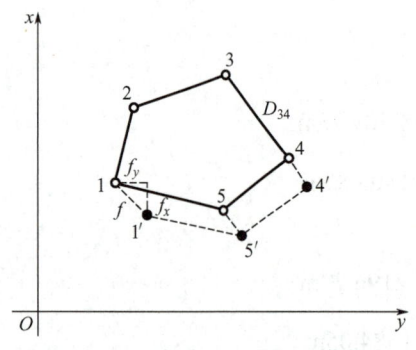

图 5-16 中,设闭合导线中的 34 边 D_{34} 发生错误量为 ΔD。由于其他各边和各角没有错误,因此从第 4 点开始及以后各点,均产生一个平行于 34 边的移动量 ΔD。如果其他各边和各角中的偶然误差忽略不计,则按式(5-24)计算的导线全长闭合差即等于 ΔD,即

$$f = \sqrt{f_x^2 + f_y^2} = \Delta D \tag{5-24}$$

计算的全长闭合差的坐标方位角即等于 34 边或 43 边的坐标方位角 α_{34}(或 α_{43}),即

$$\alpha_f = \arctan\frac{f_y}{f_x} = \alpha_{34}(或\,\alpha_{43}) \tag{5-25}$$

图 5-16 一条边长测错的查找办法

据此原理,求得的 α_f 值等于或十分接近于某导线边的方位角(或其反方位角)时,此导线边就可能是量距错误边。

5.4 高程控制测量

小地区高程控制测量常用的方法有水准测量及三角高程测量。

5.4.1 三、四等水准测量

小地区高程控制的水准测量主要有三、四等水准测量。三、四等水准测量,除用于国家高程控制网的加密外,还常用作小地区的首级高程控制,以及工程建设地区内工程测量和变形观测的基本控制。三、四等水准网应从附近的国家高一级水准点引测高程。

三、四等水准测量

1. 三、四等水准测量的主要技术要求

三、四等水准路线一般沿道路布设,尽量避开土质松软地段,水准点间的距离一般为 2～4km,在城市建筑区为 1～2km。水准点应选在地基稳固、能长久保存和便于观测的地方。进行三、四等水准测量时,应埋设普通水准标石或临时水准点标志,也可利用已埋设的平面控制点作为水准点。在厂区内选水准点时,应注意:不要选在地下管线上方,距离厂房或高大建筑物不小于 25m,距振动影响区 5m 以外,距回填土边不少于 5m。

三、四等水准测量使用的水准尺,通常是双面水准尺。两根标尺黑面的尺底均为 0,红面的尺底一根为 4.687m,一根为 4.787m。

三、四等水准测量的主要技术要求见表 5-3,在观测中,每一测站观测的主要技术要求根据使用仪器不同,分别见表 5-13、表 5-14。

2. 三、四等水准测量的观测方法

三、四等水准测量的观测应在通视良好、望远镜成像清晰稳定的情况下进行。若用普通 DS3 型水准仪观测,则应注意:每次读数前都应精平(使符合水准气泡居中)。如果使用

第 5 章 小地区控制测量

自动安平水准仪,则无须精平。下面介绍用双面水准尺法在一个测站的观测顺序。

(1) 后视水准尺黑面,读取上下视距丝和中丝读数,记入记录表(表 5-15)中①、②、③位置。

(2) 前视水准尺黑面,读取上下视距丝和中丝读数,记入记录表中④、⑤、⑥位置。

(3) 前视水准尺红面,读取中丝读数,记入记录表中⑦位置。

(4) 后视水准尺红面,读取中丝读数,记入记录表中⑧位置。

表 5-13 数字水准仪观测的主要技术要求

等级	水准仪级别	水准尺类别	视线长度/m	前后视距差/m	前后视距累计差/m	视线离地面最低高度/m	测站两次观察的高差较差/mm	数字水准仪重复测量次数
三等	DSZ1	条码式因瓦尺	100	2.0	5.0	0.45	1.5	2
四等	DSZ1	条码式因瓦尺	100	3.0	10.0	0.35	3.0	2
	DSZ1	条码式玻璃钢尺	100	3.0	10.0	0.35	5.0	2

注: 1. 三等数字水准测量观测顺序应为后—前—前—后,四等数字水准测量观测顺序应为后—后—前—前。

2. 水准观测时,若受地面振动影响,应停止测量。

表 5-14 光学水准仪观测的主要技术要求

等级	水准仪级别	视线长度/m	前后视距差/m	任一测站前后视距累计差/m	视线离地面最低高度/m	基、辅分划或黑、红面读数较差/mm	基、辅分划或黑、红面所测高差较差/mm
三等	DS1、DSZ1	100	3.0	6.0	0.3	1.0	1.5
	DS3、DSZ3	75				2.0	3.0
四等	DS3、DSZ3	100	5.0	10.0	0.2	3.0	5.0

注: 1. 三等光学水准测量观测顺序应为后—前—前—后,四等光学水准测量观测顺序应为后—后—前—前。

2. 三、四等水准采用变动仪器高度观测单面水准尺时,所测两次高差较差,应与黑面、红面所测高差之差的要求相同。

表 5-15 三、四等水准测量观测手簿

测段:$A \sim B$　　　　　日期:2021 年 6 月 1 日　　　　仪器型号:北光 DSZ3-1
开始:7 时 10 分　　　　天气:晴　　　　　　　　　观测者:李 三
结束:8 时 10 分　　　　成像:清晰稳定　　　　　　记录者:王 六

测站编号	点号	后尺 上丝 下丝 / 后视距 / 视距差	前尺 上丝 下丝 / 前视距 / 累计差	方向及尺号	水准尺中丝读数 黑面	水准尺中丝读数 红面	K+黑-红 /mm	平均高差 /m	备注
		①	④	后	③	⑧	⑭		K 为水准尺常数,表中 K_{106}=4.787m K_{107}=4.687m
		②	⑤	前	⑥	⑦	⑬		
		⑨	⑩	后-前	⑮	⑯	⑰	⑱	
		⑪	⑫						

续表

测站编号	点号	后尺 上丝 下丝 后视距 视距差	前尺 上丝 下丝 前视距 累计差	方向及尺号	水准尺中丝读数 黑面	水准尺中丝读数 红面	$K+$黑$-$红 /mm	平均高差 /m	备注
1	$A \sim TP_1$	1.587 1.213 37.4 -0.2	0.755 0.379 37.6 -0.2	后 106 前 107 后-前	1.400 0.567 $+0.833$	6.187 5.255 $+0.932$	0 -1 $+1$	$+0.8325$	
2	$TP_1 \sim TP_2$	2.111 1.737 37.4 -0.1	2.186 1.811 37.5 -0.3	后 107 前 106 后-前	1.924 1.998 -0.074	6.611 6.786 -0.175	0 -1 $+1$	-0.0745	K 为水准尺常数，表中 $K_{106}=4.787$m $K_{107}=4.687$m
3	$TP_2 \sim TP_3$	1.916 1.541 37.5 -0.2	2.057 1.680 37.7 -0.5	后 106 前 107 后-前	1.728 1.868 -0.140	6.515 6.556 -0.041	0 -1 $+1$	-0.1405	
4	$TP_3 \sim B$	0.675 0.237 43.8 $+0.2$	2.902 2.466 43.6 -0.3	后 107 前 106 后-前	0.466 2.684 -2.218	5.154 7.471 -2.317	-1 0 -1	-2.2175	

这样的观测顺序简称为后—前—前—后，其优点是可以抵消水准仪与水准尺下沉产生的误差。规范要求：无论使用哪种仪器，三等水准测量每站的观测顺序应为后—前—前—后，四等水准测量每站的观测顺序应为后—后—前—前。每个测站共需读 8 个读数，并立即进行测站计算与检核。满足三、四等水准测量的有关限差要求后方可迁站。表中各次中丝读数③、⑥、⑦、⑧是用来计算高差的。因此，在每次读取中丝读数前，都要注意使符合水准气泡的两个半像严密重合。

3. 三、四等水准测量的测站计算与检核

1) 视距计算与检核

根据前后视的上下视距丝读数计算前后视的视距。

后视距离：⑨ = 100×[① − ②]

前视距离：⑩ = 100×[④ − ⑤]

计算前后视距差：⑪ = ⑨ − ⑩

计算前后视距离累积差：⑫ =上站⑫+本站⑪

以上计算得前后视距、视距差及视距累积差均应满足表 5-13 或表 5-14 的要求。

2) 尺常数 K 检核

尺常数 K 为同一水准尺黑面与红面读数差。尺常数误差计算式为

⑬ = ⑥ + K_i − ⑦

⑭ = ③ + K_j − ⑧

K_i、K_j 为双面水准尺的红面分划与黑面分划的零点差(107 尺：K_{107} = 4.687m；106 尺：K_{106} = 4.787m)。对于三等水准测量，尺常数误差不得超过 2mm；对于四等水准测量，尺常

数误差不得超过 3mm。

3) 高差计算与检核

按前后视水准尺红、黑面中丝读数，分别计算该站高差。

黑面高差：⑮ = ③ − ⑥

红面高差：⑯ = ⑧ − ⑦

红、黑面高差的误差：⑰ = ⑭ − ⑬

对于三等水准测量，⑰不得超过 3mm；对于四等水准测量，⑰不得超过 5mm。

红、黑面高差的误差在容许范围以内时，取其平均值作为该站的观测高差。

$$⑱ =[⑮+(⑯ ± 100mm)]/2$$

上式计算时，若⑮ > ⑯，则 100mm 前取正号计算；若⑮ < ⑯，则 100mm 前取负号计算。总之，平均高差⑱应与黑面高差⑮接近。

4) 每页水准测量记录计算校核

每页水准测量记录应做总的计算校核。

高差校核：

$$\sum ③ − \sum ⑥ = \sum ⑮$$
$$\sum ⑧ − \sum ⑦ = \sum ⑯$$

或

$$\sum ⑮ + \sum ⑯ = 2\sum ⑱ \text{(偶数站)}$$
$$\sum ⑮ + \sum ⑯ = 2\sum ⑱ ± 100 \text{mm(奇数站)}$$

视距差校核：

$$\sum ⑨ − \sum ⑩ = 本页末站⑫ − 前页末站⑫$$

本页总视距：

$$总视距=\sum ⑨ + \sum ⑩$$

4．三、四等水准测量的成果整理

三、四等水准测量的闭合或附合线路的成果整理首先应按表 5-3 的规定，检验测段(两水准点之间的线路)往返测高差不符值(往返测高差之差)，以及闭合或附合线路的高差闭合差。如果在容许范围以内，则测段高差取往返测的平均值，线路的高差闭合差则应反其符号按测段的长度或测站数成正比例进行分配。

5.4.2 三角高程测量

当地形高低起伏较大不便于水准测量时，三角高程测量是测定地面点高程的常用方法之一，它是根据地面两点之间的水平距离和竖直角，利用三角函数关系求该两点的高差，再根据其中一个点的已知高程，求出另一个点的高程。当距离和竖直角精度较高时，三角高程测量能达到图根水准、五等水准甚至四等水准测量的精度。随着光电测距技术的发展和普及，现在能比较方便地进行较高精度的距离测量，因此三角高程测量已成为常见的高

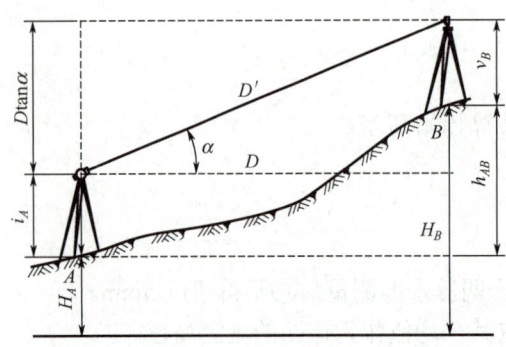

图 5-17 三角高程测量原理

三角高程测量原理

程控制测量方法之一。

1. 三角高程测量的计算公式

三角高程测量是根据测站与待测点间的水平距离和测站向目标点所观测的竖直角来计算两点间的高差的。

如图 5-17 所示,已知 A 点的高程 H_A,要测定 B 点的高程 H_B,可安置全站仪于 A 点,量取仪器高 i_A;在 B 点安置棱镜,量取棱镜高 v_B;用全站仪中丝瞄准棱镜中心,测定竖直角 α。再测定 A、B 两点间的水平距离 D,则 A、B 两点间的高差计算式为

$$h_{AB} = D\tan\alpha + i_A - v_B \qquad (5-26)$$

式(5-26)中,α 为仰角时 $\tan\alpha$ 为正,α 为俯角时 $\tan\alpha$ 为负。求得高差 h_{AB} 以后,按式(5-27)计算 B 点的高程。

$$H_B = H_A + h_{AB} \qquad (5-27)$$

上述是在假定地球表面为水平面(即把水准面当作水平面),认为观测视线是直线的条件下导出的。当地面上两点间的距离小于 300m 时是适用的。当地面上两点间的距离大于 300m 时就要顾及地球曲率(地球曲率会使高差偏小),需加以曲率改正,称为球差改正。同时,观测视线受大气垂直折光的影响而成为一条向上凸起的弧线(使竖直角偏大),必须加以大气垂直折光差改正,称为气差改正。如图 5-18 所示,f_1 为球差改正,f_2 为气差改正,两项改正合称球气差改正,用 f 表示。

$$f = (1-k)\frac{D^2}{2R} \qquad (5-28)$$

式中:R——地球平均曲率半径,一般取 $R=6371$km;

k——大气垂直折光系数,随气温、气压、日照、时间、地面情况和视线高度等因素而改变,一般取其平均值,令 $k=0.14$。

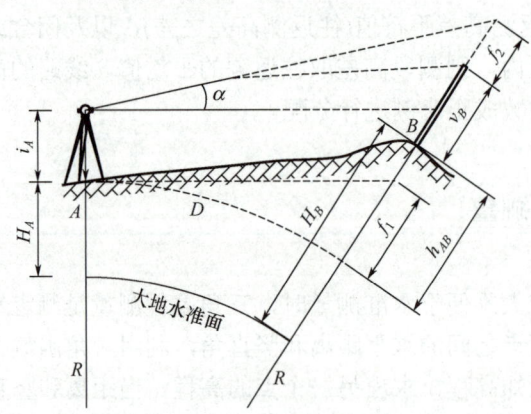

图 5-18 地球曲率及大气折光影响

考虑球气差改正时,三角高程测量的高差计算公式为

$$h_{AB} = D\tan\alpha + i_A - v_B + f \tag{5-29}$$

由于折光系数的不定性,使球气差改正中的气差改正有较大的误差。但是如果在两点间进行对向观测,即测定 h_{AB} 及 h_{BA} 而取其平均值,则由于气差改正在短时间内不会改变,而高差 h_{BA} 必须反其符号与 h_{AB} 取平均,因此,气差改正可以抵消,故 f 的误差也就不起作用,所以作为高程控制点进行三角高程测量时必须进行对向观测。

2. 三角高程测量的观测与计算

1) 三角高程测量的观测

如图 5-17 所示,安置全站仪于测站 A 点,量取仪器高 i,在目标点上安置棱镜,量取棱镜高 v。i 和 v 用小钢卷尺量两次取平均,读数至 1mm。分别用盘左、盘右瞄准觇标顶端,测定竖直角。然后将经纬仪安置于 B 点,在 A 点竖立觇标,量仪器高和觇标高,同法测定竖直角。为减少垂直折光变化的影响,对向观测应在较短时间内进行,应避免在大风或雨后初晴时观测,也不宜在日出后和日落前 2h 内观测。

若 A、B 两点是平面控制点,则两点间的水平距离已知,即可按式(5-29)计算直反觇高差及其平均值。若水平距离未知,则应在直反觇观测的同时,用全站仪、光电测距仪或钢尺进行水平距离观测。电磁波测距三角高程测量的主要技术要求见表 5-5。

2) 三角高程测量的计算

图 5-19 所示为四等三角高程测量实测数据略图,在 A、B、C 三点间进行三角高程测量,构成闭合线路,已知 A 点的高程为 56.432m,已知数据及观测数据注明于图上。

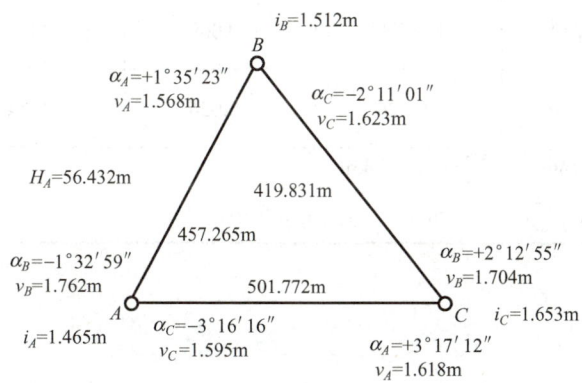

图 5-19 四等三角高程测量实测数据略图

在表 5-16 中进行往返测高差及高差平均值计算,其中由对向观测所求得的往返测高差(经球气差改正)之差的容许值为

$$f_{\Delta h容} = \pm 40\sqrt{D} \tag{5-30}$$

其中,D 以 km 为单位,$f_{\Delta h容}$ 以 mm 为单位。

在表 5-17 中进行闭合线路的高差闭合差、高差调整及高程计算。其中闭合环线或附合线路的高差闭合差的容许值为

$$f_{h容} = \pm 40\sqrt{\sum D} \tag{5-31}$$

表 5-16　三角高程测量高差计算　　　　　　　　　　　　　单位：m

测站点	A	B	B	C	C	A
目标点	B	A	C	B	A	C
水平距离 D	457.265	457.265	419.831	419.831	501.772	501.772
竖直角 α	$-1°32'59''$	$+1°35'23''$	$-2°11'01''$	$+2°12'55''$	$+3°17'12''$	$-3°16'16''$
测站仪器高 i	1.465	1.512	1.512	1.653	1.653	1.465
目标镜高 v	1.762	1.568	1.623	1.704	1.618	1.595
初算高差 h'	−12.668	12.634	−16.119	16.099	28.760	−28.808
球气差改正 f	0.014	0.014	0.012	0.012	0.017	0.017
单向高差 h	−12.654	+12.648	−16.107	+16.111	+28.777	−28.791
平均高差	−12.651		−16.109		+28.784	

表 5-17　三角高程测量成果整理

点　号	水平距离/m	观测高差/m	改正值/m	改正后高差/m	高程/m
A					56.432
	457.265	−12.651	−0.008	−12.659	
B					43.773
	419.831	−16.109	−0.007	−16.116	
C					27.657
	501.772	+28.784	−0.009	+28.775	
A					56.432
Σ	1378.868	+0.024	−0.024	0.000	
备　注	$f_h = \pm 0.024\text{m}$, $\quad \sum D = 1.379\text{km}$ $f_{h容} = \pm 40\sqrt{\sum D} \approx 47.0\text{mm}$ $\quad f_h \leq f_{h容}$ (合格)				

5.5　交　会　测　量

当测区内已有控制点的密度不能满足工程施工或测图要求，而且需要加密的控制点数量又不多时，可以采用交会法加密控制点，这个测量过程称为交会定点。交会定点的方法有前方交会、距离交会、侧方交会和后方交会等。

5.5.1　前方交会

如图 5-20 所示，A、B 为坐标已知的控制点，P 为待定点。在 A、B 两点上安置全站仪，观测水平角 α、β，根据 A、B 两点的已知坐标和 α、β 角，通过计算可得出 P 点的坐标，这就是前方交会。P 点的精度除与 α、β 角观测精度有关外，还与 α 角的大小有关。α 角接近 $90°$ 精度最高，在不利条件下，α 角也不应小于 $30°$ 或大于 $120°$。

1. 前方交会的计算方法

根据 A、B 两点坐标 (x_A, y_A)、(x_B, y_B) 及观测水平角 α、β，解算待定点 P 的坐标计算公式为

$$\begin{cases} x_P = \dfrac{x_A \cot\beta + x_B \cot\alpha + (y_B - y_A)}{\cot\alpha + \cot\beta} \\ y_P = \dfrac{y_A \cot\beta + y_B \cot\alpha + (x_A - x_B)}{\cot\alpha + \cot\beta} \end{cases} \quad (5\text{-}32)$$

在应用式(5-32)时，要注意已知点和待定点必须按 A、B、P 逆时针方向编号，在 A 点观测水平角编号为 α，在 B 点观测水平角编号为 β。

2. 前方交会的观测检核

在实际工作中，为了保证定点的精度，避免测角错误的发生，一般要求从 3 个已知点 A、B、C 分别向 P 点观测水平角 α_1、β_1、α_2、β_2，做两组前方交会。如图 5-21 所示，按式(5-32)，分别在 $\triangle ABP$ 和 $\triangle BCP$ 中计算出 P 点的两组坐标 $P'(x_{P'}, y_{P'})$ 和 $P''(x_{P''}, y_{P''})$。当两组坐标较差符合规定要求时，取其平均值作为 P 点的最后坐标。一般规范规定，两组坐标较差 e 应不大于两倍比例尺精度，用公式表示为

$$e = \sqrt{\Delta_x^2 + \Delta_y^2} \leqslant e_{容} = 2 \times 0.1 M \quad (5\text{-}33)$$

$$\Delta_x = x_{P'} - x_{P''}$$
$$\Delta_y = y_{P'} - y_{P''}$$

式中：M——测图比例尺分母。

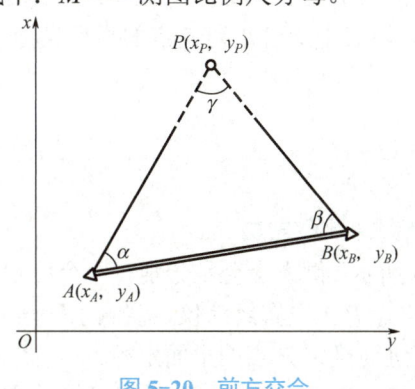

图 5-20　前方交会

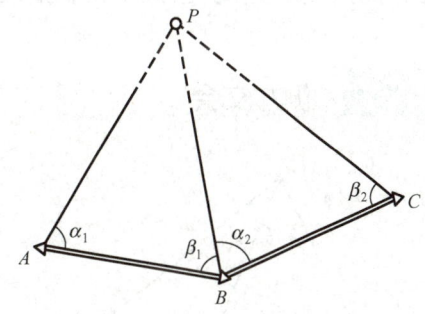

图 5-21　三点前方交会

5.5.2　距离交会

随着电磁波测距仪的应用，距离交会也成为加密控制点的一种常用方法。如图 5-22 所示，在两个已知点 A、B 上分别量至待定点 P_1 的边长 D_a、D_b，求解 P_1 点的坐标，这种测量方法称为距离交会。

1. 距离交会的计算方法

(1) 利用已知点 A、B 的坐标求方位角 α_{AB} 和边长 D_{AB}。

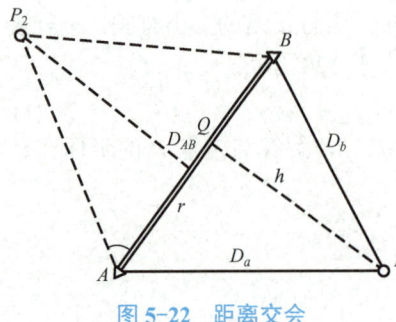

图 5-22 距离交会

(2) 过 P_1 点作 AB 的垂线交于 Q 点。垂距 P_1Q 为 h，AQ 为 r。P_1 点在 AB 线段右侧，A、B、P_1 点顺时针构成三角形；若待定点 P_2 在 AB 线段左侧，A、B、P_2 点逆时针构成三角形，则 P_1、P_2 的计算公式不同。r、h、P_1、P_2 的计算公式分别为

$$\begin{cases} r = D_a \cos A = \dfrac{1}{2D_{AB}}(D_{AB}^2 + D_a^2 - D_b^2) \\ h = \sqrt{D_a^2 - r^2} \end{cases} \tag{5-34}$$

P_1 点坐标为

$$\begin{cases} x_{P_1} = x_A + r\cos\alpha_{AB} - h\sin\alpha_{AB} \\ y_{P_1} = y_A + r\sin\alpha_{AB} + h\cos\alpha_{AB} \end{cases} \tag{5-35}$$

P_2 点坐标为

$$\begin{cases} x_{P_2} = x_A + r\cos\alpha_{AB} + h\sin\alpha_{AB} \\ y_{P_2} = y_A + r\sin\alpha_{AB} - h\cos\alpha_{AB} \end{cases} \tag{5-36}$$

2. 距离交会的观测检核

在实际工作中，为了保证定点的精度，避免边长测量错误的发生，一般要求从 3 个已知点 A、B、C 分别向 P 点测量 3 段水平距离 D_{AP}、D_{BP}、D_{CP}，作两组距离交会，计算出 P 点的两组坐标，当两组坐标较差满足式(5-33)要求时，取其平均值作为 P 点的最后坐标。

5.5.3 侧方交会

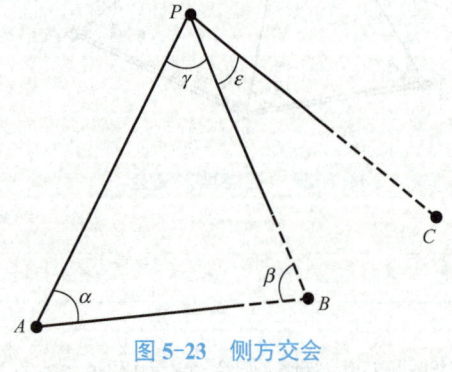

图 5-23 侧方交会

1. 侧方交会的计算方法

如图 5-23 所示，侧方交会是分别在一个已知点 (如 A 点)和待定点 P 上安置经纬仪，观测水平角 α、γ 和检查角 ε，进而确定 P 点的平面坐标。

先计算出 $\beta = 180° - (\alpha + \gamma)$，然后即可按前方交会的公式(5-32)计算求出 P 点的平面坐标。计算时，要求 $A-P-B$ 为逆时针方向。

2. 侧方交会的观测检核

利用 P 点与 C 点坐标反算出距离 D_{CP} 及方位角 α_{PB} 与 α_{PC}，并计算出角 ε 的计算值。

$$\varepsilon_{计} = \alpha_{PB} - \alpha_{PC}$$

若存在测量误差,则检查角 $\varepsilon_{测}$ 与 $\varepsilon_{计}$ 存在偏差 $\Delta\varepsilon$。

$$\Delta\varepsilon = \varepsilon_{计} - \varepsilon_{测}$$

一般规范规定,$\Delta\varepsilon_{允}$ 公式表示为

$$\Delta\varepsilon_{允} \leqslant \frac{0.2M}{D_{PC}}\rho \tag{5-37}$$

其中,M 为测图比例尺分母,$\rho=206265''$,D_{CP} 以 mm 为单位。

5.5.4 后方交会

如图 5-24 所示,后方交会有角度后方交会与距离后方交会,角度后方交会是在待定点 P 上安置全站仪,观测水平角 α、β、γ,进而确定 P 点的平面坐标;距离后方交会则是在待定点 P 上安置全站仪,观测 P 点到已知点 A、B、C 之间的水平距离 R_A、R_B、R_C,进而确定 P 点的平面坐标。后方交会的计算公式有多种,下面只介绍一种便于编程计算的公式。

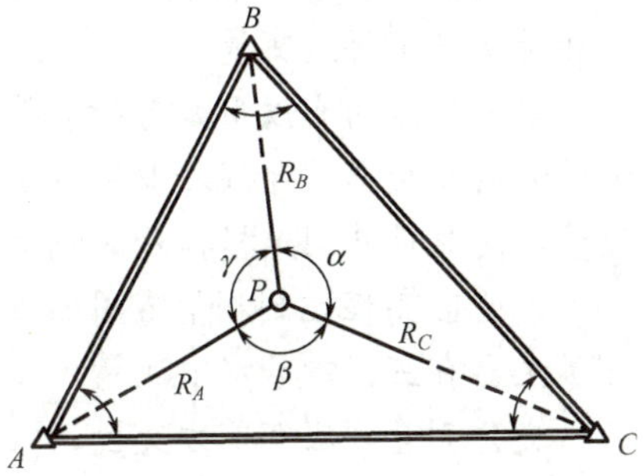

1. 后方交会的计算方法

设由已知点 A、B、C 所构成的三角形的 3 个内角为 $\angle A$、$\angle B$、$\angle C$,在待定点 P 对已知点 A、B、C 观测的水平方向值为 R_A、R_B、R_C,则水平角 α、β、γ 为

$$\alpha = R_C - R_B$$
$$\beta = R_A - R_C$$
$$\gamma = R_B - R_A$$

图 5-24 后方交会

规定 P_A、P_B、P_C 为已知点 A、B、C 的仿权[式(5-38)],则待定点 P 的纵、横坐标值 x_P、y_P 就是 3 个已知点 A、B、C 的纵、横坐标值的加权平均值[式(5-39)]。

$$\begin{cases} P_A = \dfrac{1}{\cot A - \cot \alpha} \\ P_B = \dfrac{1}{\cot B - \cot \beta} \\ P_C = \dfrac{1}{\cot C - \cot \gamma} \end{cases} \tag{5-38}$$

$$\begin{cases} x_P = \dfrac{P_A x_A + P_B x_B + P_C x_C}{P_A + P_B + P_C} \\ y_P = \dfrac{P_A y_A + P_B y_B + P_C y_C}{P_A + P_B + P_C} \end{cases} \tag{5-39}$$

2. 后方交会的观测检核

实际作业时,为避免错误,一般在未知点上观测 4 个已知目标,计算时将 4 个目标分

成两组分别计算出 P 点的两组坐标 $P'(x_{P'}, y_{P'})$ 和 $P''(x_{P''}, y_{P''})$。当用式(5-33)计算较差不超过规定时,即可取平均值作为 P 点的最后坐标值。后方交会要求 A、B、C 3 点不能位于同一直线上,而且 A、B、C、P 4 点不能共圆(危险圆),否则 P 点无解。

小 结

控制测量是指在测区内,按测量任务所要求的精度,测定一系列控制点的平面位置和高程,建立起测量控制网,作为各种测量的基础。控制测量主要包括平面控制测量和高程控制测量。

平面控制测量可采用卫星定位测量、导线测量和三角形网测量等方法。小地区平面控制测量常采用导线测量。

单一导线的布设形式有附合导线、闭合导线和支导线三种基本形式。导线测量分外业测量和内业计算;导线外业测量主要包括踏勘选点、建立标志、导线角度测量和导线边长测量,内业计算则是根据外业测量数据计算出各导线点的坐标。

小地区高程控制测量常用的方法有水准测量及三角高程测量。小地区高程控制的水准测量主要有三、四等水准测量。

交会测量方法有前方交会、距离交会、侧方交会和后方交会等。

习 题

一、简答题

1. 简述实地选择导线点时应注意的事项。
2. 导线测量外业有哪些工作?内业数据处理都包含哪些步骤?
3. 导线坐标计算时应满足哪些几何条件?闭合导线与附合导线在计算中有哪些异同点?

二、计算题

1. 图 5-25 所示为一闭合导线,1 点为已知点,α_{12} 为已知方位角,各转折角和边长的观测数据如图所示,试计算此导线中其他各点的平面坐标。

2. 图 5-26 所示为一附合导线,α_{AB}、α_{CD} 为已知方位角,A、B、C、D 点为已知坐标点,各转折角和边长的观测数据如图所示,试计算此导线中其他各点的坐标。

3. 用三角高程测量方法测定平距 $D=375.11$m 的 A、B 两点之间的高差,在 A 点设站观测 B 点时,$i = 1.50$m,$v = 1.80$m,$\alpha = 4°30'$;在 B 点设站观测 A 点时,$i = 1.40$m,$v = 1.70$m,$\alpha = -4°24'$,求直反觇平均高差 h_{AB}。

4. 某站四等水准测量观测的 8 个数据列于表 5-18 中,已知前一测站的视距累计差为 +2.5m,试完成表 5-18 的计算。

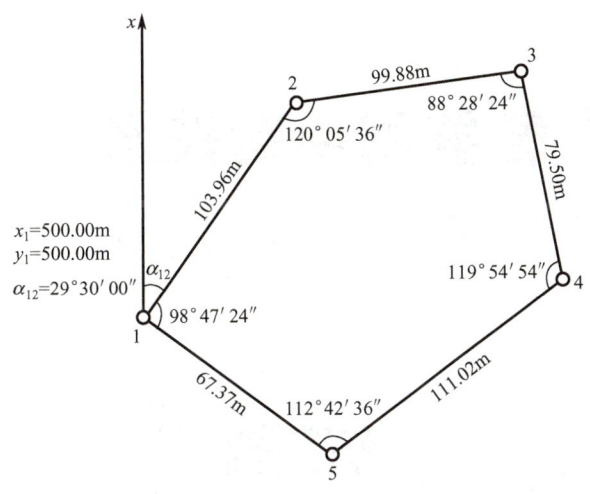

图 5-25　计算题 1 图

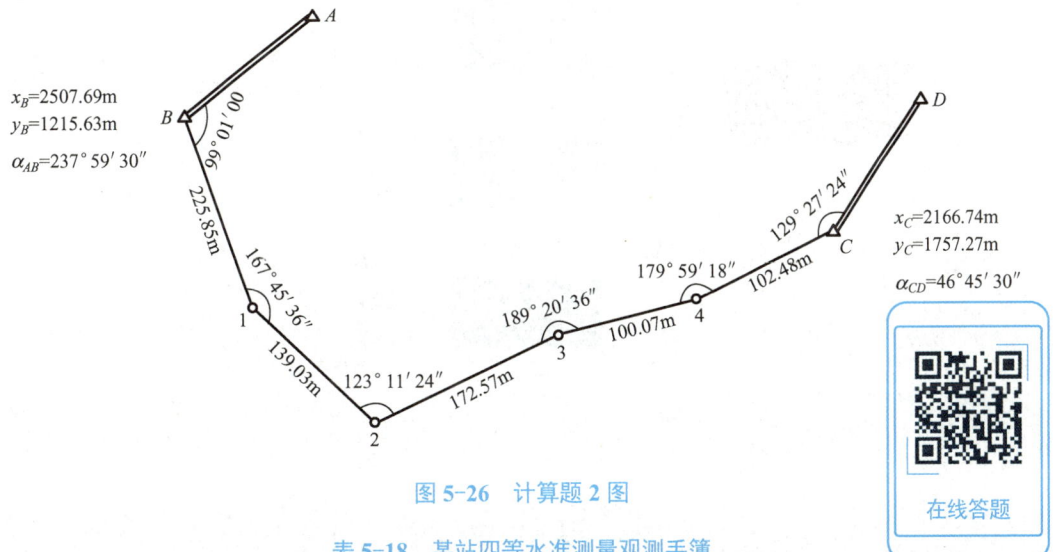

图 5-26　计算题 2 图

表 5-18　某站四等水准测量观测手簿

测站编号	点号	后尺 上丝	后尺 下丝	前尺 上丝	前尺 下丝	方向及尺号	水准尺中丝读数/m 黑面	水准尺中丝读数/m 红面	K+黑-红 /mm	平均高差/m
		后视距		前视距						
		视距差 d/m		累计差 $\sum d$/m						
1	TP25 — TP26	0.889		1.715		后 B	0.698	5.486		
		0.507		1.331		前 A	1.524	6.210		
						后-前				

第 6 章　智能测绘新技术

思维导图

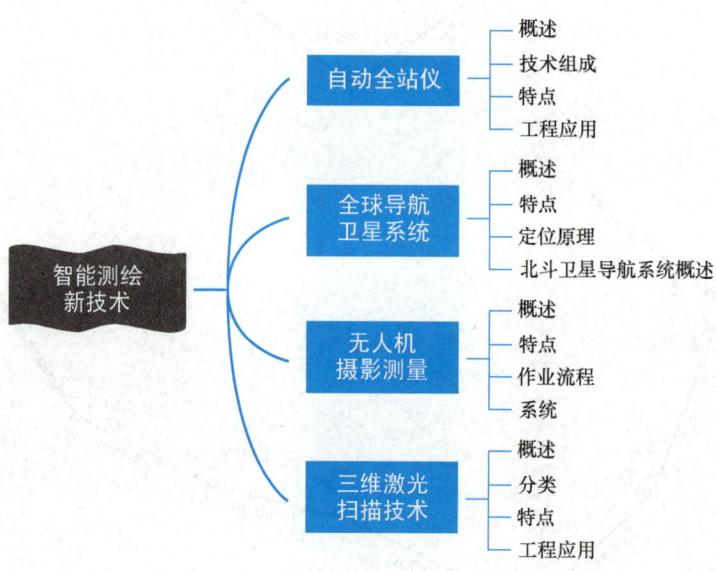

第 6 章　智能测绘新技术

【引言】

党的二十大报告提出"坚持创新在我国现代化建设全局中的核心地位""以国家战略需求为导向""加快实现高水平科技自立自强""基础研究和原始创新不断加强,一些关键核心技术实现突破,战略性新兴产业发展壮大,载人航天、探月探火、深海深地探测、超级计算机、卫星导航、量子信息、核电技术、新能源技术、大飞机制造、生物医药等取得重大成果,进入创新型国家行列"。

2020年7月31日上午,北斗三号全球卫星导航系统建成暨开通仪式在北京举行,标志着源自中国的北斗卫星导航系统迈入为全球定位、导航的新阶段。深邃夜空,斗转星移,北斗星自古为中华民族定方向、辨四季、定时辰,我国全球卫星导航系统以"北斗"命名恰如其分。昔有指南之针,今有北斗导航,这是中国智慧遥隔时空的接力。

北斗卫星导航系统是党中央决策实施的国家重大科技工程,于1994年正式启动建设,从2000年10月北斗一号第一颗试验卫星成功发射,到2020年6月23日北斗三号最后一颗全球组网卫星完成部署,20年来,44次发射,最终完成全球组网。北斗导航卫星单机和关键元器件国产化率达到100%,充分体现了我国社会主义制度集中力量办大事的政治优势。我国也因此成为世界上第三个独立拥有全球卫星导航系统的国家,为世界贡献了全球卫星导航的"中国方案"。

国之大器,利国惠民,北斗卫星导航系统不仅在传统测绘领域为复杂地形地貌实现高精度定位、精确标绘贡献力量,其创新应用还体现在工业互联网、物联网、车联网等新兴领域;到2035年前,北斗卫星导航系统还将建设完善更加泛在、更加融合、更加智能的综合时空体系。

仰望星空,北斗璀璨,脚踏实地,行稳致远。北斗三号全球卫星导航系统的建成开通,凝结着一代代航天人接续奋斗的心血,饱含着中华民族自强不息的本色。灿烂星空,北斗闪耀,中国"星网",导航全球。"自主创新、开放融合、万众一心、追求卓越"的新时代北斗精神,在中国人的心灵深处铸就了闪亮的精神坐标。

想一想

我们的生活中哪些方面用到了北斗卫星导航系统?

6.1　自动全站仪

6.1.1　概述

自动全站仪又称测量机器人,是一种集自动目标识别、自动照准、自动测角、自动测距、自动目标跟踪、自动记录于一体的测量平台。

测绘技术和各种精密测量仪器的发展提供了新的测量技术和方法,工程测量常规使用的经纬仪和电磁波测距仪已经逐渐被电子全站仪所替代,电脑型全站仪配合丰富的软件向全能型和智能型方向发展，形成了事务处理系统(TPS)。带电动机驱动和程序控制的 TPS 结合激光、通信及 CCD 技术，可以实现测量的全自动化，即实现目标自动识别、自动照准、自动测角、自动测距、自动跟踪目标、自动记录。自动全站仪可自动寻找并精确照准目标，在 1s 内完成一个目标点的观测，像机器人一样对成百上千个目标做持续和重复观测，可以实现施工测量和变形监测的全自动化。

6.1.2 技术组成

自动全站仪的技术组成包括坐标系统、操纵器、换能器、计算机和控制器、闭路控制传感器、决定制作、目标捕获和集成传感器八大部分。坐标系统为球面坐标系统，望远镜能绕仪器的纵轴和横轴旋转，在水平面 360°、竖面 180° 范围内寻找目标；操纵器的作用是控制机器人的转动；换能器可将电能转化为机械能，以驱动步进电机运动；计算机和控制器的功能是从设计开始到终止操纵系统，存储观测数据并与其他系统接口，控制方式多采用连续路径或点到点的伺服控制系统；闭路控制传感器将反馈信号传送给操纵器和控制器，以进行跟踪测量或精密定位；决定制作主要用于发现目标，如采用模拟人识别图像的方法(试探分析)或对目标局部特征分析的方法(句法分析)进行影像匹配；目标捕获用于精确地照准目标，常采用开窗法、阈值法、区域分割法、回光信号最强法及方形螺旋式扫描法等；集成传感器(包括距离、角度、温度、气压等传感器)用于获取各种观测值。此外，由影像传感器构成的视频成像系统通过影像生成、影像获取和影像处理，在计算机和控制器的操纵下实现自动跟踪和精确照准目标，从而获取物体或物体某部分的长度、厚度、宽度、方位、二维和三维坐标等信息，进而得到物体的形态及其随时间的变化情况。

有些自动全站仪还为用户提供了一个二次开发平台，利用该二次开发平台开发的软件能够直接在全站仪上运行，可实现过程测量、数据记录、数据处理和报表输出的自动化，从而在一定程度上实现监测自动化和一体化。

6.1.3 特点

自动全站仪可实现对目标的快速判别、锁定、跟踪、自动照准和高精度测量，可以在大范围内实施高效的遥控测量。

图 6-1 是南方 NS10 安卓自动全站仪，它是我国自主研发的高精度测量设备。它集自动照准目标、自动搜索棱镜、高速测角等高新技术于一身，搭载 6.0 英寸(1 英寸约等于 2.54cm)高清 LCD 触摸屏，采用高性能处理器和智能化安卓操作系统，可广泛应用于各类自动化测量领域。

南方 NS10 安卓自动全站仪的主要特点及技术优势如下。

图 6-1　南方 NS10 安卓自动全站仪

(1) 实现国产化及高精度测角和伺服单元关键技术突破。

(2) 采用智能化安卓操作系统，支持二次开发。

(3) 具有优异的 ATR 锁定性能，可以实现大范围搜索，不惧白天夜晚，即使在复杂多变的条件下也能稳定快速地锁定棱镜完成测量。

(4) 具有强大的自动搜索功能，垂直视场达 20°，可以大范围搜索目标，大大提高了搜索效率。

(5) 具有强大的交互系统，兼具 WLAN、蓝牙、USB、RS232 等多种通信方式；自主研发的远距离蓝牙无线数据通信技术，通信距离长达 600m。

(6) 具有高速自动化测量功能，转速可达 180°/s，能快速完成测量目标的自动化测量，可达到事半功倍的效果。

6.1.4 工程应用

1. 水库安全监测

目前，我国已建成各类水库 10 万余座，其中小型水库 9 万余座。当水库蓄水后，坝体变形造成的安全隐患会严重威胁库区居民的生命财产安全和正常的生产、生活秩序。因此需要对大坝进行监测，尤其是在其蓄水后，对坝体进行变形监测是保护其安全的关键。传统的水库大坝安全监测方法主要依赖于人工监测与人工巡查，其效率低、成本高、易出错；有了自动全站仪后，就可以实现自动化监测了。图 6-2 所示为某水库大坝工程外观位移安全自动化监测示意图。

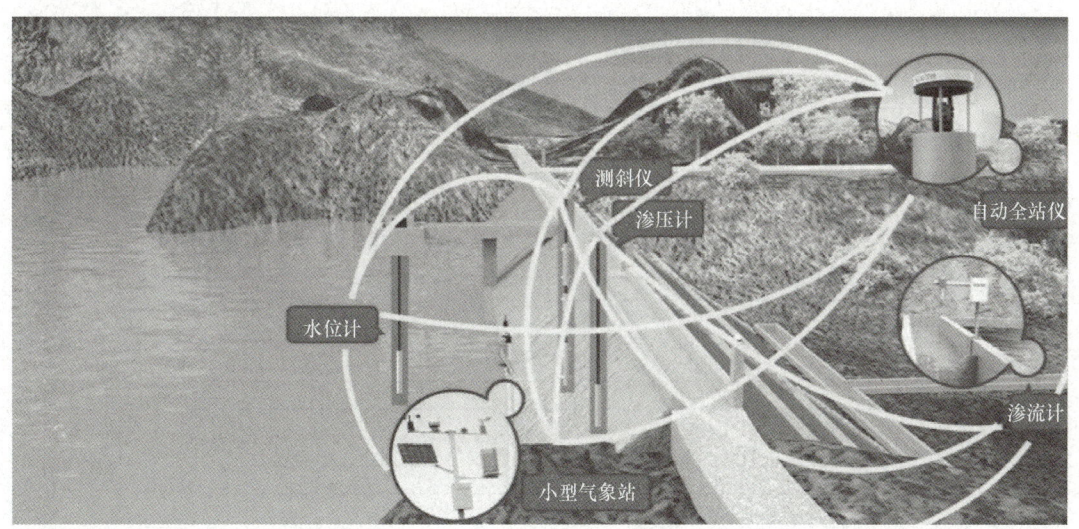

图 6-2 某水库大坝工程外观位移安全自动化监测示意图

自动化监测系统由 NS10 安卓自动全站仪、南方智能通信控制器、南方 FMOS 监测软件构成。图 6-3 所示为某水库大坝安全自动化监测系统的工作原理图，其控制系统采用南方 FMOS 监测软件和南方 IControl-T 数据传输模块，能够实时控制仪器进行全天候数据采集工作，自动对数据进行解算，并根据控制要求完成预警信息录入，自动识别数据预警状态，及时反馈大坝安全状况。数据采集完成后实时上传到水库信息安全管理平台，可实现数据信息平台共享、网络实时发布等功能。

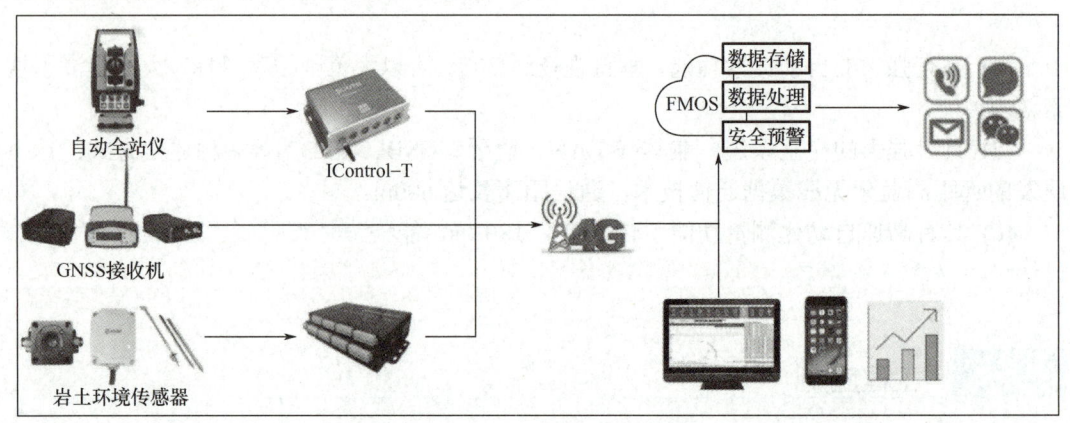

图 6-3　某水库大坝安全自动化监测系统的工作原理图

高精度的 NS10 安卓自动全站仪结合南方 FMOS 监测软件，不需要接触测点，从而克服了传统监测方法的缺点，同时具有快速、省力、数据处理自动化程度高等优点；在无人值守的情况下，可实现全天 24h 连续自动监测；智能升降保护装置可自动升降，实现设备的安全防护；能在短时间内同时求得被测点位的三维坐标，实时进行数据采集、数据处理、数据分析、报表输出及图形显示。图 6-4 所示为该系统自动生成的数据曲线图，分析后可以用来预警。

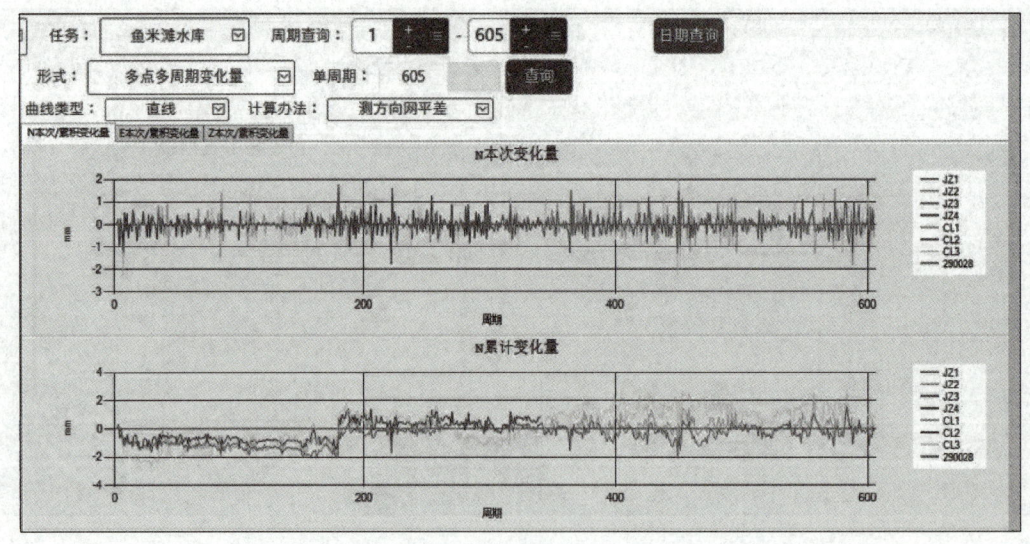

图 6-4　自动化监测系统系统自动生成的数据曲线图

2．基坑监测

近年来，随着我国工业化和城市化进程的加速推进，基坑坍塌事故数量激增，占基坑事故总数的 65%，给人民的生命财产造成了严重危害。因此，基坑监测是基坑工程中的一个重要环节。在施工过程中应进行基坑监测，及时掌握支护系统及周围环境的动态变化，分析基坑的安全稳定性，通过动态信息管理，应用监测所得的信息指导施工。图 6-5 所示为基坑自动化监测示意图。

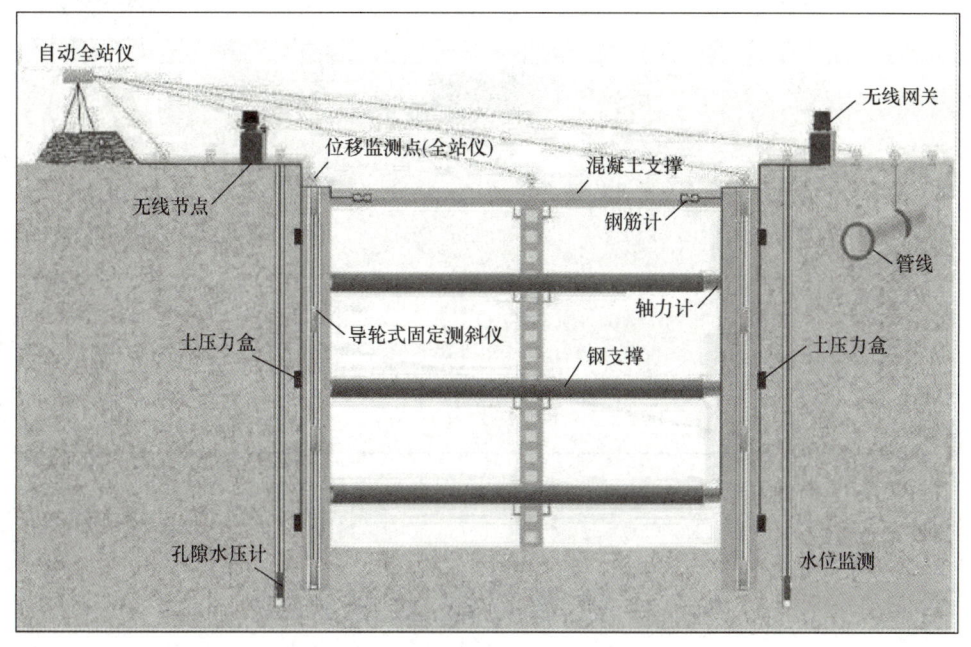

图 6-5　基坑自动化监测示意图

首先在基坑周边合适位置布设工作基点，然后通过机载软件控制自动全站仪，对水平位移、竖向位移进行自动监测。使用自动全站仪监测不但能够极大地减少人工操作时间、有效提升工作效率、保证数据的准确性，还可以按照监管中心的要求把基坑数据实时上传到监管平台。

测量软件与自动全站仪的组合，有效解决了传统人工基坑监测耗时费力、数据准确性不足等问题，既节约了人力成本，也提高了监测效率和数据的准确性，满足了人们对基坑安全监测在数字化、自动化和在线化方面的要求。

3. 边坡监测

边坡事故不仅会对人民的生命财产造成重大损失，还会产生恶劣的社会影响。为了有效预防和应对边坡事故，全面实时监测边坡的地表水平位移、沉降、挡土墙变形、地下水位及环境变化等至关重要。这些监测数据能够帮助我们及时了解边坡(特别是高坡)的安全状况，提前预警潜在的灾害，并对突发事故做出快速响应。

传统的边坡监测主要通过人工方法进行，既费时又费力，自动全站仪则可以实现边坡监测的自动化，如图 6-6 所示。自动全站仪全自动导向技术能够极大地节省人力成本，而且能 24h 连续工作，精度也远远超过传统方法。

自动全站仪对山体坡度进行全天候全自动监测，依靠自动照准目标、自动搜索棱镜和高精度测量，使得矿场的边坡安全得以保证。数据采集完成后实时上传到信息安全管理平台，可实现数据信息平台共享、网络实时发布等功能。

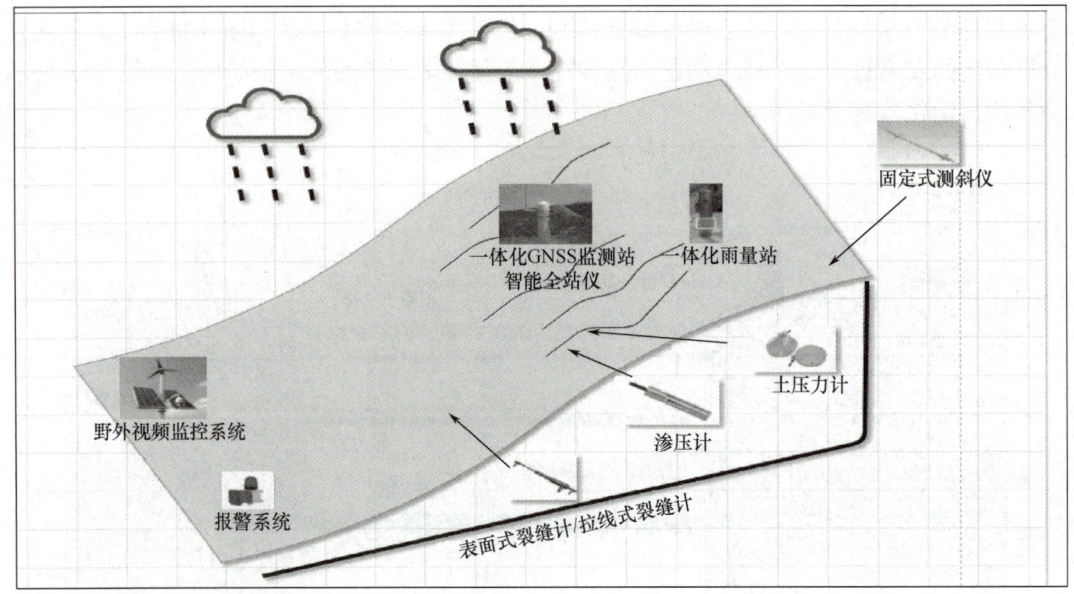

图 6-6 边坡自动化监测示意图

6.2 全球导航卫星系统

6.2.1 概述

全球导航卫星系统(Global Navigation Satellite System，GNSS)，又称全球卫星导航系统，是指能在地球表面或近地空间的任何地点，为用户提供全天候的三维坐标和速度及时间信息的空基无线电导航定位系统，它包括一个或多个卫星星座及其支持特定工作所需的增强系统。GNSS 国际委员会公布的全球四大卫星导航系统供应商，分别为中国的北斗卫星导航系统(BDS)、美国的全球定位系统(GPS)、俄罗斯的格洛纳斯导航卫星系统(GLONASS)和欧盟的伽利略导航卫星系统(Galileo)。

1. 中国的北斗卫星导航系统(BDS)

北斗卫星导航系统是中国着眼于国家安全和经济社会发展需要，自主建设运行的 GNSS，是为全球用户提供全天候、全天时、高精度的定位、导航和授时服务的国家重要时空基础设施。2020 年 7 月 31 日，北斗三号 GNSS 建成并正式开通使用。

2. 美国的全球定位系统(GPS)

美国的全球定位系统是一种以人造地球卫星为基础的高精度无线电导航的定位系统，它在全球任何地方和近地空间都能够提供准确的地理位置、车行速度及精确的时间信息。美国的全球定位系统从 20 世纪 70 年代开始研制，历时 20 年，耗资 200 亿美元，于 1994 年全面建成，是具有在海、陆、空进行全方位实时三维导航与定位功能的新一代卫星导航与定位系统。

3. 俄罗斯的格洛纳斯导航卫星系统(GLONASS)

格洛纳斯导航卫星系统是苏联从 20 世纪 80 年代初开始建设的与美国的全球定位系统相类似的卫星定位系统，现在由俄罗斯国家航天集团管理。它的整体结构类似于美国的全球定位系统，其主要不同之处在于星座设计、信号载波频率和卫星识别方法。该系统受苏联解体、经济滑坡及技术因素影响，卫星数不能满足实时定位要求。目前，俄罗斯的格洛纳斯导航卫星系统正处于全面升级阶段。

4. 欧盟的伽利略导航卫星系统(Galileo)

欧盟的伽利略导航卫星系统是欧洲自主的、独立的全球多模式卫星定位导航系统，它能提供高精度、高可靠性的定位服务，还能实现完全非军方控制、管理。欧盟的伽利略导航卫星系统由 30 颗卫星组成，其中 27 颗为工作星，3 颗为备份星。卫星分布在 3 个中圆地球轨道(MEO)上，轨道高度为 23616km，轨道倾角为 56°，每个轨道上部署了 9 颗工作星和 1 颗备份星。

GNSS 定位技术的高度自动化及其所达到的高精度，也引起了广大民用部门，特别是测量工作者的普遍关注和极大兴趣。近十多年来 GNSS 定位技术在应用基础研究、新应用领域的开拓及软硬件的开发等方面都取得了迅速的发展，使得该技术已经广泛地渗透到了经济建设和科学技术的许多领域，尤其是在大地测量学及其相关学科领域，如地球动力学、海洋大地测量学、地球物理勘探和资源勘察、工程测量、变形监测、城市控制测量、地籍测量等方面都得到了广泛应用。本节后面将重点介绍北斗卫星导航系统。

6.2.2 特点

相对于经典的测量技术来说，GNSS 定位技术的主要特点如下。

(1) 观测站之间无须通视，但必须保持观测站的上空开阔(净空)，以使接收卫星的信号不受干扰。

(2) 定位精度高。现已完成的大量试验表明，目前在小于 50km 的基线上，其相对定位精度可达到$(1 \sim 2) \times 10^{-6}$，而在 100～500km 的基线上，其相对定位精度可达到 $10^{-7} \sim 10^{-6}$。随着光测技术与数据处理方法的改善，可望在 1000km 的距离上，相对定位精度达到或优于 10^{-8}。

(3) 观测时间短。目前，利用经典的静态定位方法完成一条基线的相对定位所需要的观测时间，根据要求的精度不同，一般约为 1～3h。为了进一步缩短观测时间，提高作业速度，近年来发展的短基线(如不超过 20km)快速相对定位法，其所需的观测时间仅数分钟。

(4) 提供三维坐标。GNSS 测量在精确测定观测站平面位置的同时，还可以精确测定观测站的大地高程。

(5) 操作简便。GNSS 测量的自动化程度很高，在观测中测量员的主要任务只是安装并开关仪器、量取仪器高、监控仪器的工作状态和采集环境的气象数据，而其他观测工作，如卫星的捕获、跟踪观测和记录等均由仪器自动完成。

(6) 全天候作业。GNSS 观测工作，可以在任何地点、任何时间连续地进行，一般也不受天气状况的影响。

所以，GNSS 定位技术的发展，对于经典的测量技术是一次重大的突破：一方面，它使经典的测量理论与方法产生了深刻的变革；另一方面，也进一步加强了测量学与其他学科之间的相互渗透，从而促进了测绘科学技术的现代化发展。

6.2.3 定位原理

GNSS 的定位原理就是卫星不间断地发送自身的星历参数和时间信息，用户接收到这些信息后，经过计算求出接收机的三维位置、三维方向，以及运动速度和时间信息。它广泛地应用于导航和测量定位工作中。

1. 绝对定位原理

绝对定位也叫单点定位，通常是指在协议地球坐标系(如 WGS-84 坐标系)中，直接确定观测站相对于坐标系原点绝对坐标的一种定位方法。"绝对"一词，主要是为了区别后述将要介绍的相对定位方法。绝对定位和相对定位，在观测方式、数据处理、定位精度及应用范围等方面均有原则上的区别。

利用 GNSS 进行绝对定位的基本原理，是以卫星和用户接收机天线之间的距离(或距离差)观测量为基础，并根据已知的卫星瞬时坐标，来确定用户接收机的点位，即观测站的位置。

GNSS 绝对定位方法的实质，即是测量学中的空间距离后方交会，如图 6-7 所示。

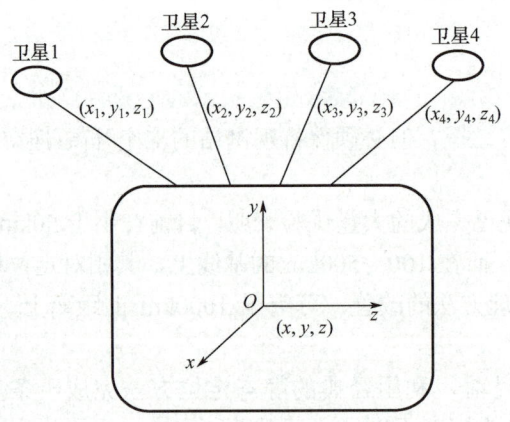

图 6-7 绝对定位原理

在 1 个观测站上，有 4 个独立的卫星距离观测量。假设 t 时刻在地面待测点上安置接收机，可以测定 GNSS 信号到达接收机的时间 Δt，再加上接收机所接收到的卫星星历等其他数据，便可以确定以下 4 个方程式。

$$\sqrt{(x_1-x)^2+(y_1-y)^2+(z_1-z)^2}+c(V_{t1}-V_{t0})=d_1$$
$$\sqrt{(x_2-x)^2+(y_2-y)^2+(z_2-z)^2}+c(V_{t2}-V_{t0})=d_2$$
$$\sqrt{(x_3-x)^2+(y_3-y)^2+(z_3-z)^2}+c(V_{t3}-V_{t0})=d_3$$
$$\sqrt{(x_4-x)^2+(y_4-y)^2+(z_4-z)^2}+c(V_{t4}-V_{t0})=d_4$$

上述 4 个方程式中，x、y、z 为待测点坐标；x_i、y_i、z_i 为卫星 i 在 t 时刻的空间直角坐标；c 为光速；V_{ti} 为卫星钟的钟差；V_{t0} 为接收机的钟差，为未知参数；d_i 为卫星 i 到接收机之间的距离，$d_i=c\Delta t_i (i=1，2，3，4)$；$\Delta t_i$ 为卫星 i 的信号到达接收机所经历的时间。

由以上 4 个方程即可解算出待测点的坐标 x、y、z 和接收机的钟差 V_{t0}。

应用 GNSS 进行绝对定位，根据接收机天线所处的状态不同，绝对定位又可分为动态绝对定位和静态绝对定位。

(1) 当接收机安置在运动的载体上，并处于运动的状态时，确定载体瞬时绝对位置的定位方法，称为动态绝对定位。动态绝对定位一般只能得到没有(或很少)多余观测量的实时解。动态绝对定位方法被广泛地应用于飞机、船舶、陆地车辆等运动载体的导航，以及航空物探和卫星遥感领域。

(2) 当接收机天线处于静止状态时，用以确定观测站绝对坐标的方法，称为静态绝对定位。由于静态绝对定位可以连续观测卫星到接收机位置的伪距，可以获得充分的多余观测量，因此便于在测后通过数据处理提高定位的精度。静态绝对定位方法主要用于大地测量，以精确测定观测站在协议地球坐标系中的绝对位置。

目前无论是动态绝对定位还是静态绝对定位，所依据的观测量都是所测卫星至观测站的伪距，所以，绝对定位方法通常也称伪距定位法。

因为根据观测量的性质不同，伪距有测码伪距和测相伪距之分，所以绝对定位又可分为测码绝对定位和测相绝对定位。

2. 相对定位原理

利用 GNSS 进行绝对定位时，其定位精度会受到卫星轨道误差、钟差及信号传播误差等诸多因素的影响；尽管其中一些系统性误差可以通过模型加以削弱，但其残差仍是不可忽略的。实践表明，目前静态绝对定位的精度，约可达米级，而动态绝对定位的精度仅为 10～40m，这一精度还远不能满足大地测量精密定位的要求。

相对定位也叫差分定位，是目前 GNSS 定位中精度最高的一种，广泛用于大地测量、精密工程测量、地球动力学研究和精密导航等工作中。

相对定位是两台接收机分别安置在基线的两端，并同步观测相同的 GNSS 卫星，以确定基线端点在协议地球坐标系中的相对位置或基线向量，如图 6-8 所示。这种方法一般可以推广到多台接收机安置在若干基线的端点，通过同步观测 GNSS 卫星，以确定多条基线向量的情况。

因为在两个观测站或多个观测站同步观测相同卫

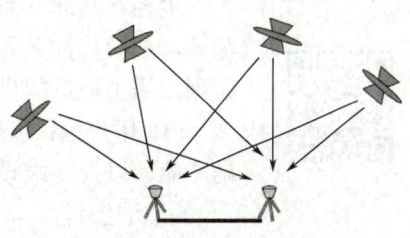

图 6-8 相对定位原理

星的情况下，卫星的轨道误差、卫星钟差、接收机钟差及电离层和对流层的折射误差等，对观测量的影响具有一定的相关性，所以利用这些观测量的不同组合进行相对定位，便可有效地消除或者减弱上述误差的影响，从而提高相对定位的精度。

6.2.4　北斗卫星导航系统概述

北斗卫星导航系统(以下简称"北斗系统")是中国着眼于国家安全和经济社会发展需要，自主建设运行的 GNSS，是为全球用户提供全天候、全天时、高精度的定位、导航和授时服务的国家重要时空基础设施。

北斗系统自提供服务以来，已在交通运输、农林渔业、水文监测、气象测报、通信授时、电力调度、救灾减灾、公共安全等领域得到广泛应用，服务国家重要基础设施，产生了显著的经济效益和社会效益。基于北斗系统的导航服务已被电子商务、移动智能终端制造、位置服务等厂商采用，广泛进入中国大众消费、共享经济和民生领域，其应用的新模式、新业态、新经济不断涌现，深刻改变着人们的生产生活方式。中国将持续推进北斗系统应用与产业化发展，服务国家现代化建设和百姓日常生活，为全球科技、经济和社会发展做出贡献。

《焦点访谈》：大国重器，北斗将如何改变中国

北斗系统秉承"中国的北斗、世界的北斗、一流的北斗"的发展理念，愿与世界各国共享北斗系统建设发展成果，促进全球卫星导航事业蓬勃发展，为服务全球、造福人类贡献中国智慧和力量。北斗系统为经济社会发展提供了重要的时空信息保障，是中国实施改革开放 40 余年来取得的重要成就之一，是新中国成立 70 余年来的重大科技成就之一，是中国贡献给世界的全球公共服务产品。中国将一如既往地积极推动国际交流与合作，实现与世界其他卫星导航系统的兼容与互操作，为全球用户提供更高性能、更加可靠和更加丰富的服务。

1. 北斗系统组成

北斗系统由空间段、地面控制段和用户段三部分组成。

(1) 空间段：空间星座由 3 颗地球静止轨道(GEO)卫星、3 颗倾斜地球同步轨道(IGSO)卫星和 24 颗中圆地球轨道(MEO)卫星组成。地球静止轨道卫星轨道高度为 35786km，倾斜地球同步轨道卫星轨道高度为 35786km，中圆地球轨道卫星轨道高度为 21528km。

中国北斗卫星，中国的卫星定位系统

(2) 地面控制段：地面控制段负责系统导航任务的运行控制，主要由主控站、注入站、监测站等组成。

主控站是北斗系统的运行控制中心；注入站主要负责完成星地时间同步测量，向卫星注入导航电文参数；监测站主要负责对卫星导航信号进行连续监测，为主控站提供实时观测数据。

(3) 用户段：包括北斗及兼容其他卫星导航系统的芯片、模块、天线等基础产品，以及终端设备、应用系统与应用服务等。

2. 北斗系统的发展历程

中国高度重视北斗系统建设发展，自 20 世纪 80 年代开始探索适合国情的卫星导航系统发展道路，形成了"三步走"发展战略：2000 年年底，建成北斗一号系统，向中国提供服务；2012年年底，建成北斗二号系统，向亚太地区提供服务；2020年，建成北斗三号系统，向全球提供服务。

第一步，建设北斗一号系统。1994年，启动北斗一号系统工程建设；2000年，发射2颗地球静止轨道卫星，建成系统并投入使用，采用有源定位体制，为中国用户提供定位、授时、广域差分和短报文通信服务；2003年发射第3颗地球静止轨道卫星，进一步增强系统性能。

第二步，建设北斗二号系统。2004年，启动北斗二号系统工程建设；2012年年底，完成14颗卫星(5颗地球静止轨道卫星、5颗倾斜地球同步轨道卫星和4颗中圆地球轨道卫星)发射组网。北斗二号系统在兼容北斗一号系统技术体制的基础上，增加无源定位体制，为亚太地区用户提供定位、测速、授时和短报文通信服务。

第三步，建设北斗三号系统。2009年，启动北斗三号系统建设；2018年年底，完成19颗卫星发射组网，完成基本系统建设，向全球提供服务；2020年年底前，完成30颗卫星发射组网，全面建成北斗三号系统。北斗三号系统继承北斗有源服务和无源服务两种技术体制，能够为全球用户提供基本导航(定位、测速、授时)、全球短报文通信、国际搜救服务，中国及周边地区用户还可享有区域短报文通信、星基增强、精密绝对定位等服务。

3. 北斗系统的特点

北斗系统的建设实践，走出了在区域快速形成服务能力、逐步扩展为全球服务的中国特色发展路径，丰富了世界卫星导航事业的发展模式。北斗系统具有以下特点。

(1) 北斗系统空间段采用由三种轨道卫星组成的混合星座，与其他卫星导航系统相比，高轨卫星更多，抗遮挡能力更强，尤其是低纬度地区性能特点更为明显。

(2) 北斗系统提供了多个频点的导航信号，能够通过多频信号组合使用等方式提高服务精度。

(3) 北斗系统创新融合了导航与通信能力，具有定位导航授时服务、短报文通信服务、星基增强服务、地基增强服务、精密绝对定位服务、国际搜救服务等功能。

① 定位导航授时服务。为全球用户提供服务，空间信号精度优于0.5m；全球定位精度优于10m，测速精度优于0.2m/s，授时精度优于20ns；亚太地区定位精度优于5m，测速精度优于0.1m/s，授时精度优于10ns，整体性能大幅提升。

② 短报文通信服务。区域短报文通信服务，服务容量提高到1000万次/h，接收机发射功率降低到1~3W，单次通信能力1000汉字(14000比特)；全球短报文通信服务，单次通信能力40汉字(560比特)。

③ 星基增强服务。按照国际民航组织标准，为中国及周边地区用户提供服务，支持单频及双频多星座两种增强服务模式，满足国际民航组织相关性能要求。

④ 地基增强服务。利用移动通信网络或互联网络，向北斗基准站网覆盖区内的用户提供米级、分米级、厘米级、毫米级高精度定位服务。

⑤ 精密绝对定位服务。服务中国及周边地区用户，提供动态分米级、静态厘米级的精密定位服务。

⑥ 国际搜救服务。按照国际搜救卫星组织相关标准，与其他卫星导航系统共同组成全

球中轨搜救系统，服务全球用户。同时提供返向链路，极大地提升了搜救效率和服务能力。

4. 北斗系统的应用

北斗系统自建成以来，已经在各行各业得到了广泛的应用，如交通运输、农业林业、消防救援、国土测绘、公共安全、智慧城市建设等方面，并在这些领域生根发芽，为社会带来显著的经济效益。

(1) 道路运输车辆管理。主要针对旅游大巴车、危险品运输车及重型载货运输车等车辆，利用北斗系统定位导航服务，结合互联网通信技术，实现车辆安全驾驶管理与调度，有效降低道路事故发生风险，提升道路运输管理水平及车辆调度能力。在车辆上安装北斗车载终端，获取车辆实时位置信息、运行状态等关键行车数据，通过互联网通信技术实时回传至车辆安全管理系统。车辆安全管理系统利用终端获取的车辆位置数据，实现对车辆动态位置数据的实时查看和管理、车辆历史轨迹查询、车辆编队调度管理等功能。通过系统终端联动报警功能，对超速驾驶、疲劳驾驶等违规行为进行告警。

图 6-9 北斗系统在铁路行业中的应用

(2) 铁路行业(图 6-9)。铁路勘察设计、建造施工及运营维护各个阶段均对卫星定位导航授时功能有需求，北斗系统能为铁路基础设施建设及养护维修、时间同步、客货运输调度、变形监测、作业人员安全防护、列车运行控制等提供解决方案，为铁路降本、提质、增效、保安全带来切实效益。北斗系统已经在铁路工程建设、运输调度、行车安全等业务领域形成成熟的解决方案：一是面向铁路勘察设计需求，提供高精度位置基准、精密工程测量、地质调查，提高铁路勘察设计效率和质量；二是面向建造施工需求，提供基于北斗系统的地质灾害监测、铁路轨道测量及平顺性检测等解决方案，降低施工安全作业风险，提高施工精细化管理水平；三是面向铁路运营维护需求，提供基于北斗系统的列车接近预警防护、营运线上道路作业人员安全防护、列车控制等解决方案，推动铁路运营组织和运输服务领域的科技创新。

(3) 精准农业。北斗系统在精准农业领域主要有三类规模化应用场景：一是农机自动驾驶应用，帮助提高农机作业精度，实现节本、节能、增效；二是农机远程运维应用，帮助提升企业服务能力，改进农机产品质量；三是农机大数据应用，帮助提升农机作业效率，优化农机发展政策。

① 北斗导航农机自动驾驶系统。

直接驱动农机转向系统替代驾驶员操作方向盘，实现农机自动驾驶或无人驾驶。该系统已广泛应用于播种、打药、耙地、犁地、中耕、收获、插秧、开沟和起垄等作业，在风沙天和黑夜等能见度较低的情况下也可正常作业。

② 北斗农机远程运维系统。

应用北斗定位、物联网和移动通信等技术，采集并回传农机的位置、作业状态、故障代码等数据，开展农机故障预警，调度售后服务网络资源，提供精准高效的包修、包换及包退的"三包"服务，改进农机产品质量。

③ 北斗农机大数据系统。

采用基于北斗系统的植保无人机，大幅提升了植保农药喷洒作业效率；基于北斗系统的大中型拖拉机，应用于农业生产的耕、种、管、收环节，提高了农机作业效率；采用基于北斗系统的农机自动驾驶技术，误差小，不仅能满足对播种等作业的精度要求，而且可以替代熟练机手，实现节本增效、提高土地利用率和延长作业时间。

我国建设了中国农机作业北斗系统大数据中心，汇集了32个企业共28万余台农机动态数据，实现了国家级大范围农机数据共享和大数据应用服务。

(4) 国际搜救。全球卫星搜救系统是全球范围的公益性卫星遇险报警系统，旨在提供准确、及时和可靠的遇险报警和定位服务，帮助搜救机构获取遇险信息，提高遇险船只、航空器和人员的搜救成功率。北斗国际搜救系统具备提供符合全球卫星搜救系统要求的卫星搜救服务能力，并具备北斗特色返向链路服务能力。当船只、航空器、人员遇险时，可通过手动或自动触发搜救信标发出报警信息，报警信息通过北斗卫星上搭载的搜救载荷转发，并被国际搜救地面系统接收处理，报警信息将按照遇险区域和信标国家码转发至相应的搜救协调中心，最后由搜救协调中心组织救援力量开展救援。如果搜救信标支持北斗返向链路功能，还可以通过北斗返向链路服务向遇险用户发送确认信息，以增强遇险人员信心，更好地保障生命财产安全。

(5) 国土测绘。利用北斗地基增强系统(也称连续运行卫星定位服务综合系统，CORS)高精度定位技术，结合互联网通信技术，满足不同用户对定位精度、实时性和抗干扰等性能的要求，服务城市规划、国土测绘、地籍管理、城乡建设、环境监测、防灾减灾、交通监控、矿山测量等多种应用场景。北斗基准站接收机连续跟踪所有可见卫星，并通过通信系统向移动站(用户)发送差分改正数据，移动站(用户)接收机内部进行解算，从而实时得到移动站(用户)的高精度位置信息。其测绘结果比传统测绘技术更加精确，测绘工作更加简便，受外界干扰影响较小。

(6) 数字施工(图6-10)。基于北斗系统定位、物联网、通信等技术，能够开展施工过程中的全方位、立体化、多层次、精细化监管，对施工过程进行科学控制和管理，降低人工和材料成本投入，有效提高安全系数，从而大幅提升公路等基础设施施工的效率和质量，实现建设工程全过程管理信息化。在作业机械车辆上安装北斗接收机，结合其他传感器组成一体化集成系统，对施工机械进行智能控制和远程监测。北斗系统已经在铁路路基、公路施工、水利开挖、大坝填筑、机场建设等基础设施施工中得到广泛应用。

(7) 智慧矿区。基于北斗高精度定位技术，构建矿山监测系统、人员保障系统、资产监管系统，完成对矿山从开采到仓储、运输、销售的全流程监管。利用北斗高精度定位和高精度地图等技术手段，联通车辆终端、手持终端，构建"云-网-端"体系架构的矿山一体化智能监管平台，形成矿山三维实景构建、矿山安全监测、运输车辆调度管理及矿山资产监控等能力，从而实现对矿山从开采到仓储、运输、销售的全流程时空数据集中监管。

(8) 公共安全管理。基于北斗系统的可视化指挥调度系统，结合前端的北斗智能终端设备，实现统一的指挥调度。在发生突发事件时，可以将现场位置及视频信息在第一时间回传至指挥中心，使指挥中心能够及时获得现场信息，提高决策的准确性和及时性，实现精准调度和高效指挥。可视化指挥调度系统具备实时定位、语音对讲、一键视频上传、音视频通话、高清录像等功能。指挥人员可以在短时间内对突发性危机事件做出快速反应，并提供妥善的应对措施预案；同时前端和指挥中心形成多级联动、数据共享，最大限度地减少突发性危机事件带来的影响和损失。

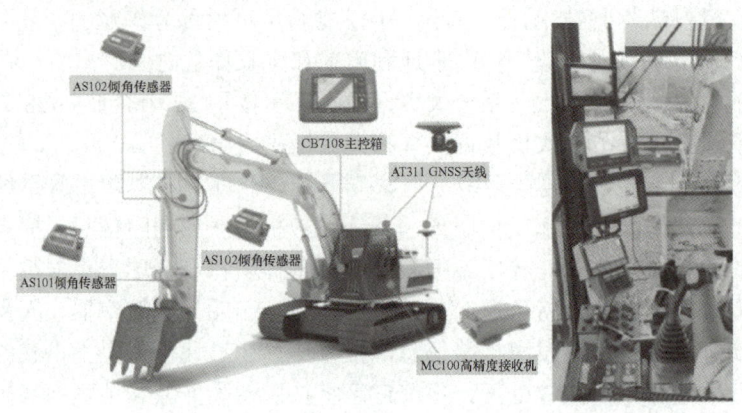

图 6-10　北斗系统在数字施工中的应用

（9）野生动物保护。利用北斗定位+移动通信技术，开展珍稀野生动物栖息地调查和野生动物的追踪监测等。利用北斗定位标识器实时采集动物的位置、生理状态(如体温、脉搏)、运动状态等信息，定时回传至处理平台，通过跟踪分析研究野生动物的生活习性等，为野生动物保护和科学研究提供重要支撑。

（10）精准时空智慧城市。通过统一的时空基准，将现实世界中的各类数据进行汇聚和融合，映射成高精度、实时、动态、全要素的数字孪生世界，驱动大量智能设备感知城市状态，赋能智慧应用创造和升级，助力城市精细化管理。聚焦城市治理方向，以高精度时空共性服务系统为支撑，落地交通运营、安全监测、绿色城管等场景应用，将精准时空能力广泛应用于城市管理，汇聚各类时空相关数据，提升时空数据智能化应用水平。

6.3　无人机摄影测量

6.3.1　概述

摄影测量与遥感是通过非接触成像和其他传感器系统进行记录、量测、分析与表达等处理，从而获取地球及其环境和其他物体可靠信息的工艺、科学与技术。其中，摄影测量侧重于提取几何信息，遥感侧重于提取物理信息。也就是说，摄影测量是通过非接触成像系统进行记录、量测、分析与表达等处理，从而获取地球及其环境和其他物体的几何、属性等可靠信息的工艺、科学与技术。

根据摄影时摄影机所处位置的不同，摄影测量可分为航天摄影测量、航空摄影测量、地面摄影测量、近景摄影测量和显微摄影测量。其中，航空摄影测量是将摄影机安装在飞机上，对地面进行摄影，是摄影测量最主要的方式，无人机摄影测量即属于该分支。本节主要介绍无人机摄影测量。

6.3.2 特点

与传统测量方式相比，无人机摄影测量具有以下特点。

1. 低成本

无人机及传感器的成本远远低于其他遥感系统，无人机(具备飞行控制系统)的市场价格从 10 万元到 100 万元不等，各种档次都有，而且整套相机(机身加镜头)不到 2 万元，总体成本较低。

2. 影像获取快捷方便

无人机摄影测量无须专业航测设备，普通民用单反相机即可作为影像获取的传感器。操作员经过短期培训学习即可操控整个系统。无人机摄影测量是当前唯一将摄影与测量集为一体的航空摄影方式，可实现测绘单位按需开展航空摄影飞行作业这一理想的生产模式。

3. 机动性、灵活性和安全性

无人机具有机动性、灵活性，无须专用起降场地，升空准备时间短，受空中管制和气候(只要不下雨、下雪，风速小于 6 级)影响较小，特别适合应用在建筑物密集的城市地区和地形复杂地区，以及南方丘陵、多云区域。无人机能够在恶劣环境下(如森林火灾、火山爆发等)直接获取影像，即便是设备出现故障，也不会出现人员伤亡，具有较高的安全性。

4. 低空作业，可获取高分辨率影像

无人机可以在云下超低空飞行，弥补了卫星光学遥感和传统航空摄影经常受云层遮挡获取不到影像的缺陷，可获取比卫星光学遥感和传统航空摄影更高分辨率的影像。同时，无人机可以低空多角度摄影，获取建筑物多面高分辨率纹理影像，解决了卫星光学遥感和传统航空摄影获取城市建筑物时遇到的高层建筑遮挡问题。无人机摄影测量的空间分辨率能达到分米级甚至厘米级，可用于构建高精度数字地面模型，制作三维立体景观图。

5. 精度高

无人机一般为低空飞行，其飞行高度通常在 50～1000m，属于近景航空摄影测量，摄影测量精度达到了亚米级，精度范围通常在 0.1～0.5m，符合 1∶1000 的测图精度要求，能够满足城市建设精细测绘的需要。

6. 周期短，时效性强

面积较小的大比例尺地形测量任务受天气和空域管理的限制较多，使用大飞机航空摄影测量成本高，而且采用全野外数据采集方法成图作业量大，成本也比较高。而将无人机遥感系统进行工程化、实用化开发，则可以利用它机动、快速、经济等优势，即使在阴天、轻雾天也能获取合格的影像，从而将大量的野外工作转入内业，既能减轻劳动强度，又能提高作业效率和精度。

6.3.3 作业流程

当摄影测量项目立项后，第一时间应全方位收集资料，了解项目背景、作业目的与要求，确立初步的技术方案，并根据技术方案明确作业空域和使用的飞行载体，然后开展空域申请工作等。无人机摄影测量总体流程如图 6-11 所示。

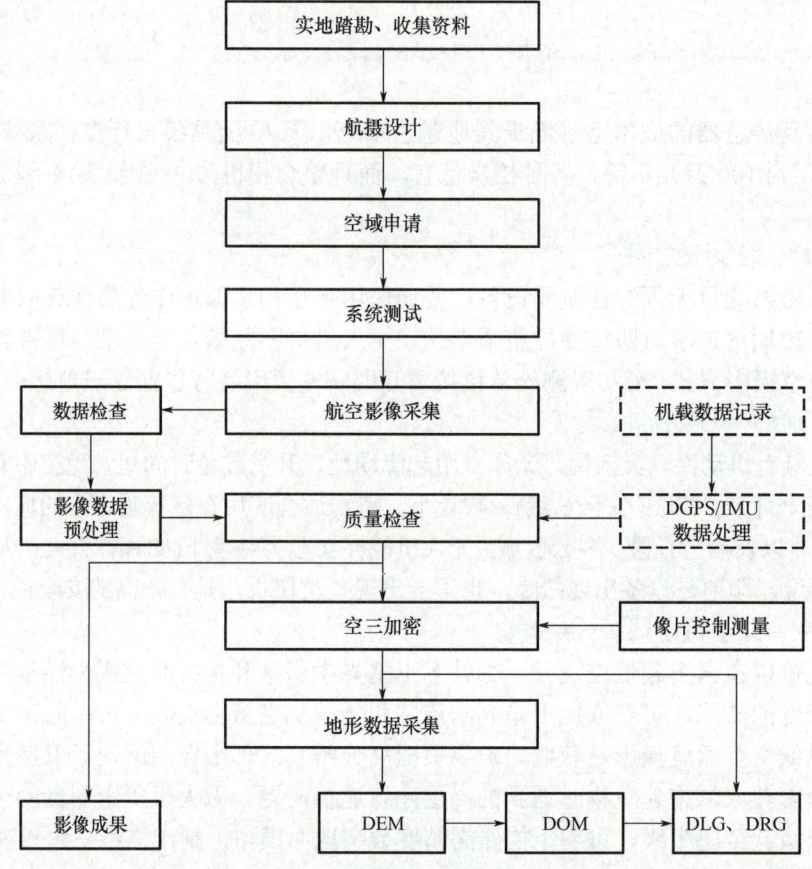

图 6-11　无人机摄影测量总体流程

1. 任务提出、空域申请

无人机在航空摄影前，用户应该根据具体的作业任务提前做好规划，实地踏勘，撰写航空摄影计划。航空摄影计划中的技术部分应包括：了解测区概况；确定测区范围；选用合理的摄影机；确定摄影比例尺和航高；确定拍摄日期及无人机起降的具体位置；等等。为了确保无人机低空飞行的安全性，提高空域资源利用率，在进行航拍前，负责人员需按照相关规定向飞行管制部门申请测区空域的飞行许可。如果没有获得批准，则需要重新拟订飞行计划，做好充分的准备，再次向飞行管制部门提出申请。

2. 作业飞行

依据无人机具体的飞行任务和低空数字航空摄影的相关规范，对航空摄影技术参数进行设置,以保证无人机能够按照规定的轨迹飞行,具体包含以下几个方面。

(1) 设置航高。根据不同比例尺航空摄影成图的要求,结合测区的地形条件及影像用途,参考测图比例尺和地面分辨率对比表(表 6-1),选择影像的地面分辨率,然后根据式(6-1)计算航高。

$$H = \frac{f \times \mathrm{GSD}}{a_{\mathrm{size}}} \tag{6-1}$$

式中:H——摄影航高;

f——物镜镜头焦距;

a_{size}——像元尺寸;

GSD——航空摄影影像地面分辨率。

表 6-1 测图比例尺和地面分辨率对比表

测图比例尺	地面分辨率/cm
1∶500	≤5
1∶1000	8～10
1∶2000	15～20

(2) 设置像片重叠度。依据低空数字航空摄影的相关规范,像片重叠应该满足以下要求:航向重叠度在通常情况下应为 60%～80%,不得小于 53%;旁向重叠度在通常情况下应为 15%～60%,不得小于 8%。

(3) 设置航线参数。依据测区大小,确定飞行航向和航线长度,然后根据式(6-2)计算摄影基线长度和航线间隔宽度。

$$\begin{cases} B_X = L_X(1-p_X)\dfrac{H}{f} \\ D_Y = L_Y(1-q_Y)\dfrac{H}{f} \end{cases} \tag{6-2}$$

式中:B_X——实地摄影基线长度;

D_Y——实地航线间隔宽度;

L_X、L_Y——像幅长度和宽度;

p_X、q_Y——航向和旁向重叠度。

3. 数据检查

无人机在执行空中飞行作业任务时,由于飞行环境和天气状况的变化,会使其航线出现偏移现象,进而导致影像呈现出因环境和天气变化所造成的影像质量的差异,最终影响测绘产品的精度。因此,在无人机飞行作业任务结束后,应利用机载 POS 系统得到的位置和姿态数据,以及获取的影像数据检查飞行和影像质量,分析其精度是否满足相应规范的要求。

飞行质量检查包含的内容:航向重叠度、旁向重叠度、像片倾角和旋角、航线弯曲度和航高差。影像质量检查包含的内容:影像是否清晰,色调是否一致,层次是否鲜明,反差是否合理,影像是否有重影、阴影和位置偏移等情况,是否影响模型的建立与测图。

无人机摄影测量系统飞行和影像质量的好坏决定了最终生成的地理信息产品的精度。因此，对航空摄影作业所获取的影像进行质量检查就显得尤为重要，这样也能够清晰地掌握是否存在漏拍的情况，以便及时补救。

4．影像数据预处理

在航空摄影任务结束并且检查合格之后，要对原始影像进行处理。首先对像片进行编号，编号以航线为单位，由 12 位数字组成。从左到右 1~4 位是摄区代号，5~6 位是分区号，7~9 位是航线号，10~12 位是像片流水号。通常情况下，编号随着飞行方向依次增加，而且同一条航线内编号不能重复。将根据飞行航线编好号的原始影像进行分类，分为垂直影像和倾斜影像，并且按照影像数据通用格式建立目录分类储存。

在对影像进行修正之后，由于原始影像在拍摄时受不均匀光照、不同拍摄角度和时相差等的影响，而且影像在获取时也会有顺光或逆光的情况，导致影像之间难免存在辐射差异，因此应该对影像进行归一化匀光匀色处理，使影像数据在亮度、饱和度和色相方面保持良好的统一，保证影像经镶嵌处理后的增强处理能够过渡自然，并且具有较为理想的可读性，从而可以更好地应用到生产实践中。

5．产品生产

1）4D 产品

无人机摄影测量产品包括数字高程模型(Digital Elevation Model，DEM)、数字正射影像图(Digital Orthophoto Map，DOM)、数字栅格地图(Digital Raster Graphic，DRG)、数字线划地图(Digital Line Graphic，DLG)，简称 4D 产品。

(1) 数字高程模型。

数字高程模型是在一定范围内通过规则或不规则格网点描述地面高程信息的数据集，用于反映区域地貌形态的空间分布，如图 6-12 所示。数字高程模型是地形起伏的数字表达，它表示地形起伏的三维有限数字序列，通常是用一系列地面点的平面坐标 X、Y 及该地面点的高程 Z 组成的数据阵列。当数据点呈现规则分布时，数据点的平面位置便可以由起始点的坐标和方格网的边长等参数来准确确定。

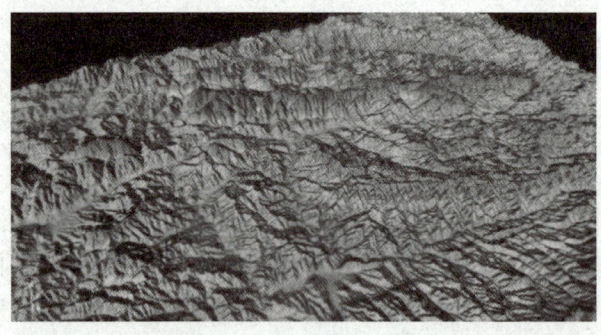

图 6-12　数字高程模型

数字高程模型的应用是多领域的，且新的应用还在不断地被开发。在测绘中，数字高程模型可用于绘制等高线图、坡度图、坡向图、立体透视图、立体景观图，并应用于制作正射影像图、立体地形模型及修测地图。在各种工程中，数字高程模型可用于体积和面积的计算、各种剖面图的绘制及线路的设计。在军事中，数字高程模型可用于巡航导弹的导航,无人驾驶或遥控飞行装置的控制,武器和传感器发展计划、通信计划、作战任务计划的制订,等等。在遥感中,数字高程模型可作为分类的辅助数据,在环境与规划中可用于土地利用现状的分析、各种规划的制订及洪水险情的预报等。

(2) 数字正射影像图。

数字正射影像图是利用数字高程模型对经过扫描处理的数字化航空影像或者遥感影像(单色或彩色),逐个像元进行辐射改正、微分纠正,再进行影像镶嵌,并按规定图幅范围裁剪生成的影像数据,带有公里格网、图廓(内、外)整饰和注记的平面图,如图6-13所示。数字正射影像图和地图一样,不存在变形,它是地面上的信息在影像图上真实客观的反映,但所包含的信息远比普通地图丰富,可读性更强。数字正射影像图同时具有地图几何精度和影像特征,是国家基础地理信息数字成果的主要组成部分。

图 6-13　数字正射影像图

(3) 数字栅格地图。

数字栅格地图是现有纸质地形图经计算机处理后得到的栅格数据文件,如图 6-14 所示。数字栅格地图一般由矢量的数字线划地图直接进行格式转换得到,因此在内容、几何精度和色彩上与基本比例尺地形图保持一致。

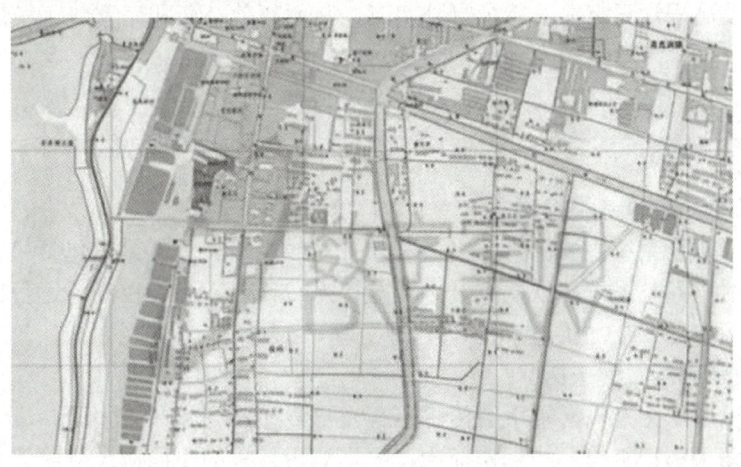

图 6-14　数字栅格地图

(4) 数字线划地图。

数字线划地图是将现有地形图上基础地理要素分层存储所得的矢量数据集,如图 6-15 所示。数字线划地图既包括空间信息也包括属性信息,可用于建设规划、资源管理、投资环境分析等各个方面,也可作为人口、资源、环境、交通、治安等各专业信息系统的空间定位基础。

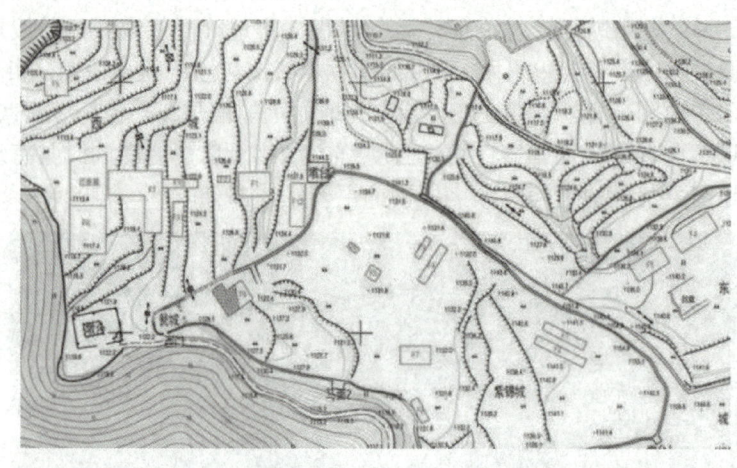

图 6-15 数字线划地图

2) 4D 产品生产路径

对影像数据预处理后,可借助相机参数、影像控制测量成果等资料进行空三加密,待空三加密精度满足规范要求后,有以下两条路径生产 4D 产品。

(1) 利用全数字摄影测量工作站采集和编辑地形特征点、特征线和高程数据,构成三角形网,生成数字高程模型数据;然后利用数字高程模型数据对匀光后的影像进行正射纠正,勾绘拼接线完成影像拼接,按成果分幅和挂图要求完成裁图,得到数字正射影像图。

(2) 直接利用全数字摄影测量工作站进行立体采集,获得初始数字线划地图;然后进行野外调绘工作,利用 GNSS-RTK 实时测量定位,并利用全站仪对新增地物、立体模型中的不清楚地物及高程注记点等进行全野外实测,从而有效补充和完善数字线划地图数据。

6.3.4 系统

1. 无人机摄影测量系统组成

无人机摄影测量系统主要由硬件系统和软件系统组成。硬件系统包括机载系统、地面监控系统及发射与回收系统;软件系统则涵盖了航线设计、飞行控制、远程监控、航空摄影检查、数据预处理 5 个主要的系统。

2. 无人机传感器及其选择

用于航空摄影的无人机上常用的传感器有光学传感器(非量测型相机、量测型相机等)、多镜头集成倾斜摄影相机等。实际作业中,根据测量任务的不同,还会配置相应的任务载荷。无人机传感器的选择主要应关注以下几个方面的内容:①相机的光圈、快门、CCD 尺寸、芯片处理速度、镜头质量等关键参数；②相机标定(任务前或任务后进行标定)，可考虑用便携板进行标定，有利于提高精度(0.3～0.1m)；③相机模式，选择全手动模式(起飞前进行测光)；④焦距选择，避免盲目选择长焦距。与星载光学测绘系统相比，航空测绘系统在成像分辨率、测绘精度、信噪比、辐射特性测量、成图比例、测绘成本、操作灵活性等方面具有较大优势。

经过将近百年的发展，航空测绘装备技术水平发生了质的飞跃，最初的胶片式航拍相机已逐渐退出市场，正在被装有线阵或面阵探测器的数字式、多光谱相机所代替，系统的信息获取能力和数据丰富程度大幅提升。航空测绘的内涵也发生了根本性的转变，由传统的航空摄影测量发展为航空遥感测绘。目前的航空测绘相机主要是线阵和面阵 CCD 多光谱数字相机。

随着航空测绘任务的多样化发展和不断深入，用户所需的测绘信息类型更加丰富，这对航空测绘装备的发展起到了重要的推动作用。从目前的航空测绘装备技术水平和系统配置来看，测绘相机和机载 LiDAR 已经具有较好的工作精度，测绘相机和机载 LiDAR 相融合已成为发展的必然趋势。

3. 无人机机型选择

利用无人机进行摄影测量，首先应根据任务、项目的技术要求，选择合适机型的无人机。无人机摄影测量中航空摄影平台作为原始影像获取的重要设备，有着不可替代的作用和地位。航空摄影飞行器与航空摄影仪组成了航空摄影平台。选择无人机机型时主要应关注以下几个方面。①飞行速度：飞行速度越慢，像点位移越小；②飞行平稳度：飞机应平稳，保证重叠度；③续航时间：续航时间的长短直接影响作业效率；④有效荷载：摄像机、云台和通信设备不能过重，一般数千克以内；⑤易操作：方便维修与保养。航空摄影仪的性能参数对飞行载体提出了明确需求，飞行载体允许到达的高度、速度和效率为航空摄影仪提供了直观的选择依据。

在实际的测绘生产中，首先应根据航空摄影项目要求，结合航空摄影仪的性能参数，选择符合项目要求的航空摄影平台；然后根据航空摄影项目范围、天气、空域等情况，结合各类飞行器的性能特点，选择符合项目要求的航空载体，大致可分为多旋翼无人机、固定翼无人机、无人直升机、无人飞艇、无人伞翼机等，目前的无人机摄影测量多用前两种。

1) 多旋翼无人机

多旋翼无人机(图 6-16)自重和载重较轻，续航时间短，载荷一般不到 5kg，滞空时间短，无法完成长距离、大面积地理信息测绘；但其操控性强，可垂直起降和悬停，主要适用于低空、低速、有垂直起降和悬停要求的任务类型。多旋翼无人机的工作效率较低，且大多续航能力在 30min 以内，因此只适用于小范围的测绘任务。

2) 固定翼无人机

固定翼无人机(图 6-17)类似于传统飞机，具有固定的翅膀，通过前进时翅膀与空气的互动产生升力。固定翼无人机通常较长，且翼展较宽，外观上更类似于小型飞机。由于其高效的空气动力学设计，固定翼无人机能够在较低的能量消耗下飞行更长的时间和更远的距离。固定翼无人机对场地的要求较高，适合空旷地区大范围的测绘任务。

图 6-16 多旋翼无人机

图 6-17 固定翼无人机

4. 无人机航线规划

无人机航线规划是任务规划的核心内容，它需要综合应用导航技术、地理信息技术及远程感知技术，以获得全面详细的无人机飞行现状及环境信息，并结合无人机自身的技术指标特点，按照一定的航线规划方法，制定出最优或次优路径。因此，无人机航线规划需要充分考虑电子地图的选取、标绘，以及航线的预先规划及在线调整时机。

电子地图在无人机航线规划中的作用是显示无人机的飞行位置、画出飞行航线、标注规划点及显示规划航线等。一般情况下，电子地图可直接安装于无人机地面控制站，选取合适的地图插件，可与地面站软件进行较好的集成。

无人机航线规划一般分为两步：第一步是飞行前预规划，即根据既定任务，结合环境限制与飞行约束条件，从整体上制定最优参考路径；第二步是飞行过程中的重规划，即根据飞行过程中遇到的突发状况，如地形、气象变化、未知限飞或禁飞因素等，局部动态地调整飞行路径或改变动作任务。

无人机航线规划的内容包括出发地、途经地、目的地的位置信息、飞行高度和速度，以及需要到达的时间段。

无人机航线规划应遵循以下原则。

(1) 一般按东西向平行于图廓线直线飞行，特定条件下亦可做南北向飞行或沿道路、河流、海岸、境界等方向飞行。

(2) 曝光点应尽量采用数字高程模型依地形起伏逐点设计。

(3) 进行水域、海区摄影时，应尽可能避免像主点落水，要确保所有岛屿达到完整覆盖，并能构成立体像对。

此外，无人机航线规划还必须考虑无人机的燃料限制和射程约束。

5. 无人机摄影测量注意事项

无人机摄影测量外业飞行时需充分考虑当地的气象条件、场地条件等因素，各方面条件许可时才可进行外业操作。

1) 气象条件

航空摄影季节和航空摄影时间的选择应遵循以下原则。

(1) 航空摄影季节应选择摄区最有利的气象条件所在季节，应尽量避免或减少地表植被和其他覆盖物(如积雪、洪水、扬沙等)对摄影和测图的不利影响，确保航空摄影影像能够真实地显现地面细部。

(2) 航空摄影时，既要保证具有充足的光照度，又要避免过大的阴影。航空摄影时间一般应根据表 6-2 规定的摄区太阳高度角和阴影倍数确定。

表 6-2　摄区太阳高度角和阴影倍数

地形类别	太阳高度角/(°)	阴影倍数
平地	>20	<3
丘陵地和一般城镇	>25	<2.1
山地和大、中城市	≥40	≤1.2

(3) 沙漠、戈壁、森林、草地及大面积的盐滩、盐碱地，当地正午前后各 2h 内不应摄影。

(4) 陡峭山区和高层建筑物密集的大城市应在当地正午前后各 1h 内摄影，条件允许时，可实施云下摄影。

2) 场地条件

根据无人机的起降方式，寻找并选取适合的起降场地。非应急性质的航空摄影作业，起降场地应满足以下要求。

(1) 距离军用、商用机场须在 10km 以上。

(2) 起降场地相对平坦、通视良好。

(3) 远离人口密集区，半径 200m 范围内不能有高压线、高大建筑物、重要设施等。

(4) 起降场地地面应无明显凸起的岩石块、土坎、树桩，也无水塘、大沟渠等。

(5) 附近应无正在使用的雷达站、微波中继、无线通信等干扰源，在不能确定的情况下，应测试信号的频率和强度，如对系统设备有干扰，须改变起降场地。

(6) 无人机采用滑跑起飞、滑行降落的，滑跑路面条件应满足其性能指标要求。

无人机使用野外临时起降场时，飞行员或机组其他人员应提前筛选场地，对临时起降场的净空条件、风向气流条件等进行审核。临时起降场选定后，应及时上报飞行管制部门进行确认。同时，条件许可时应将临时起降场使用情况通报当地公安局，取得使用许可。

3) 航空摄影实施

航空摄影实施应满足以下要求。

(1) 使用机场时，应按照机场相关规定飞行；不使用机场时，应根据飞行器的性能要求，选择起降场地和备用场地。

(2) 航空摄影实施前应制订详细的飞行计划，且应针对可能出现的紧急情况制订应急预案。

(3) 超轻型飞行器航空摄影系统实施航空摄影时，风力应不大于 5 级；无人机航空摄影系统实施航空摄影时，固定翼飞机、无人直升机要求风力应不大于 4 级；无人飞艇等要求风力应不大于 3 级。

6. 无人机倾斜摄影

倾斜摄影是摄影机主光轴明显偏离铅垂线或水平方向并按一定倾斜角进行的摄影。它改变了以往航空摄影测量只能使用单一相机从垂直角度拍摄地物的局限，通过在同一飞行平台上搭载多台传感器，同时从垂直、侧视和前后视等不同角度采集影像(倾斜角度在 15°～45°之间)，获取地面物体更为完整准确的信息。垂直地面角度拍摄获取的影像称为正片(1

组影像),镜头朝向与地面成一定夹角拍摄获取的影像称为斜片(4 组影像)。倾斜摄影的出现,给三维地理信息获取带来了颠覆性变革,开启了三维地理信息的新时代。

相比于垂直摄影技术,在利用无人机倾斜摄影技术获取影像时,每一次曝光可以同时得到目标物前、后、左、右及下视图 5 个方向的影像;相机之间通过时间同步装置进行成像时间精确对准;通过姿态测量装置获取影像姿态和位置参数;由计算机控制系统负责对以上部件进行数据采集控制,发送同源触发信号启动多台面阵相机,实现同步数据采集。无人机每次飞行获取的影像数是垂直摄影测量获取影像数的 5 倍,其中正片提供建筑物的顶部信息,主要用于数字正射影像图/数字线划地图制作、大比例测图等;斜片为建筑物提供更为丰富的侧面纹理信息,主要用于纹理提取、建筑物高度量测等。

无人机倾斜摄影技术具有以下特点。

(1) 反映地物周边真实情况。相对于正射影像,倾斜影像能让用户从多个角度观察地物,更加真实地反映地物的实际情况,极大地弥补了基于正射影像应用的不足。

(2) 倾斜摄影可实现单张影像量测。通过配套软件的应用,可直接基于成果影像进行包括高度、长度、面积、角度、坡度等的量测,拓宽了倾斜摄影技术在行业中的应用范围。

(3) 可采集建筑物侧面纹理。针对各种三维数字城市应用,利用航空摄影大规模成图的特点,加上从倾斜影像批量提取及贴纹理的方式,能够有效降低城市三维建模成本。

无人机倾斜摄影技术不仅在摄影方式上区别于传统的垂直摄影技术,其后期数据处理及成果也大不相同。无人机倾斜摄影技术的主要目的是获取地物多个方位(尤其是侧面)的信息,并可供用户多角度浏览、实时量测、三维浏览等,以获取多方面的信息。

无人机倾斜摄影技术以大范围、高精度、高清晰的方式全面感知复杂场景,通过高效的数据采集设备及专业的数据处理流程生成的数据成果,可直观反映地物的外观、位置、高度等属性,为真实效果和测绘级精度提供保证;还提升了模型的生产效率,采用人工建模方式需要一两年才能完成的一个中小城市建模工作,通过倾斜摄影建模方式只需 3~5 个月即可完成,大大降低了三维模型数据采集的经济代价和时间代价。

6.4　三维激光扫描技术

6.4.1　概述

三维激光扫描技术是一种先进的全自动高精度立体扫描技术,又称"实景复制技术"。它是继 GNSS 空间定位技术后的又一项测绘技术革新,将使测绘数据的获取方法、服务能力与水平、数据处理方法等进入新的发展阶段。三维激光扫描技术是一种集成了多种高新技术的新型测绘技术,可实现空间三维坐标的同步、快速、精确获取,能再现客观事物的真实的、实时的形态特性。三维激光扫描为快速获取空间信息提供了简单有效的手段。

传统的大地测量方法，如三角形网测量、GNSS 测量都是基于点的测量方法，而三维激光扫描是基于面的数据采集方式。三维激光扫描获得的原始数据为点云数据。点云数据是大量扫描离散点的结合。三维激光扫描的主要特点是实时性、主动性、适应性好。三维激光扫描数据经过简单的处理就可以直接使用，无须复杂的费时费力的数据后处理；且无须和被测物体接触，可以在很多复杂环境下应用；并且可以和 GNSS 等集合起来实现更强、更多的应用。三维激光扫描技术作为目前发展迅猛的新技术，必定会在诸多领域得到更深入和广泛的应用。

三维激光扫描技术是利用激光测距的原理，通过记录被测物体表面大量密集点的三维坐标信息、反射率和纹理信息，采集各种大实体或实景的三维数据，进而快速复建出被测目标的三维模型及线、面、体等各种图件数据，再结合其他各领域的专业应用软件，将所采集的点云数据进行各种后处理应用。

三维激光扫描作业的总体工作流程包括技术准备与技术设计、数据采集、数据预处理、成果制作、质量控制与成果归档。其工作过程大致分为计划制订、外业数据采集和内业数据处理三部分。

6.4.2 分类

三维激光扫描仪按有效扫描距离可分为短距离激光扫描仪、中距离激光扫描仪、长距离激光扫描仪；按测量原理可分为脉冲式激光扫描仪、相位式激光扫描仪。按扫描平台的不同，三维激光扫描系统分为地面三维激光扫描系统、车载三维激光扫描系统、机载三维激光扫描系统、星载三维激光扫描系统、手持三维激光扫描系统。

1. 地面三维激光扫描系统

地面三维激光扫描系统由多个部分组成，主要包括三维激光扫描仪、扫描仪工作平台、软件控制平台、数据处理平台、标靶球、三脚架以及电源和其他附件设备，如图 6-18 所示。随着技术的发展，有些地面三维激光扫描系统还装载有相机和 GNSS 设备。

地面三维激光扫描系统的优势如下。

(1) 速度快，可节约大量的时间，测量完整，可精确获取静态物体的精细三维坐标。
(2) 不需要接触物体，昏暗和夜间环境都不影响外业测量。
(3) 特别适合表面复杂的物体及其细节的测量。
(4) 可快速而准确地确定表面、体积、断面、截面、等值线等。

2. 车载三维激光扫描系统

车载三维激光扫描系统又称车载激光雷达，是一种移动型三维激光扫描系统，可以通过发射和接收激光束，分析激光遇到目标对象后的折返时间，计算出目标对象与车的相对距离，并利用收集的目标对象表面大量密集点的三维坐标、反射率等信息，快速复建出目标的三维模型及各种图件数据，建立三维点云图，绘制出环境地图，以达到环境感知的目的。

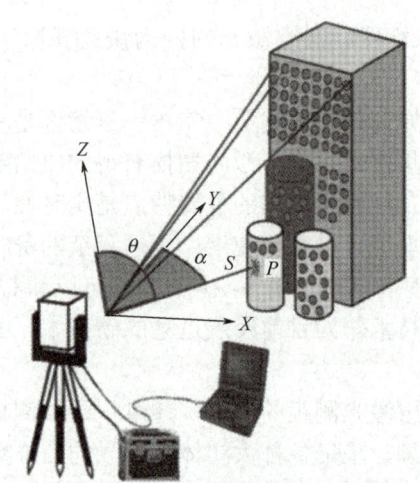

α—竖直角；θ—水平角；S—仪器到目标点P的距离；P—目标点。

图 6-18　地面三维激光扫描系统

车载三维激光扫描系统的传感器部分集成在一个过渡板上，该过渡板被稳固连接在普通车顶行李架或定制部件上。支架可以分别调整激光传感器头、数码相机、惯性测量单元(IMU)及 GNSS 天线的姿态或位置。高强度的结构足以保证传感器头与导航设备间的相对姿态和位置关系稳定不变。

数据采集车在行驶过程中，其配备的计算机可以同时将传感器获取的数据进行存储，定姿、定位系统可以利用 GNSS 动态差值得到，以测定以传感器系统中心为测量原点的大地坐标，惯性测量单元提供精确测量的传感器系统的实时姿态，三维激光扫描仪可以对道路路面及道路两边的建筑物、树木、路灯等地物进行逐点扫描，同时全景相机可以采集道路两边的全景影像，以上所有的传感器都是通过时间同步控制器触发脉冲实现数据同步采集的，车载上方的平台将所有传感器固定在一起，这样就保证了传感器与平台之间的姿态同步，各传感器之间的坐标关系也就可以确定。

3. 机载三维激光扫描系统

机载三维激光扫描系统(图 6-19)是以飞机作为搭载平台，以激光扫描测距系统为传感器，从空中获取地面三维空间点云信息，同时获取强度信息和地面影像信息的一种新型测量手段。其系统组成主要包括以下部分。

(1) GNSS 接收机，用于测定激光信号发射点的空间位置。

(2) 惯性导航系统(INS)，用于确定系统姿态参数。

(3) 激光扫描测距系统，用于测定激光发射参考点到地面激光脚点之间的距离。

(4) 成像装置，用于拍摄地面目标。

(5) 同步控制装置，用于确保 GNSS 接收机、惯性测量单元(IMU)和激光扫描测距系统三者之间时间精度同步。

机载三维激光扫描系统主要通过测定扫描仪的坐标信息、姿态信息及扫描仪到地面目标的距离来解算地面目标点的精确坐标。其中，装载在飞行器上的扫描仪的位置信息由 GNSS 接收机获得，惯性导航系统(INS)用于获取飞行器在飞行过程中的姿态变化信息,高精度的激光扫描仪用于获取扫描仪与地面点之间的距离,进而解算出地面点的三维坐标。

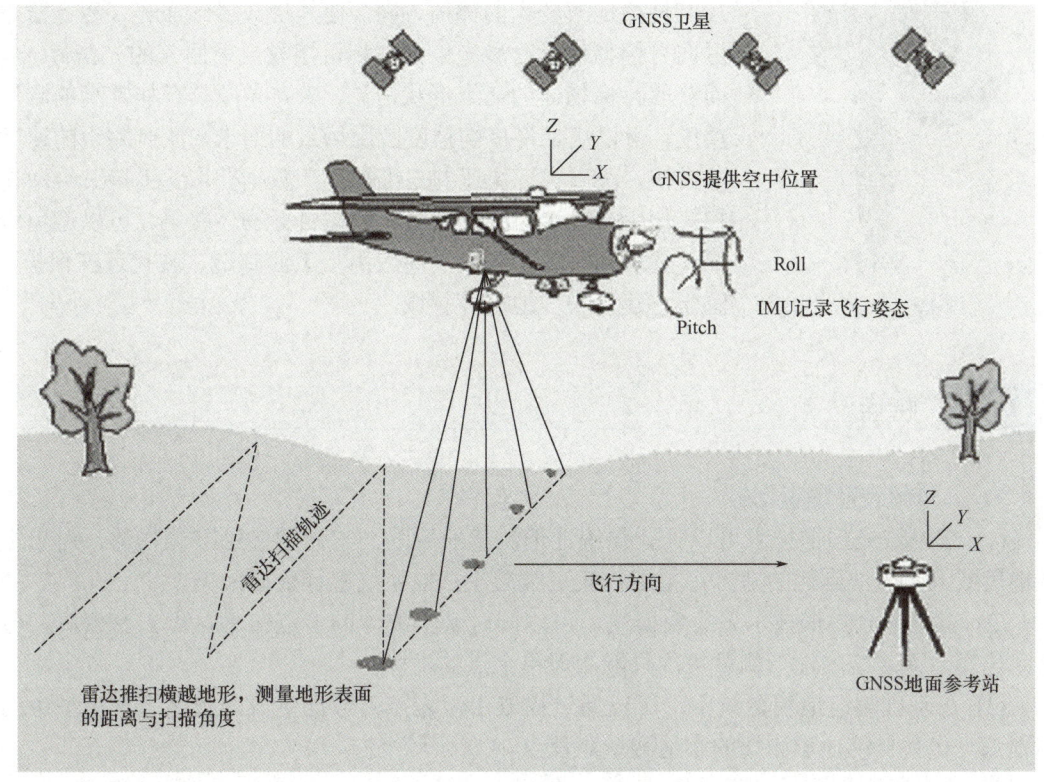

图 6-19 机载三维激光扫描系统

机载三维激光扫描系统的特点如下。

(1) 它是一种直接主动式测量方法,受天气条件的影响小。
(2) 地面控制工作大大减少,基本不需要地面控制点,大大提高了作业速度。
(3) 作业安全,它能进行危险地区(如沼泽地带、大型垃圾堆等)的测图工作。
(4) 作业周期快,易于更新,时效性强。
(5) 激光脉冲信号能部分穿过植被,是目前测定森林覆盖地区地面高程的唯一可行技术。
(6) 可以进行电力线检查。
(7) 不受地域地形限制,可同时测量地面和非地面层。

4. 星载三维激光扫描系统

星载三维激光扫描系统主要包括空中测量平台、三维激光扫描仪、GNSS、惯性导航系统(INS)、小幅面数码相机(DSS)等其他附件及一系列数据处理软件。它将三维激光扫描仪和航空数码摄像机装载在卫星上,利用激光测距原理和航空摄影测量原理,快速获取地球表面的坐标数据和影像数据。

这一技术可用于快速生产数字高程模型,在测绘、地理信息、环境监测等领域有广泛的应用前景。

5. 手持三维激光扫描系统

手持三维激光扫描系统主要利用激光整形技术，通过光栅片有规律地改变光的传播方向，使其形成多线激光，激光器通过向目标物体发射激光束并被相机接收反射回来的光信号，从而获取目标物体的三维形状信息。激光光源具有非常高的测量精度，可以满足许多高精度应用场景的需求，激光测距的速度非常快，可以实现快速的三维扫描和数据获取。手持三维激光扫描仪(图6-20)的激光光源无须与目标物体接触，可以避免对物体造成损伤或污染，主要应用于工业制造、文化遗产保护、医学、建筑与房地产等领域。

图 6-20　手持三维激光扫描仪

6.4.3　特点

1. 与传统地形测量比较

(1) 三维激光扫描技术可以弥补传统地形测量的缺陷，它无须接触被测物体，对于危险地段或人工无法到达的地方可采用机载三维激光扫描系统进行数据采集。

(2) 三维激光扫描技术采集数据快，可以同时采集物体的多点信息，点云密度高，分辨率也高，而传统的地形测量每次只能测得单个点的坐标。

(3) 在基础测绘地貌更新中，可以通过提取由激光点云数据生成的数字高程模型中的高程点，代替传统地形测量的实地测量高程点。

2. 与摄影测量技术比较

1) 相同之处

(1) 两者都主要用于获取地面物体的信息。

(2) 在设备硬件组成上，POS系统都是重要的组成部分。

(3) 二者目前都可以搭载在飞机、汽车、三脚架等平台上。

(4) 数据产品相同，摄影测量技术可以获取航空影像，对影像处理后可以生成数字高程模型、数字表面模型、数字正射影像图等数字产品。

2) 不同之处

(1) 三维激光扫描技术是获取物体表面的点云数据，而摄影测量技术是对物体进行摄影拍照，两者的数据格式不相同。

(2) 三维激光扫描技术获取的点云主要通过坐标匹配方式进行拼接，而摄影测量技术采用立体模型定向方式进行拼接，两者的数据拼接方式不相同。

(3) 三维激光扫描技术能够获取物体表面的大量三维点云数据，它具有很高的还原度和精确度，而摄影测量技术获取的二维照片很难达到那么高的还原度和精确度。

(4) 三维激光扫描技术不受温度等其他因素的限制，而摄影测量技术对光线、温度要求高，而且需要相应的专业拍摄人员才能达到一定的精度。

6.4.4 工程应用

随着三维激光扫描技术的发展,其应用范围在不断拓展,无论是地面三维激光扫描系统、车载三维激光扫描系统,还是机载三维激光扫描系统等,都有了广泛的应用。如在基础测绘地貌更新中,利用获取的激光点云,通过去除部分噪声点并进行栅格化,可以快速生成高质量的数字表面模型(DSM);利用自动化方法结合人工编辑对激光点云进行进一步的滤波操作,滤除其中的非地面点,可以得到高质量的数字地形模型(DTM)。另外,可以利用通过激光雷达技术获取的高精度激光点云制作地形三维模型等。同时,由于激光雷达具有全天时、全天候的测距能力,测量精度和测距能力受光照、气象、雾霾等条件影响较小,测距方向性和稳定性好,即便是在恶劣的天气条件下也能够正常工作,因此三维激光扫描技术可以广泛应用于各个行业(图6-21)。

图6-21 三维激光扫描技术的工程应用

自动全站仪又称测量机器人,是一种集自动目标识别、自动照准、自动测角与测距、自动目标跟踪、自动记录于一体的测量平台。它可实现对目标的快速判别、锁定、跟踪、

自动照准和高精度测量，可以在大范围内实施高效的遥控测量。

GNSS 的全称是全球导航卫星系统，它是指能在地球表面或近地空间的任何地点为用户提供全天候的三维坐标和速度及时间信息的空基无线电导航定位系统，它包括一个或多个卫星星座及其支持特定工作所需的增强系统。全球导航卫星系统包括中国的北斗卫星导航系统(BDS)、美国的全球定位系统(GPS)、俄罗斯的格洛纳斯导航卫星系统(GLONASS)和欧盟的伽利略导航卫星系统(Galileo)。

GNSS 绝对定位方法的实质，即是测量学中的空间距离后方交会。

北斗系统由空间段、地面控制段和用户段三部分组成。北斗系统创新融合了导航与通信能力，具有导航授时服务、短报文通信服务、星基增强服务、地基增强服务、精密绝对定位服务、国际搜救服务等功能。

无人机摄影测量作业流程：①任务提出、空域申请；②作业飞行；③数据检查；④影像数据预处理；⑤产品生产。

三维激光扫描技术是一种先进的全自动高精度立体扫描技术，又称"实景复制技术"，它是一种集成了多种高新技术的新型测绘技术，可实现空间三维坐标的同步、快速、精确获取，能再现客观事物的实时的、真实的形态特性。三维激光扫描为快速获取空间信息提供了简单有效的手段。按扫描平台不同，三维激光扫描系统可分为地面三维激光扫描系统、车载三维激光扫描系统、机载三维激光扫描系统、星载三维激光扫描系统、手持三维激光扫描系统。

习　题

简答题

1. 什么是自动全站仪？它由哪些部分组成？
2. GNSS 的特点有哪些？
3. 北斗系统的特点是什么？
4. 简述摄影测量作业流程。
5. 无人机航线规划应遵循的原则有哪些？
6. 按照扫描平台不同，三维激光扫描系统可以分为哪几类？

在线答题

第 7 章 地形图的测绘与应用

思维导图

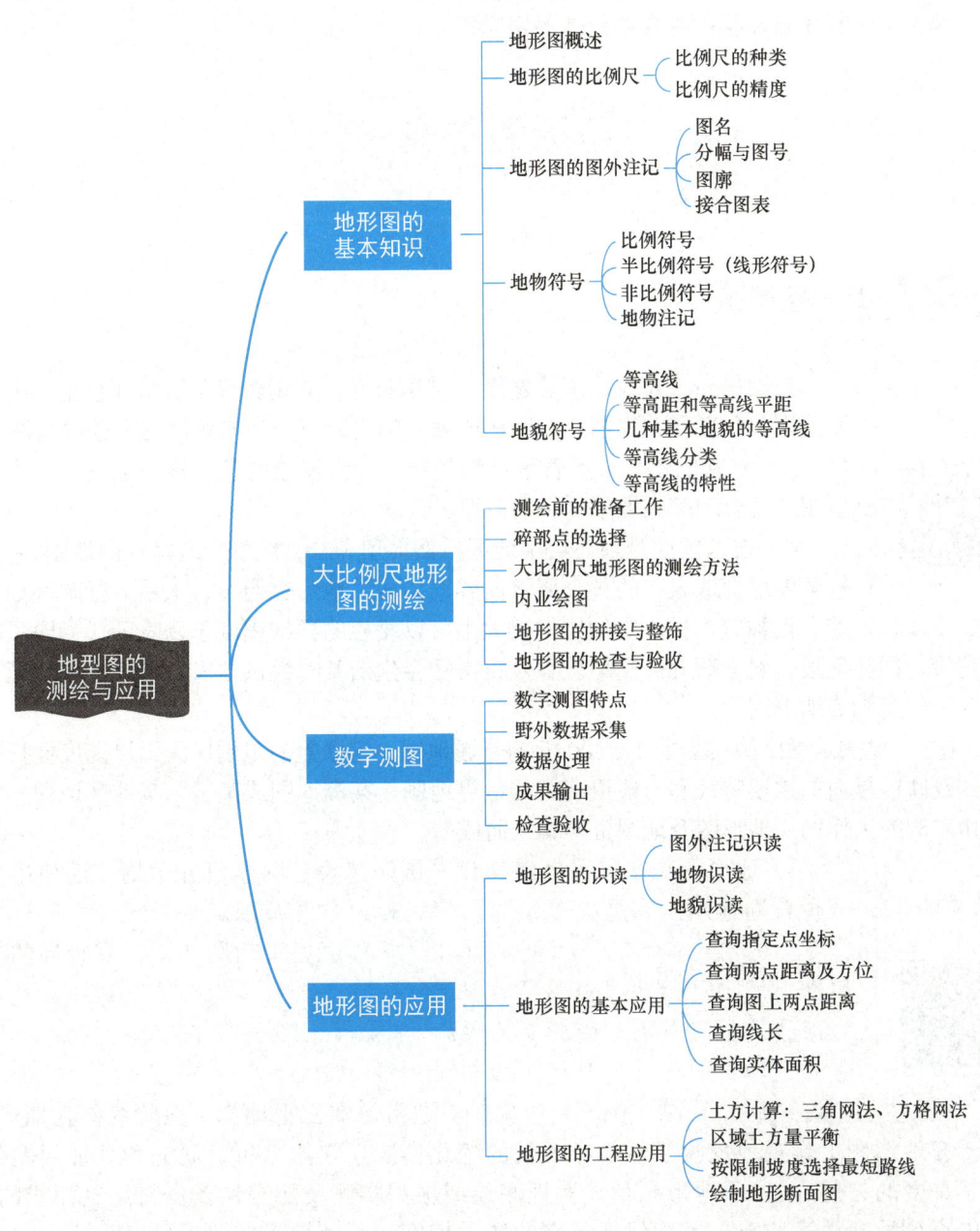

【引言】

在对城市进行规划设计时,首先要按城市各项建设对地形的要求并结合实地的地形进行分析,以便充分合理地利用和改造原有地形。规划设计所用的地形图,根据城市用地范围的大小,在总体规划阶段,常选用比例尺为 1∶10000 或 1∶5000 的地形图;在详细规划阶段,为了满足房屋建筑和各项市政工程初步设计的需要,常选用比例尺为 1∶2000、1∶1000 或 1∶500 的地形图。可见,地形图是城市各项工程建设的基本资料。

那么,怎样才能测得一幅完整的地形图呢?

7.1 地形图的基本知识

7.1.1 地形图概述

地图史话

在国民经济建设、国防建设、科学研究、文化教育及日常社会生活中都要使用各种各样的地图。地图按所表示的内容可分为专题地图和普通地图。

(1) 专题地图是着重表示自然和社会经济现象的某一种或某几种要素的地图,适合于某些领域的专门需要。

(2) 普通地图是描述一个地区自然地理和社会经济一般特征的地图,它比较全面地把地表上的各个要素内容,如居民地、交通网、水系、行政区划界线、土壤、地貌、植被等,按一定的比例尺大小,以相应的详细程度予以表示,为国民经济建设、国防建设、科学研究、文化教育及日常社会生活及时提供地表资料。普通地图又可分为一览图和地形图。

① 一览图是指比例尺小于 1∶100 万的普通地图。它涵盖的范围广大,以高度概括的形式反映区域内的主要特征和一般概况,如世界地图、某洲地图或某国、某地区地图。它是由实测的大比例尺地形图及地图资料编绘而成的。

一张地图的诞生

② 地形图是在国民经济建设、国防建设、科学研究中均广泛使用的一种普通地图。它是按一定的比例尺和一定的范围,表示地表某一局部区域内的地物、地貌平面位置和高程的正射投影图(图 7-1),有较高的实用性。地物是指地球表面相对固定性的物体,具有明确的轮廓线,有自然形成的也有人工建造的,如河流、湖泊、房屋、道路、桥梁等;地貌是对地球表面各种高低起伏形态的通称,它没有明确的分界线,按形态和规模分为山地、丘陵、高原、平原、盆地等。通常习惯上把地物、地貌统称为地形。由于在地形图上客观地反映了地物、地貌的变化情况,它给分析、研究和处理问题带来了许多的方便。又由于地形图是经实地测绘或根据实测及配合调查资料绘制而成的,既能充分反映地表实况,又能保证一定的数学精度,因此地形图在国民经济建设的各

个阶段都有着广泛的应用。

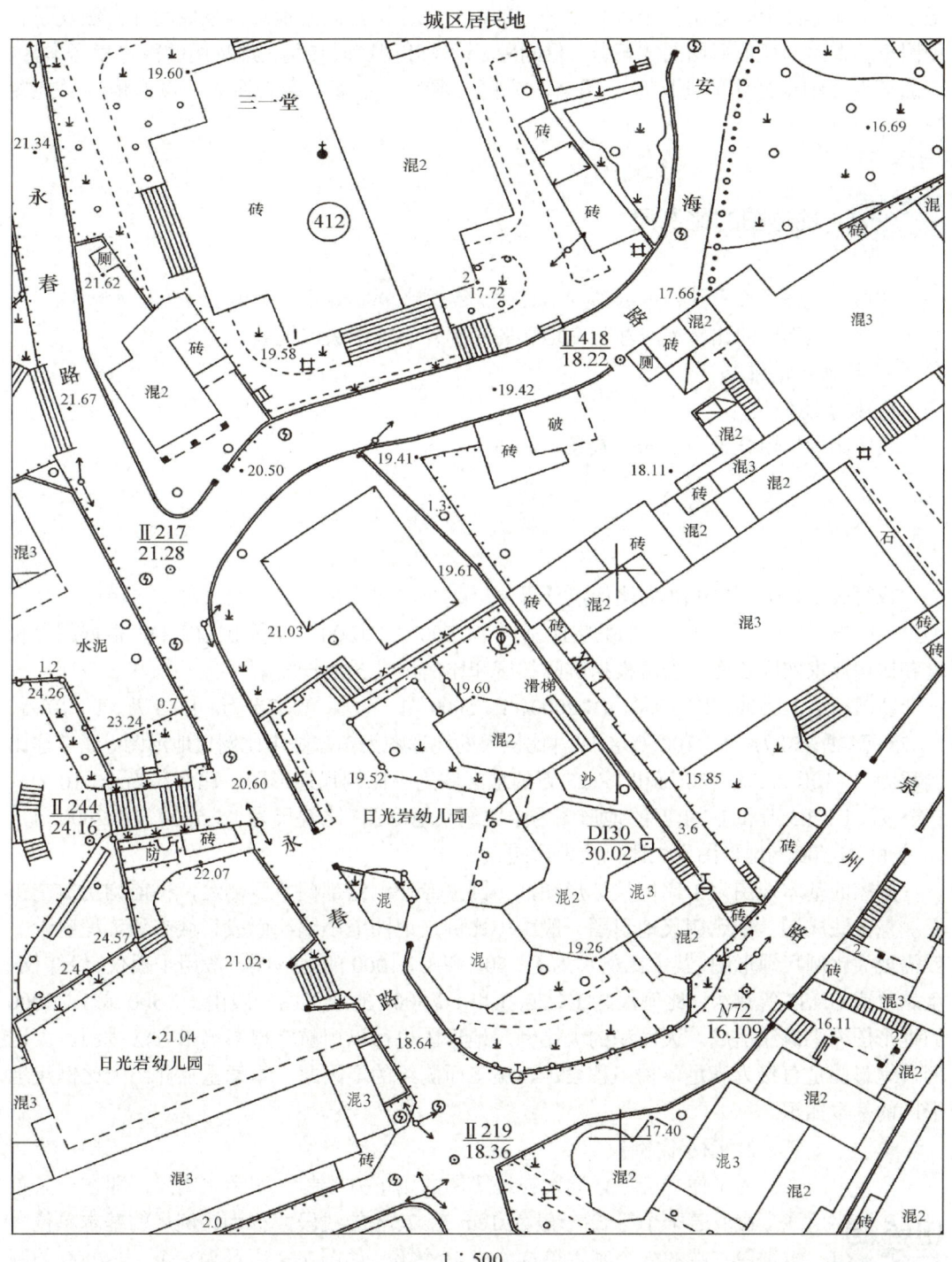

图 7-1　1∶500 地形图

在地形图上需要把地球表面的水系、居民地、交通线、境界线、土壤植被、地貌六大类地形要素用各种符号详尽地表示出来,各种地物、地貌也需要采用各种专门的符号和注记表示在地形图上。为了使全国采用统一的符号,原国家测绘地理信息局制订并颁发了各种国家基本比例尺地形图图式规范,供测图、读图和用图时使用。地形图的内容相当丰富,下面分别介绍地形图的比例尺、图名、分幅与图号、图廓、接合图表,以及地物、地貌符号。

7.1.2　地形图的比例尺

地形图上任意线段的长度 d 与它所代表的地面上的实际水平长度 D 之比,称为地形图的比例尺。地形图的比例尺应注记在地形图图廓外下方中央位置处。

1. 比例尺的种类

1) 数字比例尺

数字比例尺用分子为 1 的分数表示,即

$$\frac{d}{D} = \frac{1}{\dfrac{D}{d}} = \frac{1}{M} \tag{7-1}$$

或写成 1∶M,其中 M 为比例尺分母。M 越大,比值越小,比例尺越小;相反,M 越小,比值越大,比例尺越大。如数字比例尺 1∶500>1∶1000。可利用式(7-1),根据图上长度和比例尺求实际长度,也可根据实际长度和比例尺求图上长度。

我国规定 1∶500、1∶1000、1∶2000、1∶5000、1∶1 万、1∶2.5 万、1∶5 万、1∶10 万、1∶25 万、1∶50 万、1∶100 万这 11 种比例尺的地形图为国家基本比例尺地形图。通常称比例尺为 1∶100 万、1∶50 万和 1∶25 万的地形图为小比例尺地形图;比例尺为 1∶10 万、1∶5 万、1∶2.5 万和 1∶1 万的地形图为中比例尺地形图;比例尺为 1∶5000、1∶2000、1∶1000 和 1∶500 的地形图为大比例尺地形图。

国家的基本地图为中比例尺地形图,由国家专业测绘部门负责测绘,目前均用航空摄影测量方法成图。小比例尺地形图一般由中比例尺地图缩小编绘而成。城市和工程建设一般需要大比例尺地形图,其中比例尺为 1∶500 和 1∶1000 的地形图一般用平板仪、经纬仪、全站仪或 GNSS 等测绘;比例尺为 1∶2000 和 1∶5000 的地形图一般由 1∶500 或 1∶1000 的地形图缩小编绘而成。大面积的大比例尺地形图也可以用航空摄影测量方法成图。大比例尺地形图是直接为满足各种工程设计、施工而测绘的。因此,本章重点介绍大比例尺地形图的基本知识。

地形图比例尺

2) 图示比例尺

为了便于应用,通常在地形图的正下方绘制一图示比例尺,即在一条直线上截取若干个等长(一般为 1cm 或 2cm)的线段,称为比例尺的基本单位,再把最左端的一个基本单位分成 10 等份。如图 7-2 所示为一个 1∶2000 的图示比例尺,其基本单位为 2cm,所表示的实地长度为 40m,分成 10 等份后,每等份 2mm 所代表的实地距离为 4m,图示距离相当于实地距离 118m。

图示比例尺上所注记的数字表示以米为单位的实际距离。图示比例尺除直观、方便外，还有一个突出的特点，就是比例尺能随图纸一起产生伸缩变形，避免了数字比例尺因图纸变形而影响在图上量算的准确性。

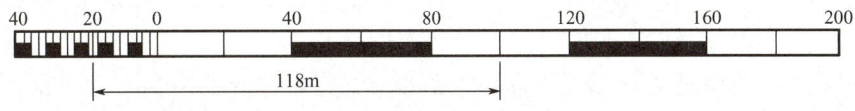

图 7-2 图示比例尺

使用时，用分规的两脚尖对准衡量距离的两点，然后将分规移至图示比例尺上，使一个脚尖对准"0"分划线右端的整分划线，而使另一个脚尖落在"0"分划线左端的小分划段中，则所量的距离就是两个脚尖读数的总和，不足一小分划的零数可目估。

2．比例尺的精度

通常人眼能在图上分辨出的最小距离为 0.1mm。因此，地形图上 0.1mm 所代表的实地水平距离称为比例尺精度，二者的关系见式(7-2)，其中 δ 表示比例尺精度，M 表示比例尺分母。

$$\delta = 0.1M (\text{mm}) \tag{7-2}$$

根据比例尺精度可以确定测图时测量实地距离应精确到什么程度，此外，当确定了要表示地物的最短距离时，可以根据比例尺精度来确定测图的比例尺。例如，用 1∶500 比例尺测图时，其比例尺精度为 0.05m，因此，实地测量距离只需精确到 0.05m 即可。又如，若规定图上应表示出的最短距离为 0.2m，则所采用的图纸比例尺不应小于 $\frac{0.1}{200} = \frac{1}{2000}$。

表 7-1 所示为几种常用的大比例尺地形图的比例尺精度。

表 7-1 几种常用的大比例尺地形图的比例尺精度

比例尺	1∶500	1∶1000	1∶2000	1∶5000	1∶10000
比例尺精度/m	0.05	0.1	0.2	0.5	1.0

从表 7-1 可以看出：比例尺越大，表示地形变化的状况越详细，精度也越高；比例尺越小，表示地形变化的状况越粗略，精度也越低。但比例尺越大，测图所耗费的人力、财力和时间也越多。因此，在各类工程中，应从实际情况出发，合理地选择比例尺，而不要盲目追求大比例尺地形图。工程建设中所使用的地形图比例尺，可根据工程设计、规模大小和运营管理的需要进行选择。表 7-2 所示为地形图比例尺选用情况。

表 7-2 地形图比例尺选用情况

比例尺	用途
1∶5000	可行性研究、总体规划、厂址选择、初步设计等
1∶2000	可行性研究、初步设计、矿山总图管理、城镇详细规划等
1∶1000	初步设计，施工图设计，城镇、工矿总图管理，竣工验收，运营管理等
1∶500	

工程测量技术

7.1.3 地形图的图外注记

图号、图廓及接合图表

1. 图名

图名即本图幅的名称,一般以本图幅内主要的地名、单位或行政名称命名,注记在北图廓外上方中央。如图 7-3 所示,图名为幸福镇。若图名选取有困难,也可不注图名,只注图号。

2. 分幅与图号

为了便于保管和使用地形图,每张地形图应有编号。图号就是该图幅相应分幅方法的编号,注于图幅正上方、图名的下方,如图 7-3 中的"60.0—40.0"。

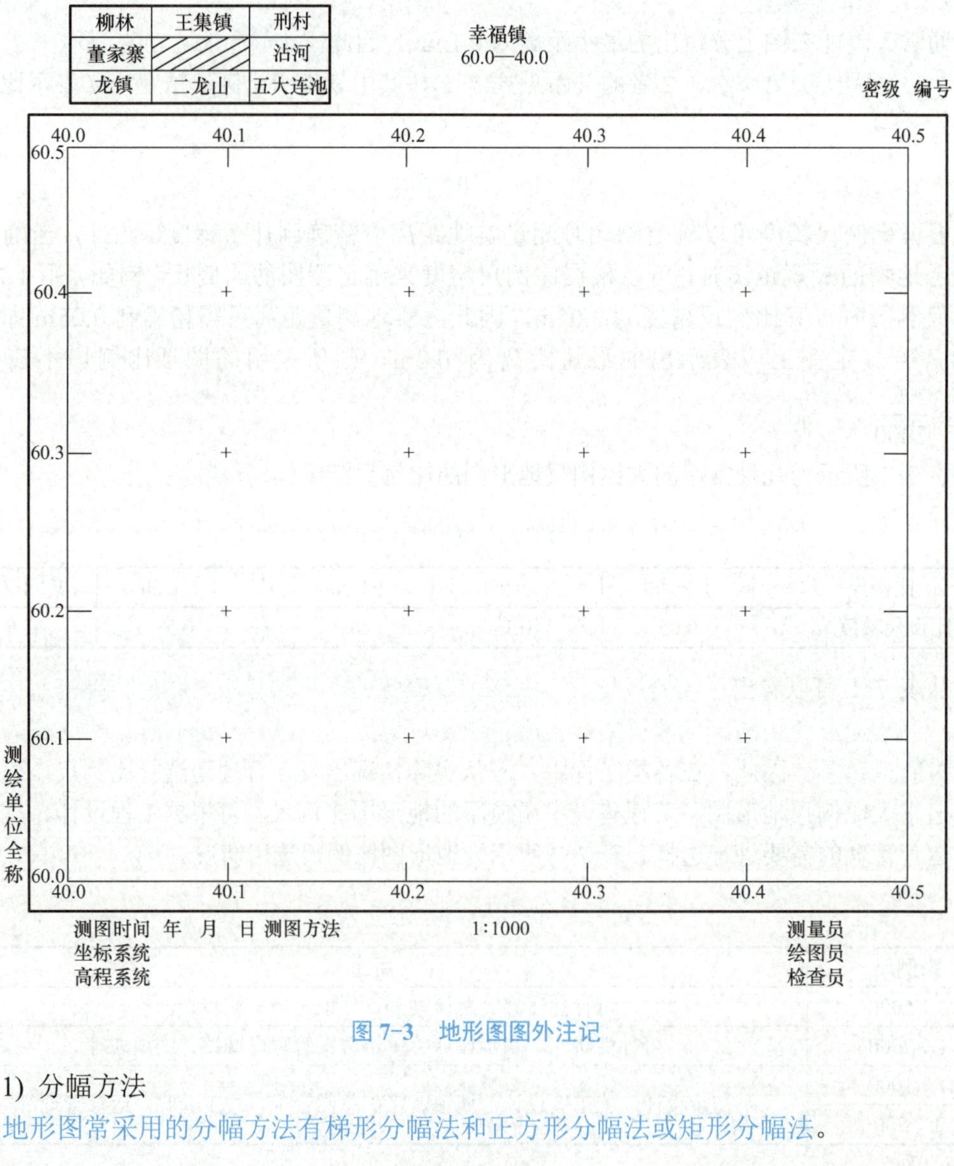

图 7-3 地形图图外注记

1) 分幅方法

地形图常采用的分幅方法有梯形分幅法和正方形分幅法或矩形分幅法。

196

(1) 梯形分幅法。

梯形分幅法是按经纬度来划分的,即左右以经线为界,上下以纬线为界,因图幅形状近似梯形,故称梯形分幅法,主要用于国家基本比例尺(中、小比例尺)的地形图的分幅。新的地形图梯形分幅法以 1∶100 万地形图图幅为基础划分,各种比例尺图幅的经差和纬差不变,其编号是在 1∶100 万地形图图幅编号的基础上接该地形图比例尺代码和该图幅在 1∶100 万地形图上的行、列代码。地形图比例尺代码如表 7-3 所示。

表 7-3 地形图比例尺代码

比例尺	1∶50万	1∶25万	1∶10万	1∶5万	1∶2.5万	1∶1万	1∶5000	1∶2000	1∶5000	1∶500
代 码	B	C	D	E	F	G	H	I	J	K

1∶100 万地形图的分幅与编号采用"国际分幅编号",将整个地球从经度 180°起,自西向东按 6°经差分成 60 个纵列,自西向东依次用数字 1、2、…、60 编列数;从赤道起分别由南向北、由北向南,在纬度 0°～88°的范围内,按 4°纬差分成 22 个横行,依次用大写字母 A、B、C、…、V 表示,如图 7-4 所示。1∶100 万地形图的编号以"横行纵列"的形式来表示。例如郑州市所在的 1∶100 万地形图的编号为 I49。

纵列号与 6°带带号之间有下列关系式。

$$\text{纵列号} = \text{带号} \pm 30$$

当图幅在东半球时取"+"号,在西半球时取"−"号。由于我国位于东半球,故纵列号与带号的关系式为

$$\text{纵列号} = \text{带号} + 30$$

1∶50 万～1∶5000 地形图的编号均以 1∶100 万地形图编号为基础,采用行列编号方法,其编号的组成如图 7-5 所示。其中第一位是该图幅所在的 1∶100 万地形图图幅的行号,第二、三位是该图幅所在的 1∶100 万地形图图幅的列号,第四位是比例尺代码,新的图幅编号后六位是该图幅在 1∶100 万地形图图幅中所处的行列位置,各用三位表示图幅在 1∶100 万地形图图幅中的行号和列号,不够三位时前面补 0。例如,某地所在的 1∶50 万地形图,其 1∶100 万地形图图幅的行号为 I、列号为 49,由表 7-3 可知,1∶50 万地形图的比例尺代码为 B,该图幅在 1∶100 万地形图图幅中位于第 1 行、第 2 列,故该图幅的新编号为 I49B001002。

若要根据某点的经纬度来求取所在 1∶100 万地形图图幅中的行号和列号,可根据经差和纬差用公式计算求得。设图幅在 1∶100 万地形图图幅中的位置行号为 C、列号为 D,则计算公式见式(7-3)。

$$\begin{cases} C = \dfrac{4°}{\Delta B} - \text{int} \dfrac{\text{mod} \dfrac{B}{4°}}{\Delta B} \\ D = \left(\text{int} \dfrac{\text{mod} \dfrac{L}{6°}}{\Delta L} \right) + 1 \end{cases} \quad (7\text{-}3)$$

其中,L、B 为某点的经度、纬度,ΔL、ΔB 为相应图幅的经差、纬差,int 表示取整数

运算，mod 表示取余数运算。很容易用计算机算出该图幅在 1∶100 万地形图图幅中的行列号 C、D；当然也很容易根据某地的经纬度检索所需比例尺地形图的编号，供用图单位到测绘资料管理部门购买、调用地形图。

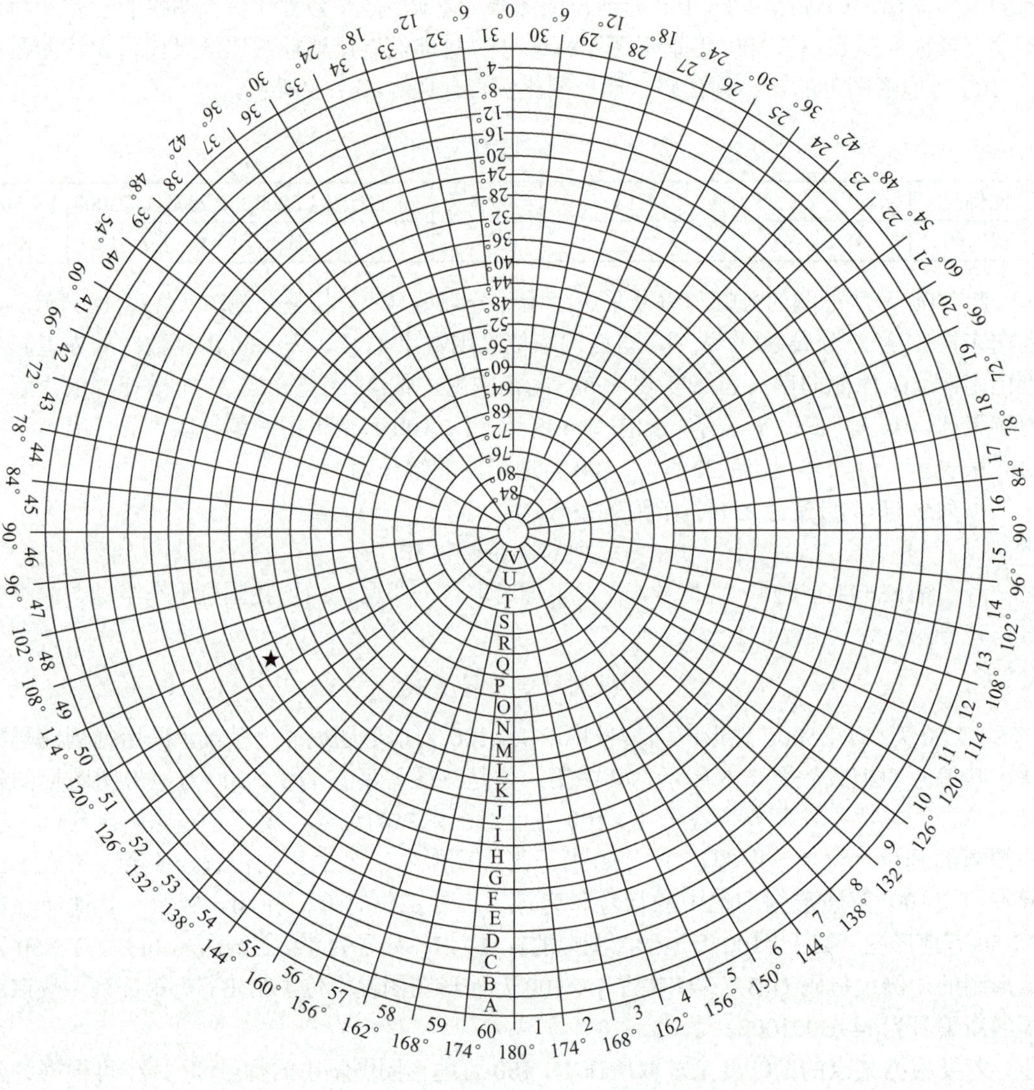

图 7-4 1∶100 万地形图的分幅与编号

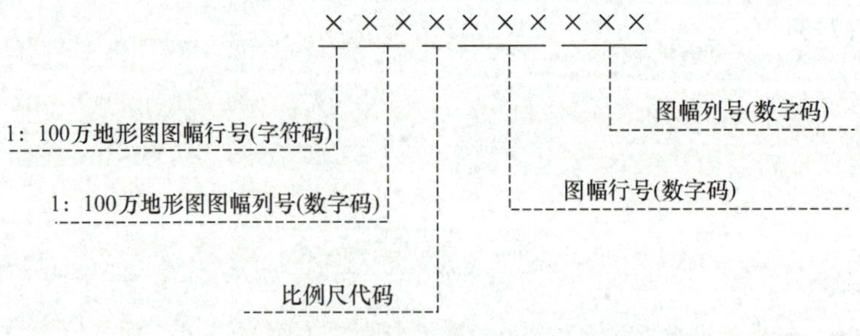

图 7-5 1∶50 万～1∶5000 地形图编号的组成

各种比例尺地形图的经差、纬差及新图幅编号示例如表 7-4 所示。

表 7-4　各种比例尺地形图的经差、纬差及新图幅编号示例

比例尺	经差	纬差	新图幅编号示例
1∶100 万	6°	4°	I49
1∶50 万	3°	2°	I49B001002
1∶25 万	1.5°	1°	I49C002004
1∶10 万	30′	20′	I49D004012
1∶5 万	15′	10′	I49E008023
1∶2.5 万	7′30″	5′	I49F016046
1∶1 万	3′45″	2′30″	I49G032096
1∶5000	1′52.5″	1′45″	I49H064192

(2) 正方形分幅法或矩形分幅法。

正方形分幅法或矩形分幅法是按统一的直角坐标纵、横坐标格网线划分的，主要用于工程建设的大比例尺地形图的分幅。在 1∶500、1∶1000、1∶2000 地形图上，一般采用 50cm×50cm 的正方形分幅或 40cm×50cm 的矩形分幅，根据需要也可采用其他规格的分幅。

正方形分幅法或矩形分幅法的图廓规格及图幅大小见表 7-5。

表 7-5　正方形分幅法或矩形分幅法的图廓规格及图幅大小

比例尺	图幅大小 /cm×cm	实地面积 /km²	一幅 1∶5000 地形图包含的图幅数	每平方千米图幅数	图廓坐标值/m
1∶5000	40×40	4	1	0.25	1000 的整数倍
1∶2000	50×50	1	4	1	1000 的整数倍
	40×50	0.8	5	1.25	纵坐标 800 的整数倍；横坐标 1000 的整数倍
1∶1000	50×50	0.25	16	4	500 的整数倍
	40×50	0.2	20	5	纵坐标 400 的整数倍；横坐标 500 的整数倍
1∶500	50×50	0.0625	64	16	50 的整数倍
	40×50	0.05	80	20	纵坐标 20 的整数倍；横坐标 50 的整数倍

2) 编号方法

正方形分幅或矩形分幅的编号方法有 3 种。

(1) 坐标编号法。

采用图廓西南角坐标公里数编号时，x 坐标在前，y 坐标在后，中间用"—"相连。1∶500 地形图取至 0.01km，如 10.40—21.75；1∶1000、1∶2000 地形图取至 0.1km，如图 7-3 的图号为"60.0—40.0"。1∶5000 地形图的分幅编号是以 1∶10 万地形图为基础，按一定经差、纬差划分的，并采用统一的编号方法。

(2) 数字顺序编号法。

如图 7-6(a)所示，数字排列顺序由左到右、由上到下编定。

(3) 行列编号法。

对带状测区或小面积测区,除可按数字顺序编号法编号外,还可利用行列编号法编号[图 7-6(b)]。一般以代号(如 A、B、C…)为横行,由上到下排列;以阿拉伯数字为纵列,按先行后列的顺序从左到右排列编号。

杜阮-1	杜阮-2	杜阮-3	杜阮-4
杜阮-5	杜阮-6	杜阮-7	杜阮-8	杜阮-9	杜阮-10
杜阮-11	杜阮-12	杜阮-13	杜阮-14	杜阮-15	杜阮-16

(a) 数字顺序编号法

A-1	A-2	A-3	A-4	A-5	A-6
B-1	B-2	B-3	B-4		
C-2	C-3	C-4	C-5	C-6	

(b) 行列编号法

图 7-6　数字顺序编号法与行列编号法

3. 图廓

图廓是地形图的边界,有内、外图廓线之分。内图廓线就是坐标格网线,线粗为 0.1mm;外图廓线为图幅的最外围边线,线粗为 0.5mm,是修饰线。内、外图廓线相距 12mm。在内、外图廓线之间注记格网坐标值,如图 7-3 所示。

4. 接合图表

接合图表是为说明本幅图与相邻图幅的联系,供索取相邻图幅时用。通常把相邻图幅的图号标注在相邻图廓线的中部,或将相邻图幅的图名标注在图幅的左上方,如图 7-3 所示。

如图 7-3 所示,在地形图外还有一些其他注记,如外图廓左下角,应注记测图时间、坐标系统、高程系统等;右下角应注明测量员、绘图员和检查员;在图幅左侧注明测绘单位全称;在右上角标注图纸的密级和编号。

7.1.4　地物符号

地物符号

为了便于测图和读图,在地形图中常用不同的符号来表示地物、地貌的形状和大小,这些符号总称为地形图图式。《国家基本比例尺地图图式　第 1 部分:1∶500 1∶1000 1∶2000 地形图图式》(GB/T 20257.1—2017)、《国家基本比例尺地图图式　第 2 部分:1∶500 1∶1000 地形图图式》(GB/T 20257.2—2017)、《国家基本比例尺地图图式　第 3 部分:1∶25000 1∶50000 1∶100000 地形图图式》(GB/T 20257.3—2017)、《国家基本比例尺地图图式　第 4 部分:1∶250000 1∶500000 1∶1000000 地形图图式》(GB/T 20257.4—2017)由国家测绘地理信息局测绘标准化研究所、北京市测绘设计研究院、建设综合勘察研究设计院有限公司起草,国家质量监督检验检疫总局、中国国家标准化管理委员会发布。它是测制、出版地形图的基本依据之一,是识别和使用地形图的重要工具,也是地形图上表示各种地物、地貌要素的符号、注记和颜色的标准。成图的比例尺不同,符号的大小、详略也有所不同。在上述规范中没有规定的地物、地貌可自行补充,但应在技术报告书中注明。

根据地物大小及描绘方法的不同，地物符号可分为比例符号、半比例符号(线形符号)、非比例符号和地物注记。

1. 比例符号

把地面上轮廓尺寸较大的地物，依形状和大小按测图比例尺缩绘到图纸上，称为比例符号，如房屋、湖泊、快速路等，参见表 7-6 中的 1～4 号。

2. 半比例符号(线形符号)

对一些呈带状延伸的地物，如篱笆、高速公路、管道等，其长度可按测图比例尺缩绘，而宽度却无法按比例尺缩绘，这种长度按比例、宽度不按比例的符号，称为半比例符号或线形符号。半比例符号的中心线即为实际地物的中心线，参见表 7-6 中的 5～7 号。

3. 非比例符号

当地物轮廓较小，如三角点、水准点、卫星定位等级点、独立树、旗杆等，无法将其形状和大小按测图比例尺缩绘到图纸上，但这些地物又很重要，必须在图上表示出来时，则不管地物的实际尺寸大小，均用特定的符号表示在图上，这类符号称为非比例符号，参见表 7-6 中的 8～12 号。

非比例符号的中心位置与实际地物中心位置的关系随地物而异，在测绘、读图及用图时应注意以下几点。

(1) 规则的几何图形符号，如三角点、导线点等，该几何图形的中心即为地物的中心位置。

(2) 宽底符号，如里程碑、岗亭等，该符号底线的中心即为地物的中心位置。

(3) 底部为直角的符号，如独立树、加油站等，该符号底部直角的顶点即为地物的中心位置。

(4) 由几种几何图形组成的符号，如气象站、路灯等，该符号下方图形的中心点或交叉点即为地物的中心位置。

(5) 下方没有底线的符号，如窑洞、亭等，该符号下方两端点间的中心点即为地物的中心位置。

(6) 在绘制非比例符号时，除图式中要求按实物方向描绘外，如窑洞、水闸、独立屋等，其他非比例符号的方向一律按直立方向描绘，即与南图廓垂直。

表 7-6 大比例尺地形图图式(部分)

序号	符号名称	符号式样			符号细部图
		1∶500	1∶1000	1∶2000	
1	棚房 a. 四边有墙的 b. 一边有墙的 c. 无墙的		a ▭ 1.0 b ▭ 1.0 c ▭ 1.0 1.0 0.5		
2	破坏房屋		破 2.0 1.0		

续表

序号	符号名称	符号式样 1:500	符号式样 1:1000	符号式样 1:2000	符号细部图
3	湖泊 龙湖——湖泊名称 (咸)——水质		龙湖 (咸)		
4	快速路		—————— 5.0 8.0 0.4 / 0.15		
5	篱笆		10.0 1.0 0.5		
6	高速公路 a. 临时停车点 b. 隔离带 c. 建筑中的		0.4 b / 0.4 a / 0.4 c 3.0 25.0		
7	管道 架空的 a. 依比例尺的墩架 b. 不依比例尺的墩架 地面上的 地面下的及入地口 有管堤的 热、水、污——输送物名称		a ——热—— b ——热—— 1.0 ——水—— 1.0 10.0 ——污—— 1.0 4.0 1.0 ——水—— 2.0		
8	三角点 a. 土堆上的 张湾岭、黄土岗——点名 156.718、203.623——高程 5.0——比高		3.0 △ 张湾岭/156.718 a 5.0 △ 黄土岗/203.623		1.0 / 0.5 / 1.0
9	水准点 II——等级 京石5——点名点号 32.805——高程	2.0	⊗ II京石5/32.805		

续表

序号	符号名称	符号式样 1:500	符号式样 1:1000	符号式样 1:2000	符号细部图
10	卫星定位等级点 B——等级 14——点名点号 495.263——高程	 3.0	▲ B14/495.263		
11	独立树 a. 阔叶 b. 针叶 c. 棕榈、椰子、槟榔 d. 果树 e. 特殊树		a 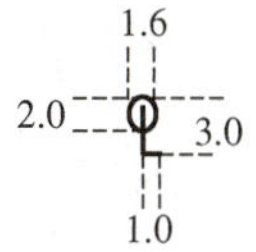 2.0⊙3.0 1.6/1.0 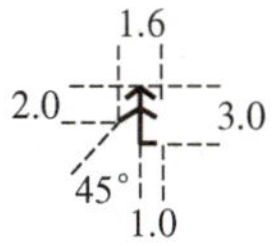 b 2.0↑3.0 1.6/45°/1.0 c 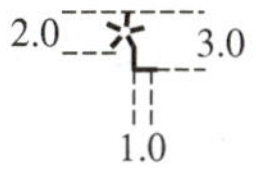 2.0⋇3.0 1.6/1.0 d 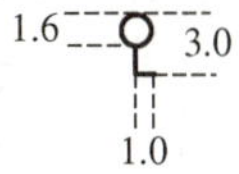 1.6 ⊙3.0 /1.0 e ♀ ⚘ ⚘ ♀		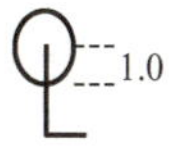 1.0 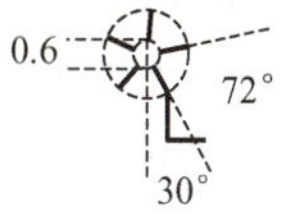 0.6 ⊛ 72°/30° 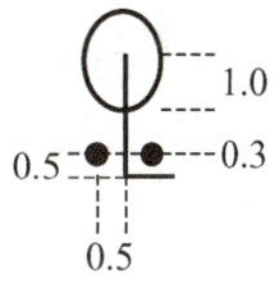 1.0/0.5 ●●0.3/0.5
12	旗杆	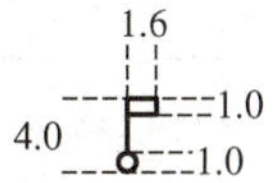	4.0 ╞ 1.6/1.0		
13	居民地名称说明注记 a. 政府机关 b. 企业、事业、工矿、农场 c. 高层建筑、居住小区、公共设施		a 市民政局 宋体(3.5) b 日光岩幼儿园 兴隆农场 宋体(2.5 3.0) c 二七纪念塔 兴庆广场 宋体(2.5~3.5)		
14	测量控制点点号及高程		I96/96.93 25/96.93 正等线体(2.5) (罗马数用中宋体)		

4．地物注记

用文字、数字或特定的符号对地物加以说明或补充，称为地物注记。它包括文字注记、数字注记和符号注记三种。

1) 文字注记

对行政名称、单位名称、村镇名称，以及公路、铁路、河流等的名称，在地形图上均应逐一注记，参见表 7-6 中的 13 号。

2) 数字注记

在地形图上需用相应的数字注记河流的流速、深度、房屋的层数，控制点的高程，桥梁的长度、宽度及载重量等，参见表 7-6 中的 14 号。

3) 符号注记

用特定的符号表示地面的植被种类，如草地、耕地、林地类别等，参见表 7-6 中的 11 号。

7.1.5 地貌符号

地貌是指地球表面自然起伏的状态，包括山地、丘陵、平原、洼地等。在地形图上表示出地貌的方法很多，在大比例尺地形图上通常用等高线表示地貌。因为用等高线表示地貌，不仅能表示出地面的起伏状态，而且还能科学地表示出地面的坡度和地面点的高程。

1. 等高线

等高线是地面上高程相同的相邻点所连成的闭合曲线。如图 7-7 所示，假想有一座小山全部被湖水淹没，设山顶的高程为 100m，如果水面下降 10m，则水平面与小山相截，构成一条闭合的曲线，在此曲线上各点的高程相同，这就是等高线。

地貌符号

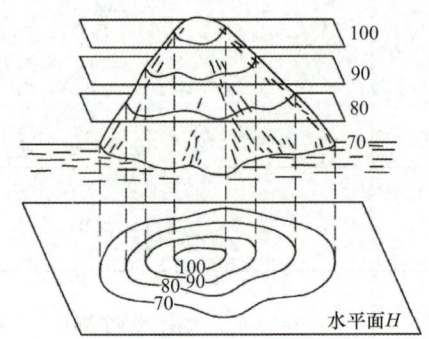

图 7-7 等高线

当水面每下降 10m，可分别得出 90m、80m、70m 等一系列的等高线，这些等高线都是闭合曲线。如果将这些等高线铅直投影到某一水平面 H 上，并按一定的比例缩绘到图纸上，就能获得与实地形态相似的等高线。因此，地形图上的等高线能比较客观地反映地面高低起伏的空间形状，同时具有可度量性。

2. 等高距和等高线平距

相邻两条高程不同的等高线之间的高差，称为等高距，用 h 表示。相邻两条等高线之间的水平距离，称为等高线平距，用 d 表示。地面的坡度 i 可以写成

$$i = \frac{h}{dM} \tag{7-4}$$

式中：M——地形图的比例尺分母。

由于在同一幅地形图上，等高距 h 是相同的，所以式(7-4)表明 i 与 d 成反比，即在地形图上等高线越密集，表示地面坡度越大；等高线越稀疏，表示地面坡度越小。地形图上

等高距的选定,取决于地形的类别和测图比例尺。只有合理地选择等高距,才能既保证图面的清晰、准确,又不致增加图面负载量。等高距的选用可参见相应工程的测量规范。表 7-7 为《工程测量标准》(GB 50026—2020)所规定的地形图的基本等高距。

表 7-7　地形图的基本等高距　　　　　　　　　　　　　　　单位:m

地形类别	比例尺			
	1∶500	1∶1000	1∶2000	1∶5000
平 坦 地	0.5	0.5	1	2
丘 陵 地	0.5	1	2	5
山 　 地	1	1	2	5
高 山 地	1	2	2	5

应用表 7-7 时应注意以下几点。

(1) 一个测区同一比例尺,宜采用一种基本等高距。

(2) 地形的类别划分应根据地面倾角 α 的大小来确定。

平坦地:$α<2°$;丘陵地:$2°≤α<6°$;山地:$6°≤α<25°$;高山地:$α≥25°$。

(3) 水域测图的基本等深距,可按水底地形倾角所比照的地形类别和测图比例尺选择。

3. 几种基本地貌的等高线

地面上地貌的形态多种多样,但仔细分析后,就会发现它们一般都是由山头、洼地、山脊、山谷、鞍部等几种基本地貌组成的。如果掌握了这些基本地貌的等高线特点,就能比较容易地根据地形图上的等高线分析和判别地面的起伏状态,以利于读图、用图和测图。

1) 山头和洼地

在一组等高线中,里圈的高程大于外圈的高程,对应为山头,如图 7-8(a)所示;相反,里圈的高程小于外圈的高程,对应为洼地,如图 7-8(b)所示。在地形图上通常用一根垂直于等高线的短线(即示坡线)来指示坡度降低的方向,并加注等高线的高程。

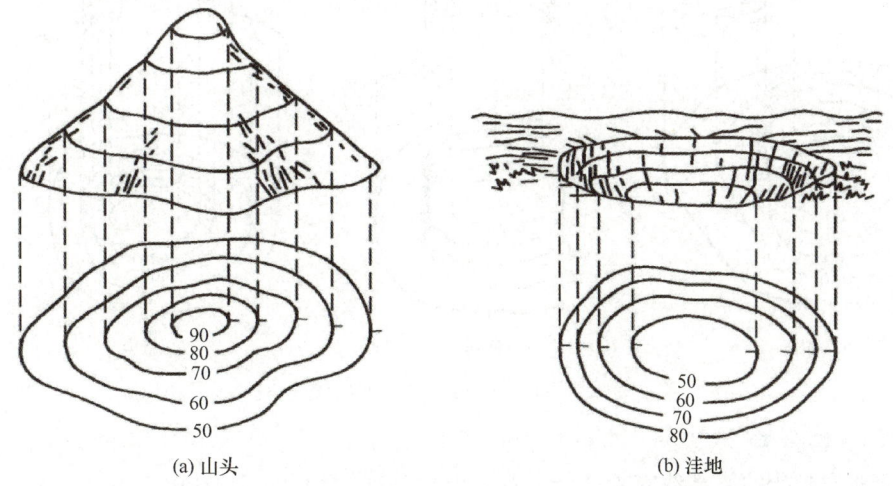

图 7-8　山头和洼地

2) 山脊和山谷

山脊是沿着一个方向延伸的高地,山脊的最高棱线称为山脊线。山脊的等高线为一组凹向山头的曲线。山谷是沿着一个方向延伸的洼地，贯穿山谷最低点的连线称为山谷线。山谷的等高线为一组凸向山头的曲线，如图 7-9(a)所示。山脊附近的雨水必然以山脊线为分界线，分别流向山脊的两侧，因此，山脊线又称分水线。在山谷中，雨水必然由两侧山坡流向谷底，向山谷线汇集，因此，山谷线又称集水线或汇水线或合水线。山脊线和山谷线统称地性线。

3）鞍部

鞍部是相邻两山头之间呈马鞍形的低凹部位。鞍部的等高线是由两组相对的山脊和山谷等高线组成，即在一圈大的闭合曲线内，套有两组小的闭合曲线，如图 7-9(b)中的相应位置。

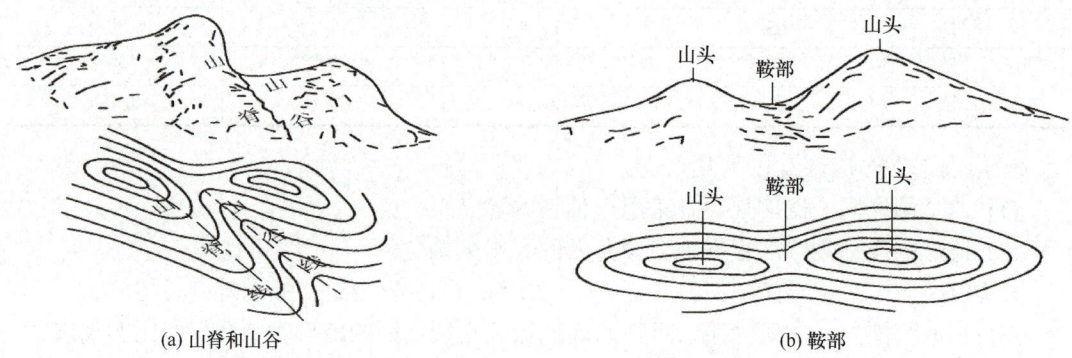

图 7-9　山脊和山谷及鞍部

此外，还有一些特殊地貌，如峭壁、断崖、悬崖、冲沟、雨裂、绝壁、滑坡、崩塌等，用等高线难以表示，可按规范中所规定的符号表示。

图 7-10(a)、(b)、(c)分别为峭壁、断崖、悬崖的表示方法，图 7-11 为一块综合性地貌。

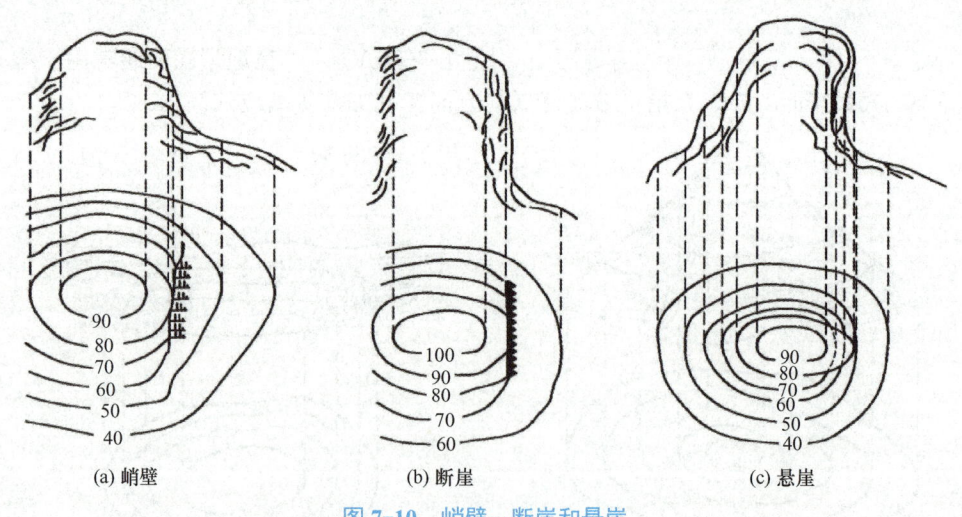

图 7-10　峭壁、断崖和悬崖

4．等高线分类

表示地形起伏的等高线有首曲线、计曲线、间曲线和助曲线之分。

(1) 首曲线。在同一幅地形图上，按基本等高距描绘的等高线称为首曲线，又称基本等高线。首曲线用 0.15mm 的细实线绘出。

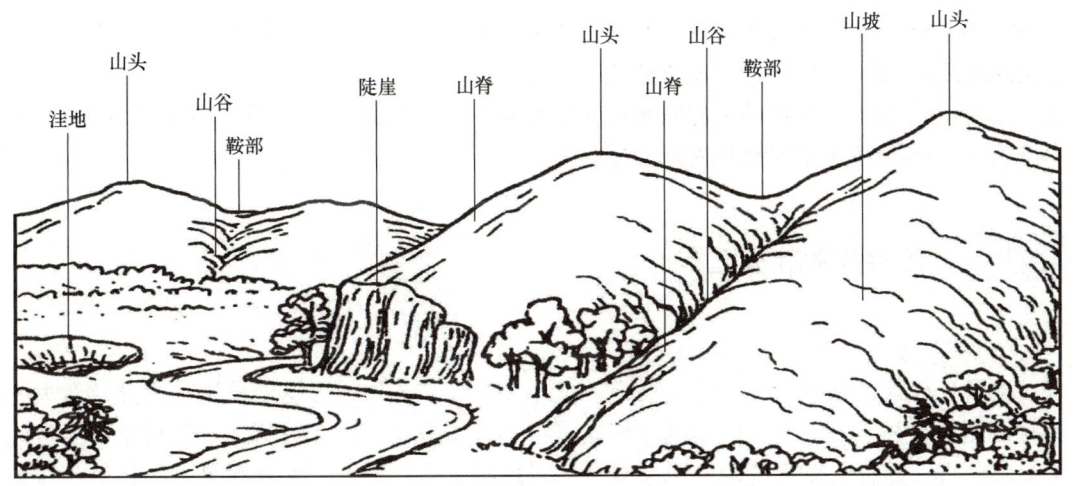

图 7-11　综合性地貌

(2) 计曲线。为了计算和用图的方便，每隔 4 条基本等高线，或凡高程能被 5 整除且加粗描绘的基本等高线，称为计曲线或加粗等高线。计曲线用 0.3mm 的粗实线绘出。

(3) 间曲线。为了显示首曲线不便于表示的地貌，按 1/2 基本等高距描绘的等高线，称为间曲线或半距等高线。间曲线用 0.15mm 的细长虚线表示。

(4) 助曲线。有时为了显示局部地貌的变化，按 1/4 基本等高距描绘的等高线，称为助曲线。助曲线用 0.15mm 的细短虚线表示。

5. 等高线的特性

(1) 同一条等高线上的各点高程相等，但高程相等的点，不一定在同一条等高线上。

(2) 等高线是一条闭合的曲线，非河流、房屋或数字注记处，不能中断；不在同一幅图内闭合，就在相邻的图幅内闭合。

(3) 等高线只有在陡崖或者悬崖处才会重合或相交。

(4) 等高线平距与地面坡度成反比。在同一幅图内，等高线越密，地面坡度越陡；反之，等高线越稀，地面坡度越缓。

(5) 等高线与山脊线、山谷线处处正交。

(6) 倾斜平面的等高线是一组间距相等且平行的直线。

7.2　大比例尺地形图的测绘

大比例尺地形图是指比例尺大于 1∶5000 的各类地形图，是为适应城市和工程建设的需要而施测的。大比例尺测图所研究的主要问题就是在局部地区根据工程建设的需要，如何将测区范围内的地物、地貌的空间位置和相互关系，通过合理的取舍，真实而准确地测绘到图纸上。测图比例尺应根据工程性质、设计阶段、规模大小、对地形图精度和内容的要求等进行选择。野外实测大比例尺地形图的仪器有多种，主要包括大平板仪、经纬仪、小平板仪、全站仪和 GNSS 等仪器。此外，随着低空飞行器的平民化发展，航空摄影测量技术在地形测量中的应用也越来越广泛，特别是随着各种数据处理软件的不断完善，无人机也越来越普遍地应用于地形图测绘中。

现阶段大比例尺地形图测绘常用的方法是采用全站仪、RTK 或者无人机进行数字测图。本节将以全站仪为例讲解地形图测绘的方法。

7.2.1 测绘前的准备工作

1. 技术计划

测量工作应遵循"保证测量的质量，但不追求过剩的质量"这一原则。因此，对大比例尺测图进行技术设计的目的是制订切实可行的技术方案，以保证测绘工作科学、高效地进行，以保证测绘成果符合技术标准和用户要求，并获得最佳的社会效益和经济效益。技术计划的主要内容有任务概述、测区概况、已有资料的分析、评价和利用，技术方案设计，工作量与进度计划，经费预算，质量控制与保障计划等。

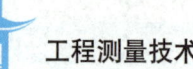

(1) 任务概述：说明任务的名称、来源、作业区范围、地理位置、行政隶属、项目内容、产品种类及形式、任务量，以及要求达到的主要精度指标、质量要求、完成期限和产品接收单位等。

(2) 测区概况：简要说明测区地理特征，居民地、交通、气候情况及作业区困难类别等。

(3) 已有资料的分析、评价和利用：说明已有资料采用的平面和高程基准、比例尺、等高距，测制单位和年代，采用的技术依据，主要质量情况及评价，利用的可能性和利用方案等。

(4) 技术方案设计：说明作业依据的规范、图式、标准等；说明平面和高程基准、成图方法、图幅和等高距；平面和高程控制点的布设方案及有关的技术要求；说明平面和高程控制测量的施测方法、技术要求、限差规定和精度估算；根据所采用测图方法的特点，提出对地形图要素的表示和对地形测量的要求；说明提交成果资料的种类；等等。

(5) 工作量与进度计划：根据设计方案，分别计算各工序的工作量；根据工作量统计和计划投入生产实力，参照生产定额，分别列出进度计划和各工序的衔接计划。

(6) 经费预算：根据设计方案和进度计划，参照有关生产定额和成本定额，编制经费预算，并做必要的说明。

(7) 质量控制与保障计划：明确质量控制措施、组织与劳动计划、仪器配备及供应计划、检查验收计划、安全措施等。

按照有关规定，技术计划经过主管部门审核批准之后，方可付诸执行。

2. 图根控制测量

对于小地区工程建设，由于高等级控制点点位比较少，为了满足工程测量的需要，还要在测区内建立首级控制网，图根控制网则是在测区首级控制点的密度不能满足大比例尺数字测图的需要时加密布设而成的控制网。

图根控制测量包括图根平面控制测量和图根高程控制测量。图根点是直接供测图使用的平面或高程控制点。测图前应先进行现场踏勘并选好图根点的位置,然后分别进行图根平面控制测量和图根高程控制测量,条件允许时也可同时进行。图根点相对于邻近控制点的点位中误差不应大于图上 0.1mm,高程中误差不应大于基本等高距的 1/10。图根点点位标志宜采用木桩,对于小测区,图根控制可作为首级控制,当图根点作为首级控制或等级点不足时,每幅图应埋设一个标石。图根点的数量应根据测图比例尺和地形条件而定,平坦开阔地区的图根点数量不宜少于表 7-8 的规定。

表 7-8　一般地区图根点的数量

测图比例尺	图幅尺寸/mm	图根点数量/个	
		全站仪测图	RTK 测图
1∶500	500×500	2	1
1∶1000	500×500	3	1~2
1∶2000	500×500	4	2
1∶5000	400×400	6	3

注:表中所列数量指施测该幅图可利用的全部控制点数量。

(1) 图根平面控制测量可采用 RTK 图根控制测量、全站仪图根导线测量、极坐标法和边角交会法等进行。目前普遍采用的是 RTK 图根控制测量和全站仪图根导线测量。

① RTK 图根控制测量可采用单基站 RTK 测量模式,也可采用网络 RTK 测量模式;作业时,有效卫星数不宜少于 6 个,多星座系统有效卫星数不宜少于 7 个,PDOP 值应小于 6,并应采用固定解成果。RTK 图根点应进行两次独立测量,坐标较差不大于图上 0.1mm,符合要求后应取两次独立测量的平均值作为最终成果。RTK 图根控制测量的主要技术要求应符合表 7-9 的规定。

图 7-9　RTK 图根控制测量的主要技术要求

等级	相邻点间距离/m	边长相对中误差	起算点等级	流动站到单基准站间距离/km	测回数
图根	≥100	≤1/4000	三级及以上	≤5	≥2

② 全站仪图根导线测量宜采用 6″级以上的全站仪一测回测定水平角,边长可用全站仪单向施测。图根导线控制测量的主要技术要求不应超过表 5-2 的规定。

对于难以布设附合导线的困难地区,可布设成支导线。支导线的水平角可用全站仪观测左右角各一测回,圆周角闭合差不应超过 40″。边长应往返测定,边长往返较差的相对误差不应大于 1/3000。图根支导线平均边长及边数不应超过表 7-10 的规定。

表 7-10　图根支导线平均边长及边数

测图比例尺	平均边长/m	边数
1∶500	100	3
1∶1000	150	3
1∶2000	250	4
1∶5000	350	4

(2) 图根高程控制测量可采用图根水准、电磁波测距三角高程和 RTK 图根高程测量方法，起算点的精度不应低于四等水准高程点。

外业数字测图应充分利用控制点和图根点。当图根点密度不足时，可采用支导线、极坐标法、自由设站法等方法增设测站点。不论采用何种方法，测站点相对于邻近图根点，点位精度的中误差不应大于 $0.1M×10^{-3}$(m)，高程中误差不应大于测图基本等高距的 1/6。

7.2.2 碎部点的选择

碎部测量就是测定碎部点的平面位置和高程。地形图的质量在很大程度上取决于司尺员能否正确合理地选择碎部点。碎部点应选在地物或地貌的特征点上，其中：地物特征点就是地物轮廓的转折、交叉和弯曲等变化处的点及独立地物的中心点；地貌特征点就是控制地形的山脊线、山谷线和倾斜变化线等地形线上的最高、最低点，坡度和方向变化处，以及山头和鞍部等处的点。碎部点的密度主要根据地形的复杂程度确定，也决定于测图比例尺和测图的目的。测绘不同比例尺的地形图，对碎部点间距有不同的限定，地形点的最大点位间距不应大于表 7-11 的规定。

表 7-11 地形点的最大点位间距　　　　　　　　　　　　　单位：m

比例尺		1∶500	1∶1000	1∶2000	1∶5000
一般地区		15	30	50	100
水域	断面间距	10	20	40	100
	断面上的测点间距	5	10	20	50

注：水域测图的断面间距和断面上的测点间距，根据地形变化和用图要求，可进行调整。

地物碎部点测量

地貌碎部点测量

一般地区地形测量碎部点的选择应遵守以下规定。

(1) 各类建(构)筑物及主要附属设施应进行测绘，并应符合下列规定。

① 居民区可根据测图比例尺大小或用图需要确定测绘内容和取舍范围。

② 建(构)筑物宜用其外轮廓表示，房屋外廓宜以墙角为准。当建(构)筑物轮廓凸凹部分在 1∶500 地形图上小于 1mm 或在其他比例尺图上小于 0.5mm 时，可用直线连接。

③ 对于 1∶500、1∶1000 测图宜说明建筑物的结构和层数，对于 1∶2000、1∶5000 测图宜注明层数。

④ 临时性建筑可不测绘。

⑤ 对于工矿区大型建(构)筑物，宜测量主要细部坐标点及有关元素。细部坐标点的取舍，应根据工矿区建(构)筑物的疏密程度和测图比例尺确定。建(构)筑物细部坐标点测量的位置可按表 7-12 进行选取。

(2) 独立性地物的测绘，对于能依比例尺表示的，应实测外廓并应填绘符号，对于不能依比例尺表示的，应表示独立性地物的定位点或定位线。

(3) 管线转角部分应实测。居民地的低压电力线和通信线，可选择主干线测绘；当管线直线部分的支架、线杆和附属设施交错时，可取舍；当多种线路在同一杆柱上时，应择要表示。

表 7-12 建(构)筑物细部坐标点测量的位置

类别		坐标	高程	其他要求
建(构)筑物	矩形	主要墙角	主要墙外角、室内地坪	—
	圆形	圆心	地面	注明半径、高度或深度
	其他	墙角、主要特征点	墙外角、主要特征点	—
地下管道		起、终、转、交叉点的管道中心	地面、井台、井底、管顶下水测出入口管底或沟底	经委托方开挖后施测
架空管道		起、终、转、交叉点的支架中心	起、终、转、交叉点、变坡点的基座面或地面	注明通过铁路、公路的净空高
架空电力线路、电信线路		铁塔中心,起、终、转、交叉点杆柱的中心	杆(塔)的地面或基座面	注明通过铁路、公路的净空高
地下电缆		起、终、交叉点的井位或沟道中心,入地处、出地处	起、终、转、交叉点、入地点、出地点、变坡点的地面和电缆面	经委托方开挖后施测
铁路		车挡、岔心、进厂房处、直线部分每 50m 一点	车挡、岔心、变坡点、直线段每 50m 一点、曲线内轨每 20m 一点	—
公路		干线交叉点	变坡点、交叉点、直线段每 30~40m 一点	—
桥梁、涵洞		大型的四角点,中型的中心线两端点,小型的中心点	大型的四角点,中型的中心线两端点,小型的中心点、涵洞进出口底部高	—

注:建(构)筑物轮廓凸凹部分大于 0.5m 时,应测量细部尺寸;厂房门宽度大于 2.5m 或能通行汽车时,应实测位置。

(4) 交通及附属设施应按实际形状测绘,铁路应测注轨面高程,在曲线段应测注内轨面高程;涵洞应测注洞底高程。对于 1∶2000 及 1∶5000 地形图,应适当舍去火车站范围内的附属设施。小路可选择测绘。

(5) 水系及附属设施应按实际形状测绘,水涯线宜按当日水位测定,并应记录和标注观测日期。堤、坝应测注顶部和坡脚高程;水井应测注井台高程;水塘应测注塘顶边及塘底高程。当河沟、水渠在地形图上的宽度小于 1mm 时可用单线表示。

(6) 地貌宜用等高线表示。崩塌残蚀地貌、坡、坎和其他地貌,可用相应符号表示。山顶、鞍部、凹地、山脊、谷底及地形变换处,应测注高程点。露岩、独立石、土堆、陡坎等应注记高程或比高。

(7) 植被的测绘应按植被的经济价值和面积大小取舍,并应符合下列规定。

① 农业用地的测绘可按稻田、旱地、菜地、水生作物地、经济作物地等进行区分,并应配置相应符号。

② 地类界与线状地物重合时,可只绘制线状地物符号。

③ 当梯田坎的坡面投影宽度在地形图上大于 2mm 时,应实测坡角;当小于 2mm 时,可量注比高;当两坎间距在 1∶500 地形图上小于 10mm、在其他比例尺的地形图上小于 5mm 时,或坎高小于基本等高距的 1/2 时,可做取舍。

④ 稻田应测出田间的代表性高程,当田埂宽在地形图上小于 1mm 时,可用单线表示。

(8) 地形图上各种名称的注记,应采用现有的法定名称。

7.2.3 大比例尺地形图的测绘方法

全站仪测站设置

目前测绘大比例尺地形图的方法主要有白纸测图、数字测图和低空数字摄影测量。白纸测图可采用经纬仪、平板仪等多种传统仪器,主要测图方法有经纬仪极坐标法测图、小平板仪测图、小平板仪与经纬仪联合测图、大平板仪测图等。数字测图则是采用全站仪、GNSS 等,其测绘步骤和绘图过程与白纸测图基本类似,区别在于白纸测图是野外测图现场绘制地形图,而数字测图则是外业测量基础数据之后,采用专门的绘图软件绘制地形图。低空数字摄影测量则是采用低空数字摄影飞行器搭载高分辨率的相机进行摄影测量,对照片进行处理,得到数字正射影像图(DOM)和数字高程模型(DEM),然后依据影像在绘图软件中制作地形图。本节着重介绍全站仪数字测图的具体方法和步骤。

全站仪数字测图一个小组的作业人员大致为 3~5 人,具体分工如下:观测员 1 人,司尺员 1 人,镜站跑尺员 1~3 人。其中司尺员是小组的核心成员,负责绘制草图和室内成图。全站仪数字测图的具体流程是数据采集—数据传输—图形编辑—成果输出。如图 7-12 所示,A、B、C 为互相通视的 3 个图根点,要测绘现场的地形图,全站仪的操作步骤如下。

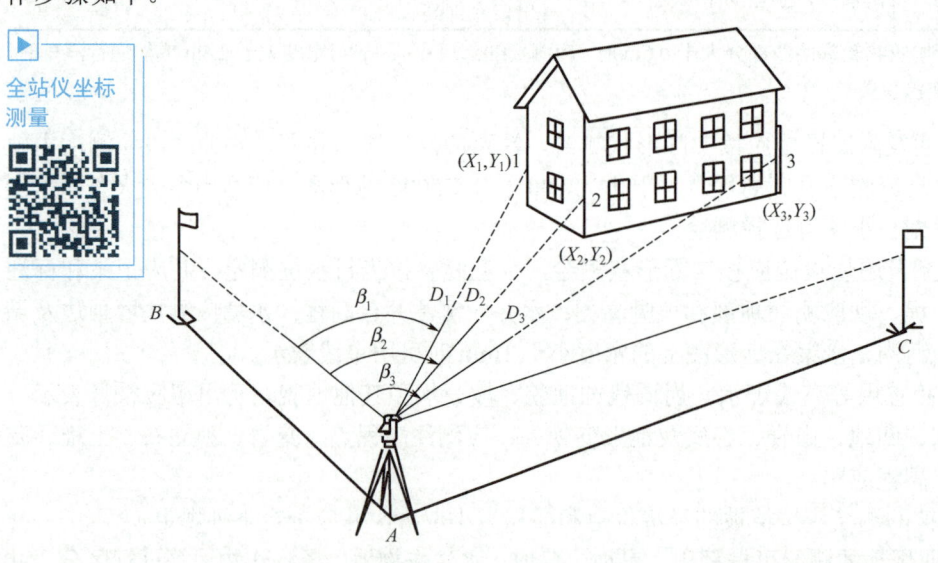

图 7-12　全站仪数字测图

1. 测站点设置

在 A 点安置全站仪,对中整平后进入数据采集菜单,进入测站点设置界面,根据仪器提示,输入测站点坐标,用钢卷尺量取仪器高并输入。其中,仪器的对中误差不应大于 5mm,仪器高和棱镜高应精确至 1mm。

2. 后视定向

进入后视点设置界面，选择坐标定后视选项，输入 B 点坐标，然后在 B 点安置棱镜杆，根据提示用全站仪瞄准 B 点的棱镜中心，并按下"确定"键。

3. 已知点检核

携带棱镜杆在 C 点安置棱镜，进入碎部点测量界面，瞄准棱镜并进行坐标测量，比对测量出来的 C 点坐标和已知 C 点坐标之间的坐标差。若检查点平面位置较差不大于图上 0.2mm，高程较差不大于基本等高距的 1/5，则说明测站设置无误，否则应重新进行测量。

4. 外业观测

在碎部点测量界面，在地物、地貌特征点竖立棱镜进行坐标测量，注意设置仪器自动存储坐标。镜站跑尺员应先与观测员和司尺员商定跑镜路线；立镜时，应将棱镜杆竖直，并随时观察周围情况，弄清碎部点之间的关系，地形复杂时还需绘出草图，以协助绘图人员做好绘图工作。司尺员绘制草图时要每隔 10~15 个点与观测员核对一下点号，避免出错。当每站工作结束后，应进行检查，在确认地物、地貌无测错或漏测时，方可迁站。

全站仪测量碎部点的坐标实质上是极坐标测量，仪器会根据后视方向线到待测量的碎部点之间的夹角以及测站点到碎部点之间的距离自动计算碎部点的三维坐标。在传统的白纸测图中，这些测量的角度、距离数据需要手工记录并计算坐标，而全站仪根据仪器内部的计算程序会自动计算并存储数据，因此该方法越来越广泛地应用于各类测绘工地上。

7.2.4 内业绘图

全站仪外业采集数据后，还需要进行数据传输才能进行内业软件绘图，软件绘图的主要任务是绘制地物、地貌。限于篇幅，本节仅介绍绘制时的一些具体要求，绘图软件的使用方法将在下一节进行介绍。

1. 地物绘制

在测绘地形图时，地物测绘的质量主要取决于是否正确合理地选择地物特征点，如房角、道路边线的转折点、河岸线的转折点、电杆的中心点等。主要的特征点应独立测定，一些次要的特征点在不方便测量时可采用量距、交会、推平行线等几何作图方法绘出。

一般规定，当主要建筑物轮廓线的凹凸长度在图上大于 0.4mm 时，都要表示出来。如在 1∶500 比例尺的地形图上，主要地物轮廓凹凸大于 0.2m 时应在图上表示出来。对于大比例尺测图，应按如下原则进行取点。

(1) 有些房屋凹凸转折较多时，可只测定其主要转折角(大于 2 个)，量取有关长度，然后按其几何关系用推平行线法画出其轮廓线。

(2) 对于圆形建筑物可测定其中心并量其半径绘图；或在其外廓测定 3 点，然后用作图法定出圆心，绘出外廓。

(3) 公路在图上应按实测两侧边线绘出；大路或小路可只测其一侧的边线，另一侧按量得的路宽绘出。

(4) 道路转折点处的圆曲线边线应至少测定 3 点(起点、终点和中点)绘出。

(5) 围墙应实测其特征点，按半比例符号绘出其外围的实际位置。

2. 地貌勾绘

在测出地貌特征点后，即开始勾绘等高线。勾绘等高线时，首先通常绘出山脊线、山谷线等地形线。由于等高距都是整米数或半米数的，因此基本等高线通过的地面高程也都是整米数或半米数的。由于所测地形点大多数不会正好就在等高线上，因此必须在相邻地形点间，先用内插法定出基本等高线的通过点，再将相邻各同高程的点参照实际地貌用光滑曲线进行连接，即勾绘出等高线。不能用等高线表示的地貌，如悬崖、峭壁、土堆、冲沟、雨裂等，应按规定的图示符号表示。

3. 注意事项

地物和地貌的各项要素的表示方法和取舍原则，应遵守以下规定。

(1) 点状要素(独立地物) 能按比例表示时，应按实际形状采集，不能按比例表示时应精确测定其定位点或定线点。有方向性的点状要素应先采集其定位点，再采集其方向点(线)。

(2) 具有多种属性的线状要素(线状地物、面状地物公共边、线状地物与面状地物边界线的重合部分)，只能采集一次，但应处理好多种属性之间的关系。

(3) 线状地物采集时，应视其变化测定，适当增加地物点的密度，以保证曲线的准确拟合。

7.2.5 地形图的拼接与整饰

1. 地形图的拼接

数字测图外业可按图幅施测，也可分区施测。按图幅施测时，每幅图应测出图廓线外 5mm；分区施测时，应测出各区界线外图上 5mm。当测区面积较大或有条件时，可以在测区内以自然的带状地物(如道路、河流等)为边界线，构成分区界线，分成若干相对独立的分区。各分区的作业应相对独立，分区内及各分区间在数据采集和处理时不应存在矛盾，以免造成数据重叠或漏测。当有地物跨越不同分区时，该地物应完整地在某一分区内采集完成。这样，在相邻图幅连接处，由于测量误差和绘图误差的影响，无论是地物轮廓线还是等高线，往往都不能完全吻合。图 7-13 所示为两幅地形图相邻边的拼接，从图中可以看出房屋、道路、等高线都有误差。此时，可将相邻两幅地形图的坐标格网线重叠，就可量化地物和等高线的接边误差。若地物、等高线的接边误差不超过表 7-13 和表 7-14 的规定，则可取其平均位置进行改正；若接边误差超过规定限差，则应分析原因，到实地测量检查，以便加以改正。

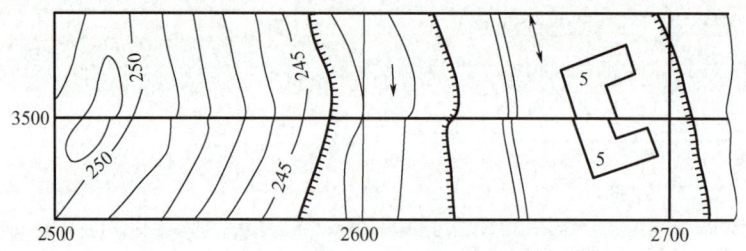

图 7-13 两幅地形图相邻边的拼接

表 7-13　图上地物点相对于邻近图根点的点位中误差　　　　　　　　单位：mm

区域类型	点位中误差
一般地区	≤0.8
城镇建筑区、工矿区	≤0.6
水域	≤1.5

注：施测困难的一般地区测图，点位中误差不宜超过表中限差的 1.5 倍。

表 7-14　一般地区等高线的插求点相对于邻近图根点的高程中误差

地形类别	平坦地	丘陵地	山地	高山地
高程中误差 /m	$\frac{1}{3}h_d$	$\frac{1}{2}h_d$	$\frac{2}{3}h_d$	h_d

注：h_d 为地形图的基本等高距(m)；隐蔽或施测困难的一般地区测图，高程中误差不宜超过表中相应限差的 1.5 倍。

2．地形图的整饰

地形图经过上述拼接和检查后，还应清绘和整饰，使图面更加合理、清晰、美观。整饰的次序是先图内后图外，图内应先注记后符号，先地物后地貌，并按规定的图式进行整饰。图廓外应按图式要求书写，还应至少写出图名、图号、比例尺、坐标系统和高程系统、施测单位和日期等。若坐标系采用的是地方独立坐标系，还应画出北方向。

7.2.6　地形图的检查与验收

1．检查

为了确保地形图的质量，除施测过程中加强检查外，在地形图测完后，还必须对成图质量进行全面检查。

1）室内检查

室内检查的内容有：图上地物、地貌是否清晰易读；各种符号注记是否正确；等高线与地形点的高程是否相符，有无矛盾可疑之处；图边拼接有无问题；等等。如发现错误或疑问，应到野外进行实地检查解决。

2）外业检查

(1) 巡视检查。检查时需带图沿预定的线路巡视。将原图上的地物、地貌与相应实地上的地物、地貌进行对照，查看图上有无遗漏，名称注记是否与实地一致等。这是检查原图的主要方法。一般应在整个测区范围内进行巡视检查。特别是应对接边时所遗漏的问题和室内图面检查时发现的问题做重点检查。发现问题后应当场解决，否则应设站检查纠正。

(2) 仪器检查。对于室内检查和野外巡视检查中发现的错误、遗漏和疑点，应用仪器进行补测与检查，并进行必要的修改。仪器设站检查量一般为 10%。把测图仪器重新安置在图根点上，对一些主要地物、地貌进行重测。如发现点位误差超限，则应按正确的观测结果修正。

2. 验收

验收是在委托人检查的基础上进行的，以鉴定各项成果是否合乎规范及有关技术指标的要求(或合同要求)。首先检查成果资料是否齐全，然后在全部成果中抽出一部分做全面的内业、外业检查，其余则进行一般性检查，以便对全部成果质量做出正确的评价。对成果质量的评价一般分优、良、合格和不合格4级。对于不合格的成果成图，应按照双方合同约定进行处理，或返工重测，或经济赔偿，或既赔偿又返工重测。

7.3 数字测图

7.3.1 数字测图特点

数字测图主要仪器设备包括全站仪、GNSS-RTK、地面三维激光扫描仪、移动测量系统、低空数字摄影飞行器、机载激光雷达等。数字测图最终的成果为数字线划图(DLG)，主要测图方法有三种：全野外数字测图、数字摄影测图、纸质地形图数字化。全野外数字测图是利用全站仪、GNSS-RTK等设备在野外进行数字测图，数字摄影测图是利用航测、遥感像片进行数字测图，纸质地形图数字化则是用手扶数字化仪或扫描数字化仪对纸质地形图进行数字化。前者是野外数据采集，后两者主要是室内作业数据采集。利用这些技术将采集到的地形数据传输到计算机，由数字成图软件进行数据处理，经过编辑、图形处理，生成数字地形图。

数字测图使地形图测绘实现了数字化、自动化，改变了传统的手工作业模式。传统测图方式主要是手工绘图，外业测量人工记录，人工绘制地形图，为用图人员提供晒蓝图纸。数字测图则可使野外测量自动记录、自动解算处理，使内业数据自动处理、自动绘图、自动成图，并向用图者提供可处理的数字地形图，实现了测图过程的自动化。数字测图具有效率高，劳动强度小，错误(读错、记错、展错)概率小，绘得的地形图精确、美观、规范等特点。地面数字测图的外业工作与白纸测图工作相比，具有以下一些特点。

1. 测图工作实现自动化和智能化

白纸测图在外业基本完成地形原图的绘制，地形测图的主要成果是以一定比例尺绘制在图纸或薄膜上的地形图。地形图的质量除点位精度外，往往还和地形图的手工绘制有关。地面数字测图在野外完成观测，记录观测值是点的坐标和信息码，不需要手工绘制地形图，这使地形测量的自动化程度得到明显的提高。另外，白纸测图是以图板，即一幅图为单元组织施测，这种规则地划分测图单元的方法往往给图边测图造成困难。地面数字测图在测区内部不受图幅的限制，作业小组的任务可按照河流、道路的自然分界来划分，以便于地形测图的进行，也减少了很多白纸测图的接边问题。

2. 测图的精度高

白纸测图先完成图根加密，按坐标将控制点和图根点展绘在图纸上，然后进行地形测图。地面数字测图工作的地形测图和图根加密可同时进行,即使在记录观测点坐标的情况下也可在未知坐标的测站点上设站,利用电子手簿测站点的坐标计算功能,观测计算测站点的坐标后,即可进行碎部测量。例如,采用自由设站方法,通过对几个已知点进行方向和距离的观测,即可计算测站点的精确坐标。

3. 工作强度小

白纸测图作业时,地形图必须在野外绘制,工作效率低下,费时费力。而地面数字测图主要采用极坐标法测量地形点,根据红外测距仪的观测精度,在几百米距离范围内误差均在 1 cm 左右,因此在通视良好、定向边较长的情况下,地形点到测站点的距离可以放长,从而减小了迁站的工作量。此外,数字测图使用的全站仪或者电子记录手簿,可省记录工作,快捷、方便、准确。

4. 数字化程度高

在地面数字测图过程中,不受平板仪测量中某些传统观念的约束。例如,方格网在平板仪测量时是一切点位的基础,而在数字测图中,任何点位都是与方格网无关的,因此无须展绘方格网,即使展绘了也只是一般的符号,仅供使用者使用。又如,测定碎部点时,有些方法(如对称点法和导线法)在图解测图时是不能引用的,但在数字测图中却可广泛使用而提高工作效率。另外,由于数字测图系统中提供了很强的图形编辑功能,在测绘一些规划规则的建筑小区时,虽然多栋房屋采用了同一设计图纸,白纸测图时也需要逐栋详细测绘,而利用数字测图时,只需详细测绘其中一栋房屋,其他房屋只需精确测定 1~2 个定位点,在编辑成图时将详细测绘的房屋拷贝到各栋房屋的定位点上即可。

此外,数字测图的最终成果是以数字形式存储于计算机中的,还具有便于用户进行成果的进一步加工、易于保存和管理、方便用户进行远程传输等优点。但在费用方面,数字测图比起传统白纸测图高得多,对仪器设备的配置、测绘人员操作测绘仪器和计算机方面的能力提出了更高的要求。

7.3.2 野外数据采集

野外常规数据采集是工程测量中,尤其是工程中大比例尺测图获取数据信息的主要方法。而采集数据的方法随着野外作业的方法和使用的仪器设备的不同可以分为下面 3 种形式。

(1) 普通地形图测图方法。使用普通的测量仪器,如经纬仪、平板仪和水准仪等,将外业观测成果人工记录于手簿中,再进行内业数据的处理,然后输入计算机中。

(2) 使用测距经纬仪和电子手簿方法。用测距经纬仪进行外业观测,如距离、水平向和天顶距等,用电子手簿在野外进行观测数据的记录及必要的计算,并将成果储存。内业处理时再将电子手簿中的观测数据或经处理后的成果输入计算机中。

(3) 野外使用全站仪或 GNSS 进行测量成图的方法。先用仪器进行野外测量,数据自动保存在仪器中,之后将测量数据通过传输软件传到计算机上,再辅之以专业的绘图软件进行成图,能得到精度很高的数字地形图。

① 全站仪数字测图法。

用全站仪进行数字测图(图 7-14),首先在控制点或图根点等测站点上架设全站仪,将测站点坐标和测站的仪器高输入全站仪中(设站)，然后输入后视点的坐标和棱镜高，并进行测量定向(后视)，再在各个碎部点上立棱镜进行测量，对测量的碎部点坐标数据进行存储，存储时可以同时输入该点的属性信息(外业操作码)，再将测量数据传输到电脑中，用专业绘图软件绘制地形图。在使用全站仪采集碎部点信息时，因外界条件影响，不能够全部直接采集到所有碎部点的信息，且对所有碎部点直接采集会使工作量增大，影响工作效率，因此必须结合测量的方法并运用共线、对称、平行、垂直等几何关系确定出所需要的碎部点，以便提高工作效率。

图 7-14　全站仪外业数据采集

现在各类全站仪的测量精度都比较高，而且电子记录又能如实地记录数据，数据处理过程无精度损失。全站仪数字测图法从外业观测到内业处理直至成果输出整个流程实现了自动化，是目前数字测图中精度最高的一种，是城市地区的大比例尺测图中主要的测图方法。现在大多数单位全站仪已经普及，并且功能越来越强大，这种方法已经成为野外数据采集的主要方法。

② GNSS-RTK 测图法。

GNSS-RTK 测图法是通过 GNSS 接收机采集野外碎部点的信息数据(图 7-15)。特别是近些年来出现的 RTK(Real Time Kinematic)实时动态定位技术，这种测量模式是位于基准站(已知的基准点)的 GNSS 接收机通过数据链将其观测值及基准站的坐标信息一起发给流动站的 GNSS 接收机。流动站不仅接收来自参考站(基准站)的数据，还直接接收 GNSS 卫星发射的观测数据，组成相位差分观测值，并实时处理，能够实时提供测点在指定坐标系中的三维坐标。

采用 GNSS-RTK 技术进行碎部点数据采集，可以不布设各级控制点，仅依据一定数量的基准控制点，而且不要求点之间通视(但在影响 GNSS 卫星信号接收的地带，还应辅之以全站仪测绘方法进行细部测量)。GNSS-RTK 测图仅需一人操作，在要测的碎部点上停留几秒钟，就能实时测定点的位置并能达到厘米级精度，还能同时输入采集点的

图 7-15　GNSS 外业数据采集

特征编码，通过电子手簿或便携机记录，在点位精度合乎要求的情况下，把一个区域内的地物、地貌特征点的坐标测定完后，可在室外或室内用专业测图软件绘制成图，能大大提高作业效率。GNSS-RTK 测图法已越来越多地被应用在开阔地区的地面数字测图中。

7.3.3 数据处理

数据处理是数字测图的关键阶段，数据处理能力的关键是测图软件的功能。数字测图软件具有数据量大、算法复杂、涉及外部设备繁多等特点。目前常用的数字测图软件有以下几种。

(1) 南方 CASS 和 SouthMap 地形绘图软件。

(2) 威远图 SV300R2002 数字测图软件。

(3) 清华山维 EPSW2003 全息测绘系统成图软件。

下面以南方 CASS 地形绘图软件(以下简称"CASS 软件")为例说明数字化成图软件的作图过程。

CASS 软件是基于 AutoCAD 平台技术的 GIS 前端数据处理系统。它广泛应用于地形成图、地籍成图、工程测量应用、空间数据建库等领域，全面面向 GIS，彻底打通数字化成图系统与 GIS 接口，使用骨架线实时编辑、简码用户化、GIS 无缝接口等先进技术。自 CASS 软件推出以来，它已经成长为用户量最大、升级最快、服务最好的主流成图系统。

由于国家从 2018 年 5 月 1 日开始正式实施新的地形图图式标准，CASS 也从 10.1 版本开始，在基本绘图功能上做了进一步升级，采用了新版的符号库，优化了内部代码，最大限度地支持用户自定义成果样式；突破 AutoCAD 的平台限制，解决大影像数据加载等问题。在这里我们重点介绍使用 CASS10.1 软件的作图过程。

CASS10.1 软件安装之后即显示如图 7-16 所示的 CASS10.1 主界面。

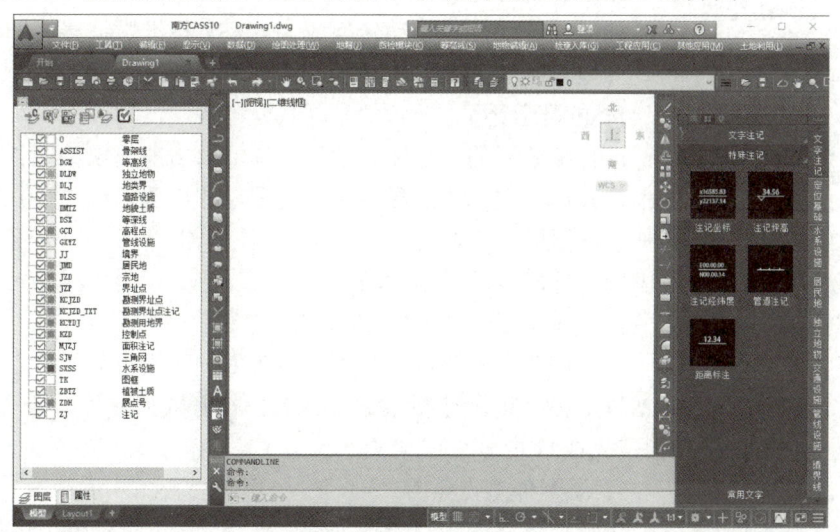

图 7-16 CASS10.1 主界面

1. 数据传输

在使用全站仪进行外业数据采集后，需要先进行数据传输，一般可以通过"数据"菜单读取全站仪数据(图 7-17)；还可以通过测图精灵和手工来输入原始数据。

在使用时，先将全站仪与电脑连接好，选择 CASS10.1 菜单栏中的"数据"选项，选择"读取全站仪数据"选项，会弹出如图 7-18 所示的对话框，在对话框中选择正确的仪器类型，并在全站仪和 CASS10.1 中设置相同的通讯参数，然后选择"CASS 坐标文件"，设置存储路径并输入文件名。最后单击"转换"按钮，即可将全站仪外业测量的数据转换成标准的 CASS 坐标数据。CASS 坐标数据的标准格式为：点名，编码，Y 坐标，X 坐标，H 坐标。每个点的坐标的单位都是米；编码可输入也可不输入，但即使编码为空，后面的逗号也不能省略。

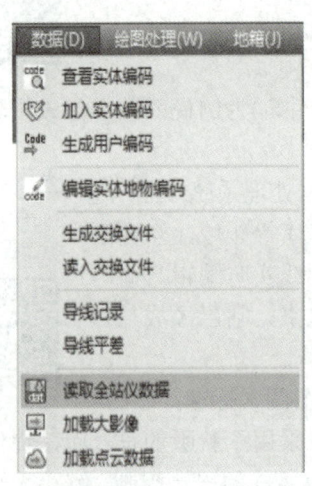

图 7-17　读取全站仪"数据"菜单

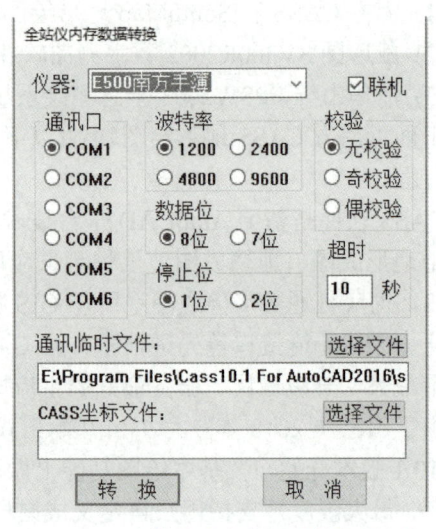

图 7-18　"全站仪内存数据转换"对话框

如果使用的是 GNSS-RTK，则通过数据线将手簿中的原始观测文件利用其他软件或手动转换成为 CASS 标准数据格式即可。

2. 定显示区、展点

1) 定显示区

选择菜单栏的"绘图处理"选项，单击即出现如图 7-19 所示的下拉菜单，选择"定显示区"选项，即出现如图 7-20 所示的对话框，根据提示选择输入数据文件名，单击"打开"按钮，即定下了由该文件确定的显示区域。

2) 选择测点点号定位成图法

单击屏幕右侧菜单的"测点点号"项，出现如图 7-20 所示的对话框，根据提示选择数据文件名，打开数据文件，命令行提示："读点完成！共读入×个点"。

3) 展野外测点点号

选择菜单栏中的"绘图处理"选项，在下拉菜单中选择"展野

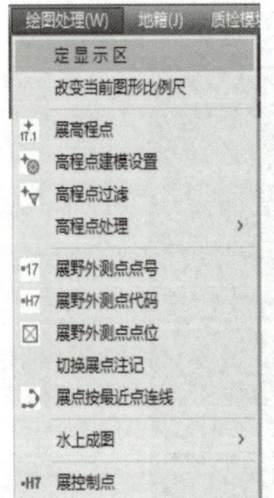

图 7-19　下拉菜单

外测点点号"选项,即出现如图 7-20 所示的对话框,用同样的方法输入数据文件,屏幕上即可按照点的坐标展出野外测量点的点号。

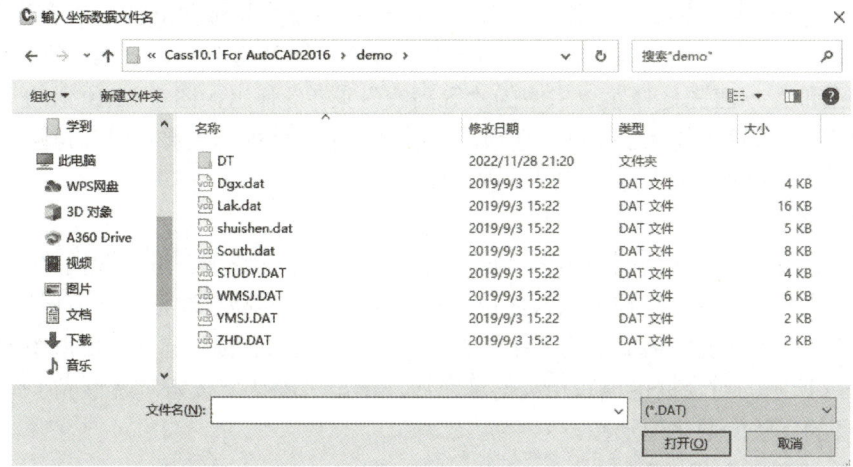

图 7-20 "输入坐标数据文件名"对话框

3. 绘平面图

1) 地物绘制

根据外业所绘草图或者编码,采用"草图法"或者"编码引导法"进行绘制。绘图时,结合屏幕右侧菜单,根据地物所属的大类在软件中选择适当的地物符号进行绘制,只需将相应的外业测量点的点号按顺序连接,按照命令行的提示进行输入,软件即可自动生成所需的地形图标准图式符号。此外,由于地物种类繁多,CASS10.1 还提供了搜索功能,只需在屏幕右侧菜单上的搜索框输入要搜索的内容,进行模糊查询,软件就会自动给出可能存在的地物种类以供选择,非常方便。如图 7-21 所示,在屏幕右侧菜单上搜索框中输入"楼梯",软件就会自动出现室外楼梯和不规则楼梯,绘图时,可根据野外实际情况进行选择。

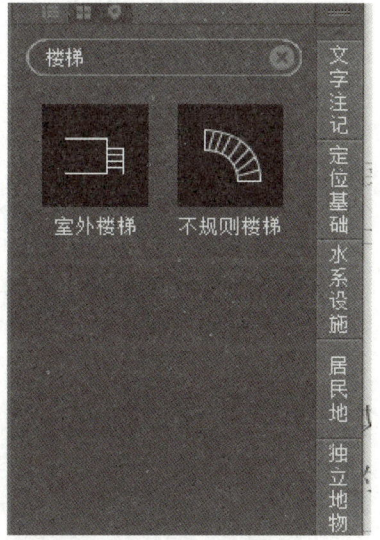

图 7-21 屏幕菜单搜索

2) 等高线绘制

在地形图中,等高线是表示地貌起伏的一种重要手段。在常规的平板测图中,等高线是由手工描绘的,等高线可以描绘得比较圆滑但精度稍低。在数字化自动成图系统中,等高线是由计算机自动勾绘的,其生成的等高线精度相当高。在绘制等高线之前,必须先将野外测得的高程点建立数字地面模型,然后在数字地面模型上生成等高线。

数字地面模型是在一定区域范围内规则格网点或三角网点的平面坐标(x,y)和其地物性质的数据集合,如果此地物性质是该点的高程 Z,则此数字地面模型又称数字高程模型。这个数据集合从微观角度三维地描述了该区域地形地貌的空间分布。数字地面模型作为一种新兴的数字产品,与传统的矢量数据相辅相成、各领风骚,在空间分析和决策方面发挥

221

着越来越大的作用。借助计算机和地理信息系统软件，数字地面模型数据可以用于建立各种各样的模型解决一些实际问题，其主要的应用有：按用户设定的等高距生成等高线图、透视图、坡度图、断面图、渲染图，与数字正射影像图复合生成景观图，或者计算特定物体对象的体积、表面覆盖面积等，还可用于空间复合、可达性分析、表面分析、扩散分析等方面。绘图时，一般先选择菜单栏中的"等高线"菜单，弹出如图7-22所示的下拉菜单，在该下拉菜单中选择"建立三角网"选项，然后对其进行修改，主要是对三角网进行修改，最后再选择"绘制等高线"选项并对其进行修饰。

4. 图幅整饰

地形平面图和等高线绘制完毕之后，还需要对图形进行整饰。进行图幅整饰时，应先对图形中的地物、地貌、高程点加入注记，包括文字注记和高程注记；然后根据地形图的大小，通过"绘图处理"菜单中的"标准图幅"或者"任意图幅"选项给地形图加上图框，在如图7-23所示的对话框中填写相关信息之后，单击"确认"按钮，就形成了带有图名、图框等信息的完整的数字地形图。

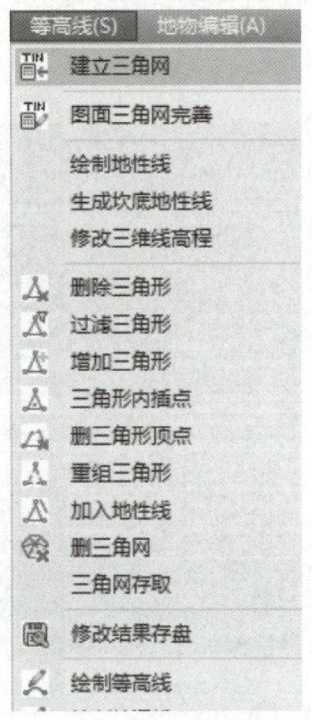

图7-22 "等高线"菜单

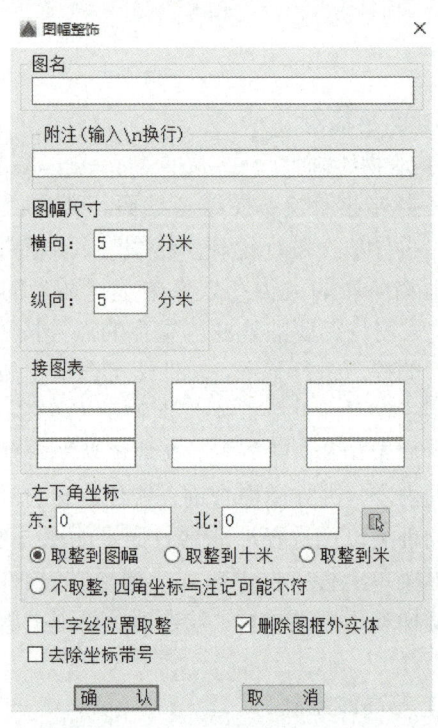

图7-23 "图幅整饰"对话框

其他软件绘图方法基本相似，在此就不一一赘述了。

7.3.4 成果输出

经过数据处理以后，即可得到数字地形图，也就是形成一个图形文件，用存储器永久性保存。也可以将数字地形图转换成地理信息系统所需要的图形格式，用于建立和更新GIS

图形数据库。输出图形是数字测图的主要目的,通过对层的控制,可以编制和输出各种专题地图(包括平面图、地籍图、地形图、管网图、带状图及规划图等),以满足不同用户的需求。可采用矢量绘图仪、栅格绘图仪、图形显示器及缩微系统等绘制或显示地形图图形。为了使用方便,往往需要用绘图仪或打印机将图形或数据资料输出。在用绘图仪输出图形时,还可按层来控制线条的粗细或颜色,以绘制美观、实用的图形。如果以生产出版原图为目的,则可采用带有光学绘图头或刻针(刀)的平台矢量绘图仪,其可以产生带有线条、符号和文字等高质量的地形图图形。

7.3.5 检查验收

测绘产品的检查验收是生产过程中必不可少的环节,是测绘产品的质量保证,是对测绘产品质量的评价。为了控制测绘产品的质量,测绘工作者必须具有较高的质量意识和管理才能。因此,完成数字地形图成图后还必须做好检查验收工作。

1. 检查验收的依据

(1) 有关的测绘任务书、合同书中有关产品质量特性的摘录文件或委托检查、验收文件。

(2) 有关法规和技术标准。

(3) 技术设计书和有关的技术规定等。

2. 二级检查一级验收制度

对数字测绘产品实行过程检查、最终检查和验收制度。过程检查由生产单位的中队(室)检查人员承担。最终检查由生产单位的质量管理机构负责实施。验收工作由任务的委托单位组织实施,或由该单位委托具有检验资格的检验机构验收。各级检查工作必须独立进行,不得省略或代替。

3. 应提交检查验收的资料

提交的成果资料必须齐全,一般应包括以下资料。

(1) 项目设计书、技术设计书、技术总结等。

(2) 文档簿、质量跟踪卡等。

(3) 数据文件,包括图廓内外整饰信息文件、原始数据文件等。

(4) 作为数据源使用的原图或复制的底图。

(5) 图形或影像数据输出的检查图或模拟图。

(6) 技术规定或技术设计书规定的其他文件资料。

凡资料不全或数据不完整者,承担检查或验收的单位有权拒绝检查验收。

4. 检查验收的记录及存档

检查验收记录包括质量问题的记录、问题处理的记录以及质量评定的记录等。记录必须及时、认真、规范、清晰。检查验收工作完成后,必须编写检查验收报告,并随产品一起归档。

7.4 地形图的应用

传统的地形图通常是绘制在纸上的，具有直观性强、使用方便等优点，但也存在容易损坏、不易保存、难以更新等缺点。而数字地形图则是以数字形式存储在计算机上的地形图，具有更明显的优越性和广阔的发展空间。随着计算机技术和数字化测绘技术的迅速发展，特别是 Autocad 软件的广泛利用，利用数字地形图可以很容易地获取各种地形信息，数字地形图可以更广泛地应用于国民经济建设、国防建设和科学研究的各个方面，如工程建设的设计、交通工具的导航、环境监测和土地利用调查等。

数字地形图在地形图的基本应用方面，比纸质地形图更为方便和精确，此外，还可以利用数字地形图建立数字高程模型和数字地面模型。数字高程模型是以数字的形式按一定的结构组织在一起的，表示实际地形特征空间分布的模型，是定义在 x，y 域离散点(规则或不规则)上以高程表达地面起伏形态的数字集合；数字地面模型是表示地面起伏形态和地表景观的一系列离散点或规则点的坐标数值集合的总称。数字地面模型是带有空间位置特征和地形属性特征的数字描述，包含着地面起伏和属性两个含义，当数字地面模型中地形属性为高程时就是数字高程模型。

利用数字地面模型可以绘制不同比例尺的等高线地形图、地形立体透视图、地形断面图等，确定汇水范围和计算面积，确定场地平整的填挖边界和计算土方量。在公路和铁路设计中，利用数字地形图可以绘制地形的三维轴视图和纵、横断面图，进行自动选线设计。在地理信息系统(GIS)中，数字高程模型是建立数字地面模型的基础数据，它们都是地理信息系统的基础资料，可用于土地利用现状分析、土地规划管理和灾情分析等。在军事上，数字地形图可用于导航和导弹制导。在工业上，利用数字地形测量的原理建立工业品的数字表面模型，能详细地表示出表面结构复杂的工业品的形状，据此可进行计算机辅助设计和制造。

随着科技的高速发展和社会信息化程度的不断提高，数字地形图将会发挥越来越大的作用。

7.4.1 地形图的识读

地形图的识读是正确应用地形图的基础，这就要求能将地形图上的每一种注记、符号的含义准确地判读出来。地形图的识读，可按先图外后图内、先地物后地貌、先主要后次要、先注记后符号的基本顺序，并参照相应的地形图图式标准逐一阅读。

1. 图外注记识读

读图时，先了解所读图幅的图名、图号、接合图表、比例尺、坐标系统、高程系统、等高距、测图时间、测图类别、图式版本等内容，然后进行地形图内地物、地貌的识读。

2. 地物识读

根据地物符号和有关注记,了解地物的分布和地物的位置,因此,熟悉地物符号是提高识图能力的关键。

3. 地貌识读

根据等高线判读出山头、洼地、山脊、山谷、山坡、鞍部等基本地貌,并根据特定的符号判读出雨裂、冲沟、峭壁、悬崖、崩塌、陡坎等特殊地貌。同时根据等高线的密集程度来分析地面坡度的变化情况。在地形图上,除读出各种地物、地貌外,还应根据图上配置的各种植被符号或注记说明,了解植被的分布、类别特征、面积大小等。按以上读图的基本程序和方法,可对一幅地形图获得较全面的了解,以达到真正读懂地形图的目的,为用图打下良好的基础。

7.4.2 地形图的基本应用

数字测图保存的地形图都是电子地形图,可以很方便地通过 CASS 软件实现地形图的各种基本应用。如图 7-24 所示,CASS10.1 软件提供了诸如查询指定点坐标、查询两点距离及方位、查询图上两点距离、查询线长、查询实体面积等多方面的应用,下面抽取部分常用功能简要进行介绍。

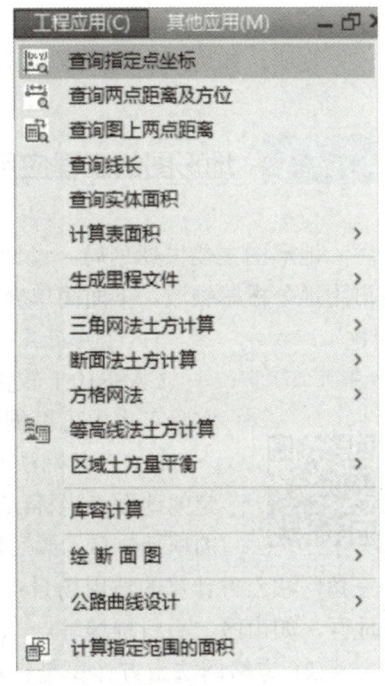

图 7-24 "工程应用"菜单

1. 查询指定点坐标

功能:计算并显示指定点的坐标。

操作:按命令行提示进行操作。

提示:指定查询点:用鼠标选择所要查询的点。

显示结果:测量坐标:X=xxxx 米 Y=xxxx 米 H=xxxx 米。

说明:屏幕左下角所显示的就是实际的坐标,只是 x 和 y 的顺序调换了。

2. 查询两点距离及方位

功能:计算两个指定点之间的实际距离和方位角。

操作:按命令行提示进行操作。

提示:第一点:用鼠标捕捉第一点。

第二点:用鼠标捕捉第二点。

显示结果:两点间距离=57.514 米,方位角=91 度 20 分 39.39 秒。

3. 查询图上两点距离

功能:计算两点之间的图上距离。

操作:按命令行提示进行操作。

提示:第一点:用鼠标捕捉第一点。

第二点:用鼠标捕捉第二点。

显示结果：两点的图面距离为：0.159814 米，当前图形比例尺为 1∶500.00。

4. 查询线长

功能：计算并显示线性地物的长度，曲线的线长难以用普通方法测量，本功能就是用于实现这个目的。

操作过程：按命令行提示进行操作。

提示：选择精度：(1)0.1 米 (2)1 米 (3)0.01 米 <1>选择所需精度。

　　　选择曲线：用鼠标点取所要查询的线性地物。

说明：选择精度越高，计算时间越长。

5. 查询实体面积

功能：计算面或圆的面积。

操作过程：按命令行提示进行操作。

提示：(1)选取实体边线 (2)点取实体内部点 <1>如选(2)，则提示如下。

输入区域内一点：

区域是否正确？(Y/N) <Y>

实体面积为 XXXX.XXX 平方米

说明：如选(1)，则面必须是封闭的实体；如选(2)，则面可以是不封闭的。

7.4.3　地形图的工程应用

地形图主要供规划局、设计院或施工单位使用，主要应用在城市规划、工程建设、城市用地分析等领域。下面简单介绍几种在工程建设中地形图较为普遍的应用场景。

方格网土方计算

1. 土方计算

CASS10.1 软件提供了三角网法、方格网法、断面法、等高线法 4 种方法，实际工作中可根据使用场景进行选择使用。

(1) 三角网法土方计算是由数字地面模型来计算土方量的，是根据实地测定的地面点坐标(X，Y，Z)和设计高程，通过生成三角网来计算每一个三棱锥的填挖方量，最后累计得到指定范围内填挖的土方量，并绘出填挖方分界线。三角网法土方计算的适用场景：适用于地形条件复杂、有较大起伏、地形高低变化剧烈的地区，如山区、石料堆场等。

(2) 方格网法土方计算是在测算范围按一定间距绘制一些小方格，先算出每个方格内的填挖土方量再累加求和得到土方的总量。方格网法土方计算的适用场景：适用于场地大，但高差变化不大的测区，如施工场地前期的土方整理、场地绿化等。

(3) 断面法土方计算是将土体按照一系列勘探断面分为若干个土段或者块段，先计算各断面上土体的面积，再计算各个土段的体积和储量，然后将各个土段储量相加即得土体的总储量。断面法土方计算的适用场景：只适用于地形狭长的地带，如道路、管道等土方的计算。

(4) 等高线法土方计算是因为两条等高线所围面积可求，两条等高线之间的高差已知，所以可求出这两条等高线之间的土方量。等高线法土方计算的适用场景：适用于土方量计算的概算量使用，该方法适合于地形坡度大，但坡度变化均匀的地区。

本节重点介绍三角网法和方格网法。

1) 三角网法

功能：由数字地面模型计算平整土地时填挖的土方量，系统将显示三角网、填挖边界线面积和填挖土方量。选择"工程应用"下拉菜单中的"三角网法土方计算"选项，系统提供了4种方法，如图7-25所示。

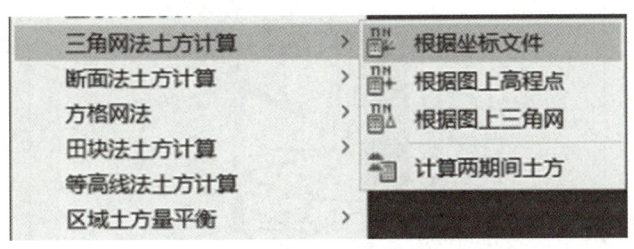

图7-25 三角网法土方计算子菜单

(1) 根据坐标数据文件。

功能：根据坐标数据文件和设计高程计算指定范围内填挖的土方量，计算前需要先用复合线画出所要计算土方的区域。

操作：执行本菜单命令后按命令行提示进行操作。

【注意】操作时应指定显示区，并画出所要计算土方量的区域范围线(用复合线画，不要拟合)。

提示：请选择：(1)根据坐标数据文件(2)根据图上高程点。

选择(1)，选择外业测量的数据文件，系统将弹出如图7-26所示的"DTM土方计算参数设置"对话框。其中，参数设置中包括"平场标高""边界采样间距"。在CASS10.1软件中增加了边坡设置，选中"处理边坡"复选框，则系统可根据边坡参数来计算土方量。单击"确定"按钮后系统会有弹窗信息提示土方计算结果，如图7-27所示；如果需要显示计算过程信息，则应根据命令行提示，指定表格的左下角坐标，在CASS10.1软件主界面可以自动绘制计算表格，如图7-28所示。

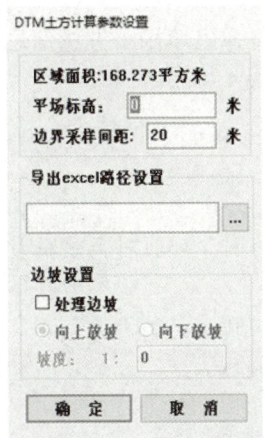

图7-26 "DTM土方计算参数设置"对话框

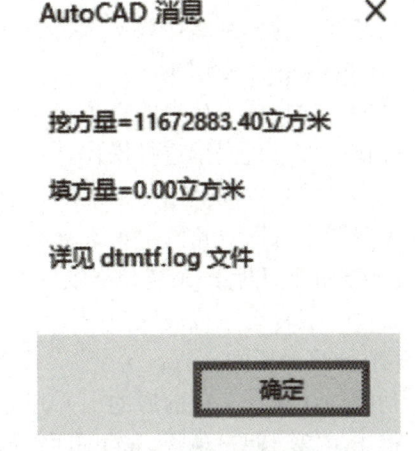

图7-27 三角网法土方计算弹窗信息

(2) 根据图上高程点。

功能：根据图上已有的高程点计算土方量。计算前应先用复合线画出所要计算土方的区域，并且将高程点展在图上。

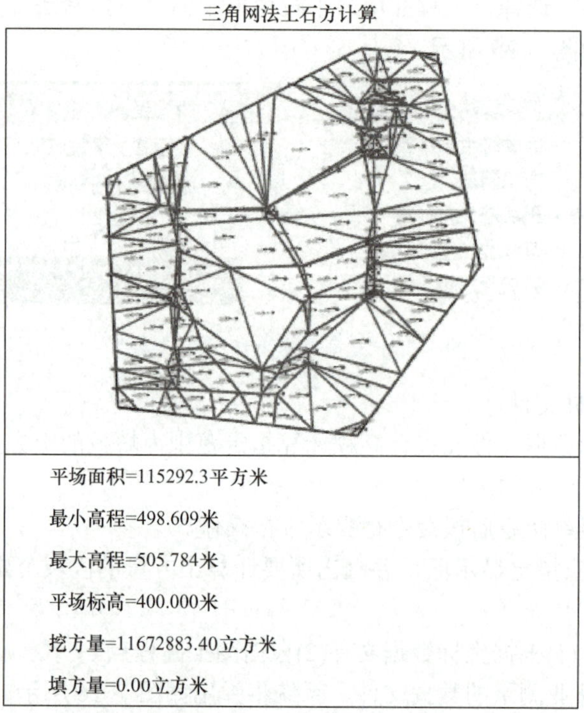

图 7-28　三角网法土方计算结果

操作：按系统提示完成操作即可。

提示：选择土方边界线。

请选择：(1)选取高程点的范围　(2)直接选取高程点或控制点<2> 选择土方计算区域，系统将弹出"DTM 土方计算参数设置"对话框。

请选取：建模区域边界：选择土方计算区域，系统将弹出填挖土方量信息提示框。

(3) 根据图上三角网。

功能：根据图上已有的三角网计算土方量。

操作：按系统提示进行操作。

提示：平场标高(米)：输入设计高程。

请在图上选取三角网：用鼠标点取要进行计算的三角网，可拉对角线批量选取。

按 Enter 键之后，系统弹出填挖方量信息提示。

说明：当自动生成的三角网无法正确表示计算土方区域时采用本方法。

(4) 计算两期间土方。

功能：计算一工程前后的土方开挖量。

操作：第一期三角网：(1)图面选择　(2)三角网文件 <2>选择开挖前的三角网。

第二期三角网：(1)图面选择　(2)三角网文件 <1> 选择开挖后的三角网。

系统弹出信息提示框。

说明：图面选择是在图上直接选取三角网，三角网文件指的是打开原先导出的三角网文件。

2) 方格网法

(1) 方格网法土方计算。

功能：通过在图上的土方测算范围内绘小方格，先算出每一个方格内的填挖土方量，然后将这些土方量累加，从而实现场地平整土方量的计算。

操作：先在图上展点并用封闭复合线绘出要平整场地的范围，再执行本命令，会弹出如图7-29所示的对话框。"选择土方计算的方式"一般选择"由数据文件生成"，单击"输入高程点坐标数据文件"文本框后面的图标 ⋯，根据提示选择计算土方用的高程坐标数据文件，然后根据设计面的情况进行选择。

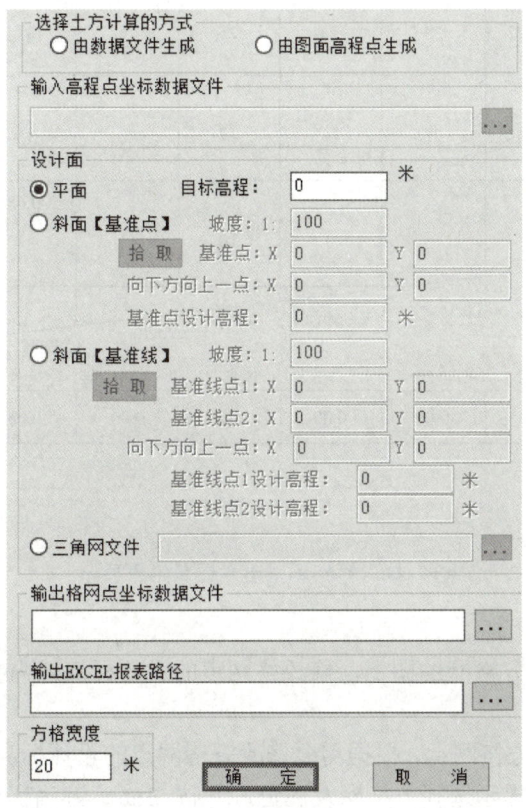

图 7-29 "方格网法土方计算"对话框

如果设计的面是平面，直接输入目标高程即可进行计算。

如果设计的面是斜面(基准点)，需要输入坡度并点取基准线上的两个点以及基准点的设计高程才可进行计算。

如果设计的面是斜面(基准线)，需要输入坡度并点取基准线上的两个点以及基准线向下方向上的一点，最后输入基准线上两个点的设计高程才可进行计算。

如果设计面是不规则的场地，可先根据设计文件制作三角网数据，直接选取三角网文件即可进行计算。

软件会自动绘制方格网并进行计算,计算结果如图7-30所示。

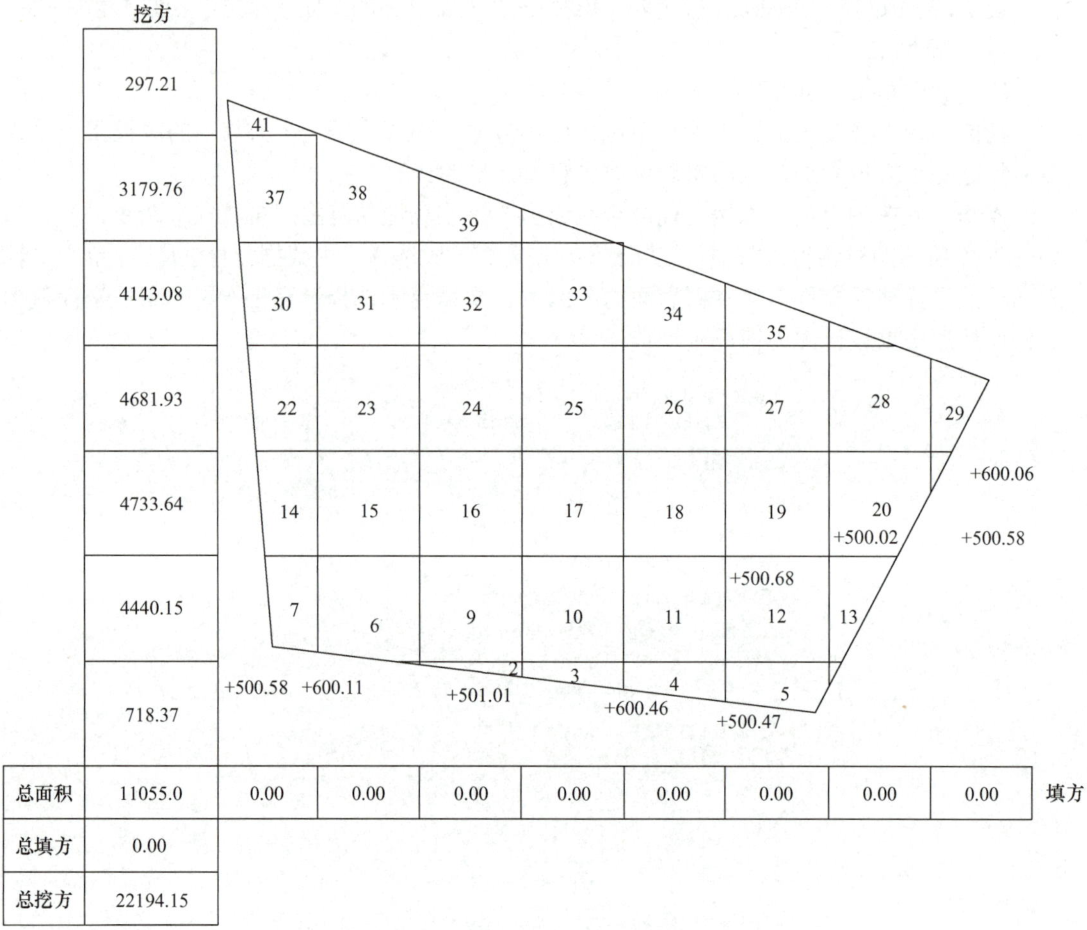

图7-30　方格网法土方计算结果显示

(2) 根据注记重新计算。

功能:在已经生成方格网的图上,修改格网点的设计标高或内插高程。根据修改后的数据重新计算土方量。

操作:在已生成的方格网上,根据需要修改方格网点的设计标高或内插高程注记文字;选择本菜单,按命令行提示选择方格网及注记,并按 Enter 键确认后,命令行会输出修改区域的计算结果。方格网中相应的数据也会同步更新。

2. 区域土方量平衡

功能:自动算出待平整场地的目标高程,使需平整场地的填方和挖方相等。

操作:先用封闭复合线绘出需平整场地的范围,再执行本命令,按命令行提示操作。有两种操作方式:一种是根据坐标文件;一种是直接选取图上高程点。

提示:请选择:(1)根据坐标数据文件(2)根据图上高程点 <1>

若选择(1),则弹出一个打开数据文件的对话框,选中文件打开即可。然后按下面提示继续。

选择土方边界线：选择事先画好的封闭复合线。

请输入边界插值间隔(米)：<20>默认为 20 米。

平场面积 = XXX.X 平方米

土方平衡高度=XX.XXX 米，挖方量=XXX 立方米，填方量=XXX 立方米

请指定表格左下角位置：<直接回车不绘表格>控制是否生成成果数据表格。

若选择(2)，则提示如下。

选择土方边界线：

请选择：(1)选取高程点的范围 (2)直接选取高程点或控制点<2>

若选择(1)，系统提示选取建模区域边界，提示如下。

请选取建模区域边界：

若选择 2，系统提示选择高程点或控制点，提示如下。

选择高程点或控制点：

以下操作相同。

请输入边界插值间隔(米)：<20>

土方平衡高度=XX.XX 米，挖方量=XXXXX 立方米，填方量=XXXXX 立方米

请指定表格左下角位置：<直接回车不绘表格>

3. 按限制坡度选择最短路线

在山区或丘陵地区进行管线或道路工程设计时，均有指定的坡度要求。在地形图上选线时，先按限制坡度找出一条最短路线，然后综合考虑其他因素，获得最佳设计路线。

如图 7-31 所示，欲在 A、B 两点间选定一条坡度不超过限制坡度 i 的线路，设图上等高距为 h，地形图的比例尺为 $1:M$，可得线路通过相邻两条等高线的最短距离为

$$d = \frac{h}{i_{限}M} \tag{7-5}$$

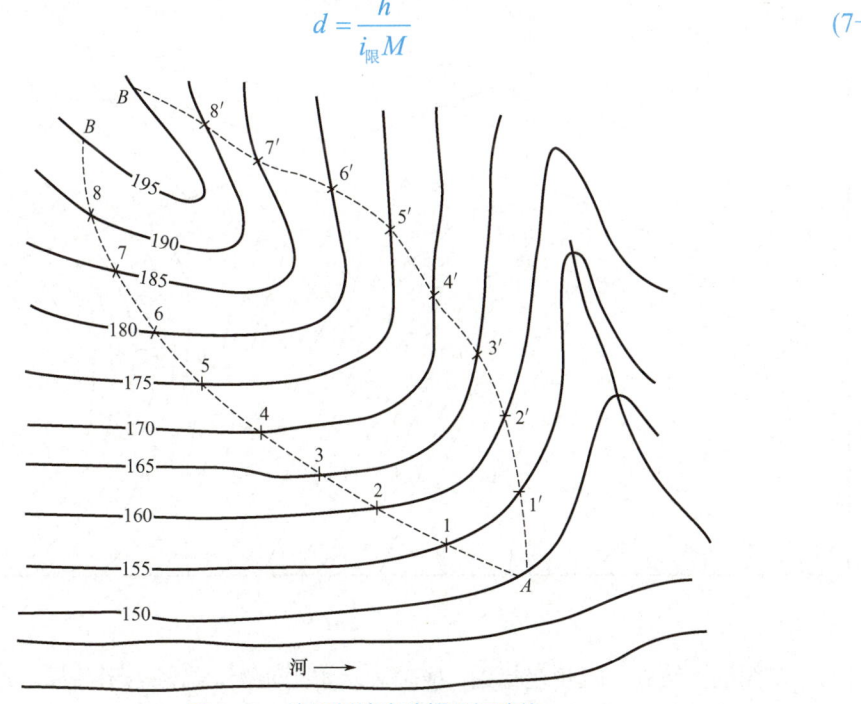

图 7-31 按限制坡度选择最短路线

在图 7-31 上选线时，以 A 点为圆心、以 d 为半径画弧，交 155m 等高线于 1、1′，再分别以 1、1′两点为圆心，以 d 为半径画弧，交 160m 等高线于 2、2′两点，依此类推，直至 B 点。将这些相邻的交点依次连接起来，便可获得两条同坡度线 A—1—2…B 和 A—1′—2′…B，最后通过实地调查比较，从中选定一条最合理的路线。

在作图过程中，如果出现半径小于相邻等高线平距的情况，即圆弧与等高线不能相交，则说明该处的坡度小于指定坡度，此时，路线可按最短距离定线。

4．绘制地形断面图

城市道路断面是城市道路纵断面和横断面的合称。沿着道路中心线的竖向剖面称为纵断面，它反映道路的竖向线形；垂直于道路中心线的剖面称为横断面，它反映道路的路型和宽度特征。

在道路、管线等线路工程设计中，为了合理地确定线路的纵坡，或在场地平整中进行填挖土方量的概算，或为布设测量控制网进行图上选点，以及判断通视情况等，均需详细了解沿线方向的坡度变化情况。因此，实际工作中经常需要根据地形图并按一定比例绘制能反映某一方向地面起伏状况的纵断面图。

如图 7-32 所示，A、B 两点在图上两个山顶上，若要绘制 AB 方向的纵断面图，其具体绘制步骤如下。

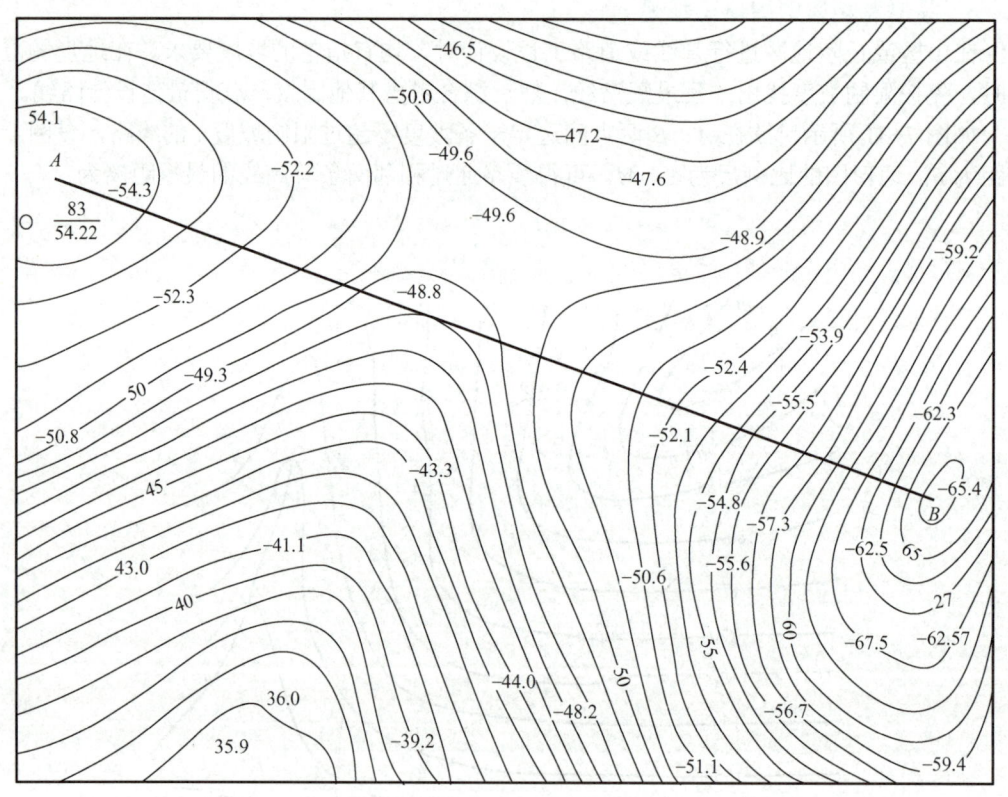

图 7-32　山顶上的 A、B 两点

(1) 在图纸上绘制一直角坐标系，横轴表示水平距离，纵轴表示高程，如图 7-33 所示。

水平距离的比例尺与地形图的比例尺一致。为了明显地反映地面的起伏情况,高程比例尺一般为水平距离比例尺的 10~20 倍。

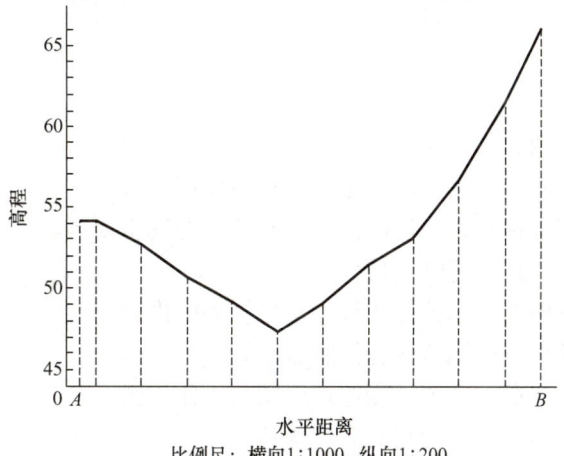

图 7-33　*AB* 方向的纵断面图

(2) 在纵轴上标注高程,在横轴上适当位置标出 *A* 点。将直线 *AB* 与各等高线的交点,按其与 *A* 点之间的距离转绘在横轴上。

(3) 根据横轴上各点相应的地面高程,在坐标系中标出相应的点位。

(4) 把相邻的点用光滑的曲线连接起来,便得到 *AB* 方向的纵断面图,如图 7-33 所示。

若要判断地面上两点是否通视,只需在这两点的断面图上用直线连接两点,如果直线与断面线不相交,则说明两点通视;否则,两点之间视线受阻。在图 7-33 中可以很清楚地看到 *A*、*B* 两点没有遮挡,可以互相通视。这类问题的研究,对于架空索道、输电线路、测量控制网的布设,以及军事指挥和军事设施的兴建等都有十分重要的意义。

小　结

本章以大比例尺地形图为主,重点介绍了地形图的基本知识,主要包括比例尺,地形图的图名、分幅与图号、图廓及接合图表,地形图上地物、地貌的表示方法等内容。

地形图的测图方法以大比例尺地形图测绘为中心,着重讲述了采用全站仪进行数字测图的全过程,重点介绍了目前主流的数字测图软件 CASS10.1 的用法。

地形图的应用部分重点介绍了地形图的识读、基本应用和在工程建设中的应用,内容包括:地物、地貌的识读;应用地形图求某点的坐标和高程,求某直线的坐标方位角、长度和坡度,用地形图量算图形面积;工程应用方面则重点讲解了土方计算、区域土方量平衡、按限制坡度选择最短路线和绘制地形断面图。

习 题

简答题

1. 什么叫作地形图？
2. 什么是比例尺精度？它在测绘工作中有何作用？
3. 地物符号有哪几种？举例说明测绘这些地物的基本要领。
4. 何谓等高线？等高线有哪些特性？
5. 大比例尺地形图测图前的技术计划都包括哪些内容？
6. 地形测量中碎部点选取有哪些注意事项？
7. 简述使用全站仪在一个测站测绘地形图的工作步骤。
8. 简述数字测图与白纸测图相比有何优势。
9. CASS 计算土方有哪几种方法？分别应用在哪些场景？
10. 道路断面分为哪几种？如何绘制纵断面图？

在线答题

第 8 章 施 工 放 样

思维导图

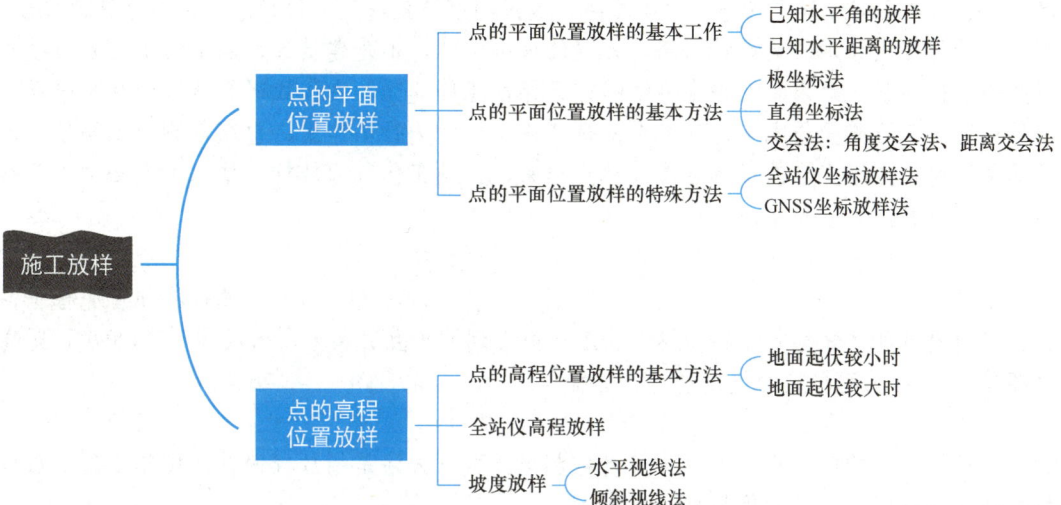

工程测量技术

【引言】

国家体育场(鸟巢)位于北京奥林匹克公园中心区南部，为2008年北京奥运会的主体育场，占地面积20.4万 m^2，建筑面积25.8万 m^2，可容纳观众9.1万人。在这里举行了奥运会、残奥会开闭幕式、田径比赛及足球比赛决赛。

国家体育场于2003年12月24日开工建设，2008年3月完工，总造价22.67亿元。作为国家标志性建筑，2008年奥运会主体育场，国家体育场工程占地面积大、规模大、造型复杂。国家体育场开建之初，设计师已详尽地将场馆位置及其他设计细节绘制于图纸之上，这些图纸既是设计师表达设计思路与方案的关键载体，也是建筑工人确定动工之处与技术参照的依据。那么建筑工人该在哪个地方开始动工修建呢？古代战时经常说：兵马未动，粮草先行。工程测量技术在此时就要发挥"粮草"的先行军作用，也就是测量工程技术人员必须提前把图纸上点的坐标在实地标定出来，此项工作称为放样。施工工人必须以放样的点位作为基础才能开始施工。

放样，又称测设，其工作程序与测图工作恰好相反。它是根据控制网，把图纸上设计好的建筑物角点的平面位置和高程标定到实地上去，以便进行施工。放样必须首先根据待放样点的坐标和已知控制点的坐标，确定点位之间的相互关系，求出放样元素(角度、距离和高差)，然后利用相应的仪器进行具体操作。

因此，任何一项放样工作均可认为是由放样依据、放样方法和放样数据三部分组成。放样依据是放样的起始点，也就是测量控制点；放样方法是指放样的具体操作步骤；放样数据则是放样时必须具备的数据。

放样是工程施工系统的一个子系统，放样的一切工作完全受工程施工进度的制约，放样的精度要求、控制测量的组织、测量仪器的选择与操作、时间地点的安排，乃至测量标志的设置等，无一不是依据施工的要求来确定的，因此又称施工放样。

想一想

类似国家体育场这样的大型建筑，作为测量人员该如何指导工人进行施工呢？

8.1 点的平面位置放样

8.1.1 点的平面位置放样的基本工作

点的平面位置坐标(x, y)是由点位之间的水平角和水平距离决定的，因此点的平面位置放样的基本工作就是已知水平角的放样和已知水平距离的放样。

1. 已知水平角的放样

已知水平角的放样是将图纸上设计好的水平角值和位置在地面上准确地用标志反映出来，也就是根据水平角的已知数据和一个已知方向，把该角的另一个方向放样到地面上。

(1) 一般方法。

如图 8-1 所示,已知地面上 OA 方向,向右放样已知水平角 β,要定出 OB 方向,步骤如下。

① 在 O 点安置经纬仪,严格对中、整平。

② 盘左位置瞄准 A 点,调节度盘变换手轮使水平度盘读数为 0°00′00″。旋转照准部,使水平度盘读数为 β 值,在此方向线定出 B' 点。

③ 用同样的方法盘右位置定出 B'' 点,取 B'、B'' 连线的中点为 B,则 ∠AOB 就是要放样的水平角 β。

(2) 精确方法。

当对放样精度要求较高时,可按以下步骤进行。

① 如图 8-2 所示,先按一般方法定出 B_1 点。

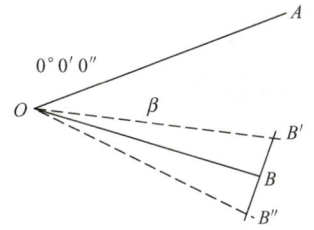

图 8-1 已知水平角放样的一般方法　　图 8-2 已知水平角放样的精确方法

② 反复观测水平角 $\angle AOB_1$ 若干个测回,准确求其平均值 β_1,并计算出它与已知水平角的差值 $\Delta\beta = \beta - \beta_1$。

③ 计算改正距离。

$$BB_1 = OB_1 \frac{\Delta\beta}{\rho}$$

式中:OB_1——观测点 O 至放样点 B_1 的距离;

ρ——常数,值为 206265″。

④ 从 B_1 点沿 OB_1 的垂直方向量出 BB_1,定出 B 点,则 ∠AOB 就是要放样的已知水平角。

注意:如 $\Delta\beta$ 为正,则沿 OB_1 的垂直方向向外量取;反之,则向内量取。

2. 已知水平距离的放样

已知水平距离的放样是将图纸上设计好的直线方向和长度在地面上准确地用标志反映出来,也就是根据已知的起点、直线方向和两点间的水平距离找出另一端点的地面位置。

(1) 用钢尺放样已知水平距离。

① 一般方法。

首先检核施工现场的已知起点和已知方向,然后从已知起点开始,按已知长度值沿给定方向,用钢尺直接测量出另一端点,再往返测量该段距离。若往返距离误差在容许范围之内,则取其平均值作为最终结果。

② 精确方法。

当放样精度要求较高时,可先按一般方法放样,再对所放样的距离进行精密改正,即进行尺长、温度、高差三项改正。

(2) 用光电测距仪(或全站仪)放样已知水平距离。

目前水平距离的放样，尤其是较长水平距离的放样多采用光电测距仪。用光电测距仪放样已知水平距离的方式与用钢尺放样已知水平距离的方式一致，即先用跟踪法放出另一端点，再精确测量其长度，最后进行改正。

如图 8-3 所示，安置仪器于 A 点，瞄准并锁定已知方向，沿此方向移动反光棱镜，使仪器显示值略大于放样的距离，定出 B′ 点。在 B′ 点安置反光棱镜，测出竖直角 α 及斜距 L，计算水平距离 $D'=L\cos\alpha$，求出 D' 与应放样的水平距离 D 之差 $\Delta D = D - D'$（若使用全站仪，水平距离和差值都会自动计算并显示）。根据 ΔD 的符号在实地用钢尺沿放样方向将 B′ 改正至 B 点，并用木桩标定其点位。为了检核，应将反光棱镜安置于 B 点，再实测 AB 的距离，其不符值应在限差之内，否则应再次进行改正，直至符合限差。

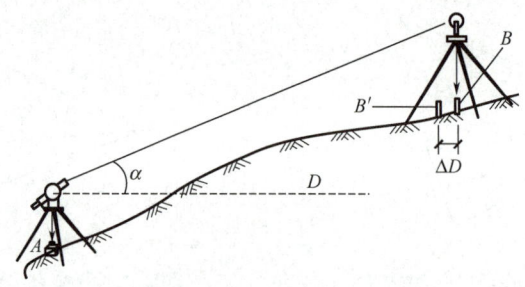

图 8-3 用光电测距仪放样已知水平距离

8.1.2 点的平面位置放样的基本方法

点的平面位置放样的基本方法

在确定建筑物的平面位置时，设计图上往往直接提供的是一些主要特征点的设计坐标(x, y)，而不提供相关的水平距离和水平角，这时，该如何在现场放样这些点的位置呢？

目前常用的办法是先根据已知点和主要特征点的设计坐标计算相关的水平角和水平距离，然后综合运用上节所述方法在现场进行点位放样。点位放样的基本方法有极坐标法、直角坐标法、交会法等。在实际工作中，常根据控制网的布设形式、控制点的分布、地形情况、放样精度要求和施工现场的条件，选择合适的方法进行放样。

1. 极坐标法

极坐标法是在控制点上放样一个角度和一段距离来确定点的平面位置，适用于待定点距离控制点较近且便于量距的情况。

如图 8-4 所示，A、B 为已知控制点，其坐标为 $A(X_A, Y_A)$、$B(X_B, Y_B)$，$CDEF$ 为新建建筑物的 4 个主轴线的交点，具体放样步骤如下。

(1) 根据坐标反算公式计算放样数据：α 为坐标方位角，β

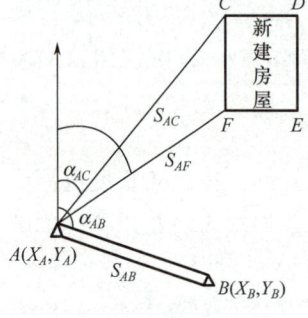

图 8-4 极坐标法放样点位

为已知方向与未知方向的夹角，S 为两点之间的距离。

$$\alpha_{AB} = \tan^{-1} \frac{Y_B - Y_A}{X_B - X_A}$$

$$\alpha_{AC} = \tan^{-1} \frac{Y_C - Y_A}{X_C - X_A}$$

$$\beta = \alpha_{AB} - \alpha_{AC}$$

$$S_{AC} = \sqrt{(X_C - X_A)^2 + (Y_C - Y_A)^2}$$

(2) 在 A 点安置经纬仪，对中整平后瞄准 B 点方向，度盘读数置为零，采用正倒镜分中法放样，转动角 β 为 AC 方向。

(3) 在 AC 方向上用钢尺放样距离 S_{AC}，即得未知点 C 点。

(4) 同法放样出 D、E、F 点。实际工作中，可通过量取对角线 CE、DF 的距离来检查点位放样的准确性，计算放样精度是否满足设计要求。

目前，建筑工地上使用普遍的全站仪就是利用极坐标法放样原理进行放样的。它充分利用了全站仪测角、测距和计算一体化的特点，只需知道待放样点的坐标，不需事先计算放样元素，就可在现场放样，而且操作十分方便。目前使用全站仪放样的方法已成为施工放样的主要方法。

比如测区已有控制点 A、B，待放样点为 C，则只需将全站仪安置在 A 点，对中整平后将仪器调至放样模式，按仪器上的提示分别输入测站点 A、后视点 B 的坐标，照准后输入或调用待放样点 C 的坐标，仪器即自动计算并显示水平角 β 及水平距离 S，水平转动仪器直至角差度数显示为 0°00′00″，此视线方向即为需放样的方向。在该方向上指挥持棱镜者前后移动棱镜，直到距离改正值显示为零，则棱镜所在位置即为要放样的 C 点。若要放样下一个点位，只要重新输入或调用待放样点的坐标即可，按下"放样"键后，仪器会自动提示旋转的角度和移动的距离。

2．直角坐标法

直角坐标法是根据直角坐标原理进行点位放样。当施工场地平坦、建筑施工场地有彼此垂直的主轴线或建筑方格网，新建建筑物的主轴线平行且靠近基线或方格网边线时，经常采用直角坐标法。

如图 8-5 所示，1、2、3 点为方格网点，A、B、C、D 为待测的建筑物角点，各点坐标分别为 $A(20，20)$、$B(20，100)$、$C(40，20)$、$D(40，100)$。在 2 点安置经纬仪，后视 3 点，得 2-3 方向线，沿此方向分别量距 20m 和 100m 得 P、M 两点，并做出标志。再在 P 点安置经纬仪，后视 23 直线上较远的一个点，正倒镜分别拨角 90°取其平均值，得 PC 方向线，沿此方向分别量距 20m 和 40m，得 A、C 两点，做出标志。同法在地面标志出 B、D 两点。最后，按设计距离及角度要求检测 A、B、C、D 4 个点。若不满足设计精度要求，则按前述方格网放样的方法进行调整，直至这 4 个点满足设计要求，并加固标志点。直角坐标法只量距离和直角，数据直观，计算简单，工作

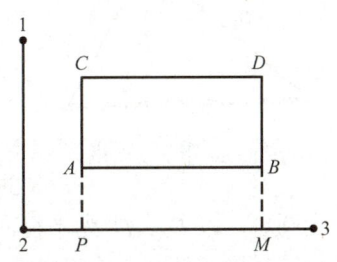

图 8-5 直角坐标法放样点位

方便,因此,直角坐标法应用较广泛。

3. 交会法

交会法主要分为角度交会法和距离交会法。

1) 角度交会法

当放样地区受地形限制量距困难时,常采用角度交会法放样点位。

如图 8-6(a)所示,根据控制点 A、B、C 和放样点 P 的坐标计算 β_1、β_2、β_3、β_4 角值。将经纬仪安置在控制点 A 上,后视点 B,根据已知水平角 β_1 盘左盘右取平均值放样出 AP 方向线,在 AP 方向线上的 P 点附近打两个小木桩,桩顶钉小钉,如图 8-6(b)中的 1、2 两点。同法,分别在 B、C 两点安置经纬仪,放样出 3、4 两点和 5、6 两点,分别表示 BP 和 CP 的方向线。将各方向的小钉用细线拉紧,在地面上拉出 3 条线,得 3 个交点。由于有放样误差,由此而产生的这 3 个交点就构成了误差三角形。当此误差三角形的边长不超过 4cm 时,可取误差三角形的重心作为所求 P 点的位置。若误差三角形的边长超限,则应重新放样。

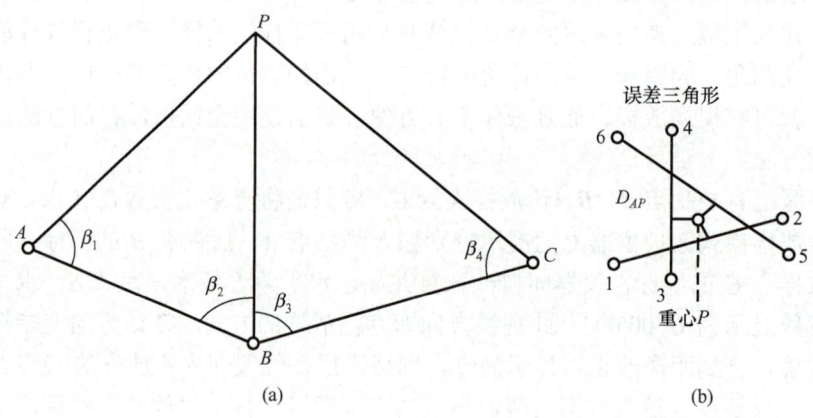

图 8-6 角度交会法

2) 距离交会法

距离交会法又称长度交会法,是根据放样的两段距离交会出点的平面位置。这种方法在场地平坦,量距方便,且控制点离待放样点不超过一尺段长,精度要求不高时使用较多。距离交会法是以两个控制点与待放样点位之间的距离画弧,两弧交点即为待放样点位置。

如图 8-7 所示,A、B 两点为已知控制点,P 点为待放样点,3 点坐标已知,可根据 3 点坐标求算放样数据 D_1、D_2。

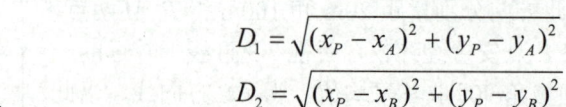

$$D_1 = \sqrt{(x_P - x_A)^2 + (y_P - y_A)^2}$$
$$D_2 = \sqrt{(x_P - x_B)^2 + (y_P - y_B)^2}$$

图 8-7 距离交会法

放样时,首先根据待放样点 P 点的设计坐标和控制点 A、B 的坐标,计算放样数据 D_1、D_2;然后用钢尺分别以控制点 A、B 为圆心,以 D_1、D_2 为半径,在地面上画弧,交出 P 点。距离交会法的优点是不需要仪器,但其精度较低,在施工中放样细部时常用此法。

8.1.3 点的平面位置放样的特殊方法

随着现代科学技术的飞速发展，测绘技术装备发生了革命性变化，放样测量的技术方法也相应发生了变化，目前各类施工工地常用的仪器分别是全站仪和 GNSS 接收机，下面分别进行介绍。

1. 全站仪坐标放样法

全站仪坐标放样法的实质是极坐标法，但由于极坐标法在地面有起伏时无法精确量取平面距离，全站仪坐标放样法却没有这个问题，因此全站仪坐标放样法被越来越广泛地应用于实际工程中。

如图 8-8 所示，假设 M、N 为已知控制点，A、B、C、D 为待放样的建筑物的 4 个角点。放样时需要将仪器架设在控制点 M 上，进入全站仪的坐标放样程序，可按如下步骤操作。

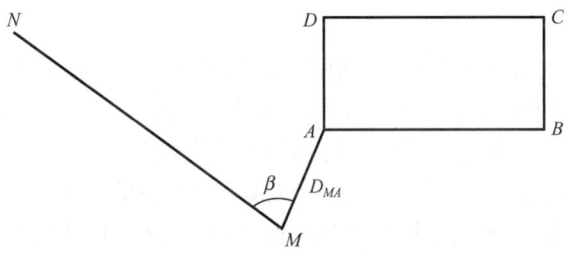

图 8-8 全站仪坐标放样法

(1) 进入测站点设置，输入控制点 M 的坐标和其他相关信息。

(2) 进入定向(后视)点设置，输入另一个和 M 通视的控制点 N 的坐标和其他相关信息。

(3) 在控制点 N 上设立瞄准目标，根据仪器的提示，当全站仪精确瞄准该目标时，点击显示屏上的"确定"键。

(4) 输入待放样点坐标，仪器会自动显示仪器当前瞄准方向与待放样点方向之间的角度差值和待放样点距测站点之间的距离。

(5) 根据仪器的提示找到待放样点所在的方向，然后在该方向的任一点上安置棱镜，进行距离测量，仪器上会自动计算棱镜当前位置与待放样点之间的距离差。根据提示缓慢移动棱镜，直到棱镜位置的方向差和距离差都为 0 时，棱镜安置位置即为待放样点位置。

2. GNSS 坐标放样法

GNSS 坐标放样法是通过实时动态定位获得用户的三维坐标与设计位置进行比较，进而指导放样。该方法不需要已知控制点和待放样点通视，也不受天气因素限制，可以在大范围的工程建设中广泛应用。下面以南方测绘 GNSS 接收机银河 6 型基准站配合移动站的工作模式为例说明 GNSS 坐标放样法的作业流程。

(1) 在基准站上安置 GNSS 接收机，对中整平。基准站架设点可以架在已知点或未知点上，这两种架法都可以使用，但在校正参数时操作步骤有所差异。

注意：为了让主机能搜索到多数量卫星和高质量卫星，基准站一般应选在周围视野开阔的地方，避免在截止高度角15°以内有大型建筑物；避免附近有干扰源，如高压线、变压器和发射塔等；不要有大面积水域；为了让基准站差分信号能传播得更远，基准站一般应选在地势较高的位置。

(2) 打开基准站主机，进入基准站模式，进行相关设置后启动。

GNSS放样

(3) 将移动站主机接在碳纤对中杆上，并将接收天线接在主机顶部，同时将手簿使用托架夹在对中杆的适合位置。

(4) 打开移动站主机，进入移动站模式，和基准站设置对应后启动，主机开始自动初始化和搜索卫星，当达到一定的条件后，主机上的RX指示灯开始1秒钟闪1次(必须在基准站正常发射差分信号的前提下)，表明已经接收到基准站差分信号。

(5) 启动手簿上的工程之星，然后启动蓝牙，进行电台设置。

(6) 进入新建工程向导，输入工程名称、坐标系、中央子午线及各类参数等。

(7) 参数求解。

若现场有多个控制点(至少3个)，则可以通过多点校正，先采集若干个控制点的坐标，然后导入已知控制点坐标库，进行转换，计算转换参数。

① 添加第一个控制点的平面坐标，持移动站接收机到该点上，当对中杆的水准气泡居中，精度提示为"固定解"时，采集坐标，完成第一个点的输入。

GNSS使用

② 添加第二个控制点的平面坐标，持移动站接收机到该点上，当对中杆的水准气泡居中，精度提示为"固定解"时，采集坐标，完成第二个点的输入。

③ 点击"计算"，即可计算出四参数，最后点击"应用"，即可将四参数应用到当前工程上。

④ 持移动站接收机到第三个控制点上，点击工程之星"测量"下拉菜单中的"点测量"，当对中杆的水准气泡居中，精度提示为"固定解"时，采集当前点坐标，与第三个控制点的已知坐标进行比对检查。如果坐标差值在允许范围内，则说明参数求解正确，否则应重新求解转换参数。

(8) 进行校正。

若现场只有一个控制点，则只能进行单点校正，一般是在有转换参数的情况下才通过此方法进行校正。也就是说，在同一个测区，第一次测量时已经求出了参数，下次继续在这个测区测量时，必须先输入第一次求出的参数，再做一次单点校正。此方法还适用于自定义坐标的情况。

① 基准站架在已知点上。

选择"基准站架设在已知点"，点击"下一步"，输入基准站架设点的已知坐标及天线高，并且选择天线高形式，输入完后即可点击"校正"，系统会提示是否校正，并且显示相关帮助信息，检查无误后点击"确定"即可。

说明：此处天线高为基准站主机天线高，形式一般为斜高，只能通过卷尺来测量。

② 基准站架在未知点上。

选择"基准站架设在未知点",点击"下一步"。输入当前移动站的已知坐标、天线高和天线高的量取方式,再将移动站对中立于已知点上后点击"校正",系统会提示是否校正,检查无误后点击"确定"即可。

说明:此处天线高为移动站主机天线高,形式一般为杆高,为一固定值,按照实际高度输入即可。

注意:当软件界面上的当前状态不是"固定解"时,系统会弹出提示,这时应该选择"否"来终止校正,等精度状态达到"固定解"时,再重复上面的过程重新进行校正。

(9) 校正完毕,点击工程之星"测量"下拉菜单中的"点放样"。打开放样点坐标库,选择点位,或者输入即将放样点的坐标,GNSS 点放样手簿指示界面(图 8-9)显示当前点和放样点之间的距离为 1.857m,向北 1.773m,向东 0.551m,可根据提示进行移动放样。

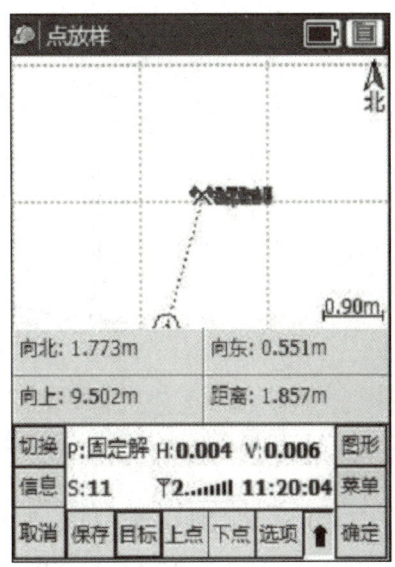

图 8-9　GNSS 点放样手簿指示界面

在放样过程中,当前点移动到离目标点一定距离(此距离可以通过软件进行设置)时,软件会进入局部精确放样界面,同时软件会给控制器发出声音提示指令,控制器会自动报警提示。

> **特别提示**
>
> 全站仪放样需要待放样点和已知控制点通视,在测区范围较大时,工作效率会比较低,误差也会累积。
>
> GNSS 放样特别适用于大面积的开阔区域,这些地方的卫星信号比较强,周围遮挡物较少,因此工作效率非常高。

8.2　点的高程位置放样

8.2.1　点的高程位置放样的基本方法

点的高程位置(H)放样是根据已知水准点,在地面上标定出某设计高程的点。

1. 地面起伏较小时

如图 8-10 所示,在某设计图纸上已确定建筑物的室内地坪高程为 51.500m,附近有一水准点 A,其高程为 H_A=50.950m。现在要把该建筑物的室内地坪高程放样到木桩 B 上,作为施工时控制高程的依据。其方法如下。

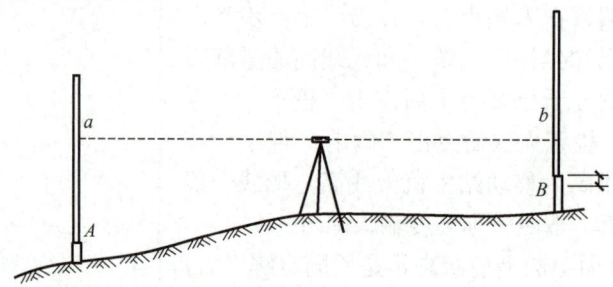

图 8-10 点的高程放样示意图

（1）安置水准仪于 A、B 之间，在 A 点木桩上竖立水准尺，测得后视读数为 $a=1.867$m。

（2）在 B 点处设置木桩，在 B 点木桩上竖立水准尺，测得前视读数为 $b=1.207$m。

▶ 水准仪放样高程

（3）计算高程。

视线高 $H_i = H_A + a = 50.950\text{m} + 1.867\text{m} = 52.817\text{m}$

B 点桩高 $H_B = H_i - b = 52.817\text{m} - 1.207\text{m} = 51.610\text{m}$

放样点的高程位置 $C = $ 设计高 $- H_B = 51.500\text{m} - 51.610\text{m} = -0.110\text{m}$

（4）在 B 点桩顶往下量 0.110m 处画一道红线，此线位置就是设计室内地坪的位置。

2. 地面起伏较大时

当在深基坑内放样高程，水准尺的长度不够时，可在坑底或楼层面上先设置临时水准点，然后将地面高程点传递到临时水准点上，再放样所需高程。

如图 8-11 所示，欲根据地面水准点 A 放样坑内水准点 B 的高程，作为基坑底的高程控制点，可在坑边架设吊杆，吊杆顶吊一根零点向下的钢尺，尺的下端挂上重锤，在地面和坑内各安置一台水准仪，则 B 点的标高为

$$H_B = H_A + a_1 - b_1 + a_2 - b_2$$

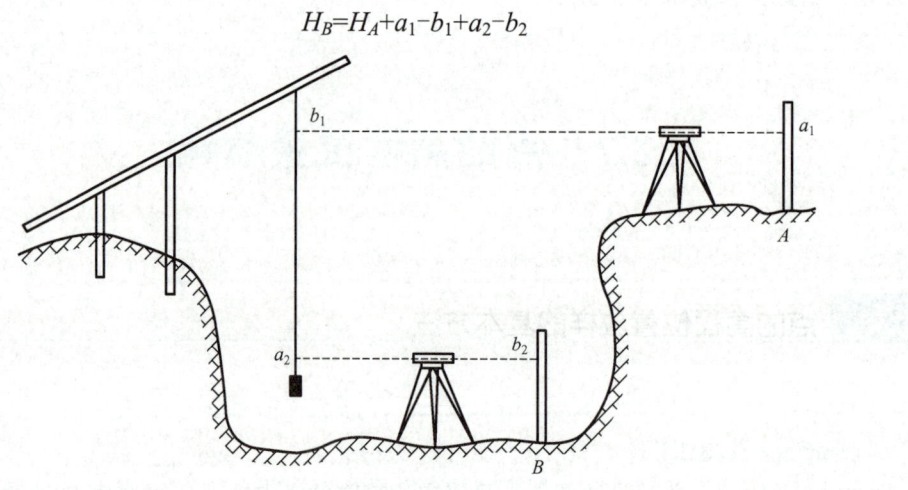

图 8-11 深基坑水准点高程放样

式中：a_1、b_1、a_2、b_2——标尺的读数。

然后，改变钢尺悬挂位置，按以上同样方法再次观测，以便校核。

8.2.2 全站仪高程放样

当施工现场起伏较大，用水准仪放样比较困难，用吊钢尺的方法又不太现实时，可以使用全站仪直接进行高程放样。

如图 8-12 所示，为了放样 B 点的高程，在施工现场任一合适的位置 O 安置全站仪，后视已知点 A，测得 OA 距离 S_1 和竖直角 α_1，设全站仪的安置高度为 $h_{仪}$，A 点安置的棱镜高度为 h_A，B 点安置的棱镜高度为 h_B，则有下式成立。

$$H_O + h_{仪} = H_A + h_A - \Delta h_1 \tag{8-1}$$

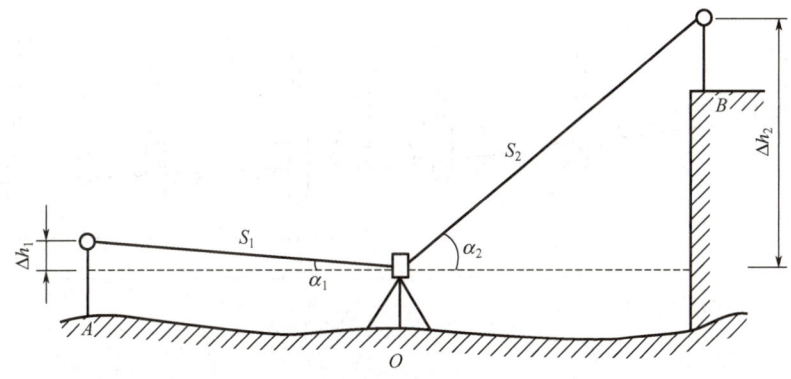

图 8-12 全站仪高程放样

其中：$\Delta h_1 = S_1 \sin \alpha_1$

然后测得 OB 的距离 S_2 和竖直角 α_2，同理有下式成立。

$$H_O + h_{仪} = H_B + h_B - \Delta h_2 \tag{8-2}$$

其中：$\Delta h_2 = S_2 \sin \alpha_2$

由式(8-1)和式(8-2)可得

$$H_B = H_A + h_A - \Delta h_1 - h_B + \Delta h_2 \tag{8-3}$$

由式(8-3)可知，B 点的高程与全站仪的架设位置无关，而且如果 A、B 两点的棱镜高设为同一数值(h_A 和 h_B 相同)，则该式变为

$$H_B = H_A - S_1 \sin \alpha_1 + S_2 \sin \alpha_2 \tag{8-4}$$

将测得的 H_B 与设计值进行比较，可精确放样出 B 点的高程。

8.2.3 坡度放样

在场地平整、线性工程和地下管线埋设等工程中，通常需要放样出设计坡度线。放样

已知设计坡度线是根据附近已知水准点高程、设计坡度和设计坡度起点的设计高程,用水准测量的方法放样出坡度线上一系列点的高程来实现的,主要方法有水平视线法和倾斜视线法两种。

直线坡度 i 是直线两端点的高差 h 与其水平距离 D 之比,即 $i = \dfrac{h}{D}$,常以百分率或千分率表示,如 $i = +1\%$ (升坡)、$i = -1\%$ (降坡)。

1. 水平视线法

水平视线法是根据设计坡度的起点、方向和坡度值,计算待放样点的高程,然后直接进行高程放样,以确定设计坡度线。

如图 8-13 所示,A、B 为设计坡度线的两端点,其设计高程分别为 H_A、H_B,AB 直线的设计坡度为 i_{AB},BM_5 为已知水准点。先在 AB 方向上每隔固定水平距离 d 的位置设置一木桩,然后运用式(8-5)计算各点的设计高程。

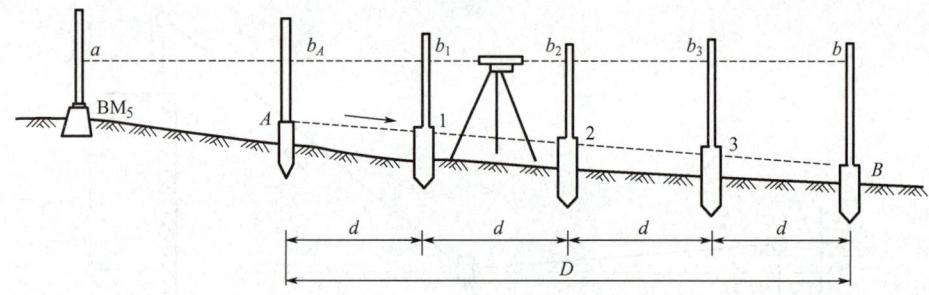

图 8-13 水平视线法放样坡度

$$\begin{cases} H_1 = H_A + i_{AB}d \\ H_2 = H_1 + i_{AB}d \\ H_3 = H_2 + i_{AB}d \\ H_B = H_3 + i_{AB}d \end{cases} \tag{8-5}$$

放样时,安置水准仪于水准点 BM_5 附近,后视读数 a,求算可得水准仪视线高程 $H_{视} = H_{BM_5} + a$,然后根据各点设计高程计算应读前视尺读数 $b_j = H_{视} - H_j$ ($j = 1,2,3$),将水准尺分别贴靠在各木桩的侧面,上下移动水准尺,直至尺读数为 b_j,便可沿水准尺底面画一横线,各横线连线 AB 即为设计坡度线。

2. 倾斜视线法

倾斜视线法是根据仪器视线与设计坡度线平行时,各点竖直距离处处相等的原理来进行放样的。倾斜视线法适用于坡度较大,且设计坡度与自然坡度较一致的地段。

如图 8-14 所示,A、B 为设计坡度线的两端点,其水平距离为 D,A 点高程为 H_A,待放样坡度线坡度为 i_{AB},可根据 A 点高程 H_A、设计坡度 i_{AB} 和水平距离 D 计算出 B 点的设计高程 H_B,并将其放样到 B 点的木桩上。然后在 A 点架设水准仪,使 3 个脚螺旋中的一个位于 AB 方向线上,量取仪器高 i,在 B 点立水准尺,并使水准尺底端位于 H_B 高程面上。转动水准仪上位于 AB 方向线上的脚螺旋和微倾螺旋,使十字丝中丝对准 B 点水准尺上的

读数等于仪器高 i。此时，水准仪视线与设计坡度平行。在 AB 方向的中间点 1、2、3…的木桩侧面立水准尺，上下移动水准尺，直至尺上读数等于仪器高 i，沿尺子底面在木桩上画一红线，则各桩红线的连线就是设计坡度线。

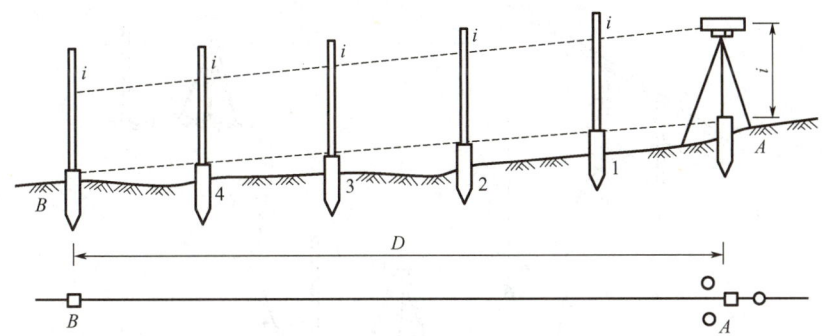

图 8-14　倾斜视线法放样坡度

如果设计坡度较大，超出水准仪脚螺旋所能调节的范围，则可用经纬仪放样，其放样方法相同，且不需要使一个脚螺旋位于 AB 方向线上。

小　　结

放样，又称测设，它是根据控制网，把图纸上设计好的建筑物角点的平面位置和高程标定到实地上去，以便进行施工。

点的平面位置放样的基本方法有极坐标法、直角坐标法、交会法等。现在工地常用的方法是全站仪坐标放样法和 GNSS 坐标放样法，全站仪坐标放样法的实质是极坐标法。

点的高程位置放样常用水准仪进行，当坡度较大时可以考虑使用全站仪进行放样。

习　　题

一、简答题

1．放样的定义是什么？放样与测量有何不同？
2．放样点的平面位置有哪几种方法？
3．简述如何用全站仪放样点的平面坐标。
4．简述如何用 GNSS 放样点的平面坐标。

二、计算题

1．假设 $J(X_J=502.110，Y_J=496.225)$、$K(X_K=746.202，Y_K=456.588)$ 为已知导线点，$P(X_P=450.000，Y_P=560.000)$ 为待放样点。请计算放样元素角度 β 和距离 D。

2．如图 8-15 所示，地面上有一水准点 A，高程为 H_A，欲放样基坑底部设计高程为

H_B 的 B 点，由于高差较大，需要在地面上和坑内分别安置水准仪，请写出 B 点水准尺上读数 b_2 的计算公式，并简述放样 B 点的步骤。

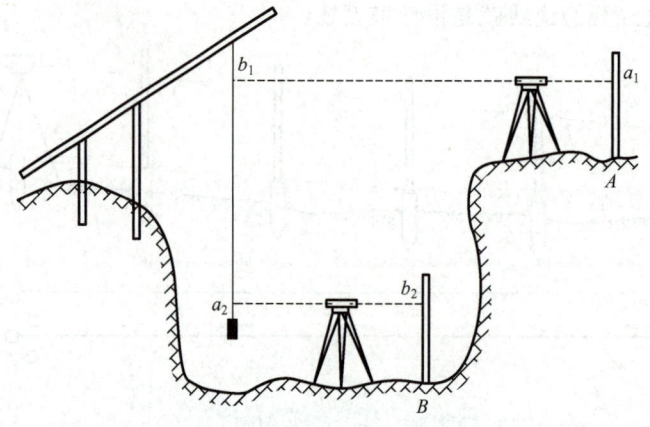

图 8-15　计算题 2 图

在线答题

第 9 章 民用建筑施工测量

思维导图

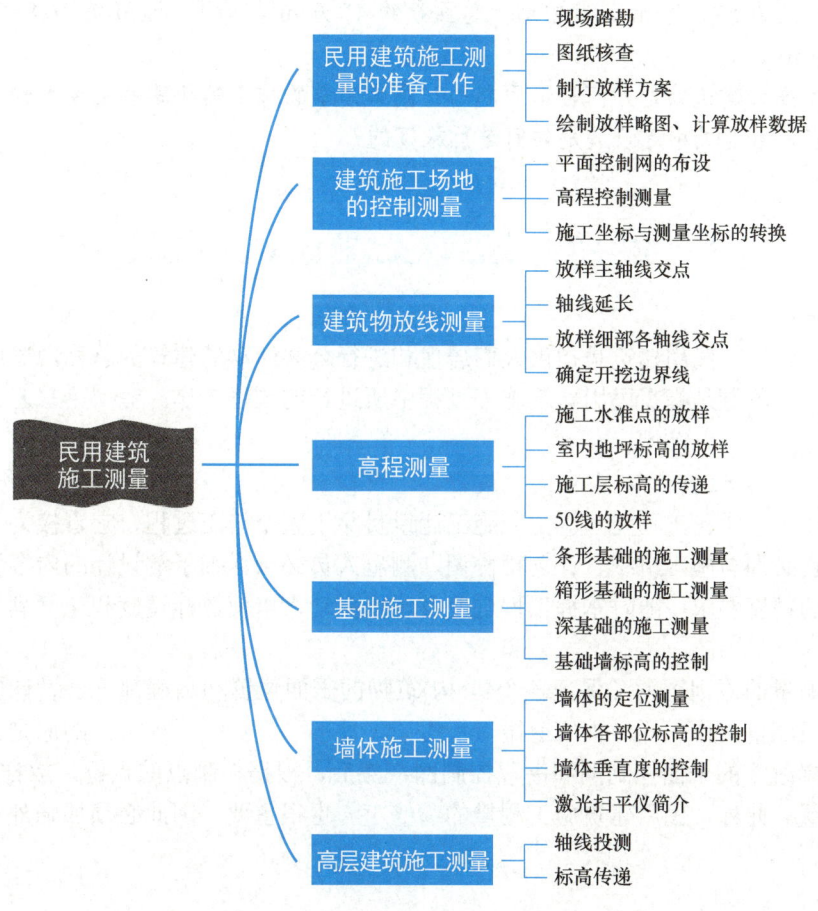

工程测量技术

【引言】

上海中心大厦位于上海市陆家嘴金融贸易区银城中路 501 号,是上海市的一座巨型高层地标式摩天大楼,现为中国第一高楼、世界第三高楼。该大厦始建于 2008 年 11 月 29 日,于 2016 年 3 月 12 日完成建筑总体的施工工作。

上海中心大厦主要用途为办公、酒店、商业、观光等公共设施;主楼为地上 127 层,建筑高度 632m,地下室有 5 层;裙楼共 7 层,其中地上 5 层,地下 2 层,建筑高度为 38m;总建筑面积约为 57.8 万 m^2,其中地上总面积约 41 万 m^2,地下总面积约 16.8 万 m^2,占地面积 30368 m^2。

如此超高大建筑物是如何平地而起的?高大建筑物施工需要哪些主要步骤和操作呢?相比较而言,普通民用建筑又是如何进行施工的?

9.1 民用建筑施工测量的准备工作

民用建筑

民用建筑是指供人们居住和进行公共活动的建筑的总称,民用建筑施工测量是指在民用建筑施工过程中所进行的测量工作。民用建筑施工测量的目的是把图纸上设计的建(构)筑物的平面位置和高程,按设计和施工的要求放样到地面上,并在施工过程中进行一系列的测量工作,以指导和衔接各施工阶段各工种间的施工。施工测量贯穿于整个施工过程,它直接为工程施工服务,因此它必须与施工组织、计划相协调,测量人员必须详细了解设计的内容、性质及对测量工作的精度要求,随时掌握工程进度及现场变动,以使放样精度和速度满足施工的需要。

施工测量的原则:为了保证各个建(构)筑物的平面位置和高程都符合设计要求,施工测量与一般测量工作一样,也应遵循"从整体到局部,先控制后碎部"的原则。即在施工现场先建立统一的平面控制网和高程控制网,然后,根据控制点的点位,放样各个建(构)筑物的位置。此外,民用建筑施工测量的检核工作也很重要,因此必须加强外业和内业的检核工作。

想一想

民用建筑施工测量前需要做哪些准备工作?

9.1.1 现场踏勘

进行现场踏勘并校核定位的平面控制点和水准点,此项工作的目的是了解现场的地物、地貌以及控制点的分布情况,调查与民用建筑施工测量有关的问题,根据实际情况安排放样方案;对施工场地上的平面控制点坐标、水准点的高程进行校核;做好平整场地测量,进行土石方工程量的量算。

9.1.2 图纸核查

在进行民用建筑施工测量之前,必须建立健全的测量组织体系。仔细阅读设计总说明,核对设计图纸上与测设有关的建筑总平面图、建筑施工图、结构施工图、设备施工图等图上的尺寸,检查总尺寸和分尺寸是否一致,总平面图和大样详图尺寸是否一致,尺寸不符合处要在由甲方组织的四方(甲方、设计单位、监理单位、施工单位)图纸会审会上提出并进行修正。然后根据实际情况编制放样样图,计算放样数据。与放样工作有关的主要设计图纸有以下几种。

1. 建筑总平面图

建筑总平面图是假设在建设区的上空向下投影所得的水平投影图,它主要表达拟建建筑物的位置和朝向,与原有建筑物的关系,周围道路、绿化布置及地形地貌等内容,建筑总平面图可作为拟建房屋定位、施工放线、土方施工以及施工总平面布置的依据。从建筑总平面图上可以查出或计算出放样建筑物与原有建筑物或与控制点之间、建筑物之间的平面尺寸和高差,并以此作为放样拟建建筑物总体位置的依据,如图 9-1 所示。

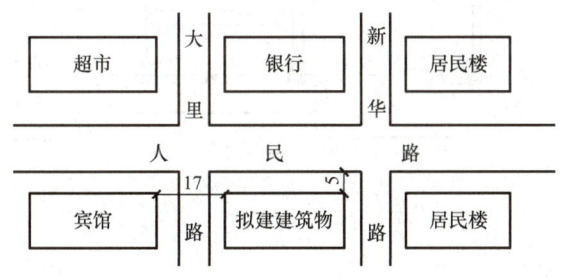

图 9-1 建筑总平面图

2. 建筑平面图

建筑平面图主要反映房屋的平面形状、大小和房间布置,墙或柱的位置、厚度和材料,门窗的位置、开启方向等。在建筑平面图中可以查取建筑物的总尺寸和楼层内部各定位轴线之间的尺寸,建筑平面图是民用建筑施工测量的基本资料和重要依据,如图 9-2 所示。

3. 建筑立面图

建筑立面图主要反映建筑物的外形尺寸,如门窗、台阶、雨篷、阳台等位置的标高。在建筑立面图中可以查取建筑物的总标高、各楼层标高以及室内外地坪标高,如图 9-3 所示。

4. 基础平面图

基础平面图是指相对标高±0.000 以下的结构图,是基础放线、开挖基坑、砌筑基础的重要依据,主要表达建筑物的基础墙、垫层、预留洞,以及梁、柱等构件的布置的平面关系。在基础平面图中可以查取基础边线与定位轴线的平面尺寸,以及基础布置与基础剖面的位置关系,如图 9-4 所示。

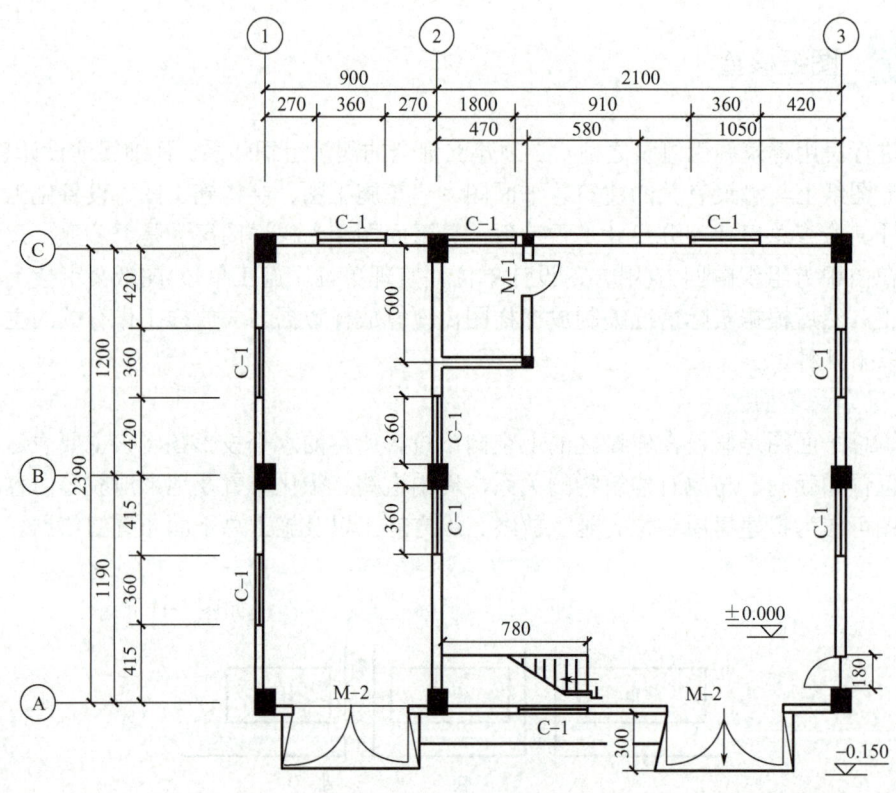

图 9-2　建筑平面图

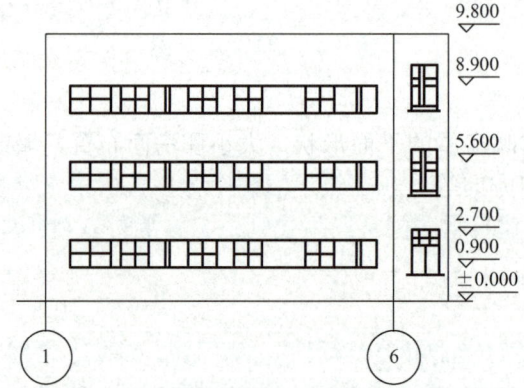

图 9-3　建筑立面图

5. 基础详图

如图 9-5 所示，基础详图主要表达基础的尺寸、构造、材料、埋置深度及内部配筋的情况，从基础详图中可以查取基础立面尺寸、设计标高，以及基础边线与定位轴线的尺寸关系，是基础放样的重要依据。

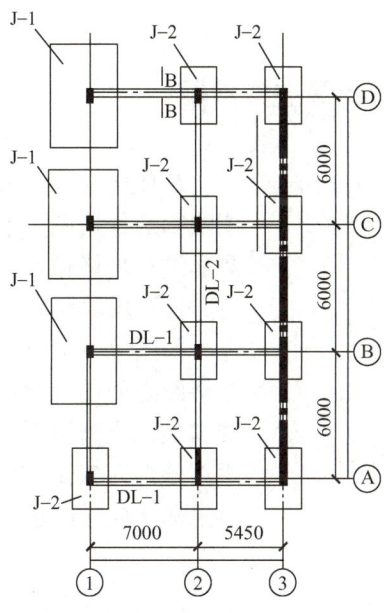

图 9-4 基础平面图

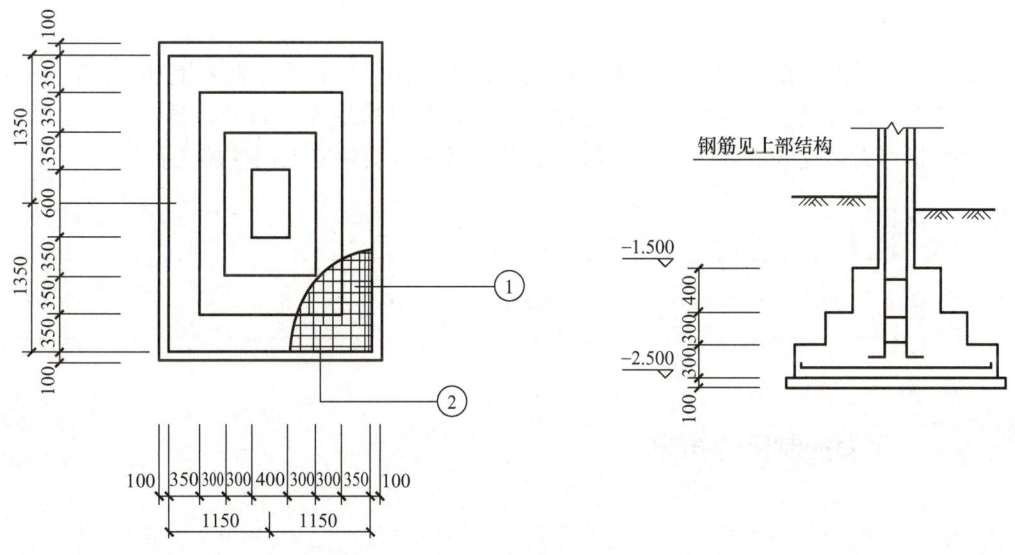

图 9-5 基础详图

9.1.3 制订放样方案

根据设计图纸、设计要求、施工计划、施工进度、定位条件,结合现场地形等因素制订放样方案,放样方案必须满足《工程测量标准》(GB 50026—2020)的建筑物施工放样的主要技术要求,包括放样方法、步骤,使用的仪器型号、精度,以及放样的时间安排等。

9.1.4 绘制放样略图、计算放样数据

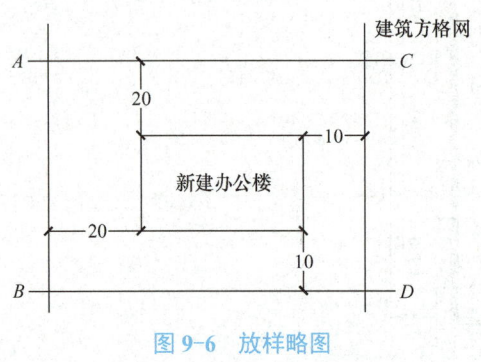

图 9-6　放样略图

在放样之前应根据建筑总平面图和基础平面图绘制放样略图，准备好相应的放样数据，并对数据进行严格检核，把放样数据标注到放样略图上，使现场放样更方便、准确。

如图 9-6 所示，图中标有新建办公楼与建筑方格网之间的平面尺寸，按设计要求，新建办公楼与建筑方格网平行，各主轴线与建筑方格网的距离分别为 20m、10m，根据放样略图可以采用直角坐标法放样新建办公楼的 4 个主轴线交点。

9.2　建筑施工场地的控制测量

在工程建设勘测阶段已建立了测图控制网，但是由于它是为了测图而建立的，未考虑施工的要求，因此其控制点的分布、密度、精度都难以满足施工测量的要求。此外，平整场地时控制点大多受到破坏，因此在施工之前，必须重新建立专门的施工控制网。

> **特别提示**
>
> 施工控制网分为平面控制网和高程控制网。

9.2.1　平面控制网的布设

建筑施工场地内平面控制网的布设主要包括建筑基线和建筑方格网的布设。

1. 建筑基线

建筑基线是建筑场地的施工控制基准线，即在建筑场地布设的一条或几条轴线。它适用于建筑总平面图布置比较简单的小型建筑场地。

建筑基线的布设形式是根据建筑物的分布、场地地形等因素来确定的。其常见的布设形式有"一"字形、"L"形、"T"形、"十"字形，如图 9-7 所示。建筑基线的布设形式可以灵活多样，适合于各种地形条件。

1) 建筑基线的布设要求

(1) 建筑基线应尽可能靠近拟建的主要建筑物，并与其主轴线平行或垂直，长的基线尽可能布设在场地中央，以便使用比较简单的直角坐标法进行建筑物定位。

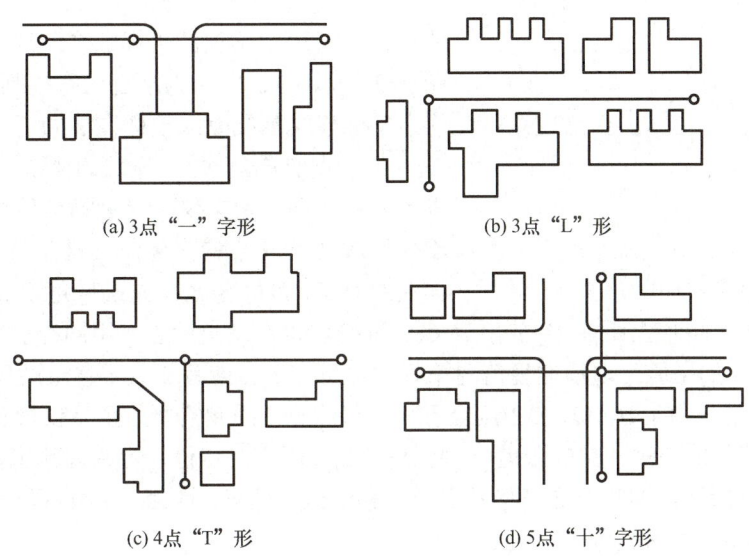

(a) 3点"一"字形　　　　　　　(b) 3点"L"形

(c) 4点"T"形　　　　　　　　(d) 5点"十"字形

图 9-7　建筑基线的布设形式

(2) 建筑基线上基线点应不少于 3 个，以便相互检核。

(3) 建筑基线应尽可能与施工场地的建筑红线相联系。

(4) 建筑基线点位应选在通视良好和不易被破坏的地方，为能长期保存，要埋设永久性的混凝土桩。

(5) 建筑基线的放样精度应满足施工放样的要求。

2) 建筑基线的放样方法

根据施工场地的条件不同，建筑基线的放样方法有以下两种。

(1) 根据建筑红线放样建筑基线。

由测绘部门测定的建筑用地边界线称为建筑红线。

在城市建设区，建筑红线可用作建筑基线放样的依据，如图 9-8 所示，AB、AC 为建筑红线，1、2、3 为建筑基线点，从图中可以看出，建筑红线和建筑基线是互相平行或者互相垂直的关系。

如果施工现场不知道建筑红线点的坐标，则可以用直角坐标法进行放样，过程如下。

首先，从 A 点沿 AB 方向量取 d_2 定出 P 点，沿 AC 方向量取 d_1 定出 Q 点。然后过 B 点作 AB 的垂线，沿垂线量取 d_1 定出 2 点，做出标志；过 C 点作 AC 的垂线，沿垂线量取 d_2 定出 3 点，做出标志；用细线拉出直线 $P3$ 和 $Q2$，两条直线的交点即为 1 点，做出标志。最后，在 1 点安置全站仪，精确观测 $\angle 213$，其与 90°的差值应小于±20″。

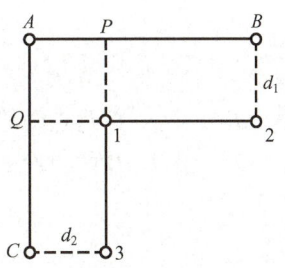

图 9-8　根据建筑红线放样建筑基线

如果知道建筑红线点 A、B、C 的坐标，也可以使用全站仪坐标放样的程序直接放样出建筑基线点 1、2、3。

(2) 根据附近已有控制点放样建筑基线。

建筑施工开始前，业主方都会向施工单位提供一定数量的施工控制点，因此建筑基线

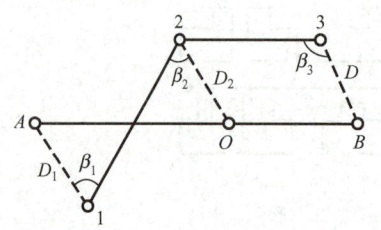

图 9-9 根据附近已有控制点放样建筑基线

的放样也可用全站仪的坐标放样程序直接进行。如图 9-9 所示，1、2、3 为附近已有控制点，A、O、B 为选定的建筑基线点。放样方法如下。

在 1 点安置全站仪，输入坐标后，选用 2 号点进行后视定向，根据仪器提示瞄准后点击"确定"，输入待放样点 A 点的坐标，仪器会自动提示需要放样的距离 D_1 和角度 β_1，先根据角度 β_1 将棱镜置于 $1A$ 的方向线上，再根据距离 D_1 放出 A 点的准确位置，做出标志。用同样的方法可以放样出 O、B 两点，如果施工现场通视情况不好，也可在 2 点或者 3 点安置全站仪进行放样。

放样结束后，由于 A、O、B 3 点位于一条直线上，因此需要用全站仪检查 $\angle AOB$ 是否等于 180°，若差值超过规定的限差（一般为±20″），则需对点位进行横向调整，直至满足要求。如图 9-10 所示，调整方法是将各点横向移动改正值 δ，且 A'、B' 两点与 O' 点的移动方向相反。改正值 δ 可按式(9-1)计算。

$$\delta = \frac{ab}{2(a+b)} \times \frac{180°-\beta}{\rho''} \tag{9-1}$$

其中，a 指 OA 的距离，b 指 OB 的距离，$\rho''=206265''$。

横向调整后，精密量取 OA 和 OB 的距离，若实测值与设计值之差超过规定的限差(大于 1/10000)，则应以 O 点为准，按设计值纵向调整 A 点和 B 点的位置，直至满足要求。

如果是如图 9-11 所示的"十"字形建筑基线，则当 A、O、B 3 点调整后，再安置全站仪于 O 点，照准 A 点，分别向右、向左放样 90°，并根据建筑基线点间的距离，在实地标定出 C' 点和 D' 点。再精确地测出 $\angle AOC'$ 和 $\angle AOD'$，分别算出它们与 90°之差 ε_1、ε_2，并按式(9-2)计算出改正数 l_1、l_2。

$$\begin{cases} l_1 = d_1 \dfrac{\varepsilon_1}{\rho''} \\ l_2 = d_2 \dfrac{\varepsilon_2}{\rho''} \end{cases} \tag{9-2}$$

式中：d_1——O、C' 两点间的距离。

d_2——O、D' 两点间的距离。

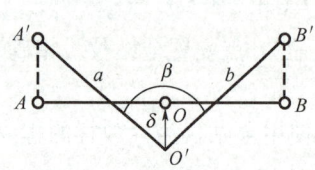

图 9-10 建筑基线的调整

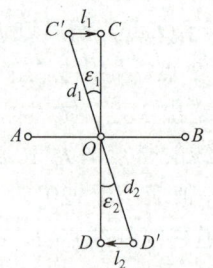

图 9-11 "十"字形建筑基线

将 C'、D' 两点分别沿 OC 及 OD 的垂直方向移动 l_1、l_2，得到 C 点和 D 点，C'、D' 两点的移动方向按观测角值的大小决定。最后再检测 $\angle COD$ 是否等于 $180°$，其误差应在容许范围内。

2．建筑方格网

对于地势较平坦，建筑物多为矩形且布置比较规则和密集的大中型的施工场地，可以采用由正方形或矩形组成的施工控制网，该类施工控制网称为建筑方格网，如图 9-12 所示。下面简要介绍其布设要求和放样方法。

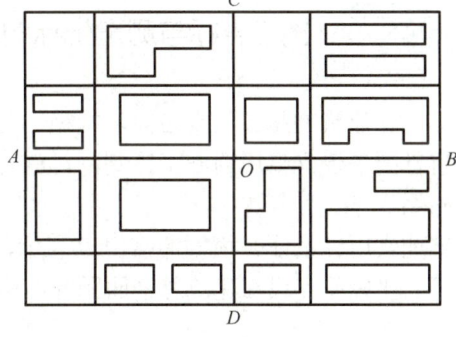

图 9-12　建筑方格网

1) 建筑方格网的布设要求

首先应根据设计总图上的各建(构)筑物及各种管线的位置，结合现场地形，选定建筑方格网的主轴线 AOB 和 COD，其中 A、O、B、C、D 为主点，然后再布设其他格网点。主轴线应尽量布设在建筑区中央，并与主要建筑物轴线平行或垂直，其长度应能控制整个建筑区；格网点可布设成正方形或矩形；格网点、线在不受施工影响的条件下，应靠近建筑物；纵横格网线应严格垂直。正方形格网的边长一般为 100～200m，矩形格网一般为几十米至几百米的整数长度。

2) 建筑方格网的放样方法

首先放样主轴线 AOB 和 COD，按前述放样"十"字形建筑基线的方法，利用测量控制点将 A、O、B 和 C、O、D 点放样于实地，然后再放样各格网点。

建筑方格网具有使用方便、计算简单、精度较高等优点，它不仅可以作为施工测量的依据，还可以作为竣工总平面图施测的依据。但是它的放样工作量过大，精度要求较高，因此，一般由专业测量人员进行。

9.2.2　高程控制测量

一般情况下，施工场地平面控制点也可兼作高程控制点。高程控制网可分为首级网和加密网，相应的水准点称为基本水准点和施工水准点。

(1) 基本水准点应布设在不受施工影响、无振动、便于施测和能永久保存的地方，一般按四等水准测量的要求进行施测。而对于为连续性生产车间、地下管道放样所设立的基本水准点，则需按三等水准测量的要求进行施测。为了便于检核和提高测量精度，场地高程控制网应布设成闭合环线、附合路线或结点网形。

(2) 施工水准点用来直接放样建筑物的高程。为了放样方便和减少误差，施工水准点应靠近建筑物，通常可以布设在平面控制网的标桩或外围的固定地物上，也可单独埋设，个数一般不少于 2 个。

为了放样方便，在每栋较大的建筑物附近，还要布设±0.000 水准点(一般以底层建筑物的地坪标高为±0.000)，其位置多选在较稳定的建筑物墙、柱的侧面，用红漆绘成顶为水平线的"▼"形，其顶端表示±0.000 的位置。

9.2.3 施工坐标与测量坐标的转换

在建筑物施工测设之前，根据"先控制后细部"的测量原则，规模较大的建筑工程项目都要先建立专用的施工控制网，施工控制网由测量人员来布设，采用的坐标系为测量坐标系。设计和施工部门为了工作方便，常采用独立的施工坐标系(也称建筑坐标系)，其纵轴通常用 A 表示，横轴通常用 B 表示，A 轴和 B 轴应与场地内的主要建筑物或主要管线平行，坐标原点设在建筑总平面图的西南角，这样可使所有建筑物的设计坐标均为正值。

在施工控制网放样前，应将这些控制点的施工坐标转换成测量坐标，以便利用测量坐标控制点来放样这些施工控制网点。

1. 计算坐标转换参数

如图 9-13 所示，测量坐标系为 xOy，施工坐标系为 $AO'B$，两者的关系由施工坐标系的原点 O' 的测量坐标(x_{O}',y_{O}')及 $O'A$ 轴的坐标方位角 α 确定，它们是坐标转换的重要参数。这 3 个参数一般由设计单位给出，若设计单位未给出这 3 个参数，也可根据任意给出的两个点的施工坐标和测量坐标反算出转换参数。如图 9-13 所示 P_1、P_2 两点，在 xOy 测量坐标系中的坐标为(x_1,y_1)与(x_2,y_2)，在 $AO'B$ 施工坐标系中的设计坐标为(A_1,B_1)与(A_2,B_2)。坐标转换参数 α、x_{O}'、y_{O}' 的推算公式如下：

$$\left.\begin{array}{l}\alpha = \arctan\dfrac{y_2-y_1}{x_2-x_1}-\arctan\dfrac{B_2-B_1}{A_2-A_1}\\ x_{O}' = x_2 - A_2\cos\alpha + B_2\sin\alpha\\ y_{O}' = y_2 - A_2\sin\alpha - B_2\cos\alpha\end{array}\right\}$$

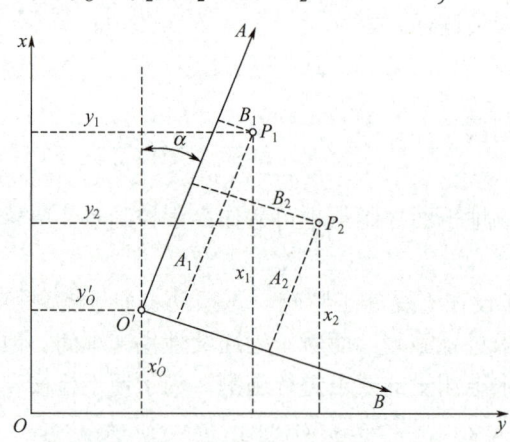

图 9-13 施工坐标与测量坐标的转换

2. 施工坐标转换为测量坐标换算公式

将施工场地中任一 P 点的坐标(A_P,B_P)转换为(x_P,y_P)。

$$\left.\begin{array}{l}x_P = x_{O}' + A_P\cos\alpha - B_P\sin\alpha\\ y_P = y_{O}' + A_P\sin\alpha + B_P\cos\alpha\end{array}\right\}$$

3. 测量坐标转换为施工坐标换算公式

将施工场地中任一 P 点的坐标(x_P, y_P)转换为(A_P, B_P)。

$$\left.\begin{array}{l}A_P = (x_P - x_{O'})\cos\alpha + (y_P - y_{O'})\sin\alpha \\ B_P = -(x_P - x_{O'})\sin\alpha + (y_P - y_{O'})\cos\alpha\end{array}\right\}$$

9.3 建筑物放线测量

建筑物放线是指根据现场已放样好的建筑物定位点详细放样其他各轴线交点的位置。

放样前,需要先对建筑物施工平面控制点和高程控制点进行检核,并准备资料:建筑总平面图,建筑设计说明,建筑物轴线平面图,建筑物基础平面图,设备基础图,土方开挖图,建筑物结构图,管网图,场区控制点坐标、高程及点位分布图。

> **想一想**
> 建筑物放线测量有哪些方法?

9.3.1 放样主轴线交点

建筑物放样应先放样轴线点,再放样细部点。一般采用全站仪坐标放样程序,根据控制点坐标和轴线点坐标进行放样。放样时采用 2″级全站仪,先放样建筑物外廓主要轴线点,偏差不大于 4mm;再放样内部轴线点,内部轴线点可以由主轴线点根据距离采用内分法放样;放样完毕,检核相邻轴线点的间距,偏差应小于 5mm。建筑物施工放样测量允许偏差见表 9-1。

表 9-1 建筑物施工放样测量允许偏差

项目	内容		测量允许偏差/mm
基础桩位放样	单排桩或群桩中的边桩		±10
	群桩		±20
各施工层上放线	轴线点		±4
	外廓主轴线长度 L/m	$L \leq 30$	±5
		$30 < L \leq 60$	±10
		$60 < L \leq 90$	±15
		$90 < L \leq 120$	±20
		$120 < L \leq 150$	±25
		$150 < L \leq 200$	±30
		$L > 200$	按 40%的施工限差取值
	细部轴线		±2
	承重墙、梁、柱边线		±3
	非承重墙边线		±3
	门窗洞口线		±3

9.3.2 轴线延长

建筑物放样后，由于定位桩、中心桩在开挖基础时将被挖掉，因此一般应在基础开挖前把建筑物轴线延长到安全地点，并做好标志，作为开槽后各阶段施工测量中恢复轴线的依据。轴线延长的方法有两种：一是在建筑物外侧设置龙门板；二是在轴线延长线上打轴线控制桩。

1．龙门板法放样内墙轴线

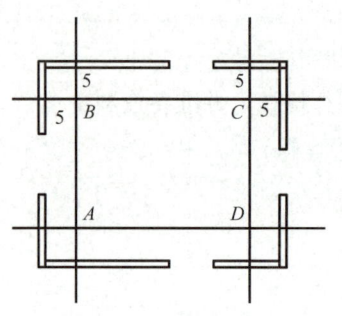

图 9-14　龙门板的设置

在一般的民用建筑施工中，为了便于施工，通常在基槽开挖边界外 3～5m 处设置龙门板(图 9-14)。龙门板是建筑施工测量的重要依据，龙门板设置的准确与否将直接影响施工的精度，龙门板的设置要求如下。

(1) 在建筑物四角和中间隔墙的两端基槽之外 3～5m 处测设一条与主轴线平行的线，竖直钉设龙门桩。

(2) 根据附近的水准点，用水准仪将±0.000 放样在龙门桩上，并画横线表示。

(3) 把龙门板钉在龙门桩上，要求板的上边缘水平，并刚好对齐±0.000 的横线。

(4) 把仪器架设在主轴线的交点上，用另一端的主轴线交点定向，把主轴线投测到龙门板上，并钉上小钉，同法投测其他轴线。

(5) 应用钢尺沿龙门板顶面检查轴线钉之间的距离，其精度应达到 1∶5000～1∶2000。经检验合格以后，以轴线钉为准，将基础边线、基础墙边线、基槽开挖边线等标定在龙门板上。

龙门板法放样内墙轴线的优点是使用方便，可以控制±0.000 以下各层标高和墙身宽、基础宽、基槽宽。但它占用施工场地、影响交通，对施工干扰很大，一经碰动，必须及时校核纠正，且需要较多木材，钉设也比较麻烦，现已较少使用，因此不再详述。

2．设置轴线控制桩

龙门板使用方便，但它成本较高，且容易遭到破坏而影响施工，近年来有些施工单位已不再设置龙门板，而只设置轴线控制桩。轴线控制桩一般设在基础开挖范围以外 5～15m 范围内，通常根据现场实际情况和建筑物高度设定，设在不受施工干扰、便于引测和保存

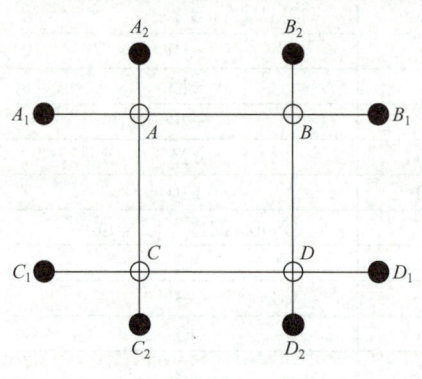

图 9-15　设置轴线控制桩

桩位的地方，既可以在一条主轴线上设 3～4 个轴线控制桩用于相互之间的检核，也可以将轴线投测到周围建筑物上做好标志代替轴线控制桩。

如图 9-15 所示，A、B、C、D 为新建建筑物的外墙轴线的 4 个交点，设置轴线控制桩的方法如下。

(1) 在 A 点安置全站仪，B 点定向，由 B 点向外量取一定距离得 B_1 点。

(2) 倒镜在该方向上，由 A 点向外量取一定距离得 A_1 点。

(3) 用同样的方法测其他各轴线控制桩，由于场地

条件限制向外量取的距离不同,因此必须画轴线控制桩略图。

设置轴线控制桩一定要严格对中整平仪器,反复检核边长,量距精度应达到 1∶5000～1∶2000。设置的轴线控制桩一定要浇筑混凝土,并做好明显标志,以防遭到破坏。遭到破坏的轴线控制桩要立即恢复。

9.3.3 放样细部各轴线交点

细部各轴线交点放样时要求精度相对较高,如果施工现场的基础控制点保存比较完好,则可以先从图纸上查询出各个细部各轴线交点的坐标,然后利用全站仪坐标放样程序在施工现场实施作业,其效率很高;若施工现场的基础控制点已被破坏,则可以考虑利用轴线控制桩作为基础,严格按照图纸上的尺寸关系依次放样出细部各轴线交点。

架设仪器时要精确对中整平,量距时要始终以一个主轴线交点为起点沿视线方向量取,这种做法可以减小对点误差,避免轴线总长度增长或减短。细部轴线放样完毕后,要从另一主轴线交点开始逐一检核放样精度,检查各轴线间距是否与设计相同,精度应满足 1∶3000。如图 9-16 所示,Ⓐ轴、Ⓔ轴、①轴、⑥轴是 4 条建筑物的外墙主轴线,其轴线交点为 A、B、C、D,具体放样步骤如下。

(1) 在 A 点安置仪器,D 点定向。

(2) 在 AD 的方向线上以 A 点为起点量取 5m 并打上小木桩,精确量距为 5.000m,钉上小钉即得细部轴线交点 A_2。

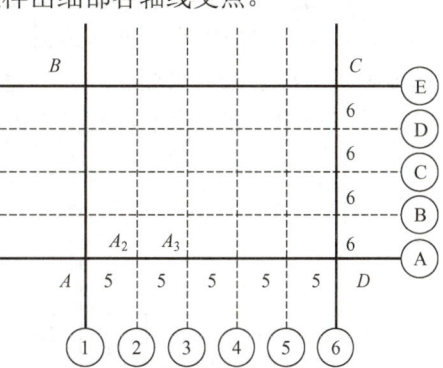

图 9-16 细部各轴线交点的放样

(3) 在 AD 的方向线上以 A 点为起点量 10m 并打上小木桩,精确量距为 10.000m,钉上小钉即得细部轴线交点 A_3。

(4) 用同样的方法量取其他细部轴线交点。

9.3.4 确定开挖边界线

开挖边界线是根据设计要求、基础深度、放坡系数、地质情况综合考虑确定的。开挖边界线应标注在龙门板上,并在两龙门板间拉线绳,沿线绳撒出开挖边界线,施工时沿此线进行开挖即可。

9.4 高程测量

高程测量

高程测量在建筑施工中又称抄平,是民用建筑施工测量的重要组成部分,其主要包括施工水准点的放样、室内地坪标高的放样、施工层标高的传递和

50 线的放样。建筑施工场地的高程控制测量一般采用四等水准测量的方法施测，应根据施工场地附近的国家高程点或城市已知水准点放样施工场地的基本水准点，以便日后能纳入国家高程系统。基本水准点应布设在土质坚实、不受施工影响、无振动和便于施测的地方，并埋设永久性标志。

9.4.1 施工水准点的放样

在施工场地上基本水准点的密度往往不能满足施工的要求，还需增设一些水准点，这些水准点称为施工水准点。为了放样方便和减少误差，施工水准点应靠近建筑物，施工水准点的布置应尽可能满足安置一次仪器，即可放样出所有点高程的要求，这样能提高施工水准点的精度。如果不能一次全部观测到，则应按四等水准测量的精度要求放样各施工水准点，且要布设成附合水准路线或闭合水准路线。如果是高层建筑则应按三等水准测量的精度要求放样各施工水准点。放样完毕检验合格后画出施工水准点放样略图，以保证施工时能准确使用。施工水准点放样略图如图 9-17 所示。

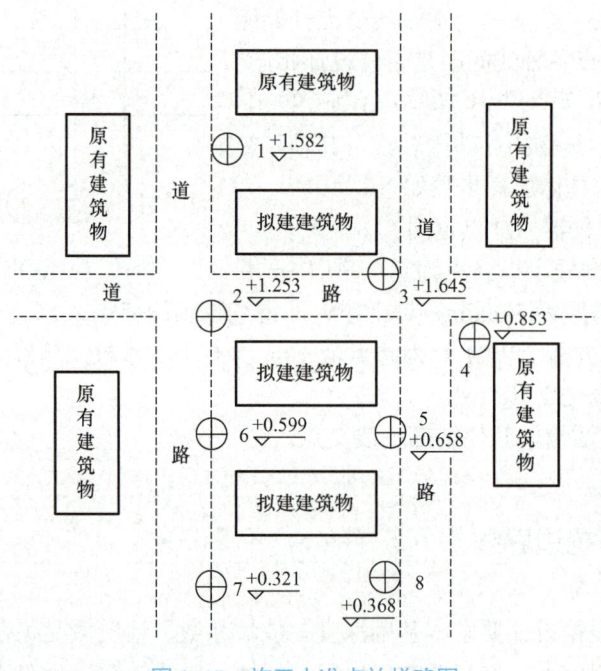

图 9-17 施工水准点放样略图

9.4.2 室内地坪标高的放样

由于拟建建筑物常以底层室内地坪标高±0.000 为高程起算面，因此为了施工引测方便，常在建筑物内部或建筑物附近放样±0.000 水准点。±0.000 水准点的位置一般设在原有建筑物墙、柱的侧面，并用红漆绘成顶为水平线的"▼"形，其顶面高程为±0.000。

9.4.3　施工层标高的传递

底层室内地坪标高±0.000 经检验合格后即可作为建筑物施工的基准点，以上各层的室内地坪标高都以±0.000 处的标高为基准向上传递。传递方法可以用悬挂钢尺代替水准尺的水准测量方法进行，并应对钢尺读数进行温度、尺长和拉力改正。

传递点的数量应根据建筑物的大小和高度确定：一般的工业建筑或多层民用建筑，宜从两个位置处分别向上传递；重要的工业建筑或高层民用建筑，宜从 3 个位置处分别向上传递；当传递的标高较差小于 3mm 时，可取其平均值作为施工层的标高基准，否则应重新传递。

9.4.4　50 线的放样

50 线是指建筑物中高于室内地坪±0.000 标高 0.5m 的水平控制线，其可作为砌筑墙体、屋顶支模板、洞口预留、室内地面装修的标高依据。50 线控制着整个施工过程的标高，50 线的精度非常重要，其相对精度要满足 1/5000。50 线的放样步骤如下。

(1) 检验水准仪的 i 角误差，i 角误差不应大于 20″。

(2) 为防止±0.000 点处标高下沉，应从高等级高程控制点重新引测±0.000 标高处的高程，检核±0.000 的标高。

(3) 在新建建筑物内引测高于±0.000 处 0.5m 的标高点，复测 3 次取其平均值，并准确标记在新建建筑物内。

(4) 当墙体砌筑高于 1m 时，以引测点为准采用小刻度抄平尺(最小刻度不大于 1mm)在墙上抄 50 线。

(5) 50 线抄平完毕后，应使用抄平水管进行检核，误差不应超过±3mm。

9.5　基础施工测量

基础是建筑物地面以下的承重构件，它支撑着其上部建筑物的全部荷载，并将这些荷载及自重传给下面的地基。

想一想

基础可以如何进行分类？

按使用的材料分类，基础可分为灰土基础、砖基础、毛石基础、混凝土基础和钢筋混凝土基础。按埋置深度分类，基础可分为浅基础和深基础。按受力性能分类，基础可分为刚性基础和柔性基础。按构造形式分类，基础可分为条形基础、独立基础、筏形基础、箱形基础和桩基础。下面主要介绍条

建筑物基础施工测量

形基础、箱形基础、深基础的施工测量，以及基础墙标高的控制。

9.5.1 条形基础的施工测量

条形基础是指当基础长度大于或等于10倍基础宽度时的基础。条形基础按结构形式可分为墙下条形基础(图9-18)和柱下条形基础。

条形基础的施工测量主要包括基础的平面位置控制和基础的标高控制两部分。

(1) 基础的平面位置控制方法如下。

① 根据基础施工平面图和基础施工详图计算放样数据。

② 根据建筑方格网、建筑基线或龙门板在垫层上用仪器投测建筑物主轴线。

③ 按放样数据在垫层上依据轴线放样出基础的边线。

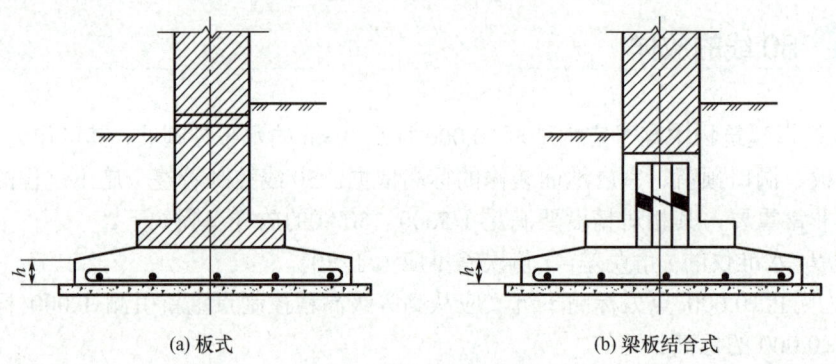

图9-18 墙下条形基础

(2) 基础的标高控制方法如下。

为了控制挖基槽深度、修平基槽底和打基础垫层，一般在基槽壁各拐角处、深度变化处和基槽壁上每隔3~4m放样出一些水平桩。为了控制基槽的开挖深度，当快要挖到槽底设计标高时，应用水准仪根据地面上的±0.000m点，在基槽壁上放样出一些水平小木桩(称为水平桩)，如图9-19所示，使木桩的上表面离槽底的设计标高为一固定值(如0.300m)。根据这些水平桩支护模板，支护完毕后用水准仪根据±0.000标高对模板进行复测、校正，使其标高正好为设计标高。

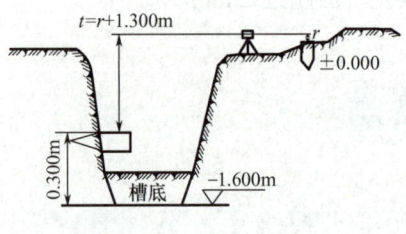

图9-19 设置水平桩

9.5.2 箱形基础的施工测量

箱形基础(图9-20)是指由钢筋混凝土墙纵横交错组成，并且高度比较高，形成一个箱子形状的维护结构的基础，它的承重能力要比单独的条形基础高出很多。箱形基础是高层建筑广泛采用的基础形式，但其材料用量较大，且为保证箱形基础的刚度需要设置较多的内墙，墙的开洞率也有限制，故箱形基础作为地下室时，会给使用带来一些不便，因此要根据使用要求比较确定。箱形基础的施工测量比较烦琐。箱形基础施工测量时，一般首先放样基础底板及内墙的位置，待施工完毕后再对顶板进行放样。

箱形基础的施工测量方法如下。

(1) 依据基础施工平面图和基础施工详图计算基础内墙与各主轴线间的位置关系。

(2) 根据建筑方格网、建筑基线或龙门板在垫层上用仪器投测建筑物主轴线。

(3) 依据主轴线放样出箱形基础的边线及各内墙中线。

(4) 用墨线弹出基础边线及内墙边线，用来控制钢筋的绑扎和模板的支护。

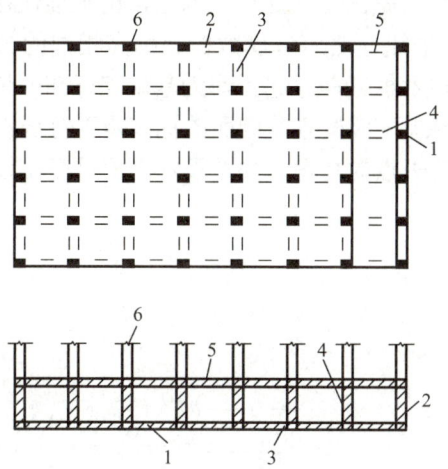

1—底板；2—外墙；3—内横墙；4—内纵墙；5—顶板；6—柱子。

图 9-20　箱形基础

9.5.3　深基础的施工测量

通常把位于天然地基上、埋置深度小于 5m 的一般基础(柱基或墙基)及埋置深度虽超过 5m,但小于基础宽度的大尺寸基础(如箱形基础)，统称为天然地基上的浅基础。把位于地基深处承载力较高的土层上，埋置深度大于 5m 或大于基础宽度的基础称为深基础，如桩基(图 9-21)、地下连续墙、墩基和沉井等。下面主要介绍深基础中的桩基的施工测量。

桩基的施工测量包括桩位放样和桩入土深度测量。桩位放样就是把定位桩在实地标定出来。定桩位是先根据施工设计图计算放样数据，计算出每个桩的坐标，再用全站仪根据建筑方格网或龙门板放样出桩位，或直接用全站仪根据场地控制点放样出各个桩位，钉上小木桩。放样完后对桩位进行检核，桩位的放线允许误差为：群桩为±20mm，单排桩为±10mm。对于桩的入土深度

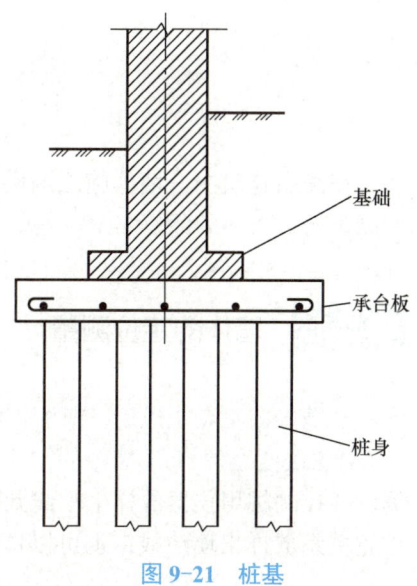

图 9-21　桩基

则可以通过测绳或者钢卷尺直接测量，也可以通过超声波检测进行测定。

9.5.4 基础墙标高的控制

基础墙是指±0.000m以下的砖墙，它的标高是用基础皮数杆来控制的。基础墙皮数杆是一根木杆，在杆上按照设计尺寸，将砖、灰缝厚度画出线条，并标明±0.000m和防潮层的标高位置。立皮数杆时，先在立杆处打一木桩，用水准仪在木桩侧面定出一条高于垫层某一数值(如0.15m)的水平线，然后将皮数杆上标高相同的一条线与木桩上的水平线对齐，并用大铁钉将皮数杆与木桩钉在一起，作为基础墙标高的依据。基础墙标高的控制如图9-22所示。基础施工结束后，应检查基础面的标高是否符合设计要求(也可检查防潮层)。可用水准仪测出基础面上若干点的高程，并与设计高程进行比较，允许误差为±10mm。

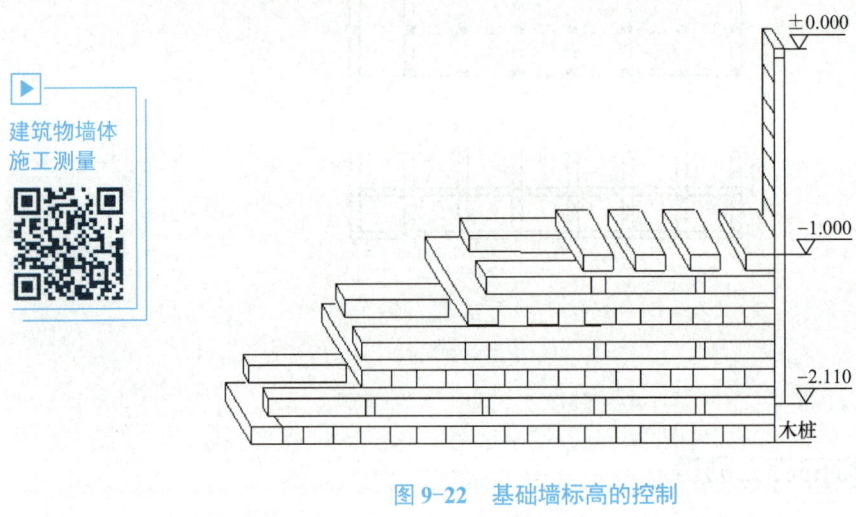

图 9-22 基础墙标高的控制

9.6 墙体施工测量

在民用建筑中，墙体施工测量是整个施工过程测量控制的一个重要组成部分。墙体施工测量包括墙体的定位测量、墙体各部位的标高控制和墙体垂直度的控制。

9.6.1 墙体的定位测量

当基础施工完毕以后，应严格检查各轴线控制桩及龙门板上的主轴线，经检核无误后，可将各轴线投测到基础墙体的侧面上，以便能准确地向上层传递轴线。墙体的定位可以根据轴线控制桩用仪器放样主轴线到防潮层或基础墙体±0.000上，再根据墙边线与主轴线的位置关系放样出墙边线；也可以直接利用龙门板上的墙边线，用垂球直接把墙边线放样到防潮层或基础墙体±0.000 上。

如图 9-23 所示，利用轴线控制点放样墙边线的具体操作步骤如下。

（1）将仪器安置在轴线控制桩上，以另一侧轴线控制桩定向。

（2）将主轴线放样到防潮层或基础墙体±0.000上，用同样的方法放样其他主轴线。

（3）用大钢尺检查各主轴线间的尺寸是否符合设计要求，检查主轴线交角是否垂直。

（4）经检查合格后，根据主轴线和设计要求放样出墙边线，放样完后需要检查墙边线的内角和外角是否为 90°。

（5）经检验合格后，根据主轴线或墙边线放样出细部墙边线，同时也应放样出门窗和其他洞口的位置，并标记在基础墙体立面上。严格检核各细部尺寸是否与设计尺寸相同，其相对误差不应大于 1/3000。

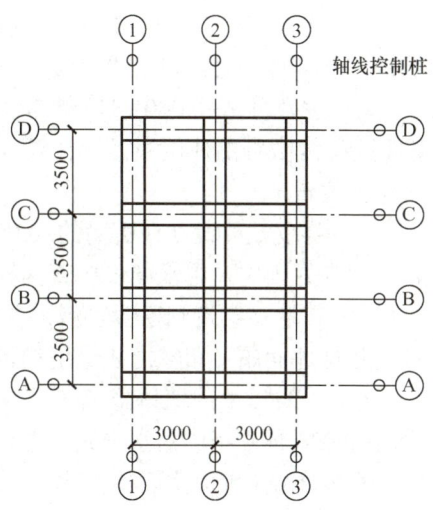

图 9-23　墙体的定位

9.6.2　墙体各部位标高的控制

在民用建筑墙体施工中，墙体各部位的标高一般也是用皮数杆来控制的，如图 9-24 所示。在施工过程中皮数杆可以控制墙身各部位构件的准确位置，如窗台、门窗洞口、过梁的高度等。通过皮数杆间挂施工线，可以确保每皮砖都在同一水平面上，且每皮砖间的灰缝厚度均匀。

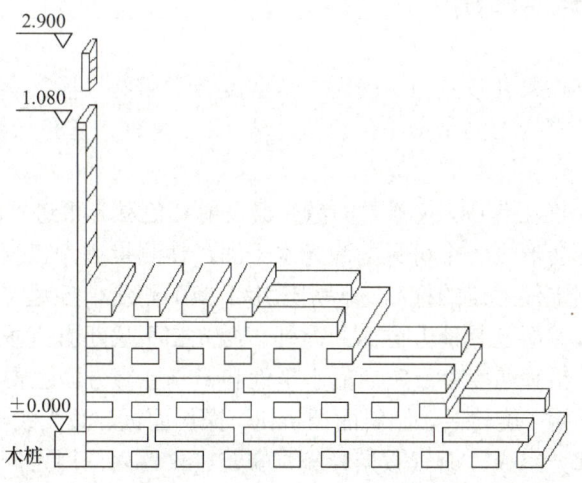

图 9-24　墙体皮数杆的设置

墙体各部位标高的控制及皮数杆的设立方法如下。

(1) 在基础施工完后将±0.000 标高引至建筑物内,设在建筑物的隔墙或转角处,每隔 10m 左右放样一处,以便设立皮数杆。

(2) 皮数杆由±0.000 起按墙体设计高度划分砖的皮数,一般按照 63mm 或 64mm 的标准划分。皮数杆的使用根据设计要求和实际情况而定,并在皮数杆上标明窗台、门窗洞口、过梁的位置。

(3) 将皮数杆设立在引测的±0.000 标高的位置,皮数杆上的±0.000 位置与引测的±0.000 标高对齐并固定,用水准仪检查其标高,用垂球检查其垂直度。

(4) 在墙体砌筑到窗台以后,在室内墙身上弹出一条高于±0.000 标高 0.5m 的标高线,作为该层地面施工和室内装修用的标高依据。

(5) 二层以上的墙体施工时,要用水准仪将标高传递到施工层,在施工层放样出与皮数杆±0.000 标高相同的水平线,并以此作为立皮数杆的标志。

框架式结构的民用建筑,墙体砌筑是在框架结构施工完毕以后进行的,因此可在柱面上引测±0.000 标高,并按设立皮数杆的尺寸画线来代替皮数杆。

9.6.3 墙体垂直度的控制

墙体施工时,在控制其标高的同时也应严格控制墙体的垂直度,用垂球制作墙体垂直度靠尺,边砌筑边控制检查墙体的垂直度情况。当墙体砌筑完毕后,应用专用的墙体垂直度检查尺检查整个墙体的垂直度及平整度,一般要求整个墙体的垂直度偏差不超过±3mm,平整度偏差不超过±5mm。墙体垂直度检查合格后方可进行下一道工序的施工。若墙体的垂直度偏差超限,则要拆除不合格墙体重新砌筑,以保证室内装修的精度。

9.6.4 激光扫平仪简介

激光扫平仪是一种通过激光扫描确定一个面是否平衡的仪器。它工作时通过投射一束可视激光束,在快速旋转轴的带动下使可视激光点(一般有红光和绿光)扫出同一水准高度的光线,便于工程人员定位水准高度。

如图 9-25 所示,在工作中,仪器内的激光器发射红色激光束进行扫描,在室内作业时,激光平面与墙壁相交会形成一个可见的激光水平面,使测量更为直观、简便。配合专用测尺,激光扫平仪可测定任意点的标高,特别适用于施工测量中各垫层或层面的抄平工作,可用于确定平面、垂直面及其他方位面;此外,激光扫平仪还具有垂准功能,在监控和检测建筑物水平精度、铅垂精度以及室内的水平性和铅垂性等方面也得到了广泛应用。

激光扫平仪由手柄、旋转头、倾斜面调节钮、操作面板、激光线出口、90°激光束定位线、垂直定位点等部分组成。氦氖激光管竖直安装在仪器内,用万向支架悬吊在望远镜下面,使之能自由摆动,在重力作用下处于铅垂位置,阻尼器的作用可使氦氖激光管尽快静止。当仪器精确整平后,激光束通过非调焦望远镜会处于竖直方向。随后,激光束经过扫描头内的五棱镜折射,会改变方向成水平的激光束。五棱镜在电动机驱动下旋转时,能连续地扫描出可见的激光水平面。激光扫平仪设有补偿器自动报警装置，当仪器倾斜度超出补偿器工作范围(±8′)时，激光会停止扫描，并且补偿器报警灯会闪亮；当调整仪器倾斜度至补偿器工作范围时，仪器将自动恢复工作。激光扫平仪还设有低压报警装置，当电源电压低于正常值时，低压报警灯会闪亮。激光扫平仪有手动和遥控两种操作方式，在作业中不需人员监视和维护。激光扫平仪一经安置好，便能自动工作，而无须人工操作，提高了工效及整体精度。

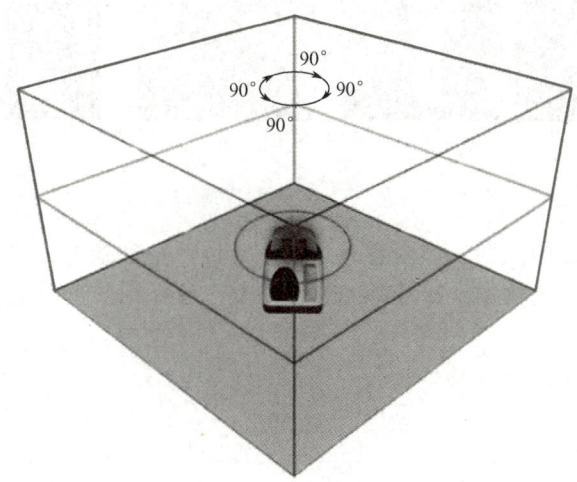

图 9-25　激光扫平仪工作示意图

使用激光扫平仪的具体操作步骤如下。
(1) 在扫描区域范围内安置激光扫平仪，使用脚螺旋将仪器调平。
(2) 开启电源开关，使激光扫平仪预热一段时间。
(3) 待激光平面稳定后开始观测所要扫描的区域面。

9.7　高层建筑施工测量

　　超过一定层数或高度的建筑物称为高层建筑。根据《高层建筑混凝土结构技术规程》(JGJ 3—2010)的规定：10 层及 10 层以上或房屋高度大于 28m 的住宅建筑和房屋高度大于 24m 的其他民用建筑称为高层建筑。高层建筑有很多特点，在施工方面：高层建筑的建筑工地多为狭窄地带、受周围建筑物的限制，多采用现浇钢筋混凝土多层框架结构，对施工技术要求较高；在设计方面：高层建筑的投资大、造价高、地基需要特殊处理、设备现代化、楼与楼的间距较大等。在高层建筑施工测量中，由于高层建筑的体形大、层数多、高度高、造型多样化、建筑结构复杂、设备和装修标准高，因此，在施工过程中对建筑物各部位的水平位置、轴线尺寸、垂直度和标高的要求都十分严格，对施工测量的精度要求也较高。为确保施工测量符合精度要求，应事先认真研究和制订测量方案，选用符合精度要求的测量仪器，拟定出各种误差控制和检核措施，并密切配合工程进度，以便及时、快速、准确地进行测量放线，为后续施工提供平面和标高依据。

想一想

你所认识的高层建筑有哪些？你能认出如图 9-26 所示这些高层建筑坐落在哪里吗？

图 9-26　高层建筑

高层建筑施工测量的主要工作内容有建筑物定位、基础施工、轴线投测和标高传递等几方面的测量工作，建筑物定位、基础施工在前文已有介绍，下面主要介绍轴线投测和标高传递两项工作。

9.7.1　轴线投测

定位放线是确定高层建筑平面位置和进行基础施工的关键环节，施测时必须保证精度，因此一般用 2″级全站仪采用极坐标法进行定位测量。高层建筑要保证其垂直度，轴线投测尤为重要。建筑物轴线投测的测量允许偏差见表 9-2。

表 9-2　建筑物轴线投测的测量允许偏差

项目	内容		测量允许偏差/mm
轴线投测	每层		3
	总高 H/m	$H\leqslant 30$	5
		$30<H\leqslant 60$	10
		$60<H\leqslant 90$	15
		$90<H\leqslant 120$	20
		$120<H\leqslant 150$	25
		$150<H\leqslant 200$	30
		$H>200$	按 40%的施工限差取值

对于高层建筑轴线投测主要使用 2″级的激光经纬仪或激光铅垂仪进行。下面重点介绍激光铅垂仪的用法。

如图 9-27 所示，激光铅垂仪是将激光束导至铅垂方向用作铅直定位测量的仪器。在仪器的空心筒轴两端，各有螺扣连接望远镜筒和激光器套筒。如将激光器套筒安装在下端，望远镜筒安在上端，构成向上发射激光的激光铅垂仪；反之则构成向下发射激光的激光铅垂仪。使用时，将仪器对中整平后，接通电源便可铅直发射激光束。

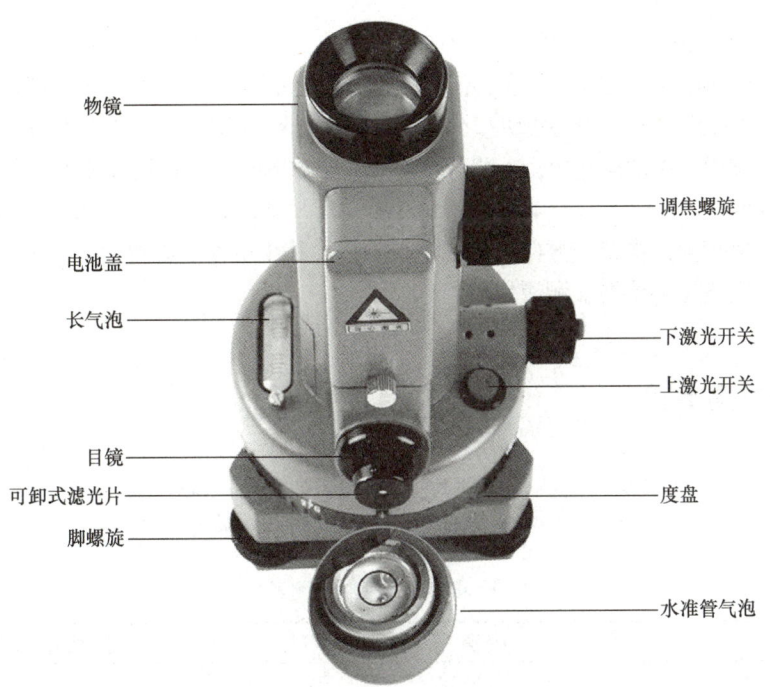

图 9-27 激光铅垂仪

激光铅垂仪主要由氦氖激光管、精密竖轴、发射望远镜、水准器、基座、激光电源及接收屏等部分组成。激光器(即氦氖激光管)通过两组固定螺钉固定在套筒内。激光铅垂仪的精密竖轴是空心筒轴，两端有螺扣，上下两端分别与发射望远镜筒和氦氖激光管套筒相连接，二者位置可对调，构成向上或向下发射激光束的激光铅垂仪。仪器上设置有两个互成 90°的水准管，仪器配有专用激光电源。激光铅垂仪操作简单、精度高，能提高施测速度和精度，加快施工进度，提高效益。

激光铅垂仪投测轴线方法如下。

(1) 在首层轴线控制点上安置激光铅垂仪，利用激光器底端(全反射棱镜端)所发射的激光束进行对中，通过调节基座整平螺旋，使水准管气泡严格居中。

(2) 在上层施工楼面预留孔处，放置接收靶。

(3) 接通激光电源后，激光器会被启动并发射铅直激光束。此时，通过对发射望远镜进行调焦，可以使激光束会聚成红色耀目光斑，投射到接收靶上。

(4) 移动接收靶，使靶心与红色光斑重合，然后固定接收靶，并在预留孔四周做出标记。此时，靶心位置即为轴线控制点在该楼面上的投测点。

如图 9-28 所示，在基础施工完毕后，在首层地平面上，距轴线 500～800mm 的位置设置与主轴线平行的辅助轴线，并在辅助轴线交点或端点处埋设标志。在建筑底层地面选择与主轴线平行的 4 个控制点 E、F、

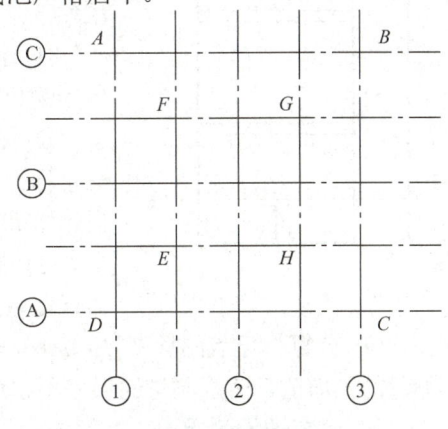

图 9-28 激光铅垂仪投测法

G、H(距主轴线 0.8m)，EF、GH 垂直于 EH、FG，并在其正上方各层楼面上预留 150mm×150mm 大小的洞口，作为激光束通光孔。在各激光束通光孔上固定一个水平的激光接收靶，靶上刻有坐标格网，可以读出激光斑中心的纵横坐标值。将激光铅垂仪分别安置于 E、F、G、H 4 点上，使其严格对中整平，接通激光电源，即可发射竖直激光基准线。在接收靶上，激光光斑所指示的位置，即为地面 E、F、G、H 4 点的竖直投影位置。用大钢尺检查投影层各轴线点之间的距离是否与设计值相同，检查各方向的连线是否垂直，其相对误差不得大于 1∶5000，检验合格后做好标志，供施工测量细部测设使用。

9.7.2 标高传递

标高传递是高层建筑施工的关键工序，标高要由底层±0.000 标高准确传递到上层，以确保建筑物上层各部位标高符合设计要求。建筑物标高传递的测量允许偏差见表 9-3。

表 9-3 建筑物标高传递的测量允许偏差

项目	内容		测量允许偏差/mm
标高竖向传递	每层		±3
	总高 H/m	$H\leqslant 30$	±5
		$30<H\leqslant 60$	±10
		$60<H\leqslant 90$	±15
		$90<H\leqslant 120$	±20
		$120<H\leqslant 150$	±25
		$150<H\leqslant 200$	±30
		$H>200$	按 40%的施工限差取值

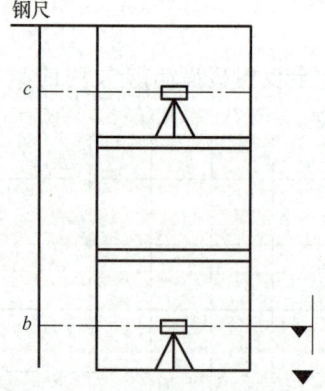

图 9-29 悬吊钢尺法标高传递

1. 悬吊钢尺法传递

悬吊钢尺法标高传递(图 9-29)的精度较高，适合高层建筑，但传递的标高最好不高于一尺段长。悬吊钢尺法具体的放样方法如下：

(1) 检验两台水准仪的 i 角误差，确保 i 角误差不大于 20″。检验钢尺，根据温度等因素计算钢尺的尺长改正数。

(2) 在外墙或楼梯间悬吊钢尺，钢尺下端悬挂重物，并放在水桶中稳定。分别在底层和施工层上安置水准仪，底层水准仪取±0.000 标高处水准尺读数 a(水准尺应为小刻度水准尺)。

(3) 上下楼层同时读取钢尺上的读数 b、c，施工层上的仪器读取做好标记处的水准尺读数 d。

(4) 计算标记点的标高 $H=a+b+c-d$，改变仪器高，同法测量该标记点的标高，取两次测量的平均值。两次测量的误差不超过 3mm。

2. 皮数杆传递标高

在皮数杆上自±0.000 标高线起，门窗口、过梁、楼板等构件的标高都已注明。一层楼砌好后,则从一层皮数杆起一层一层往上接。但用皮数杆传递标高时,由于误差连续累积会影响精度,因此仅适合普通高层建筑的标高传递。

3. 其他方法传递标高

高层建筑施工测量的标高传递也可用大钢尺沿结构外墙、边柱或楼梯间,由底层标高±0.000 线向上竖直量取设计高差,但钢尺应经过检定,量取高差时尺身应铅直并用规定的拉力,还应进行温度改正。用这种方法传递高程时,应至少由 3~4 处底层标高线向上传递,同一施工层的几个标高点必须用水准仪进行校核,检查各标高点是否在同一水平面上,其误差应不超过±3mm。检验合格后,以其平均标高值作为施工层的标高控制线。

小　　结

施工测量的过程包括建筑物定位、细部轴线测设、基础施工测量和墙体工程施工测量等。设计图纸是施工测量的主要依据,放样前应充分熟悉各种有关的设计图纸,了解施工建筑物与相邻地物的相互关系,以及建筑物本身的内部尺寸关系,以准确无误地获取放样工作中所需要的定位数据。

建筑物的定位就是依据设计条件,将建筑物四周外廊主要轴线的交点放样到地面上,作为基础放线和细部轴线放线的依据。由于设计条件和现场条件不同,建筑物的定位方法也有所不同。

基础墙的标高一般是用基础皮数杆来控制的,在杆上注明±0.000、防潮层和预留洞口的标高位置,并按照设计尺寸将砖和灰缝的厚度从上往下一一画出来。

在高层建筑施工测量中,对施工测量的精度要求较高。其主要工作内容有建筑物定位、基础施工、轴线投测和标高传递等几方面的测量工作。

习　　题

一、选择题

1. 设计图纸是施工测量的主要依据,建筑物定位就是根据(　　)所给的尺寸关系进行的。

　　A. 建筑总平面图　　　　　　B. 建筑平面图
　　C. 基础平面图　　　　　　　D. 建筑立面图

2. 关于基础施工测量的说法,不正确的有(　　)。

　　A. 基础垫层轴线投测,可以根据轴线控制桩投测
　　B. 基础施工结束后,基础面标高检查要求不超过 10mm
　　C. 基础平面位置放样可以以建筑平面图为依据
　　D. 基础墙标高可以采用皮数杆控制

3. 在民用建筑施工测量中,当基槽开挖后,所放样的轴线交点桩将被挖掉,为了便于

随时恢复点位，就要在基槽以外一定距离处打下支桩，并在支桩外侧钉上横木板，这种横木板一般称为(　　)。

A．龙门板　　　　　　　　　B．坡度板
C．高程板　　　　　　　　　D．腰桩

二、简答题

1．与放样工作有关的主要设计图纸有哪几种？
2．民用建筑施工测量的基本原则是什么？
3．民用建筑施工测量的内容包括哪些？
4．激光铅垂仪的具体操作步骤有哪些？

在线答题

第 10 章 工业建筑施工测量

思维导图

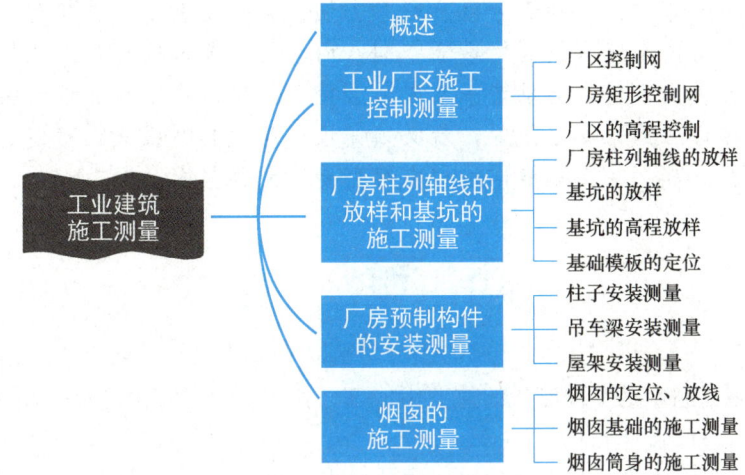

【引言】

工业厂房是指直接用于生产或为生产配套的各种房屋,包括主要车间、辅助用房及附属设施用房。凡工业、交通运输、商业、建筑业及科研、学校等单位中的厂房都应包括在内。

工业厂房作为工厂车间进行集约化生产的场所,其建设必须满足设备存放、原料储存、产品运输等基本生产需要,并为工作人员提供舒适的作业环境。工业厂房由于内部生产设备多、体积大,各部分生产联系密切,且需要满足多种起重运输设备通行的需求,因此厂房内部应有较大的敞通空间,而且结构要求较高。工业厂房由于具有跨度大、屋顶自重大,通常会设置一台或数台重型吊车以及要承受较大振动荷载等特点,因此为了保证后期的安全使用,就必须保证厂房及其附属物在安装过程中严格按照设计精度进行。那么在实际操作过程中都需要注意哪些内容呢?

10.1 概　　述

工业建筑施工测量是工程测量的重要组成部分。它的目的是把图纸上已经设计好的各种工程建筑物,按照设计要求放样到相应的地面上,并设置各种标志,作为施工的依据,以衔接和指挥各工序的施工,保证建筑工程符合设计要求。

在建筑施工中,测量工作贯穿于整个施工过程的各个阶段。从做准备工作开始,就需要进行场地平整、建立施工控制网,并根据施工控制网进行建筑物放样;为了解基础沉降情况,在施工过程中及建筑物使用期间,还要进行沉降监测;为了便于建筑物使用过程中的管理、维修、扩建等,建筑工程完工时,还应进行竣工测量。由此可见,建筑施工的全过程都离不开测量工作,它对保证工程质量和施工的规范化都起着重要作用。

现代工业建设规模一般都很大,各种建筑物种类繁多,分布很广,建筑场地的占地面积较大,有时可达到几平方千米,甚至几十平方千米,因此工程测量的任务十分繁重。工程施工中的测量工作与其他一般的测量工作不同,它要求与施工进度配合及时,以满足施工的需要。我们知道,原有的勘测控制网在布点和施测精度方面主要考虑满足测绘大比例尺地形图的需要,而不可能考虑将来建筑物的分布及施工放样对点位的布设要求。因此,在施工期间这些测量控制点大部分会遭到破坏,即使保留下来的测量控制点,往往也不能通视,无法满足施工测量的需要。基于此,工业建筑在施工之前都要在原有勘测控制网的基础上建立施工控制网。我国的许多大型钢铁联合企业和石化企业,在工程施工之前都建立了施工控制网。实践经验证明,建立施工控制网为工程建筑物的放样提供了合理的测量控制基础,对工程建筑物的施工十分有利。

为了使放样工作正确无误,我们必须了解设计的内容、性质及其对测量工作的精度要求,认真阅读图纸,了解施工的全过程,并掌握施工现场的变动情况,使测量工作能够与施工密切配合。

10.2 工业厂区施工控制测量

为工业厂区勘测设计阶段施测地形图而布设的测图控制网,主要是从测量地形图来考虑的,这些控制点的分布、密度及精度,都难以满足建筑物施工时放样的要求,而且从勘测到施工阶段,一般要历经一段时间,控制点很有可能会丢失。因此,施工前,必须在工业厂区布设专门的施工控制网,作为建筑物施工放样的依据。为建立施工控制网而进行的测量工作,称为施工控制测量。这样做的优点如下。

(1) 可以保证工业厂区各建筑物的相对位置满足设计要求,避免测量误差的累积。

(2) 借助于控制点可以将工业厂区的建筑物分成若干片,以便分批分期地组织施工。

施工控制网的布置形式应便于建筑物的放样。大型工业场地上的施工控制网通常分厂区控制网和厂房矩形控制网两级布设。厂区控制网主要用来放样厂房轴线和各种管线。在厂区控制网的基础上布置的厂房矩形控制网是工业厂区的二级控制,它用于放样厂房的细部尺寸和位置。

控制点应选择布设在相互通视、便于施测、易于保存的地点,并应埋设标石,标石顶面应加装强制对中装置。标石的埋设深度应根据地质条件、冻深和场地设计标高确定。

10.2.1 厂区控制网

厂区控制网可根据厂区的地形条件和建筑物的布置情况,布设成建筑方格网、卫星定位测量控制网、导线网或三角形网。关于卫星定位测量控制网、导线网和三角形网的布设和施测方法,我们在前面课程中已经做了较详细的阐述,本节我们将着重介绍工业建筑场地常用的建筑方格网的布设和施测方法。

1. 建筑方格网的布设和主轴线的选择

建筑方格网常由正方形或矩形组成。图 10-1 所示建筑方格网为建筑设计总平面图上建筑群的一部分,图中各建筑物相互平行。为放样建筑物各轴线的位置,应在建筑设计总平面图上布设建筑方格网。布设建筑方格网时,应根据建筑设计总平面图上各建筑物和各种管线的布设,结合施工现场的地形情况,先选定建筑方格网的主轴线,然后再布设方格网。当厂区面积较大时,方格网本身又可分为两级,首级为基本网,可采用"十"字形、"口"字形或"田"字形,然后在此基础上进行加密。当厂区面积不大时,方格网应尽可能布设成全面方格网(图 10-2)。

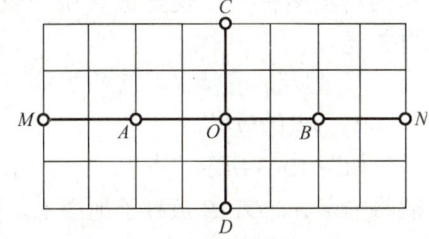

图 10-1 建筑方格网

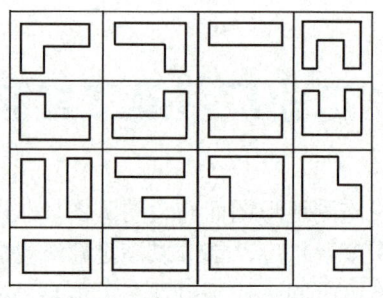

图 10-2　全面方格网

> **特别提示**
>
> (1) 方格网的主轴线应选在整个厂区的中部，并与主要建筑物的基本轴线平行。
> (2) 方格网的折角应严格控制为 90°。
> (3) 正方形格网的边长一般为 100～200m；矩形格网的边长视建筑物的大小和分布而定，一般为几十米至几百米的整数长度。
> (4) 相邻方格网点之间应保持通视，便于量距，埋设的标石应能长期保存。图 10-1 中，MN、CD 为建筑方格网的纵横主轴线，它是建筑方格网扩展的基础。当厂区较大、主轴线较长时，我们可以只放样其中的一段，如图 10-1 中的 AOB 段，点 A、O、B 是主轴线的定位点，称为主点。

2. 确定各主点的施工坐标

前面我们已经讲到，在设计建筑方格网时，应使其主轴线与主要建筑物的基本轴线平行。为了便于计算与放样，我们常在建筑设计总平面图上建立施工坐标系，令其坐标轴的方向与建筑物主轴线的方向平行，并将坐标原点设在建筑设计总平面图的西南角，以使所有建筑物的设计坐标与主点坐标都为正值。这样，施工坐标系即为设计坐标系。

将主轴线上的主点放样于地面上，通常是根据工业厂区内已有的测量控制点来进行的，而这些测量控制点的坐标系统大多为国家坐标系或当地的城建坐标系，它与施工坐标系常常不一致，因此，在由测量控制点放样主点时，必须将主点的施工坐标换算为测量坐标，以使坐标系统一致，具体的坐标转换方法在第 9 章已有介绍，此处不再赘述。

3. 建筑方格网主轴线的放样

1) 主点的放样

如图 10-3 所示，点 1、2、3 为测量控制点，点 A、O、B 为建筑方格网主轴线的主点，欲将主点 A、O、B 放样于地面上，需要利用全站仪坐标放样程序，放样出 A、O、B 三个主点的概略位置，以点 A′、O′、B′表示(图 10-4)。为了便于调整点位，通常在测量的主点的概略位置埋设混凝土桩，并在桩的顶部设置一块 9cm×9cm 的铁板。

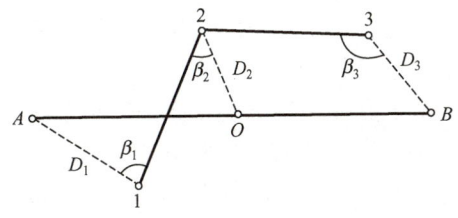
图10-3 主点的放样

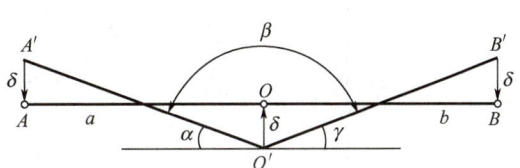
图10-4 主点的调整

2) 主点的调整

由于放样存在误差，三个主点 A'、O'、B' 一般不在一条直线上，因此需要检查与调整。为此，通常在主点 O' 上安置全站仪，精确地测量 $\angle A'O'B'$ 的角度 β，如它与 $180°$ 之差超过 $9''$，则应进行调整。

调整时，将 A'、O'、B' 三点按图10-4中所示的箭头方向各移动一个微小的改正值 δ，以使 A、O、B 三点成一直线。δ 值可按下式计算。

$$\delta = \frac{ab}{2(a+b)} \cdot \frac{180-\beta}{\rho''} \tag{10-1}$$

式中：a、b——AO、OB 的长度；

ρ''——常数，值为 $206265''$。

式(10-1)的推导如下。

由图10-4可知

$$\alpha + \gamma = 180° - \beta \tag{10-2}$$

因 α、γ 很小，所以

$$\alpha = \frac{2\delta}{a}\rho'', \quad \gamma = \frac{2\delta}{b}\rho'' \tag{10-3}$$

$$\frac{\alpha}{\gamma} = \frac{b}{a}$$

$$\alpha = \frac{b}{a}\gamma \tag{10-4}$$

将式(10-4)代入式(10-2)，得

$$\gamma = \frac{a}{a+b}(180-\beta) \tag{10-5}$$

将式(10-5)代入式(10-3)，即得

$$\delta = \frac{ab}{2(a+b)} \cdot \frac{(180-\beta)}{\rho''}$$

如 $a=b$，则得

$$\delta = \frac{a}{4} \cdot \frac{(180-\beta)}{\rho''} \tag{10-6}$$

按 δ 值移动 A'、O'、B' 三点以后，再测量 $\angle AOB$，如测得的角度与 $180°$ 之差仍超过规

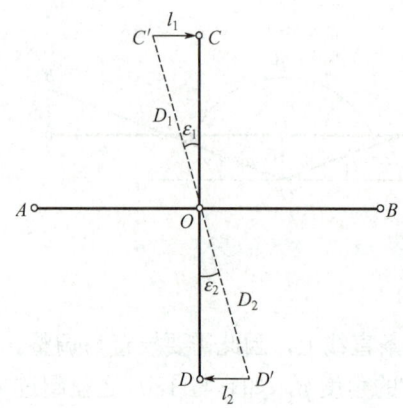

图 10-5 垂直向主点的放样与调整

定的限差，则应继续进行调整，直到误差在容许范围以内。

主轴线上的三个主点 A、O、B 定出以后，将全站仪安置于 O 点，放样另一主轴线 COD（图 10-5）。放样时，用全站仪望远镜先瞄准 A 点，分别向左、向右各转 $90°$，在地面上定出 C'、D' 两点，精确测量 $\angle AOC'$ 和 $\angle AOD'$，分别计算出它们与 $90°$ 之差 ε_1、ε_2，按式(10-7)求得距离改正值 l_1、l_2。

$$\begin{cases} l_1 = D_1 \dfrac{\varepsilon_1}{\rho''} \\ l_2 = D_2 \dfrac{\varepsilon_2}{\rho''} \end{cases} \quad (10\text{-}7)$$

式中：D_1——O、C' 两点间的距离；
    D_2——O、D' 两点间的距离。

改正时，将 C' 沿垂直于 OC' 的方向移动距离 l_1 得到 C 点，同样的方法可以定出 D 点。需要指出的是，改正时的移动方向应根据实测的角度大小决定。最后还应精确实测改正后的 $\angle COD$，其角值与 $180°$ 之差不应超过 $\pm 9''$。

以上仅放样了两条主轴线的方向，为了定出各主点的点位，还必须按建筑方格网设计的边长沿主轴线测量距离。量距时，将全站仪置于 O 点，然后沿 OA、OC、OB、OD 四个方向精确放样所需要的距离，最后在各主点桩顶的铁板上刻划出主点 A、O、B、C、D 的点位。

4．建筑方格网的放样

纵横主轴线测定以后，可以按以下步骤放样建筑方格网。

如图 10-6 所示，在主轴线的四个端点 A、B、C、D 上分别安置全站仪，均以主点 O 为起始方向，分别向左、向右各放样 $90°$ 角，由全站仪测距可以定出方格的四个角点 1、2、3、4。同时，在另一方向进行测角、测距校核。如果校核的角点位置不一致，则可适当地进行调整，以定出 1、2、3、4 点的最后位置，并以混凝土桩标定，这样就构成了"田"字形的方格网点。再以此为基础，沿各方向用全站仪定出各方格网点，这样就构成了方格网。各方格网点也同样要用混凝土桩或大木桩标定，这些混凝土桩或大木桩统称为距离指标桩。

5．放样细部方格网点

放样细部方格网点的方法主要有直接法和归化法。

1）直接法

如图 10-7 所示，主轴线 AOB、COD 经调整后，便可加密 E、F、G、H 各点。在 A、C 两点安置全站仪或经纬仪，后视 O 点，分别放样 $90°$ 角，两方向线的交点即为 E 点。实量 AE、CE 边长进行检核。用同样的方法可以交会出 F、H、G 点。在建立了"田"字形方格网后，还需以此为基础加密 1~16 各点。可在 C 点安置经纬仪照准 E 点，按设计要求沿视线精密量距，即可定出 1 点。图中细部方格网点，如 1、2、3、5、7、8、9、10、12、14、15、16 各点，均可用直线内分法标定，而 4、6、11、13 各点又可用方向线交会法根据已定点进行加密。当测区范围较大时，也可直接采用 GNSS 放样细部方格网点。

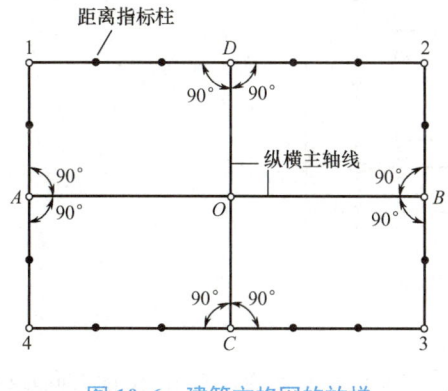

图 10-6　建筑方格网的放样

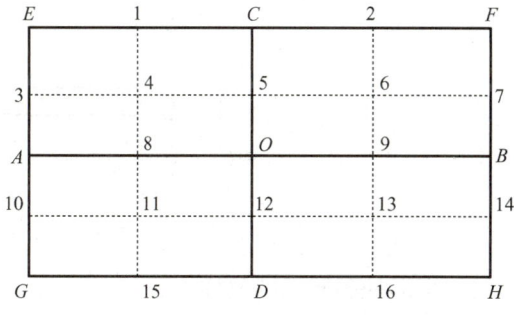

图 10-7　建筑方格网

2) 归化法

如果建筑区对施工控制网的精度要求较高，则必须用归化法来建立建筑方格网。首先可按直接法放样各细部方格网点。为了求得一大批细部方格网点的精确坐标，可以采用任何一种控制测量方法(如静态 GNSS、三角形网、导线网、交会测量等方法)，也可以联合应用几种方法来测量，然后通过严密平差精确计算出各点的实际坐标。将各点的实际坐标与设计坐标进行比较，求得各细部方格网点的归化量，从而把各细部方格网点归化到设计位置。

10.2.2　厂房矩形控制网

前面我们已经讲过，厂区建筑方格网是用来布设厂房轴线及各种管线的，为了放样厂房的细部位置，还必须在建筑方格网的基础上布设厂房矩形控制网，作为工业厂区的二级控制。

厂房矩形控制网的放样

如图 10-8 所示，M、N、P、Q 为某厂房轴线的四个角点，R、S、T、U 是为放样厂房细部位置而设置的厂房矩形控制网点，为了不受厂房基坑开挖的影响，设计时应使厂房矩形控制网位于厂房轴线以外 1.5m，E、F 系建筑方格网中已放样的两个方格网点。方格网点的坐标是已知的，厂房轴线四个角点 M、N、P、Q 的坐标已知，根据具体情况设计厂房矩形控制网 R、S、T、U 四个点的坐标。

由前所述，我们已在厂区场地上布设了建筑方格网，同样，建筑方格网中两个角点 E、F 也已放样于地面上，并埋设了标石。厂房矩形控制网的放样可以按以下步骤进行。

1) 放样 J、K 点

全站仪安置于方格网点 E 上，瞄准方格网点 F，沿此方向从 E 点精确地放样一段距离 EJ，使其等于 E、T 两点的横坐标差，定出 J 点。同样，从 F 点沿 FE 方向放样一段距离 KF，使其等于 F、S 两点的横坐标差，定出 K 点。

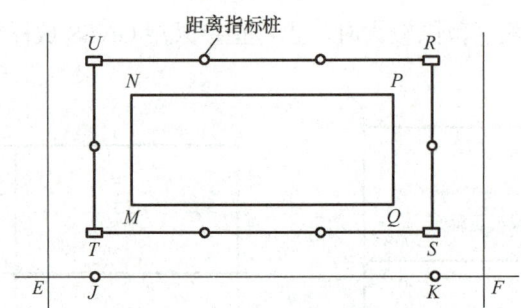

图 10-8 厂房矩形控制网

2) 矩形控制网点的放样

全站仪安置于 J 点，瞄准 E 点，分别用正倒镜放样 90°角，得 JU 方向，沿此方向精确放样距离 JT 及 JU（距离 JT 为 E、T 两点的纵坐标差，距离 JU 为 E、U 两点的纵坐标差），在地面上可以定出 T、U 两点。定点时，可以选用盘左位置粗略地定出两点的位置，打入大木桩，再用盘左、盘右位置精确地标定点位，并在桩顶刻划 "+" 记号标明 T、U 两个厂房矩形控制网的角点。然后将全站仪安置于 K 点，用同样的方法，可以定出 S、R 两个厂房矩形控制网的角点。

3) 检查

用钢尺或全站仪精确地测量厂房矩形控制网各边的长度，检查其与矩形控制网的设计长度是否相符，相对误差不得超过 1/10000；再将全站仪分别安置于 U、R 点，检查 $\angle RUT$、$\angle SRU$ 是否为 90°，其误差不得超过 ±10″。

4) 标定距离指标桩

厂房矩形控制网是放样厂房细部位置(如厂房柱)的依据，因此，在厂房矩形控制网放样好以后，应沿 UR 及 TS 方向上定出距离指标桩的位置，打入大木桩，并在桩顶刻划 "+" 记号。距离指标桩间的距离通常为设计柱间距(一般为 6m)的整倍数(如 24m、48m)。根据厂房柱跨距也可定出标明跨距的距离指标桩。

以上所述方法一般用于小型厂房或设备基础较简单的中型厂房。对于大型厂房或设备基础较复杂的中型厂房，则应先放样厂房矩形控制网的主轴线，然后据此放样厂房矩形控制网。

10.2.3 厂区的高程控制

为进行厂区各建筑物的高程放样，必须在厂区的建筑场地上布设水准点。水准点的密度应尽可能地满足安置一次仪器即可放样出所需要的高程。测绘建筑场地地形图时所敷设的水准点的数量，对施工阶段来说，一般是不够的，因此必须在此基础上加密水准点，加密的方法可以采用闭合水准路线或附合水准路线。应指出的是，在加密水准点之前，需要对测绘地形图时所布设的水准点进行现场检查，只有在确认其点位无变动后才可使用。在一般情况下，建筑方格网点可以兼作高程控制点，即在已布设的建筑方格网点桩面上的中心点旁设置一个突出的半球状标志。

布设高程控制的精度要求视不同的情况而定。一般情况下，宜采用四等水准测量的方法构成闭合水准路线或附合水准路线测定各水准点的高程;对于连续生产的车间或管道线路,则需提高精度等级,采用三等水准测量的方法测定各水准点的高程。

在布设厂区高程控制的同时,还应以相同的精度在各厂房场地的内部或附近专门设置±0.000水准点,±0.000是厂房内部底层的地坪高程,它主要是为了便于厂房构件的细部放样。特别需要指出的是,设计中各建筑物±0的高程可能不一致。

10.3 厂房柱列轴线的放样和基坑的施工测量

10.3.1 厂房柱列轴线的放样

图10-9中,$RSTU$是根据建筑方格网放样的厂房矩形控制网。厂房矩形控制网经检查符合精度要求后,即可据此放样厂房柱列轴线。

图中Ⓐ、Ⓑ、Ⓒ和①、②、③…等轴线为厂房的柱列轴线。根据厂房矩形控制网上所标定的距离指标桩,按设计的柱间距或跨距可以用钢尺定出各柱列轴线桩(称为轴线控制桩)的位置,打入大木桩,并在桩顶钉以小钉,标明各柱列轴线方向,作为基坑放样和施工安装的依据。

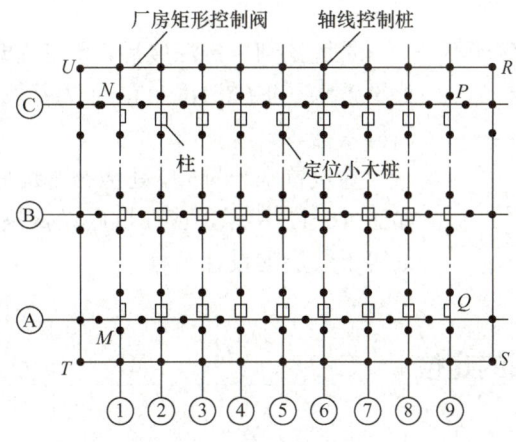

图 10-9 柱列轴线的放样

应该注意的是,由于厂房的柱基类型很多,尺寸不一,因此柱列轴线不一定是基础中心线。

10.3.2 基坑的放样

基坑开挖以前,应根据厂房基础平面图和基础大样图的设计尺寸,把基坑开挖的边线放样于地面上。

如图10-10所示,Ⓐ—Ⓐ与⑤—⑤表示柱列轴线的方向,基坑放样时,全站仪应分别安置在相应的轴线控制桩上,并依柱列轴线在地上交出各柱基的位置,然后按照基础大样图的尺寸,用特制的角尺,根据定位轴线放样出基坑开挖线,并用白灰标明开挖范围。为了在基坑开挖过程中较方便地交出柱基的位置,并作为修坑和立模的依据,可在基坑的周围定出四个定位小木桩,并在桩顶钉上小钉。

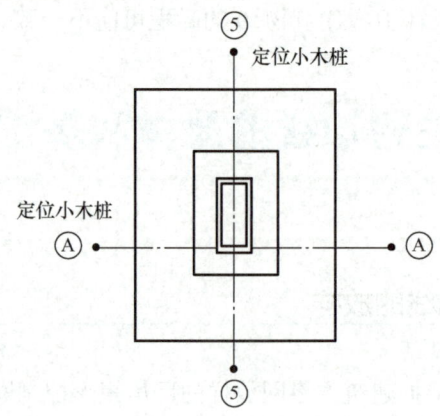

图 10-10　基坑的放样

10.3.3　基坑的高程放样

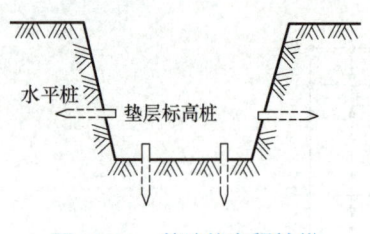

图 10-11　基坑的高程放样

基坑挖到一定深度后,须在坑壁四周离坑底 0.3~0.5m 处设置水平桩(图 10-11),作为基坑修坡、清底和打垫层的高程依据。

除设置水平桩外,还应在基坑底部放样出垫层的高程。如图 10-11 所示,应在坑底设置垫层标高桩,以使桩顶恰好等于垫层的设计高程。

10.3.4　基础模板的定位

垫层达到设计高程以后,应根据基坑边的定位桩用拉线和吊垂球的方法,在垫层上放样出柱基中心线,并用墨斗弹出墨线,作为支撑模板和布置钢筋的依据。竖立模板时,应使模板底线对准垫层上所标的定位线,再用吊垂球的方法检查模板是否竖直。最后在模板的内壁用水准仪放样出柱基顶面的设计高程,并标出记号,作为柱基混凝土浇筑的依据。

在柱基拆模以后,要根据各柱列轴线控制桩用全站仪将柱列轴线投测到杯形基础的顶面上,并用墨线弹出标记。同时还要在杯口内壁用水准仪放样出高程线(图 10-12),从该线起向下量取一个整分米数即到杯底的设计标高,以供整修底部标高之用。

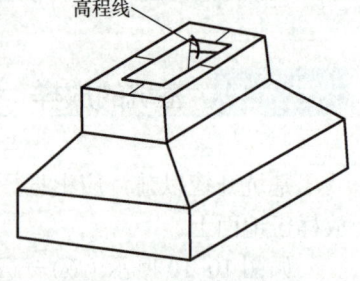

图 10-12　基础模板的定位

10.4 厂房预制构件的安装测量

10.4.1 柱子安装测量

1. 柱子安装应满足的基本要求

柱子中心线应与相应的柱列轴线一致,其允许偏差为±5mm。牛腿顶面和柱顶面的实际标高应与设计标高一致,其允许误差为±(5～8mm),当柱高大于5m时为±8mm。柱身垂直允许误差:当柱高≤5m时,为±5mm;当柱高为5～10m时,为±10mm;当柱高超过10m时,则为柱高的1/1000,但不得大于20mm。

2. 柱子安装前的准备工作

柱子安装前的准备工作有以下几项。

(1) 在柱基顶面投测柱列轴线(图10-13)。柱基拆模后,用经纬仪根据轴线控制桩,将柱列轴线投测到杯口顶面上,并弹出墨线,用红漆画出"▶"标志,作为安装柱子时确定轴线的依据。如果柱列轴线不通过柱中心线,则应在杯形基础顶面加弹柱中心线。

用水准仪在杯口内壁放样一条−0.600m的标高线(一般杯口顶面的标高为−0.500m),并画出"▼"标志,如图10-13所示,作为杯底找平的依据。

(2) 柱身弹线。柱子安装前,应将每根柱子按轴线位置进行编号。如图10-14所示,在每根柱子的三个侧面弹出柱中心线,并在每条线的上端和下端近杯口处画出"▶"标志。根据牛腿面的设计标高,从牛腿面向下用钢尺量出−0.600m的标高线,并画出"▼"标志。

(3) 杯底找平。先量出柱子的−0.600m标高线至柱底面的长度,再在相应的柱基杯口内量出−0.600m标高线至杯底的高度,并进行比较,以确定杯底杯底找平厚度,用水泥砂浆根据杯底找平厚度在杯底进行找平,以使牛腿面符合设计高程。

3. 柱子安装测量的方法

柱子安装测量的目的是保证柱平面和高程符合设计要求,柱身铅直。

(1) 预制的钢筋混凝土柱子插入杯口后,应使柱子三面的中心线与杯口中心线对齐,如图10-15(a)所示,并用木楔或钢楔临时固定。

(2) 柱子立稳后,应立即用水准仪检测柱身上的±0.000m标高线,其允许误差为±3mm。

(3) 如图10-15(a)所示,用两台经纬仪分别安置在柱基纵横轴线上,经纬仪离柱子的距离不小于柱高的1.5倍,先用望远镜瞄准柱底的中心线标志,固定照准部后,再缓慢抬高望远镜观察柱偏离十字丝竖丝的方向,然后指挥安装人员使用钢丝绳拉直柱,直至从两台经纬仪中观测到的柱中心线都与十字丝竖丝重合。

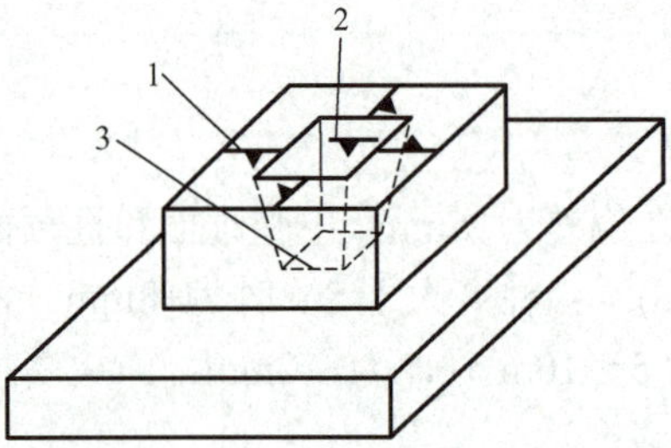

1—柱中心线；2——0.600m 标高线；3—杯底。

图 10-13　在柱基顶面投测柱列轴线

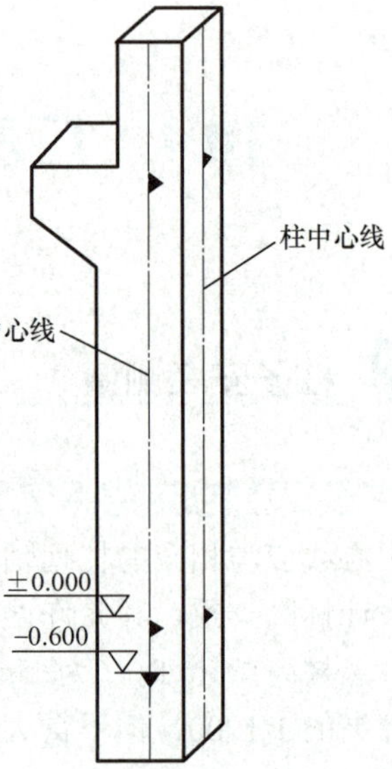

图 10-14　柱身弹线

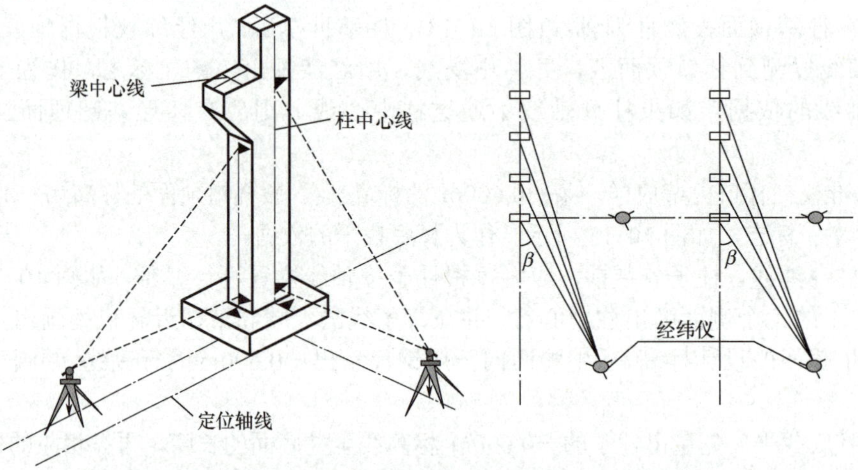

图 10-15　柱子的垂直度校正

(4) 在杯口与柱子的缝隙中浇入混凝土，以固定柱子的位置。

(5) 在实际安装时，一般是一次性把许多柱子都竖起来，然后进行垂直校正。这时，可把两台经纬仪分别安置在纵横轴线的一侧，这样一次可校正几根柱子，如图 10-15(b)所示，但仪器偏离轴线的角度应在 15°以内。

4．柱子安装测量的注意事项

所使用的经纬仪必须严格校正，操作时，应使照准部水准管气泡严格居中。校正时，除检查柱子是否垂直外，还应随时检查柱中心线是否对准杯口柱列轴线标志，以防柱子安装就位后产生水平位移。在校正变截面的柱子时，经纬仪必须安置在柱列轴线上，以免产生差错。在日照下校正柱子的垂直度时，应考虑日照使柱顶向阴面弯曲的影响，为避免此种影响，宜在早晨或阴天校正。

10.4.2 吊车梁安装测量

吊车梁安装测量主要是保证吊车梁中心线位置和吊车梁的标高满足设计要求。

1. 吊车梁安装前的准备工作

吊车梁安装前的准备工作有以下几项。

(1) 在柱面上量出吊车梁顶面标高。根据柱子上的±0.000m 标高线，用钢尺沿柱面向上量出吊车梁顶面的设计标高线，作为调整吊车梁顶面标高的依据。

(2) 弹出吊车梁中心线。如图 10-16 所示，在吊车梁的顶面和两端面上，用墨线弹出吊车梁中心线，作为安装定位的依据。

(3) 在牛腿面上弹出吊车梁中心线。根据厂房中心线，在牛腿面上弹出吊车梁中心线，放样方法如下。

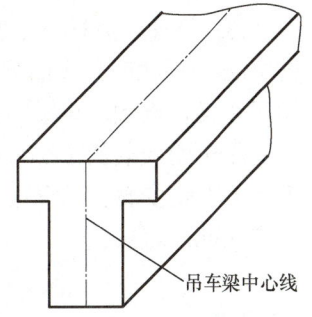

图 10-16 弹出吊车梁中心线

如图 10-17(a)所示，利用厂房中心线 A_1A_1，根据设计轨道间距，在地面上放样出吊车梁中心线(也就是吊车轨道中心线)$A'A'$ 和 $B'B'$。在吊车梁中心线的一个端点 A'(或 B')上安置经纬仪，瞄准另一个端点 A'(或 B')，固定照准部，抬高望远镜，即可将吊车梁中心线放样到每根柱子的牛腿面上，并用墨线弹出吊车梁中心线。

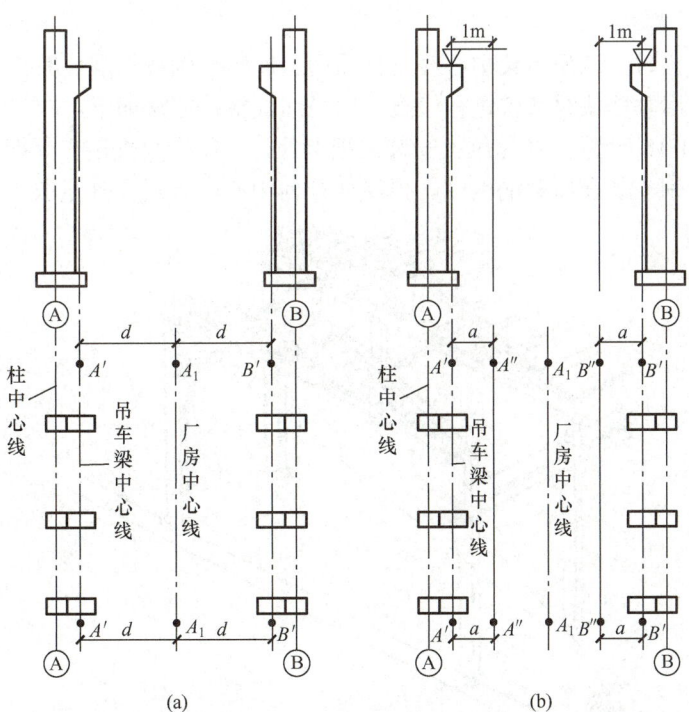

图 10-17 吊车梁的安装测量

2. 吊车梁安装测量的方法

安装时，应使吊车梁两端的吊车梁中心线与牛腿面上的吊车梁中心线重合，将吊车梁初步定位。采用平行线法，对吊车梁中心线进行检测，校正方法如下。

(1) 如图 10-17(b)所示，在地面上，从吊车梁中心线向厂房中心线方向量出长度 $a(1m)$，得到平行线 $A''A''$ 和 $B''B''$。

(2) 一个安装测量人员在平行线的一个端点 A''(或 B'')上安置经纬仪，瞄准另一个端点 A''(或 B'')，固定照准部，抬高望远镜，进行测量。

(3) 此时，另外一个安装测量人员在吊车梁上移动横放的木尺，当视线正好对准尺上的 1m 刻划线时，尺的零点应与吊车梁面上的吊车梁中心线重合。如不重合，可用撬杠移动吊车梁，直到吊车梁中心线与 $A''A''$(或 $B''B''$)的间距等于 1m。

吊车梁安装就位后，应先按柱面上定出的吊车梁设计标高线对吊车梁面进行调整，然后将水准仪安置在吊车梁上，每隔 3m 测一点的高程，并与设计高程进行比较，误差应控制在 3mm 以内。

10.4.3 屋架安装测量

1. 屋架安装前的准备工作

屋架安装前，应用经纬仪或其他方法在柱顶面上放样出屋架的定位轴线，然后在屋架两端弹出屋架中心线，以便进行定位。

2. 屋架安装测量的方法

屋架安装就位时，应使屋架中心线与柱顶面上的定位轴线对准，其允许误差为 5mm。屋架的垂直度可用垂球或经纬仪进行检查。用经纬仪检校方法如下。

(1) 如图 10-18 所示，在屋架上安装三把卡尺，一把卡尺安装在屋架上弦中点附近，另外两把卡尺分别安装在屋架的两端。自屋架几何中心沿卡尺向外量取一定距离，一般为

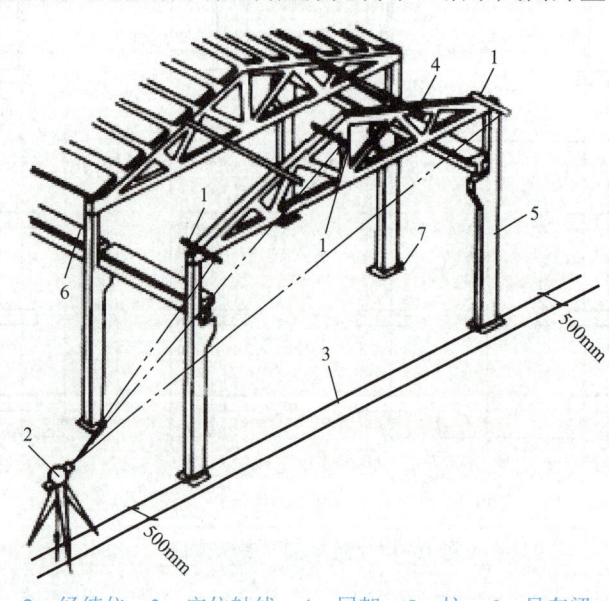

1—卡尺；2—经纬仪；3—定位轴线；4—屋架；5—柱；6—吊车梁；7—柱基。

图 10-18 屋架安装测量

500 mm，做出标志。

(2) 在地面上距屋架中心线同样距离处安置经纬仪，观测三把卡尺的标志是否在同一竖直面内。如果屋架竖向偏差较大，则须用机具校正，最后将屋架固定。垂直度允许偏差为：薄腹梁为 5 mm，桁架为屋架高的 1/250。

10.5 烟囱的施工测量

烟囱是工业场地上的一种特殊建筑物，其特点是基础面积小、主体高、地基负荷大、垂直度要求高。为保证烟囱工程质量，现多采用滑模法进行施工。烟囱施工测量的主要任务是严格控制烟囱的中心位置，确保主体的垂直度。在滑模法施工中，多采用激光铅垂仪来控制主体的垂直度。

10.5.1 烟囱的定位、放线

1. 烟囱的定位

烟囱的定位主要是定出基础中心的位置，其方法如下。

(1) 按设计要求，利用与施工场地已有控制点或建筑物的尺寸关系，在地面上放样出烟囱的中心位置 O(即中心桩)。

(2) 如图 10-19 所示，在 O 点安置经纬仪，任选一点 A 作为后视点，并在视线方向上定出 a 点，倒转望远镜，通过盘左、盘右分中投点法定出 b 点和 B 点；然后，顺时针放样

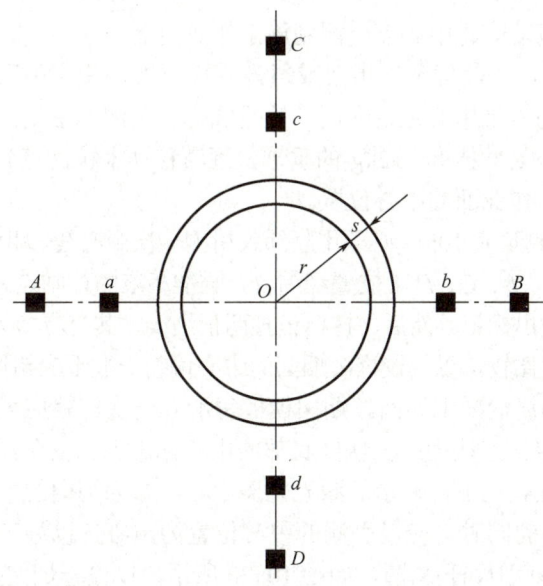

图 10-19 烟囱的定位、放线

90°，定出 d 点和 D 点，再倒转望远镜，定出 c 点和 C 点，得到两条互相垂直的定位轴线 AB 和 CD。

(3) A、B、C、D 四个点至 O 点的距离为烟囱高度的 $1\sim 1.5$ 倍。在 a、b、c、d 四个点处设置施工定位桩，用于修坡和确定基础中心，故这四个点应设置在尽量靠近烟囱而不影响桩位稳固的地方。

2. 烟囱的放线

以 O 点为圆心，以烟囱底部半径 r 加上基坑放坡宽度 s 为半径，在地面上用皮尺画圆，并撒出灰线，作为基础开挖的边线。

10.5.2 烟囱基础的施工测量

(1) 当基坑开挖接近设计标高时，应在基坑内壁放样水平桩，作为检查坑底标高和打垫层的依据。

(2) 坑底夯实后，从施工定位桩拉两根细线，用垂球把烟囱中心投测到坑底，并打入木桩，作为垫层的中心控制点。

(3) 浇筑混凝土基础时，应在基础中心埋设钢筋作为标志，根据定位轴线，用经纬仪把烟囱中心放样到标志上，并刻上"十"字，作为施工过程中控制烟囱筒身中心位置的依据。

10.5.3 烟囱筒身的施工测量

1. 引测烟囱中心线

在烟囱施工中，应随时将中心点引测到施工作业面上。

(1) 在烟囱施工中，一般每砌一步架或每升模板一次，就应引测一次中心线，以检核该施工作业面的中心与基础中心是否在同一铅垂线上。引测方法为：在施工作业面上固定一根木枋，在木枋中心处悬挂 $8\sim 12\text{kg}$ 的垂球，逐渐移动木枋，直到垂球对准基础中心。此时，木枋中心就是该作业面的中心位置。

(2) 另外，烟囱每砌筑完 10m，必须用经纬仪引测一次中心线。引测方法为：如图 10-19 所示，分别在控制桩 A、B、C、D 上安置经纬仪，瞄准相应的控制点 a、b、c、d，将轴线点放样到作业面上，并做出标记。然后，按标记拉两根细线，其交点即为烟囱的中心位置，并与垂球引测的中心位置比较，以做校核。烟囱的中心偏差一般不应超过砌筑高度的 1/1000。

(3) 对于高大的钢筋混凝土烟囱，烟囱模板每滑升一次，就应采用激光铅垂仪进行一次烟囱的铅直定位，定位方法为：在烟囱底部的中心标志上，安置激光铅垂仪，在作业面中央安置接收靶。在接收靶上，显示的激光光斑中心，即为烟囱的中心位置。

(4) 在检查中心线的同时，应以引测的中心位置为圆心，以施工作业面上烟囱的设计半径为半径，用木尺(刻划尺杆)画圆，如图 10-20 所示，以检查烟囱壁的位置。

2. 烟囱外筒壁收坡控制

烟囱外筒壁的收坡是用靠尺板(图 10-21)来控制的。靠尺板两侧的斜边应严格按设计的筒壁斜度制作。使用时，把靠尺板的斜边贴靠在外筒壁上，若垂球线恰好通过下端缺口，则说明筒壁的收坡符合设计要求。

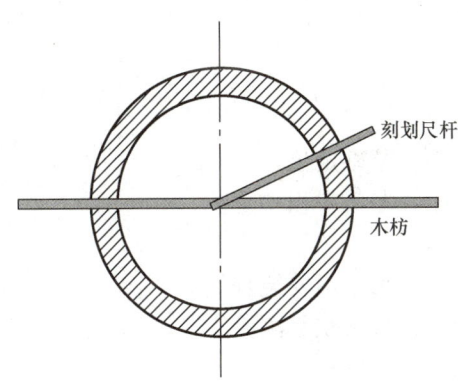

图 10-20 烟囱壁位置的检查

图 10-21 靠尺板

3. 烟囱筒体标高的控制

烟囱筒体标高的控制，一般是先用水准仪在烟囱底部的外筒壁上放样出+0.500m(或任一整分米数)的标高线，再以此标高线为准，用钢尺直接向上量取高度。

拓展阅读：东方明珠电视塔

位于上海浦东的东方明珠广播电视塔，高度为468m，由地下室、塔座、塔身、下球体、上球体、太空舱和天线7个部分组成，共30层。

该塔施工前，先进行了主塔轴线及桩位的放样测量。在施工过程中，以主塔中心为基准放样出6根每隔60°的轴线，以及在相应轴线上的3个斜筒和3个直筒底部的中心位置。

该塔施工测量采用了徕卡 ZL 光学铅垂仪，在塔筒中建立了4根垂准线，同时设置了一定数量的测量平台。随施工进程，中心点自下而上，从下一个测量平台投测到上一个测量平台，再从测量平台投测到提升位的施工平台面上，从标定在施工平台面上的4个垂直轴中心放样施工轴线，按设计半径控制和放样横板的圆心和圆弧，从而保证了塔身轴线的垂直。

竣工后，塔身垂直度偏差小于 50mm，塔筒中心点的偏差小于 2mm。

小　　结

工业厂房是指直接用于生产或为生产配套的各种房屋，包括主要车间、辅助用房及附属设施用房。

厂区控制网是厂房施工放样的依据，对厂区控制网的放样一定要严格执行规范的规定。在厂房基础施工测量中，应特别注意柱基础中心线的放样和基础标高的控制。

在厂房构件安装测量中，主要应做好各项准备工作，同时在安装完毕后要进行检核。烟囱是细长高耸的建筑物，所以在放样时一定要注意中心线垂直度的检核，以保证工程质量。

习 题

一、选择题

1. 厂房基础施工测量有( )。
   A．柱列轴线的放样　　　　　　B．基础定位
   C．基坑放样和抄平　　　　　　D．基础模板的定位

2. 厂房预制构件的安装测量包括( )。
   A．柱子安装测量　　　　　　　B．吊车梁安装测量
   C．吊车轨道安装测量　　　　　D．屋架安装测量

3. 柱子安装中的测量包括( )工作。
   A．定位测量　　　　　　　　　B．标高控制
   C．柱子垂直度的控制　　　　　D．柱子垂直偏差的测算

4. 吊车梁安装前的测量是指( )工作。
   A．在牛腿面上测弹吊车梁中心线　B．在吊车梁上弹出吊车梁中心线
   C．牛腿面标高抄平　　　　　　D．在柱面上弹出吊车梁面标高线

二、简答题

1. 设计方格网主轴线的注意事项有哪些？
2. 如何进行厂房柱列轴线的放样？
3. 烟囱定位测量的方法？
4. 试述吊车梁的安装测量过程，具体有哪些检核测量工作。

三、计算题

如图 10-22 所示，已知机加工车间两个对角点的坐标，放样时顾及基坑开挖线范围，拟将厂区控制网设置在厂房角点以外 6m，试求厂区控制网四个角点 T、U、R、S 的坐标。

在线答题

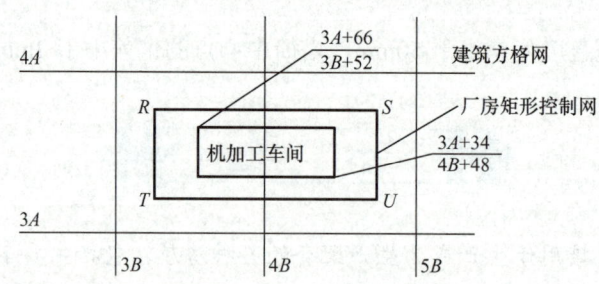

图 10-22　计算题图

第 11 章 装配式建筑施工测量

思维导图

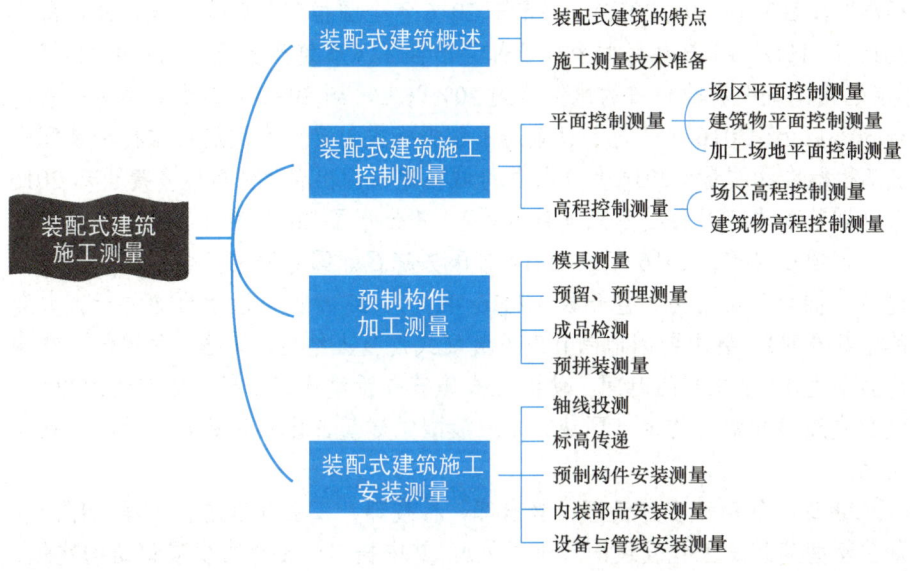

【引言】

党的二十大报告提出,我们要加快发展方式绿色转型,实施全面节约战略,发展绿色低碳产业,倡导绿色消费,推动形成绿色低碳的生产方式和生活方式。近年来,我国大力培育装配式建筑,旨在实现工程建设高效益、高质量和低消耗、低排放,为建筑领域产业转型发展注入了强劲动力。

装配式建筑规划自2015年以来密集出台,2015年8月27日住房城乡建设部发布了《工业化建筑评价标准》(GB/T 51129—2015),决定于2016年全国推广装配式建筑,并取得了突破性进展;2015年11月14日住房城乡建设部又出台了《建筑产业现代化发展纲要》,计划到2020年装配式建筑占新建建筑的比例达到20%以上,到2025年装配式建筑占新建建筑的比例达到50%以上;2016年3月5日政府工作报告提出要大力发展钢结构和装配式建筑,提高建筑工程标准和质量;2016年7月住房城乡建设部出台《住房城乡建设部2016年科学技术项目计划装配式建筑科技示范项目名单》,并公布了2016年科学技术项目建设装配式建筑科技示范项目名单;2016年9月14日国务院召开国务院常务会议,提出要大力发展装配式建筑,推动产业结构调整升级;2016年9月27日国务院出台《关于大力发展装配式建筑的指导意见》,要求要因地制宜发展装配式混凝土结构、钢结构和现代木结构等装配式建筑,力争用10年左右的时间,使装配式建筑占新建建筑面积的比例达到30%,并对大力发展装配式建筑和钢结构重点区域、未来装配式建筑占比新建建筑目标、重点发展城市进行了明确。

2020年8月28日,住房城乡建设部、教育部、科技部、工业和信息化部等九部门联合印发《关于加快新型建筑工业化发展的若干意见》,其中提出:要大力发展钢结构建筑、推广装配式混凝土建筑,培养新型建筑工业化专业人才,壮大设计、生产、施工、管理等方面人才队伍,加强新型建筑工业化专业技术人员继续教育;培育技能型产业工人,深化建筑用工制度改革,完善建筑业从业人员技能水平评价体系,促进学历证书与职业技能等级证书融通衔接;打通建筑工人职业化发展道路,弘扬工匠精神,加强职业技能培训,大力培育产业工人队伍;全面贯彻新发展理念,推动城乡建设绿色发展和高质量发展,以新型建筑工业化带动建筑业全面转型升级,打造具有国际竞争力的"中国建造"品牌。

那么装配式建筑施工过程中的测量工作该如何去实施呢?

装配式建筑

11.1 装配式建筑概述

11.1.1 装配式建筑的特点

装配式建筑是指把传统建造方式中的大量现场作业工作转移到工厂进行,先在工厂加工制作好建筑构件和配件(如楼板、墙板、楼梯、阳台等),然后运输到建筑施工现场,最

第 11 章 装配式建筑施工测量

后通过可靠的连接方式在现场装配安装而成的建筑，如图 11-1 所示。装配式建筑主要包括预制装配式混凝土结构、钢结构、现代木结构建筑等，其采用标准化设计、工厂化生产、装配化施工、信息化管理、智能化应用，是现代工业化生产方式的代表。

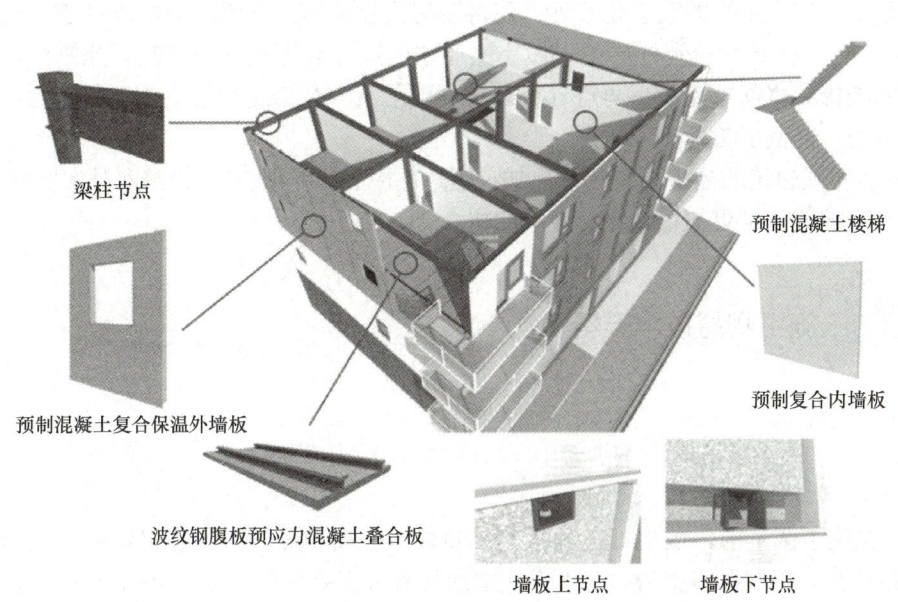

图 11-1　装配式建筑

随着现代工业技术的发展，建造房屋可以像机器生产那样，成批成套地制造。只要把预制好的房屋构件，运到工地装配起来即可。

装配式建筑在 20 世纪初就开始引起人们的兴趣，到 60 年代终于实现。英、法、苏联等国首先进行了尝试。装配式建筑由于建造速度快，而且生产成本较低，因此迅速在世界各地推广开来。

早期的装配式建筑外形比较呆板，千篇一律。后来人们在设计上做了改进，增加了灵活性和多样性，使装配式建筑不仅能够成批建造，而且样式丰富。美国有一种活动住宅，是比较先进的装配式建筑。活动住宅的每个住宅单元就像是一辆大型的拖车，只要用特殊的汽车把它拉到现场，再由起重机吊装到地板垫块上，并与预埋好的水道、电源、电话系统相接，就能使用。活动住宅内部有浴室、厨房、餐厅、卧室等活动空间。活动住宅既能独立成为一个单元，也能互相连接起来。

装配式建筑一般分为全装配建筑和部分装配建筑两大类。全装配建筑一般为低层或抗震设防要求较低的多层建筑；部分装配建筑的主要构件一般采用预制构件。

按预制构件的形式和施工方法，装配式建筑可以分为砌块建筑、板材建筑、盒式建筑、骨架板材建筑及升板升层建筑五种类型。

装配式建筑具有以下优点。

(1) 大量的建筑部件，比如外墙板、内墙板、叠合板、阳台、空调板、楼梯、预制梁、预制柱等都由车间生产加工完成，集中式的生产大大降低了工程成本，同时也更有利于质量控制。

(2) 工厂生产出来的建筑部件运到现场进行组装，减少了模板工程和人工工作量，加快了施工速度，这对于降低工程造价意义重大。

(3) 装配式施工将整个建筑由一个项目变成了一件产品。构件越标准，生产效率越高，成本就越低，配合工厂的数字化管理，使得装配式建筑的性价比远超传统建造方式。

(4) 不同于传统建筑那样必须先做完主体才能进行装饰装修，装配式建筑可以将各预制部件的装饰装修部位完成后再进行组装，实现了装饰装修工程与主体工程的同步，减少了建造过程，降低了工程造价。

(5) 装配式建筑的建筑材料选择更加灵活，各种节能环保材料(如轻钢及木质板材)的运用，使得装配式建筑更加符合绿色建筑的概念。

11.1.2　施工测量技术准备

1．一般规定

(1) 施工测量技术准备包括施工测量方案编制和施工图校核、施工测量数据准备和定位依据点校测等内容。

(2) 在施工测量前，应根据工程任务的要求，收集和分析有关施工资料，包括城市规划、测绘成果，工程勘察报告，施工设计图纸与有关变更文件，施工组织设计或施工方案，施工场区地下管线、建(构)筑物测绘成果等。

2．施工测量方案编制和施工图校核

(1) 施工测量方案是指导施工测量的技术依据，施工测量方案编制包括工程概况、施工测量技术依据、测量方法和技术要求、起始依据点的校测、控制测量、构件加工测量、施工安装测量、变形测量、竣工测量、安全质量保证体系与具体措施、成果资料整理与提交等。

(2) 施工图校核是指对施工图纸的完整性和正确性进行全面校核，校核内容应包括坐标与高程系统、建筑轴线关系、几何尺寸、各部位高程等，并应及时了解和掌握有关工程设计变更文件，以确保测量放样数据准确可靠。施工图校核可根据不同施工阶段的需要，校核总平面图、建筑施工图、结构施工图、设备施工图等。

3．施工测量数据准备和定位依据点校测

(1) 施工测量数据准备应包括依据施工图计算施工放样数据、依据放样数据绘制施工放样简图。

(2) 平面控制点或建筑红线桩点是建筑物定位的依据，施工前应认真做好成果资料与现场点位或桩位的交接和保护工作。

(3) 平面控制点或建筑红线桩点使用前，应进行内业校算与外业校核，定位依据点数量不应少于三个。平面控制点或建筑红线桩点的校核应采用三级以上导线测量或三级以上卫星定位静态测量等方法，校核平面控制点和建筑红线桩点的允许误差：角度误差为±30″，边长相对误差为1/4000，点位误差为50mm。

(4) 水准点是确定建筑物高程的基本依据，水准点数量不应少于两个，使用前应按四等及以上等级水准测量要求进行校测。

(5) 平面定位依据点和水准点校核合格后,应采用不低于场区的控制测量等级的方法对平面定位依据点和水准点进行测量,平面定位测量采用"一点一方向"的方法,高程测量采用"一点高程"作为起算依据,以确保定位依据点的精度满足场区控制网起算精度的要求。

11.2 装配式建筑施工控制测量

装配式建筑施工控制测量也包括平面控制测量和高程控制测量。

11.2.1 平面控制测量

平面控制网的布设应遵循"从整体到局部、分级布网"的原则。平面控制测量包括场区平面控制测量、建筑物平面控制测量和加工场地平面控制测量。平面控制网点应根据设计总平面图和施工总布置图布设,并应满足装配式建筑施工放样的需要。点位应选在通视良好、土质坚硬、便于施测、能长期保存的地方,并埋设标石,必要时还应建立强制对中装置。

1. 场区平面控制测量

场区平面控制网可以根据场区地形条件与建筑物总体情况布设成建筑方格网、导线网、GNSS 网等。对场地大于 1km² 或重要建筑区,应按一级网的技术要求布设场区平面控制网;对场地小于 1km² 或一般建筑区,可按二级网的技术要求布设场区平面控制网。

1) 建筑方格网

地势平坦、建筑物为矩形的场区宜布设建筑方格网。场区建筑方格网的主要技术要求应符合表 11-1 的规定。

表 11-1 场区建筑方格网的主要技术要求

等级	边长/m	测角中误差/(″)	边长相对误差
一级	100～300	5	≤1/30000
二级	100～300	8	≤1/20000

2) 导线网

地势平坦但不便于布设建筑方格网的场区宜布设导线网。场区导线测量的主要技术要求应符合表 11-2 的规定。

表 11-2 场区导线测量的主要技术要求

等级	导线长度/km	平均边长/m	测角中误差/(″)	测距相对中误差	全场相对闭合差	方位角闭合差/(″)
一级	2.0	100～300	5	1/30000	≤1/15000	$\pm 10\sqrt{n}$
二级	1.0	100～200	8	1/14000	≤1/10000	$\pm 16\sqrt{n}$

注:n 为测站数。

3) GNSS 网

地势起伏较大、建(构)筑物为非矩形布置的场区宜布设 GNSS 网。场区 GNSS 测量的主要技术要求应符合表 11-3 的规定，作业方法和数据处理应符合《卫星定位城市测量技术标准》(CJJ/T 73—2019)的规定。

表 11-3　场区 GNSS 测量的主要技术要求

等级	边长/m	固定误差 a/mm	比例误差系数 b/(mm/km)	边长相对中误差
一级	300～500	≤5	≤5	≤1/40000
二级	100～300			≤1/20000

2．建筑物平面控制测量

建筑物平面控制网可以根据建筑物的形状布设成矩形控制网或十字轴线。根据建筑物的分布、结构、高度等，建筑物平面控制网分为一级、二级控制网。建筑物平面控制网的主要技术要求应符合表 11-4 的规定。当根据施工需要将建筑物外部控制转移至内部时，内部的控制点宜埋设在结构楼板上。引测的投点误差：一级不应超过 2mm，二级不应超过 3mm。

表 11-4　建筑物平面控制网的主要技术要求

等级	测角中误差/(″)	边长相对中误差
一级	$7\sqrt{n}$	≤1/30000
二级	$15\sqrt{n}$	≤1/15000

注：n 为建筑物结构的跨数。

3．加工场地平面控制测量

在场区平面控制网的基础上，根据现场施工平面布置图放样出加工场地的位置，布设加工场地建筑方格网、导线网，其相关主要技术要求应符合表 11-1、表 11-2 的规定。

在布设加工场地平面控制网时，还要根据构件尺寸放样出场区模具的控制线，并校核相互的位置关系。

平面控制测量观测工作结束后，应及时整理和检查外业资料，须经两人独立检核、确认合格有效后方可使用。内业计算完成后应汇总整理平面控制网图、各项外业观测资料、全部内业计算资料及成果表、相关技术说明等资料，并进行存档。

11.2.2　高程控制测量

高程控制测量应包括场区高程控制测量和建筑物高程控制测量。高程控制网通常采用水准测量和电磁波测距三角高程测量方法建立。水准测量的等级可根据场区的实际需要依次分为二、三、四等，四等高程控制网也可采用电磁波测距三角高程测量方法建立。高程控制网点应选在土质坚实、便于施测、使用、易于长期保存的地方，距基坑边缘的距离不应小于基坑深度的两倍，控制点数量不少于 3 个。

1. 场区高程控制测量

场区高程控制网应布设成闭合环线、附合路线或结点网。场区水准点可单独布设在场区相对稳定的区域，也可设置在平面控制点的标石上。水准点的间距宜小于 1km，距离建(构)筑物不宜小于 25m，距离回填土边线不宜小于 15m。

水准测量的主要技术要求应符合表 11-5 的规定。

表 11-5 水准测量的主要技术要求

等级	每千米高差全中误差/mm	路线长度/km	仪器型号	水准标尺	观测次数		往返较差、附合或环线闭合差/mm	
					与已知点联测	附合或环线	平地	山地
二等	2	—	DS	因瓦	往返各一次	往返各一次	$4\sqrt{L}$	—
三等	6	≤50	DS1	因瓦	往返各一次	往一次	$12\sqrt{L}$	$4\sqrt{n}$
			DS3	双面		往返各一次		
四等	10	≤16	DS3	双面	往返各一次	往一次	$20\sqrt{L}$	$6\sqrt{n}$
			DS3	单面	两次仪器高差往返	两次仪器高差往一次		

注：L 为往返测段、附合或环线的水准路线长度(km)；n 为测站数。

电磁波测距三角高程测量的主要技术要求应符合表 11-6 的规定。

表 11-6 电磁波测距三角高程测量的主要技术要求

等级	测角仪器类型	边长测回数	垂直角测回数	指标差较差/(″)	垂直角较差/(″)	对向观测高差较差/mm	附合或环线闭合差/mm
四等	2″	往返各一次	中丝法 3	7	7	$40\sqrt{D}$	$20\sqrt{\sum D}$

注：D 为电磁波测距边长度(km)。

2. 建筑物高程控制测量

建筑物高程控制应采用水准测量。附合路线闭合差不应低于四等水准要求，宜在每一幢建(构)筑物附近设置不少于 2 个建筑物高程控制点。水准点可设置在平面控制网的标桩或外围的固定物上，也可单独埋设。当场区高程控制点距离施工建筑物小于 200m 时，可直接利用。

高程控制测量观测工作结束后，应及时整理和检查外业资料，须经两人独立检核、确认合格有效后方可使用。内业计算完成后应汇总整理高程控制网图、各项外业观测资料、全部内业计算资料及成果表等资料，并进行存档。

11.3 预制构件加工测量

预制构件是指在工厂或现场预先制作完成，构成建筑结构的钢筋混凝土构件或其他构件。

按照组成建筑的构件的特征和性能划分，常见的预制构件包括预制楼板、预制梁、预制墙、预制柱、预制楼梯和其他复杂的异形构件。

预制构件加工测量的主要内容包括模具测量，预留、预埋测量，成品检测，预拼装测量等。

预制构件加工前,应校核预制构件设计图纸。测量放样前,应依据预制构件设计图纸计算测量放样数据,绘制放样简图,测量放样数据和放样简图均应进行核算、互检。应根据预制构件加工制作需要配备满足测量精度的设备,测量仪器、量具应按规定进行检定,经检定合格并在有效期内方可使用。预制构件加工测量放样应标识清楚、醒目,并做好保护,便于指导工人施工。

1. 模具测量

模具是装配式建筑中必不可少的工具之一,它用于生产建筑构件,保证构件的精度和质量。在装配式建筑中,模具可以大大提高生产效率,缩短施工周期,降低成本,并且可以保证建筑的整体质量。因此,选用适当的模具,正确使用和维护模具,对于装配式建筑的施工和质量保证至关重要。

模具组装前,模板平整度、板面弯曲、几何尺寸应满足相关设计要求,然后依据构件几何尺寸和模具组装需要放样出中线、控制边线。模具组装完成后,应进行模具整体几何尺寸等测量,测量合格后方可进行下一道工序。

复杂构件测量放样可采用全站仪坐标法放样。预制构件模具尺寸的允许偏差应符合表 11-7 的要求。设计有特殊要求的,应符合设计要求。

图 11-7 预制构件模具尺寸的允许偏差

项次	检验项目、内容		允许偏差/mm
1	长度	≤6m	1,-2
		>6m 且 ≤12m	2,-4
		>12m	3,-5
2	宽度、高(厚)度	墙板	1,-2
3		其他构件	2,-4
4	底模表面平整度		2
5	对角线差		3
6	侧向弯曲		$L/1500$ 且 ≤5
7	翘曲		$L/1500$
8	组装缝隙		1
9	端模与侧模高低差		1

注:L 为磨具与混凝土接触面中最长边的尺寸。

2. 预留、预埋测量

预埋件(预制埋件)就是预先安装(埋藏)在隐蔽工程内的构件,用于砌筑上部结构时的搭接,虽然其体积较小,但在整个建筑施工过程中起着举足轻重的作用。如果预埋件的工作没做好的话,后期处理往往会造成很大的麻烦,因此预留、预埋施工工艺十分重要。

预埋件施工前,应先了解其形式、位置和数量,然后按照标准要求制作预埋件。制作预埋件的原材料应确保合格,加工前必须检查其合格证,并确认其表面没有锈蚀现象,钢管的下料及钢板的划线切割需根据图纸认真实施。

对于变形、位移、损坏的预埋件,应采用风镐凿除或人工补修达到设计要求。

依据预留、预埋与构件几何尺寸关系，根据预留、预埋的需要放样出中线、控制边线。模具上预埋件、预留孔洞安装允许偏差应符合表 11-8 的要求。预制构件中预埋门窗框安装允许偏差应符合表 11-9 的要求。设计有特殊要求的，应符合设计要求。

表 11-8　模具上预埋件、预留孔洞安装允许偏差

项次	检验项目		允许偏差/mm
1	预埋钢板、建筑幕墙用槽式预埋组件	中心线位置	3
		平面高差	±2
2	预埋管、电线盒、电线管水平和垂直方向的中心线位置偏移、预留孔、浆锚搭接预留孔(或波纹管)		2
3	插筋	中心线位置	3
		外露长度	+10, 0
4	吊环	中心线位置	3
		外露长度	0, -5
5	预埋螺栓	中心线位置	2
		外露长度	+5, 0
6	预埋螺母	中心线位置	2
		外露长度	±1
7	预留洞	中心线位置	3
		尺寸	+3, 0
8	灌浆套筒及连接钢筋	灌浆套筒中心线位置	1
		连接钢筋中心线位置	1
		连接钢筋外露长度	+5, 0

表 11-9　预制构件中预埋门窗框安装允许偏差

项次	检验项目		允许偏差/mm
1	锚固脚片	中心线位置	5
		外露长度	+5, 0
2		门窗框位置	2
3		门窗框高、宽	±2
4		门窗框对角线	±2
5		门窗框平整度	2

3. 成品检测

预制构件外观质量应符合《混凝土结构工程施工质量验收规范》(GB 50204—2015)的要求。预制构件尺寸的允许偏差应符合表 11-10 的要求。设计有特殊要求的，应符合设计要求。

4. 预拼装测量

(1) 预拼装测量可采用多种方法，包括经纬仪配合钢尺测量、全站仪坐标法测量，以及三维激光扫描技术。其中三维激光扫描技术是近年来发展迅速的一种预拼装测量方法。它通过激光扫描实体构件，获取其表面的三维点云数据，进而构建出实体构件的三维数据

模型。在虚拟环境下，可以对这些模型进行单构件拟合分析，检查其形状、尺寸等是否符合设计要求。同时，还可以将结构单元按顺序进行拼装和分析，模拟实际拼装过程，预测可能出现的问题，并出具单构件及结构单元检测报告。

表 11-10 预制构件尺寸的允许偏差

项目			允许偏差/mm
长度	楼板、梁、柱、桁架	<12m	±5
		≥12m 且<18m	±10
		≥18m	±20
	墙板		±4
宽度、高(厚)度	楼板、梁、柱、桁架		±5
	墙板		±4
表面平整度	楼板、梁、柱、墙板内表面		5
	墙板外表面		3
侧向弯曲	楼板、梁、柱		$l/750$ 且≤20
	墙板、桁架		$l/1000$ 且≤20
翘曲	楼板		$l/750$
	墙板		$l/1000$
对角线	楼板		10
	墙板		5
预留孔	中心线位置		5
	孔尺寸		±5
预留洞	中心线位置		10
	洞口尺寸、深度		±10
预埋件	预埋板中心线位置		5
	预埋板与混凝土面平面高差		0，-5
	预埋螺栓		2
	预埋螺栓外露长度		+10，-5
	预埋套筒、螺母中心线位置		2
	预埋套筒、螺母与混凝土面平面高差		±5
预留插筋	中心线位置		5
	外露长度		+10，-5
键槽	中心线位置		5
	长度、宽度		±5
	深度		±10

注：l 为构件长度(mm)。检查中心线、螺栓和孔道位置偏差时，应沿纵、横两个方向量测，并取其中偏差较大者。

(2) 预拼装测量时，不管采用什么仪器设备，其都应在检校有效期内，采用的软件应经过测试并在技术管理部门备案。

(3) 技术设计应根据项目要求，结合已有资料、实地踏勘情况及相关技术规范，编制技术设计书。

(4) 三维激光扫描数据采集流程主要包括：控制测量、扫描站布测、标靶布测、点云数据采集、纹理图像采集、外业数据检查、数据导出备份。

(5) 数据预处理流程主要包括：点云数据配准、坐标系转换、降噪与抽稀、图像数据处理、彩色点云制作。

(6) 三维模型制作流程主要包括：点云分割、模型制作、纹理映射。

(7) 当采用三维激光扫描时，需要归档以下资料：成果清单、点云数据、控制测量资料、单构件及结构单元检测报告、三维模型成果、其他资料等。

11.4 装配式建筑施工安装测量

预制构件施工安装前应按设计文件进行必要的平面尺寸和标高安装施工验算，并按现行国家标准的规定进行构件外形尺寸、预留孔洞位置和尺寸的进场验收，未经检验或不合格的产品不得使用。

所有预制构件在厂区制作完毕后，需运到施工现场进行安装。装配式建筑施工安装测量的过程主要包括轴线投测、标高传递、预制构件安装测量、内装部品安装测量以及设备与管线安装测量。

1. 轴线投测

装配式建筑施工安装测量通常采用内控法进行轴线竖向投测，其内控基准点的埋设是严格依据施工前所布设的控制网基准点来进行的。具体操作时，我们在基准层底板上预埋一块尺寸为100mm×100mm的钢板，并用钢针在钢板上刻划出"十"字线，该"十"字线即作为向上传递轴线时的基准点。在装配式建筑施工安装测量中，钢板需通过锚脚与板筋焊牢，基准点要保持通视，严禁堆放杂物，以免破坏原有放样的控制基准点。在每层楼面基准点处均应预留200mm×200mm的小方孔洞与首层基准点相对应，以便其竖向投测。内控基准点的埋设及保护详见图11-2。

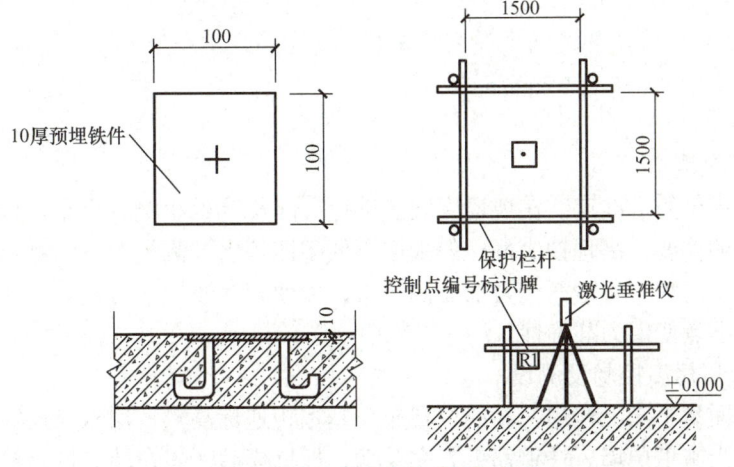

图11-2 内控基准点的埋设及保护

在浇筑上升的各层楼面时，通常使用激光垂准仪由首层基准点直接向各施工层投测。如图 11-3 所示，投测时，将激光垂准仪架设在首层基准点上，接收靶放在投测楼层面的相应预留洞处。在调置仪器对中整平并启动电源后，激光垂准仪会发射出可见的红色光束，投测到接收靶上。通过对讲机上下配合，调整激光束直至得到最小光斑，并将光斑移至接收靶的"十"字交点上。随后，仪器转动 360°，以观察光斑是否在接收靶的"十"字交点上。控制点投测完毕后，为确保接收靶的最终位置不变，并能依次投测下一点，激光点距接收靶中心点的直径偏差应控制在±1.5mm 以内；同时，当由外部控制向建筑物内部轴线投测时，该偏差不应超过 3mm。

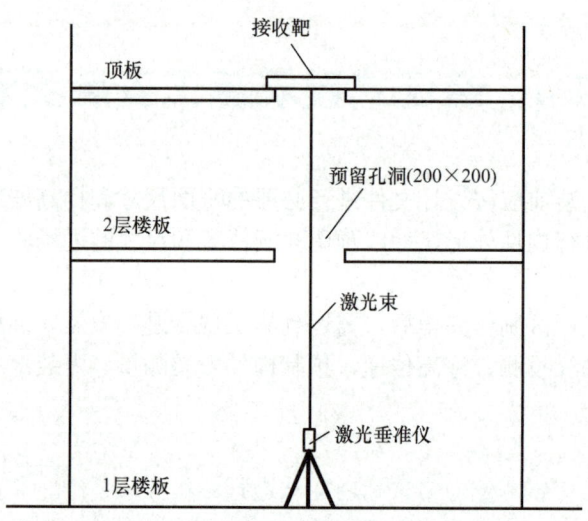

图 11-3 激光垂准仪天顶法投点示意图

投点作业步骤如下。

(1) 仪器水平度盘指向 00°时，在接收靶上定出第一点。由于仪器本身存在误差，投测所发射的激光束可能不垂直，因此须将仪器水平旋转一周。

(2) 仪器转 180°时在接收靶上定出第二点。

(3) 仪器转 90°与 270°时在接收靶上定出第三点、第四点。

(4) 检查投点位置，并取四个投点的中心点作为最后的点位。

(5) 点投好后，通知上方固定标志。

2．标高传递

1) 高程控制测量

根据业主提供的水准点，在现场围墙上进行±1m 标高的引测并标记，以便相互校核和满足分段施工的需要。高程控制网一般采用不低于四等水准测量的方法测定。对场区内设的水准点在施工过程中每隔两个月需联测一次，以便相互核检；对检测后的数据应仔细计算，以保证水准点使用的准确性。

2) 结构楼层标高控制及测设

在首层平面易于向上传递标高的位置布设基本传递标高点，用水准仪往返测量，以便检验和纠正。当施工层墙、柱钢筋绑扎完及墙、柱拆模后，先在墙、柱上放样出相对该层

1.000m 标高位置并弹好墨线，再用红色油漆在墙、柱角处标记"Δ"符号，最后注明建筑标高。在施工层墙、柱上测设的 1.000m 标高标记间距应分布均匀，且满足结构施工的需要，误差应控制在±2mm 以内。

在选择标高竖向传递的位置时，应满足上下贯通、竖直量尺的条件，且应优先选择在建筑物的主要结构、外墙、边柱等处。用钢尺沿竖直方向，从首层+0.500m 标高线开始向上量至施工层，并划出与钢尺刻度对应的整数水平线。各层的标高线均应由起始标高线向上直接量取，当楼高大于 1 整尺段的高度时，须量测第二起始点，作为继续向上传递的依据。向各施工层传递上去的标高点，均不得少于 2 处，通常取其较差的平均值作为该层抄平的基准(较差＜2mm)，即向上传递的高程点。在进行标高传递时，所用钢尺应经过核定，尺身应铅直，拉力应标准，并应进行尺长、温度改正。

投点作业结束后，要对结果进行检查，其中轴线竖向投测允许误差应符合表 11-11 的规定，施工层轴线允许误差应符合表 11-12 的规定，标高竖向投测允许误差应符合表 11-13 的规定。

表 11-11　轴线竖向投测允许误差

项目		允许误差/mm
每层		3
总高 H/m	$H\leqslant30$	5
	$30<H\leqslant60$	10
	$60<H\leqslant90$	15
	$90<H\leqslant120$	20
	$120<H\leqslant150$	25
	$150<H\leqslant200$	30
	$200<H$	符合设计要求

表 11-12　施工层轴线允许误差

项目		允许误差/mm
外廓主轴线长度 L/m	$L\leqslant30$	±5
	$30<L\leqslant60$	±10
	$60<L\leqslant90$	±15
	$90<L\leqslant120$	±20
	$120<L\leqslant150$	±25
	$150<L\leqslant200$	±30
	$200<L$	符合设计要求

3．预制构件安装测量

装配式建筑的预制构件主要包括外墙板、内墙板、叠合板、阳台、空调板、楼梯、预制梁、预制柱等。

预制构件安装施工前，应在预制构件和已完成的结构上测量放线，并设置安装定位标志。

表 11-13　标高竖向投测允许误差

项目		允许误差/mm
每层		±3
总高 H/m	$H≤30$	±5
	$30<H≤60$	±10
	$60<H≤90$	±15
	$90<H≤120$	±20
	$120<H≤150$	±25
	$150<H≤200$	±30
	$200<H$	符合设计要求

混凝土预制构件安装就位后,应根据水准点和轴线校正位置,混凝土预制构件安装尺寸最大允许偏差应符合表 11-14 的规定。装配式结构中后浇混凝土连接钢筋预埋件安装位置允许偏差应符合表 11-15 的规定。装配式结构安装完毕后,预制构件安装尺寸允许偏差应符合表 11-16 的规定。

表 11-14　混凝土预制构件安装尺寸最大允许偏差

项目	最大允许偏差/mm
轴线位置	5
底模上表面标高	±5
每块外墙板垂直度	5
相邻两板表面高低差	2
外墙板外表面平整度	3
空腔处两板对接对缝偏差	5
外墙板单边尺寸偏差	3
连接件位置偏差	5

表 11-15　后浇混凝土连接钢筋预埋件安装位置允许偏差

项目		允许偏差/mm
连接钢筋	中心线位置	5
	长度	±10
灌浆套筒连接钢筋	中心线位置	2
	长度	3,0
安装用预埋件	中心线位置	3
	水平偏差	3,0
斜支撑预埋件	中心线位置	±10
普通预埋件	中心线位置	5
	水平偏差	3,0

注:检查预埋件中心线位置时,应沿纵、横两个方向量测并取其中的较大值。

表 11-16　预制构件安装尺寸允许偏差

项目			允许偏差/mm
构件中心线对轴线位置	基础		15
	竖向构件(柱、墙板、桁架)		10
	水平构件(梁、板)		5
构件标高	梁、板底面或顶面		±5
	柱、墙板顶面		±3
构件垂直度	柱、墙板	<5m	5
		≥5m 且<10m	10
		≥10m	20
构件倾斜度	梁、桁架		5
	板端面		5
相邻构件平整度	梁、柱	抹灰	5
	下表面	不抹灰	3
	柱、墙面	外露	5
	侧表面	不外露	10
构件搁置长度	梁、板		±10
支座、支垫中心位置	梁、板、柱、墙板、桁架		±10
	接缝宽度		±5
墙、柱等竖向结构构件	标高		±5
	中心位移		5
	倾斜		L/500
梁、楼板等水平构件	中心位移		5
	标高		±5
	叠合板搁置长度		>0，≤+15
外墙挂板	板缝宽度		±5
	通常缝直线度		5
	接缝高差		3

注：L 为构件长度(mm)。

预留孔的规格、位置、数量和深度应符合设计要求，连接钢筋偏离套筒或孔洞中心线不应超过 5mm。外墙板间拼缝宽度不应小于 15mm，且不宜大于 20mm。构件搁置长度应符合设计要求。设计无要求时，梁搁置长度不应小于 20mm，楼面板搁置长度不应小于 15mm。预制阳台、楼梯、室外空调机隔板安装允许偏差应符合表 11-17 的规定。主结构钢柱安装的允许偏差应符合表 11-18 的规定。墙板安装后的尺寸允许偏差应符合表 11-19 的规定。

表 11-17　预制阳台、楼梯、室外空调机隔板安装允许偏差

项目	允许偏差/mm
水平位置偏差	5
标高偏差	±5
搁置长度偏差	5

表 11-18　主结构钢柱安装的允许偏差

构件名称	项目			允许偏差/mm
单层柱	柱脚底座中心线对定位轴线的偏移			5
单层柱	柱基准点标高	有吊车梁的柱		+3，-5
单层柱	柱基准点标高	无吊车梁的柱		+5，-8
单层柱	弯曲矢高			$h/1200$，且不应大于 15
单层柱	柱轴线垂直度	单层柱	$h \leqslant 10m$	$h/1000$
单层柱	柱轴线垂直度	单层柱	$h > 10m$	$h/1000$，且不应大于 25
单层柱	柱轴线垂直度	多节柱	单节柱	$h/1000$，且不应大于 10
单层柱	柱轴线垂直度	多节柱	柱全高	35
多节柱	底层柱柱底轴线对定位轴线偏移			3
多节柱	柱子定位轴线			1
多节柱	单节柱的垂直度			$h/1000$，且不应大于 10
多节柱	总垂直高度			35

注：单层柱，h 为单层柱高度；多节柱，h 为单节柱高度。

表 11-19　墙板安装后的尺寸允许偏差

项目	允许偏差/mm
轴线位置	3
墙面垂直度	3
板缝垂直度	3
板缝水平度	3
表面平整度	3
拼缝高差	1
洞口偏移	8

4．内装部品安装测量

装配式建筑的内装部品主要包括内隔墙板、装配式楼地面、装配式吊顶、集成厨房、集成卫生间、集成内门窗等。

内装部品在安装前，应先检查各类模块外形尺寸是否符合图纸要求。模块外形尺寸允许偏差应符合表 11-20 的规定。

表 11-20　模块外形尺寸允许偏差

项目	允许偏差/mm
长度	+3，-7
宽度	±5
高度	±3
对角长度	±6
弯曲矢高	$l/1000$，且不应大于 10

注：l 为模块长度(mm)。

接着检查支撑模块的基础中心线标高等控制尺寸和预埋件螺栓的数量、规格、位置是否符合设计规定并满足安装要求。

单个模块安装的允许偏差应符合表 11-21 的规定。

表 11-21　单个模块安装的允许偏差

项目	允许偏差/mm
模块对支撑面轴线偏移	3
单个模块垂直度	$l/1000$，且不应大于 10
相邻模块水平面的高低差	3
相邻模块垂直面的高低差	3
模块整体垂直度	$l/2500$，且不应大于 10
模块整体平面弯曲	$l/1500$，且不应大于 25

注：l 为模块长度(mm)。

模块单位工程中的钢平台、楼梯、钢栏杆安装应符合国家现行标准的相关规定，其安装允许偏差应符合表 11-22 的规定。

表 11-22　钢平台、楼梯、钢栏杆安装允许偏差

项目	允许偏差/mm
平台梁、栏杆高度	±15
平台梁水平度	$l/1000$，且不大于 20
平台支柱垂直度	$l/1000$，且不大于 15
直梯垂直度	$l/1000$，且不大于 15

注：l 为平台长度或楼梯长度(mm)。

5. 设备与管线安装测量

装配式建筑的设备与管线系统主要包括给排水设备及管线系统、供暖通风空调设备及管线系统、电气和智能化设备及管线系统、燃气设备及管线系统等，主要用于满足建筑使用功能。

设备与管线就位前，应按施工图和相关建筑物的轴线、边缘线、标高线测定安装的基准线。

平面位置安装基准线与基础实际轴线或墙(柱)的实际轴线、边缘线的距离，其允许偏差为±20mm。楼板、墙板内并列敷设的管距不应小于 25mm，导管埋深不应小于 25mm。导管穿过墙板或楼板时，穿墙套管应与板面平齐；穿楼板套管上端口宜高出楼面 10～30mm，套管下端口应与楼面平齐。

设备的平面位置和标高对安装基准线的允许偏差应符合表 11-23 的规定。

表 11-23　设备的平面位置和标高对安装基准线的允许偏差

项目	允许偏差/mm	
	平面位置	标高
与其他设备无机械联系的	±10	+20，-10
与其他设备有机械联系的	±2	±1

注：特殊设备应符合设备安装和设计要求。

小　结

　　装配式建筑是指把传统建造方式中的大量现场作业工作转移到工厂进行，先在工厂加工制作好建筑构件和配件(如楼板、墙板、楼梯、阳台等)，然后运输到建筑施工现场，再通过可靠的连接方式在现场装配安装而成的建筑。

　　装配式建筑平面控制网的布设应遵循"从整体到局部、分级布网"的原则。平面控制测量包括场区平面控制测量、建筑物平面控制测量和加工场地平面控制测量。

　　高程控制测量应包括场区高程控制测量和建筑物高程控制测量。高程控制网通常采用水准测量和电磁波测距三角高程测量的方法建立。

　　按照组成建筑的构件的特征和性能划分，常见的预制构件包括预制楼板、预制梁、预制墙、预制柱、预制楼梯和其他复杂的异形构件。

　　预制构件加工测量的主要内容包括模具测量，预留、预埋测量，成品检测，预拼装测量等。

　　装配式建筑施工安装测量的过程主要包括轴线投测、标高传递、预制构件安装测量、内装部品安装测量和设备与管线安装测量。

习　题

简答题

1. 装配式建筑有什么特点？
2. 装配式平面控制网的布设应遵循什么原则？主要内容有哪些？
3. 预制构件加工测量的主要内容包括哪些？
4. 激光垂准仪如何进行内控法轴线投测？

在线答题

第 12 章　线路工程测量

思维导图

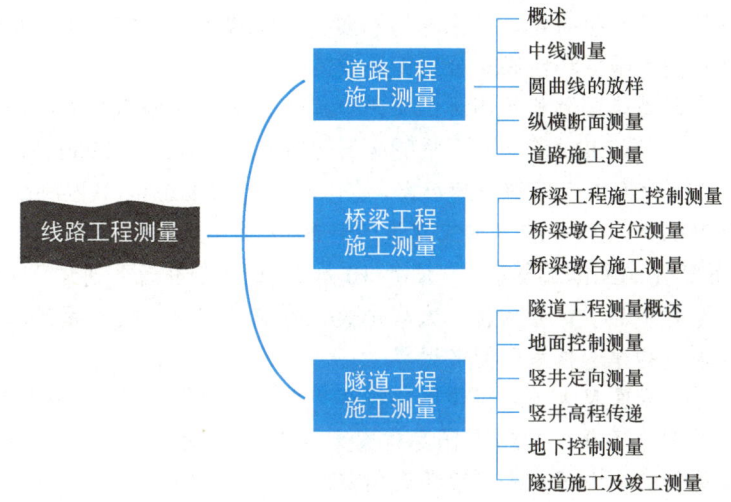

【引言】

党的二十大报告提出，加快实施创新驱动发展战略。坚持面向世界科技前沿、面向经济主战场、面向国家重大需求、面向人民生命健康，加快实现高水平科技自立自强。以国家战略需求为导向，集聚力量进行原创性引领性科技攻关，坚决打赢关键核心技术攻坚战。加快实施一批具有战略性全局性前瞻性的国家重大科技项目，增强自主创新能力。港珠澳大桥的建设成就斐然，不仅创下了多项世界之最，国家逢山开路、遇水架桥的奋斗精神，充分展现了中国的综合国力及自主创新能力，以及勇创世界一流的民族志气。

港珠澳大桥是一座连接香港、广东珠海和澳门的桥隧工程，它位于广东珠江口伶仃洋海域内，为珠江三角洲地区环线高速公路南环段。

港珠澳大桥东起香港国际机场附近的香港口岸人工岛，向西横跨南海伶仃洋水域接珠海和澳门人工岛，止于珠海洪湾立交。桥隧全长 55km，其中主桥 29.6km、香港口岸至珠澳口岸 41.6km。桥面为双向六车道高速公路，设计速度为 100km/h。工程项目总投资额 1269 亿元。该工程于 2009 年 12 月 15 日动工建设；于 2017 年 7 月 7 日实现主体工程全线贯通；于 2018 年 2 月 6 日完成主体工程验收；同年 10 月 24 日上午 9 时开通运营。港珠澳大桥涉及的重点工程有海外造岛、沉管对接、索塔吊装、隧道开挖等，因其超大的建筑规模、空前的施工难度和顶尖的建造技术而闻名世界。

2019 年 12 月，港珠澳大桥珠海口岸工程获"中国建设工程鲁班奖(国家优质工程)"。2020 年 8 月，港珠澳大桥获"2020 年国际桥梁大会(IBC)超级工程奖"。2024 年 1 月，港珠澳大桥获第二十届第二批中国土木工程詹天佑奖。

如此庞大的线路工程，会涉及哪些测量工作呢？

线路工程是指长宽比很大的工程，包括铁路、公路、供水明渠、输电线路、各种用途的管道工程等。这些工程的主体一般在地表，但也有在地下或空中的，如地铁、地下管道、架空索道和架空输电线路等。线路工程建设过程中需要进行的测量工作，称为线路工程测量，简称线路测量。本章主要介绍线路工程测量中的道路工程施工测量、桥梁工程施工测量和隧道工程施工测量。

12.1　道路工程施工测量

12.1.1　概述

道路是陆地交通的主要设施。它是由路、桥、涵、隧洞、安全设施、导流建筑、交通标志及其他附属工程所组成的。

道路建设是一项复杂而精细的工程，其核心目标是在满足一定标准的前提下，实现路线最短、建造费用最省。为了达到这一目标，整个建设过程必须经历一系列严谨而周密的环节,包括道路选线、路线放样、纵横断面测量、施工设计及道路施工等。为了满足各个环节的要求,需要进行相应的测量工作,提供相应的测绘资料。

道路勘测一般分为初测和定测两个阶段,这两个阶段的工作统称为路线勘测设计测量。

1. 初测

1) 初测的任务

初测的任务是:沿着设计线路在指定的范围内布设导线或进行控制测量,测量各个方案的沿线带状地形图和纵断面图,并收集沿线的水文、地质等有关资料,为纸上定线、编制比较方案及初步设计提供必要的依据。

2) 初测的方法

(1) 纸上定线法。先测绘大比例尺地形图,然后在地形图上选定线路方案的方法,称为纸上定线法。

(2) 现场定线法。采用现场直接测量路线导线或中线,然后以测绘的地形图等确定路线方案的方法,称为现场定线法。现场定线法主要用于受地形条件限制或地形条件、设计方案比较简单的路线。

线路地形图的比例尺一般为1:5000~1:2000,其测绘宽度,当采用纸上定线法初测时,线路中线两侧应各测200~400m;当采用现场定线法初测时,线路中线两侧应各测150~200m。高速公路和一级公路采用分离式路基时,地形图测绘宽度应覆盖两条分离路线及中间带的全部地形;当两条路线相距很远或中间带为河流与高山时,中间带的地形可以不测。

2. 定测

1) 定测的任务

定测的任务是:在选定设计方案的线路上进行中线、曲线、高程、纵横断面等测量,并进一步收集有关的资料,为线路的纵坡设计、工程量计算等有关施工技术文件的编制提供资料。

2) 定测的方法

通过定线可以在地形图上选定路线的曲线与直线位置、定出交点、计算坐标和转角、拟定平面曲线要素、计算路线的连续里程,然后将设计的交点位置在实地标定出来。当相邻两交点互不通视或直线距离较长时,需要在其连线上测定一个或几个转点,以便在交点测量转角及直线距离测量时作为照准和定线的目标。

高速公路和一级公路采用分离式路基时,地形图测绘宽度应覆盖两条分离路线及中间带的全部地形;当两条路线相距很远或中间带为河流与高山时,中间带的地形可以不测。

12.1.2 中线测量

中线测量的任务是根据线路设计的平面位置,将线路中线放样到实地上。线路中线的平面几何线形由直线段和曲线段组成,其中曲线段一般为某曲率半径的圆弧,如图12-1所示。

铁路和高等级公路在直线段和曲线段之间还应

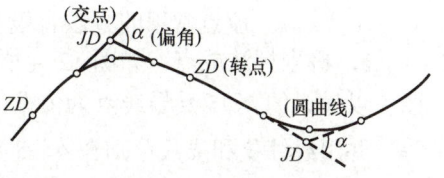

图12-1 线路中线

插入一段缓和曲线，其曲率半径由无穷大逐渐变化为所接曲线的曲率半径，以提高行车的稳定性。

中线测量的主要内容是：放样线路中线的交点(JD)和转点(ZD)、量距和钉桩、测量交点上的转角(α)、放样曲线等。

1. 交点与转点的放样

1) 交点的放样

交点又称线路转折点，工程上用 JD 表示，它是中线测量的控制点。对于低等级公路，当在地形条件不复杂时，一般根据技术标准，结合地形、地貌等条件，直接在现场标定交点；对于高等级公路或地形复杂的地段，则通常先在实地布设导线，测绘出大比例尺带状地形图，经方案比较后在图上定出路线，然后采用穿线交点法或拨角法将交点标定在地面上。

(1) 根据中线与相邻地物的关系放样交点。

如图 12-2 所示，交点 JD_{10} 的位置已经在地形图上选定，在图上量得该点距离两房角和电线杆的距离分别为 29.81m、18.45m 和 10.53m，在现场用距离交会法放样 JD_{10}。

(2) 根据导线点放样交点。

根据导线点的测量坐标和交点的设计坐标，计算出交点的放样数据，即交点到相邻导线点的水平距离和方位角(或水平角)，用极坐标法、距离交会法或方向交会法放样交点，如图 12-3 所示。根据导线点 C_4、C_5 和 JD_{10} 三点的坐标，计算出导线边的方位角 $\alpha_{4,5}$ 和 C_4 至 JD_{10} 的水平距离 D 和方位角 α，用极坐标法放样 JD_{10}。

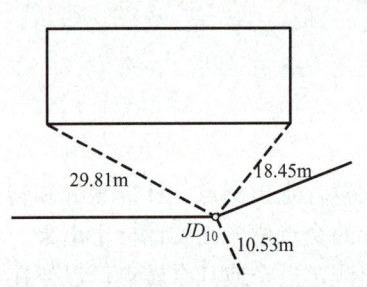

图 12-2 根据中线与相邻地物的关系放样交点

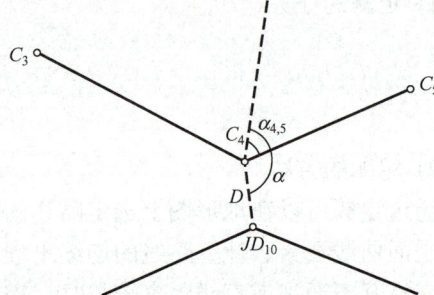

图 12-3 根据导线点放样交点

(3) 穿线法放样交点。

穿线法放样交点就是利用图上附近的导线点或地物点与纸上定线的直线段之间的角度和距离关系，用图解法求出放样数据。通过实地的导线点或地物点，把中线的直线段独立地放样到地面上，然后将相邻直线延长相交，便可定出地面交点桩的位置。其放样程序如下。

① 放点。放点常用的方法有极坐标法和支距法。

a. 极坐标法放点。如图 12-4 所示，$P_1 \sim P_4$ 为纸上定线的某直线段欲放的临时点。在图上以最近的 4、5 号导线点为依据，用量角器和比例尺分别量出放样数据 β_1、l_1、β_2、l_2 等，并用经纬仪和皮尺分别在 4、5 点按极坐标法在实地标定出各临时点的位置。

b. 支距法放点。如图 12-5 所示，在图上从导线点 14、15、16、17 作导线边的垂线，分别与中线相交得各临时点，用比例尺量取各相应的支距 l_1、l_2、l_3、l_4。在现场以相应导线点为垂足，用方向架标定垂线方向，按支距放样出相应的各临时点 P_1、P_2、P_3、P_4。

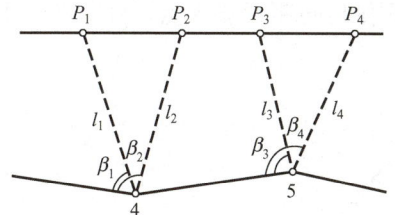
图 12-4 极坐标法放点

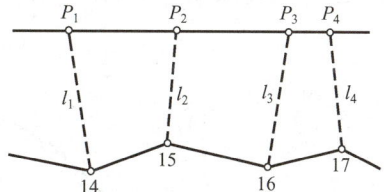
图 12-5 支距法放点

② 穿线。放样出的各临时点理论上应在一条直线上，由于图解数据和放样工作均存在误差，实际上并不严格在一条直线上，如图 12-6(a)所示。在这种情况下可根据现场实际情况，采用目估法穿线或经纬仪视准法穿线，目的是通过比较和选择，定出一条尽可能多地穿过或靠近临时点的直线 AB。最后在 AB 或其方向上打下两个以上的转点桩，取消临时点桩。

③ 交点。如图 12-6(b)所示，当两条相交的直线 AB、CD 在地面上确定后，可进行交点。将经纬仪置于 B 点，瞄准 A 点，倒镜，在视线上接近交点 JD 的概略位置前后打下两桩(骑马桩)。采用正倒镜分中法在该两桩上定出 a、b 两点，并钉以小钉，挂上细线。仪器搬至 C 点，同法定出 c、d 两点，挂上细线。在两细线的相交处打下木桩，并钉以小钉，得到 JD 点。

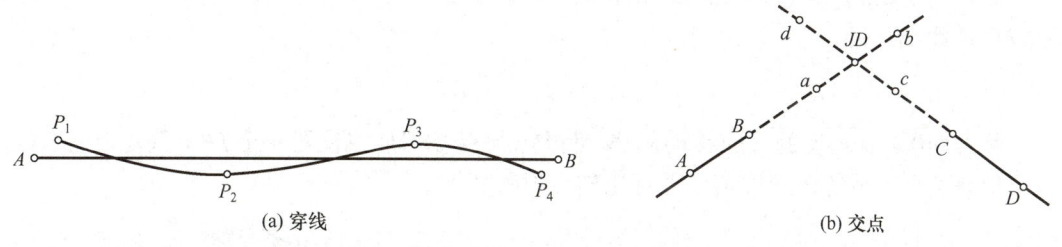
图 12-6 穿线与交点

2) **转点**的放样

当两交点间的距离较远但能够通视或已有的转点需要加密时，可以采用经纬仪正倒镜分中法进行直接放样。

在中线测量中，当相邻两交点不能互相通视时，需要在两交点的连线或延长线上，测定一点或数点，供交点、测角、量距或延长直线时瞄准用，这样的点称为转点(ZD)。转点的放样方法有以下两种。

(1) 转点位于两交点之间。如图 12-7 所示，IP_8、IP_9 为互不通视的相邻两交点，TP' 为初定转点。现检查 TP' 是否在两交点的连线上，其方法是将经纬仪安置于 TP' 处，用正倒镜分中法延长直线 $IP_8 TP'$ 于 IP_9'，若 IP_9' 与 IP_9 重合或偏差 d 在允许范围内，则转点位置即为初定转点 TP'，并将 IP_9 移至 IP_9'。若偏差 d 超过允许范围或 IP_9 不许移动，则需重新设置转点。设 e 为 TP' 应横移的距离，a、b 分别为用视距法测定的 $IP_8 TP'$、$TP' IP_9$ 的距离，则

$$e = ad / (a+b) \tag{12-1}$$

将 TP' 沿与偏差 d 相反的方向移动 e 至 TP，然后将仪器移至 TP，延长直线 $IP_8 TP$，看其是否通过交点 IP_9 或偏差 d 是否在允许范围内；否则应重新设置转点，直至符合要求。

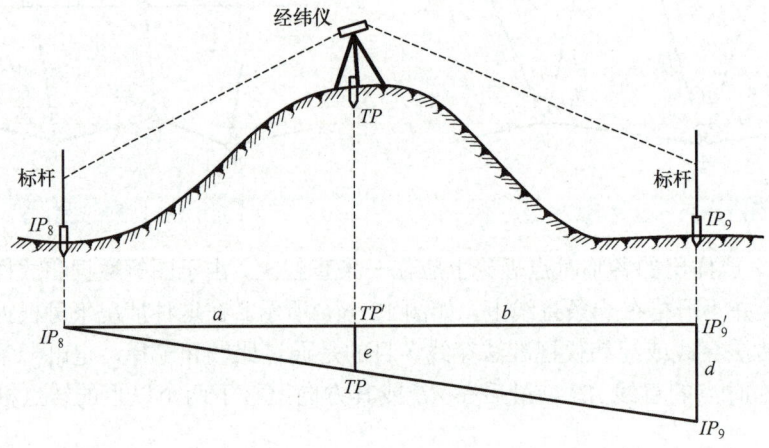

图 12-7 转点放样(转点位于两交点之间)

(2) 转点位于两交点之外。如图 12-8 所示，IP_{16}、IP_{17} 互不通视。TP' 为两交点延长线上的初定转点。将经纬仪安置于 TP' 处，盘左照准 IP_{16}，并俯视 IP_{17} 得一点；盘右又照准 IP_{16}，并俯视 IP_{17} 得另一点，取两点的中点为 IP'_{17}。若 IP'_{17} 与 IP_{17} 重合或偏差 d 在允许范围内，即可将 IP'_{17} 作为交点，否则应调整 TP' 的位置。设 e 为 TP' 需横移的距离，a、b 分别为 $IP_{16} TP'$、$IP'_{17} TP'$ 的距离，则

$$e = ad / (a-b) \tag{12-2}$$

将 TP' 沿与 d 相反的方向移动 e，即可得转点 TP。然后将仪器移至 TP，重复上述过程，直至偏差 d 小于或等于允许值，并标出转点位置。

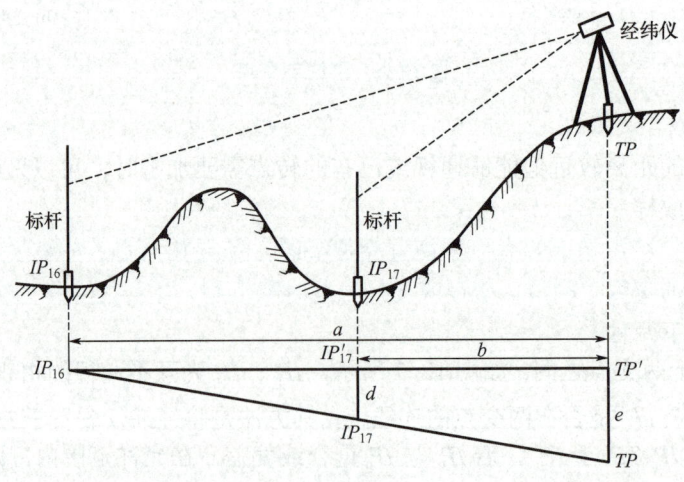

图 12-8 转点放样(转点位于两交点之外)

2. 转角的放样

在线路交点上，要根据交点前后的转点放样线路的转向角(即转角)。

放样好中线交点桩后，还应测出线路在交点处的转角，以便放样曲线。转角是线路中线在交点处由一个方向转到另一个方向时，转变后的方向与原方向延长线的夹角，用 α 表示，如图 12-9 所示。当偏转后的方向位于原方向左侧时，为左转角，记为 $\alpha_左$；当偏转后的方向位于原方向右侧时，为右转角，记为 $\alpha_右$。

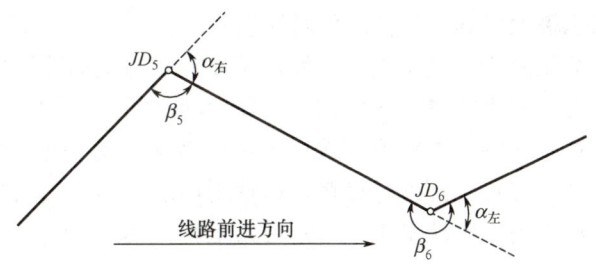

图 12-9　线路转角

一般是通过观测线路右侧的水平角来计算转角。观测时，将 J6 经纬仪安置在交点上，用测回法观测一个测回，取盘左、盘右的平均值，得到水平角 β。当 $\beta > 180°$ 时为左转角，当 $\beta < 180°$ 时为右转角。左转角和右转角的计算式分别为

$$\alpha_左 = \beta - 180° \tag{12-3}$$

$$\alpha_右 = 180° - \beta \tag{12-4}$$

测出水平角 β 后，在不变动水平度盘位置的情况下，定出该水平角 β 的分角线方向，以便于放样圆曲线中点 QZ。

3. 里程桩的设置

为了测定线路的长度和中线的位置，在线路进行中线放样时，除了要放样中线上的交点和转点(也称关系加桩)，以及由线路起点开始，沿中线方向每隔一定距离钉设一个里程桩，还要放样里程桩。

里程桩也称中桩，它标定了中线的平面位置和里程，是线路纵横断面的施测依据。里程桩从路线起点开始，边测量边设置。测量工具通常使用钢尺或皮尺。

里程桩分为整桩和加桩两种，桩上一般写有桩号(也称里程)，表示该桩距路线起点的里程，如图 12-10 所示。如某桩点距线路起点的距离为 5356.78m，则它的桩号应写为 K5+356.78，桩号中"+"前面为公里(千米)数，"+"后面为米数。线路起点的桩号为 K0+000。

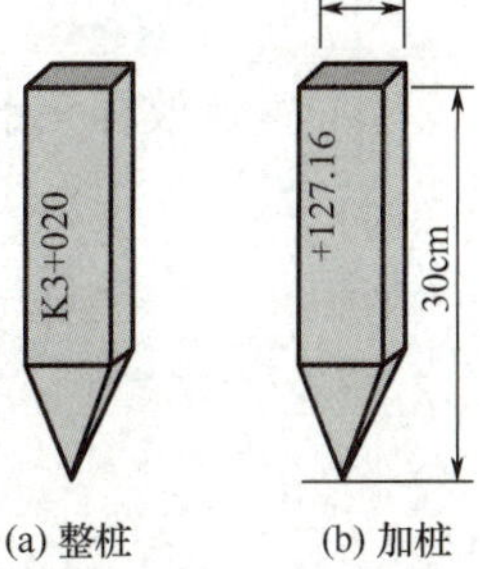

1) 整桩

整桩是按规定桩距每隔一定距离设置桩号为整数的里程桩，百米桩和公里桩均属于整桩。通常直线段的桩距较大，宜为 20～50m，一般根据地形变化确定；而曲线段的桩距较小，宜为 5～20m，一般按曲线半径和长度选定。

2) 加桩

加桩分为地形加桩、地物加桩、曲线加桩和关系加桩。地形加桩

图 12-10　里程桩

是沿中线地面起伏突变处和中线两侧地形变化较大处所设置的里程桩；地物加桩是在中线上桥梁、涵洞等人工构筑物处，以及与公路、铁路、渠道、高压线等相交处所设置的里程桩；曲线加桩是在曲线的起点、中点、终点和细部设置的桩；关系加桩是指在路线交点和转点上设置的桩。

对于一般的整桩和加桩，其桩顶断面为 6cm×6cm，通常在桩顶钉以中心钉；在钉设一些主要桩，如交点桩、转点桩和曲线的主点桩时，通常要求桩顶露出地面约 2cm，并在其旁边钉一指示桩，指示桩上应标明该桩的桩名和里程。

曲线加桩要求计算至厘米。关系加桩一般量至厘米。曲线加桩和关系加桩在书写里程时，应先写其缩写名称，如 " ZY K5+125.65" " JD K8+598.52"等。

放样里程桩时，按工程的不同精度要求，可用经纬仪法或目测法确定中线方向，然后依次沿中线方向按设计间隔量距打桩。量距时可使用电磁波测距仪或经检定过的钢尺，精度要求较低的线路工程可用视距法量距。对于市政工程，线路中线桩位与曲线放样的精度要求应符合表 12-1 的规定。

表 12-1　线路中线桩位与曲线放样的精度要求

线段类别		主要线路	次要线路	山地线路
直线	纵向相对误差	1/2000	1/1000	1/500
	横向偏差/cm	2.5	5	10
曲线	纵向相对闭合差	1/2000	1/1000	1/500
	横向闭合差/cm	5	7.5	10

12.1.3　圆曲线的放样

圆曲线主点测设

当线路由一个方向转向另一个方向时，必须用曲线来连接。曲线的形式较多，其中，圆曲线是最基本的平面连接曲线，如图 12-11 所示。由转角 α 和圆曲线半径 R（α 根据所测转角计算得到，R 则根据地形条件和工程要求在线路设计时选定），可以计算出图中其他各放样元素值。

圆曲线的放样分两步进行，先放样曲线上起控制作用的主点(ZY，QZ，YZ)，称为主点放样；然后以主点为基础，详细放样其他里程桩，称为详细放样。下面进行分述。

1. **主点放样**

1) 主点放样元素的计算

为放样圆曲线的主点——圆曲线起点(也称直圆点 ZY)、圆曲线中点(也称曲中点 QZ)、圆曲线终点(也称圆直点 YZ)，应先计算出圆曲线的切线长 T、圆曲线长 L、外矢距 E 和切曲差 q，这些元素称为主点放样元素。根据图 12-11 可以写出其计算公式如下。

$$T = R \tan \frac{\alpha}{2} \tag{12-5}$$

$$L = R\alpha \frac{\pi}{180°} \tag{12-6}$$

$$E = R\left(\sec\frac{\alpha}{2} - 1\right) \tag{12-7}$$

$$q = 2T - L \tag{12-8}$$

式中，转角 α 以度(°)为单位。

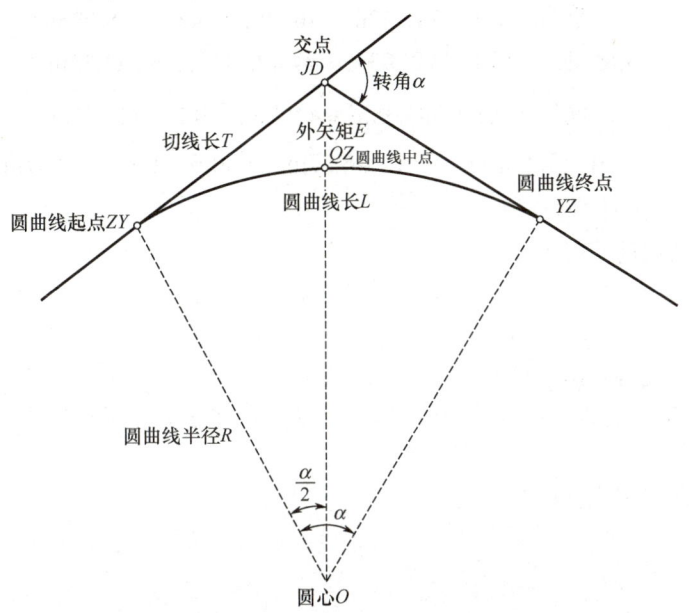

图 12-11 圆曲线的主点及主点放样元素

2) 主点桩号的计算

圆曲线主点的桩号 ZY、QZ、YZ 是根据 JD 桩号和圆曲线主点放样元素来计算的，其计算公式如下。

$$ZY 桩号 = JD 桩号 - T \tag{12-9}$$

$$QZ 桩号 = ZY 桩号 + \frac{L}{2} \tag{12-10}$$

$$YZ 桩号 = QZ 桩号 + \frac{L}{2} \tag{12-11}$$

$$YZ 桩号 = JD 桩号 + T - q \tag{12-12}$$

【例 12-1】某线路交点 JD 桩号为 K1+385.50m，转角 $\alpha = 42°25'00''$，设计圆曲线半径 $R = 120$m，求圆曲线主点放样元素及主点桩号。

【解】圆曲线主点放样元素由式(12-5)～式(12-8)可以求得。

$$T = R\tan\frac{\alpha}{2} = 120\text{m} \times \tan\frac{42°25'00''}{2} \approx 46.57\text{m}$$

$$L = R\alpha \frac{\pi}{180°} = 120\text{m} \times \frac{42°25'00''}{180°}\pi \approx 88.84\text{m}$$

$$E = R\left(\sec\frac{\alpha}{2} - 1\right) = 120\text{m} \times \left(\sec\frac{42°25'00''}{2} - 1\right) \approx 8.72\text{m}$$

$$q = 2T - L = 2 \times 46.57\text{m} - 88.84\text{m} = 4.30\text{m}$$

圆曲线主点桩号由式(12-9)～式(12-12)可以求得(单位取至 cm)。

$$ZY \text{ 桩号} = K1 + 385.50\text{m} - 46.57\text{m} = K1 + 338.93\text{m}$$

$$QZ \text{ 桩号} = K1 + 338.93\text{m} + 44.42\text{m} = K1 + 383.35\text{m}$$

$$YZ \text{ 桩号} = K1 + 383.35\text{m} + 44.42\text{m} = K1 + 427.77\text{m}$$

$$YZ \text{ 桩号} = K1 + 385.50\text{m} + 46.57\text{m} - 4.30\text{m} = K1 + 427.77\text{m}$$

3) 圆曲线主点的放样

(1) 放样圆曲线起点(ZY)。

在 JD 点安置全站仪，后视相邻交点或转点方向，自 JD 点沿视线方向量取切线长 T，打下圆曲线起点桩 ZY。

(2) 放样圆曲线终点(YZ)。

全站仪照准前视相邻交点或转点方向，自 JD 点沿视线方向量取切线长 T，打下圆曲线终点桩 YZ。

(3) 放样圆曲线中点(QZ)。

全站仪照准前视(后视)相邻交点或转点方向，向放样圆曲线方向旋转 $\alpha/2$，沿着视线方向量取外矢距 E，打下圆曲线中点桩 QZ。

2. 圆曲线的详细放样

当地形变化不大、曲线长度小于 40m 时，放样圆曲线的 3 个主点已能满足设计和施工的需要。如果曲线较长、地形复杂，则除了测定 3 个主点，还需要按照一定的桩距 l（一般为 20m、10m 和 5m），在圆曲线上放样整桩和加桩。放样圆曲线的整桩和加桩称为圆曲线的详细放样。圆曲线的详细放样方法很多，下面介绍两种常用的放样方法。

1) 偏角法

偏角法是一种极坐标定点的方法，它是用偏角和弦长来放样圆曲线的。

(1) 计算放样数据。

如图 12-12 所示，圆曲线的偏角就是弦线和切线之间的夹角，以 δ 表示。为了计算和施工方便，把各细部点里程凑整，圆曲线可以分为首尾两段零头弧长 l_1、l_2 和中间几段相等的整弧长 l 之和，即

$$L = l_1 + nl + l_2 \tag{12-13}$$

弧长 l_1、l_2、l 对应的圆心角 ϕ_1、ϕ_2、ϕ 可以按照下列公式计算。

$$\phi_1 = \frac{180°}{\pi} \times \frac{l_1}{R} \tag{12-14}$$

$$\phi_2 = \frac{180°}{\pi} \times \frac{l_2}{R} \tag{12-15}$$

$$\phi = \frac{180°}{\pi} \times \frac{l}{R} \tag{12-16}$$

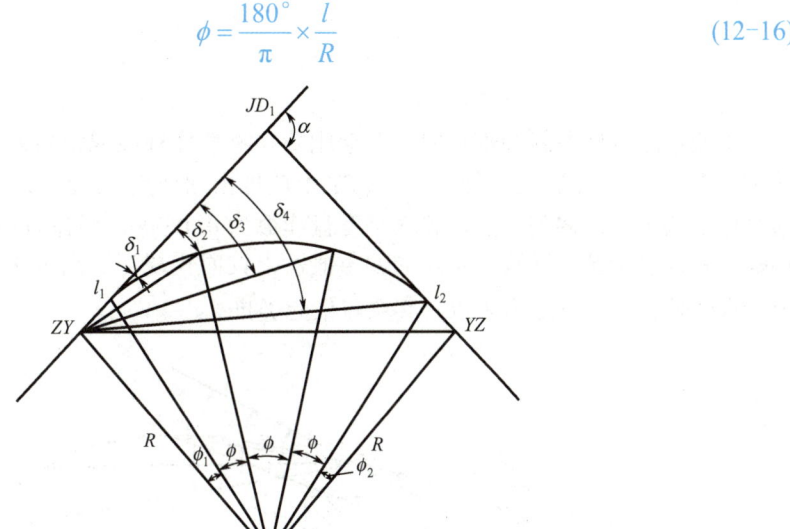

图 12-12 偏角法放样圆曲线

弧长 l_1、l_2、l 对应的弦长 d_1、d_2、d 计算公式如下。

$$d_1 = 2R \times \sin\frac{\phi_1}{2} \tag{12-17}$$

$$d_2 = 2R \times \sin\frac{\phi_2}{2} \tag{12-18}$$

$$d = 2R \times \sin\frac{\phi}{2} \tag{12-19}$$

圆曲线上各点的偏角等于相应弧长对应圆心角的一半,即

第 1 点的偏角 $\qquad \delta_1 = \dfrac{\phi_1}{2} \tag{12-20}$

第 2 点的偏角 $\qquad \delta_2 = \dfrac{\phi_1}{2} + \dfrac{\phi}{2} \tag{12-21}$

第 3 点的偏角 $\qquad \delta_3 = \dfrac{\phi_1}{2} + \dfrac{\phi}{2} + \dfrac{\phi}{2} = \dfrac{\phi_1}{2} + \phi \tag{12-22}$

…

终点 YZ 的偏角 $\qquad \delta_r = \dfrac{\phi_1}{2} + \dfrac{\phi}{2} + \cdots + \dfrac{\phi_2}{2} = \dfrac{\alpha}{2} \tag{12-23}$

(2) 放样方法。
① 将全站仪安置在圆曲线起点 ZY 上,以 0°00′00″后视 JD_1 点。
② 松开照准部,置水平度盘读数为第 1 点的偏角值 δ_1,在此方向上量取弦长 d_1,定出第 1 点。
③ 将角拨至第 2 点的偏角值 δ_2,在此方向上量取弦长 d_2,定出第 2 点。

④ 将角拨至第 3 点的偏角值 δ_3，在此方向上量取弦长 d_3，定出第 3 点。其余依此类推。

⑤ 拨角到转角的一半处，视线应通过圆曲线终点 YZ。最后一个细部点到圆曲线终点的距离应为 d_2，以此来检验放样的质量。

用偏角法放样曲线细部点时，常会因障碍物挡住视线或距离太长而不能直接放样，如图 12-13 所示。全站仪在圆曲线起点 ZY 上放样出细部点 1、2、3 后，建筑物挡住了视线，这时可以把全站仪移到 3 点，置水平度盘读数为 0°0′00″，用盘右后视 ZY 点，然后纵转望远镜，并置水平度盘读数为 4 点的偏角值 δ_4，此时视线在 3 点至 4 点的方向上，在此方向上量取弦长 d，即可定出 4 点。其余点依此类推。

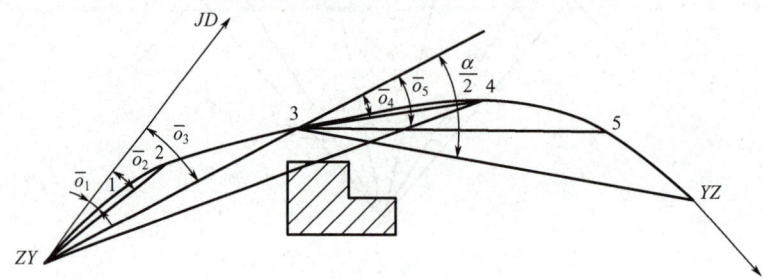

图 12-13　视线被遮挡住时的放样

2) 切线支距法

切线支距法又称直角坐标法。它以圆曲线的起点(ZY)或终点(YZ)为坐标原点，以该点的切线为 x 轴、过原点的半径为 y 轴建立坐标系，如图 12-14 所示。根据圆曲线上各细部点的坐标$(x，y)$，按直角坐标法放样点的位置。

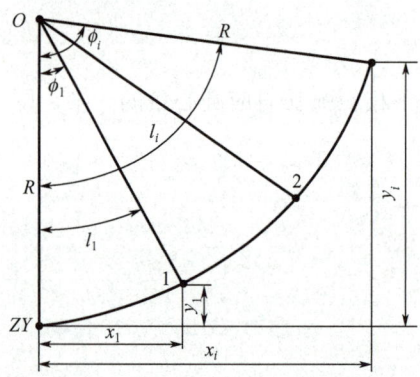

图 12-14　切线支距法放样圆曲线

(1) 计算放样数据。

如图 12-14 所示，圆曲线上任一点的坐标为

$$\phi_i = \frac{180°}{\pi} \times \frac{l_i}{R} \tag{12-24}$$

$$x_i = R\sin\phi_i \tag{12-25}$$

$$y_i = R(1-\cos\phi_i) \tag{12-26}$$

(2) 放样方法。

① 在 ZY 点安置全站仪，定出切线方向，沿视线方向分别量取 x_1、x_2、x_3…，标定各点。

② 在标定的各点上安置全站仪拨直角方向，分别量取支距 y_1、y_2、y_3…，由此得到圆曲线上 1、2、3…各点的位置。

③ 圆曲线另一半也可以 YZ 为原点，用同样的方法放样。

④ 测量圆曲线上相邻点间的距离(弦长)并与计算长度进行比较，以此作为放样工作的校核。

12.1.4 纵横断面测量

1. 纵断面测量

当线路的平面位置在实地放样以后，应测量出各个里程桩的高程，以便绘制出表示沿线起伏情况的断面图并进行线路纵向坡度、桥涵位置、隧道洞口位置的设计，以及土方量的计算等。

纵断面测量

纵断面测量是用水准测量的方法测出道路中线上各里程桩的高程，然后根据里程桩号和测出的相应点的高程，按一定比例绘制出线路纵断面图的。

铁路、公路、管线等线形工程在勘测设计阶段进行的水准测量，称为线路水准测量。线路水准测量一般分为两个部分进行：一是在沿线每隔一定距离设置一个水准点，并按四等水准测量的方法测定其高程，称为基平测量；二是根据基平测量的水准点高程按图根水准测量的要求测量线路中线上各里程桩的高程，称为中平测量。

1) 基平测量

(1) 水准点的设置：基平测量的水准点是线路水准测量的控制点，这些水准点在勘测设计阶段、施工阶段和运营阶段都要使用，因此点位一般选在线路沿线距离中线 30～50m，不受施工影响，使用方便和易于保存的地方。水准点的设置密度也要适当，一般每隔 1～2km 一个，在桥涵、隧道等构筑物附近也要设置点位，作为施工引测高程的依据。

(2) 在进行基平测量时，首先应将起始水准点与附近的国家水准点进行联测，以获得水准点的绝对高程，然后按四等水准测量的方法测定各水准点的高程。在沿线其他水准点的测量过程中，也应尽量与附近的国家水准点进行联测，以作为校核。

2) 中平测量

中平测量也称中桩水准测量，中平测量应起闭于基平测量的水准点上，并按图根水准测量的技术要求沿中桩逐桩测量。

如图 12-15 所示，中平测量通常以相邻两基平测量的水准点为一测段，从一个水准点出发，对测段范围内所有路线中桩逐个测量其地面高程，最后附合到下一个水准点上。

$$视线高程 = 后视点高程 + 后视读数$$

$$中桩高程 = 视线高程 - 中视读数$$

$$转点高程 = 视线高程 - 前视读数$$

在施测过程中，应同时检查中桩、加桩位置是否合适，里程桩号是否正确等，若发现错误或遗漏需及时进行补测和修正。相邻基平测量的水准点间的高差与中桩测量后的高差的较差，不应超过 2cm。由于中桩较多，中桩之间的距离一般不大，因此在一站上可以测量多个中桩点；当中桩之间的距离较远时，可以放样中间点，再在中间点上设站进行其他中桩的测量。表 12-2 所示为某次中平测量记录。

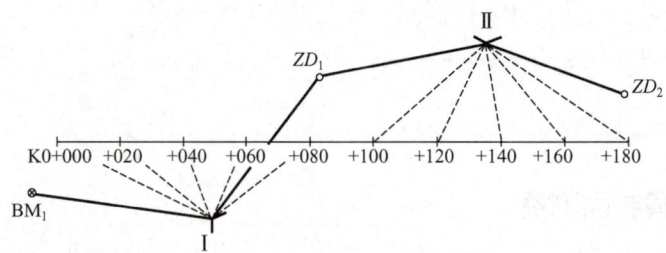

图 12-15　中平测量

表 12-2　某次中平测量记录

测点	水准尺读数/m			视线高程/m	高程/m	备注
	后视	中视	前视			
BM_1	2.191			514.505	512.314	
K0+000		1.62			512.89	
+020		1.90			512.61	
+040		0.62			513.89	
+060		2.03			512.48	
+080		0.90			513.60	
ZD_1	3.162		1.006	516.661	513.499	基平测量测得 BM_2 的高程为 524.824m
+100		0.50			516.16	
+120		0.52			516.14	
+140		0.82			515.84	
+160		1.20			515.46	
+180		1.01			515.65	
ZD_2	2.246		1.521	517.386	515.140	
…	…			…	…	
K1+240		2.32			523.06	
BM_2			0.606		524.782	

复核：

限差：$|\Delta h_{基} - \Delta h_{中}| = \pm 50\sqrt{1.24}\text{mm} \approx \pm 56\text{mm}$

计算值：$\Delta h_{基} - \Delta h_{中} = 524.824\text{m} - 524.782\text{m} = 0.042\text{m} = 42\text{mm} < 56\text{mm}$

校核：$h_{BM_2} - h_{BM_1} = 524.782\text{m} - 512.314\text{m} = 12.468\text{m}$

$\sum a - \sum b = (2.191 + 3.162 + 2.246 + \cdots)\text{m} - (1.006 + 1.521 + \cdots + 0.606)\text{m} = 12.468\text{m}$

3) 纵断面图的绘制

纵断面图是沿着中线方向绘制的反映沿线地面起伏和纵坡设计的线状图，是线路设计和施工中的重要文件资料。

图 12-16 所示的纵断面图是以中桩的里程为横坐标、中桩的地面高程为纵坐标绘制的。一般情况下，绘图时横坐标的比例尺，也就是里程比例尺应与线路带状地形图的比例尺一致；纵坐标的比例尺，也就是高程比例尺一般比里程比例尺大 10 倍，如里程比例尺为 1∶1000 时，则高程比例尺为 1∶100。

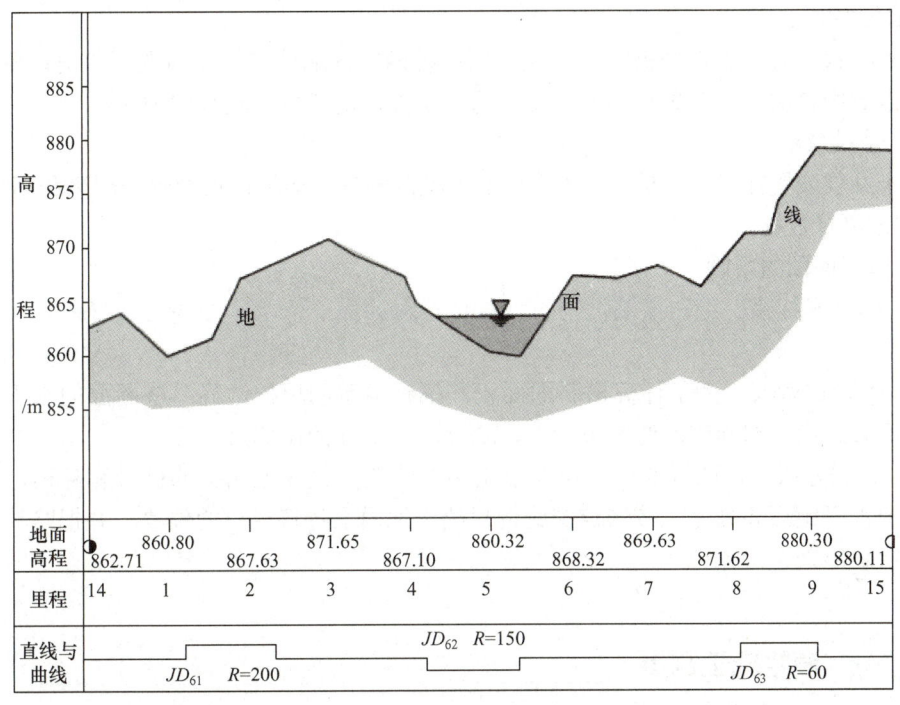

图 12-16　纵断面图

纵断面图的绘制方法如下。

(1) 按照选定的比例尺绘制表示里程和高程的坐标轴线，填写里程桩号、地面高程、设计高程、设计坡度、土壤地质情况、直线及曲线元素，并计算和填写填挖高度等数据和资料。

(2) 绘制地面线。首先选定纵坐标的起始高程，使绘出的地面线位置适中，然后根据中桩的里程和高程，在图上按纵横比例尺依次绘出各中桩的地面位置，再用直线将相邻点连接起来，就得到了地面线。

2．横断面测量

在线路设计中，只有线路的纵断面图还不能满足隧道、桥涵、路基等专业设计以及土石方量计算等方面的要求。因此，还必须绘制出表示线路两侧地形起伏情况的横断面图。一般应在圆曲线控制点、公里桩以及线路纵横向地形变化明显处测绘横断面图。

横断面测量是施测中桩处垂直于中线的两侧地面坡度变化点的高差以及与中桩间的水平距离，然后按一定比例尺展绘成横断面图。横断面测量的施测宽度应满足工程需要，一般要求在中线两侧各测 15～30m。

横断面的方向，在直线部分应与中线垂直，在曲线部分应在该点的法线方向上。

1) 横断面测量的方法

(1) 水准仪法。

水准仪在适当位置安置后，以中桩为后视，依次以中线两侧横断面方向上的地形特征点为前视，读数到厘米，并用皮尺测量各特征点到该中桩的水平距离，记录测量数据。此法适用于施测断面较窄的平坦地区。

(2) 经纬仪法。

将经纬仪安置在所在中桩上，依次读取中桩两侧各地形特征点的视距和垂直角，计算各观测点到中桩的水平距离和高差。此法适用于地形起伏变化较大的地区。

(3) 全站仪法。

将全站仪安置在所在中桩上，依次读取中桩两侧各地形特征点的水平距离和高差(或高程)，记录测量数据。

2) 横断面图的绘制

(1) 建立坐标系。绘制横断面图时均以中桩为原点，以水平距离为横坐标，以高差为纵坐标。

(2) 确定比例尺。为了计算横断面面积和确定路基的填挖边界，横断面的水平距离和高差比例形式应是相同的，通常采用 1∶100 或 1∶200 的比例尺。

(3) 绘制方法。在图纸的适当位置绘出中桩位置，并注上相应的桩号和高程，然后根据记录的水平距离和高差，按选定的比例尺绘出地面上各特征点的位置，并把路基的设计位置也绘制出来。

12.1.5 道路施工测量

道路施工测量

道路施工测量是指在道路施工过程中所从事的主要测量工作，它包括道路中线的恢复、施工控制桩的放样、路基边桩的放样及竖曲线的放样等工作。

1. 道路中线的恢复

由于从道路的勘测设计到开始道路的施工，中间会间隔一段时间，这就导致一部分道路中桩可能丢失或被碰动，因此在施工之前，应该进行一次复核测量，并把已经丢失或被碰动的桩恢复或校正好，其方法与中线测量相同。

2. 施工控制桩的放样

在道路施工过程中，中桩往往会被挖掉或堆埋，因而需要在控制桩以外不易受到施工破坏、便于保存桩位的地方放样施工控制桩，以便恢复道路中桩。施工控制桩的放样方法主要有平行线法和延长线法两种。

1) 平行线法

平行线法是在设计的路基宽度以外，放样两排平行于中桩的施工控制桩，如图 12-17 所示，施工控制桩的间距一般取 10～20m 为宜。

2) 延长线法

延长线法是在线路转折处的中线延长线上及圆曲线中点至交点的延长线上放样施工控制桩，如图12-18所示。采用延长线法放样施工控制桩时，应测量施工控制桩至交点的距离并做记录。

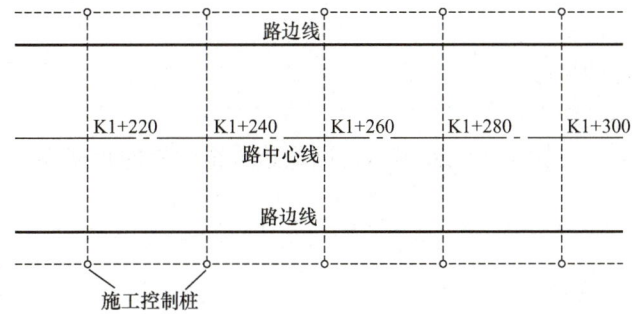

图12-17　平行线法放样施工控制桩

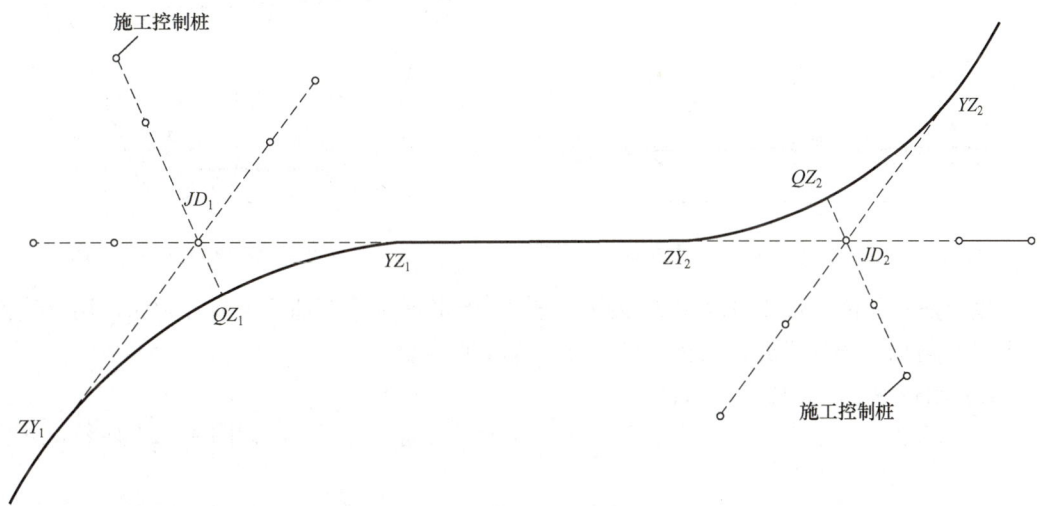

图12-18　延长线法放样施工控制桩

无论是采用哪种方法放样施工控制桩，其主要目的都是指导道路施工工作，在施工过程中便于恢复道路中线，满足道路施工精度要求。

3. 路基边桩的放样

路基边桩的放样就是在地面上将每一个横断面的路基边坡线与地面的交点用木桩标定出来。路基边桩的位置按填土高度或挖土深度、边坡设计坡度及横断面的地形情况确定，下面将常用的路基边桩放样方法介绍如下。

1) 图解法

图解法是直接在横断面图上量取中桩至边桩的距离，然后在实地用皮尺沿横断面方向测量其位置的方法。当填挖方量不是很大时，采用此法较为方便。

2) 解析法

解析法是通过计算求得路基中桩至边桩的距离的一种方法。在平坦地段和倾斜地段解析法的运用有所不同。

(1) 平坦地段路基边桩的放样。

填方路基称为路堤，如图 12-19 所示，路堤边桩至中桩的距离为

$$D = \frac{B}{2} + mh \tag{12-27}$$

式中：B ——路基设计宽度；

$1:m$ ——路基边坡坡度；

h ——填土高度或挖土深度。

挖方路基称为路堑，如图 12-20 所示，路堑边桩至中桩的距离为

$$D = \frac{B}{2} + S + mh \tag{12-28}$$

式中：S ——路堑边沟顶宽。

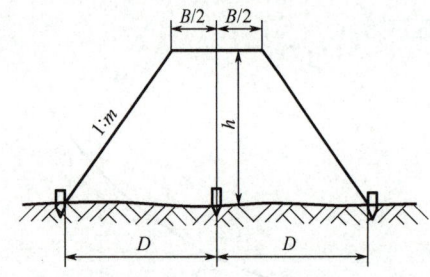

图 12-19　平坦地段路堤边桩的放样

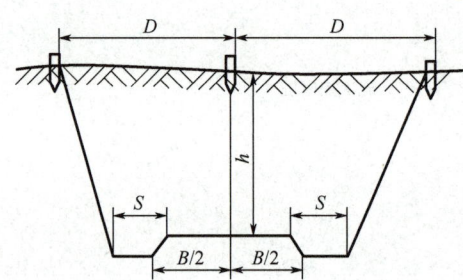

图 12-20　平坦地段路堑边桩的放样

以上是断面位于直线段时求算 D 值的方法。当断面位于圆曲线上有加宽时，用上述方法求出 D 值后，还应于圆曲线内侧的 D 值中加上加宽值。

(2) 倾斜地段路基边桩的放样。

在倾斜地段，边桩至中桩的距离随着地面坡度的变化而变化。如图 12-21 所示，路堤边桩至中桩的距离如下。

斜坡上侧：

$$D_{上} = \frac{B}{2} + m(h_{中} - h_{上}) \tag{12-29}$$

斜坡下侧：

$$D_{下} = \frac{B}{2} + m(h_{中} + h_{下}) \tag{12-30}$$

如图 12-22 所示，路堑边桩至中桩的距离如下。

斜坡上侧：

$$D_{上} = \frac{B}{2} + S + m(h_{中} + h_{上}) \tag{12-31}$$

斜坡下侧：

$$D_{下} = \frac{B}{2} + S + m(h_{中} - h_{下}) \tag{12-32}$$

式中，B、S 和 m 均为已知；$h_{中}$ 为中桩处的填挖高度，也为已知；$h_{上}$、$h_{下}$ 分别为斜坡上、下侧边桩与中桩的高差，在边桩未定出之前则为未知数。

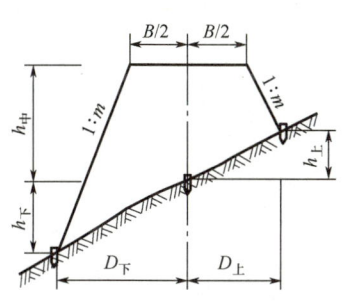
图 12-21 倾斜地段路堤边桩的放样

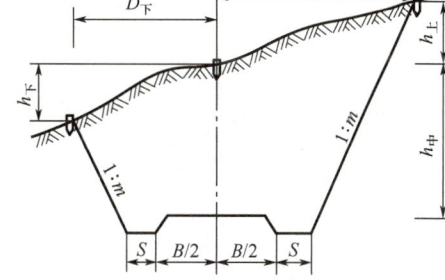
图 12-22 倾斜地段路堑边桩的放样

在实际工作中通常采用逐渐趋近法放样路基边桩：先根据地面实际情况，并参考路基横断面，估计边桩的位置；然后测出该估计位置与中桩的高差，并以此作为 $h_{上}$、$h_{下}$ 代入式(12-29)~式(12-32)中计算出 $D_{上}$、$D_{下}$；最后据此在实地定出其位置。若估计位置与其相符，即得路基边桩位置；否则应按实测资料重新估计路基边桩位置，重复上述工作，直至相符。

4. 竖曲线的放样

在设计线路变坡点处，考虑行车的视距要求和行车的平稳，在竖直面内用圆曲线连接起来的曲线称为竖曲线。如图 12-23 所示，线路上有 3 条相邻的纵坡 $i_1(+)$、$i_2(-)$、$i_3(+)$，在 i_1 和 i_2 之间设置的为凸形竖曲线，在 i_2 和 i_3 之间设置的为凹形竖曲线。

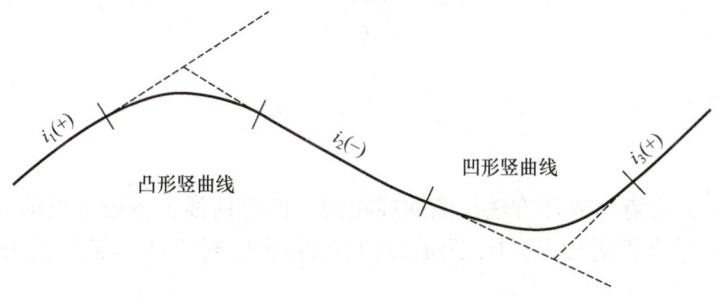
图 12-23 竖曲线

根据线路的相邻坡道的纵坡设计 i_1 和 i_2，如图 12-24 所示，计算竖曲线的坡度转折角 α，由于 α 角很小，计算时可以按下式计算。

$$\alpha = \arctan i_1 - \arctan i_2 \approx (i_1 - i_2)\frac{180°}{\pi} \tag{12-33}$$

竖曲线的设计半径为 R，竖曲线的计算元素为切线长 T、曲线长 L 和外距 E。因此，可以采用与圆曲线计算主点放样元素同样的公式。

由于竖曲线的设计半径 R 较大，而 α 角又较小，因此，竖曲线放样元素也可以用下列公式近似计算。

$$T = \frac{1}{2}R(i_1 - i_2) \tag{12-34}$$

$$L = R(i_1 - i_2) \tag{12-35}$$

$$E = \frac{T^2}{2R} \tag{12-36}$$

同理可导出竖曲线中间各点按直角坐标法放样的 y_i(即竖曲线上的标高改正值)，其计算式为

$$y_i = \frac{x_i^2}{2R} \tag{12-37}$$

式中，y_i 的值在凹形竖曲线中为正号，在凸形竖曲线中为负号。

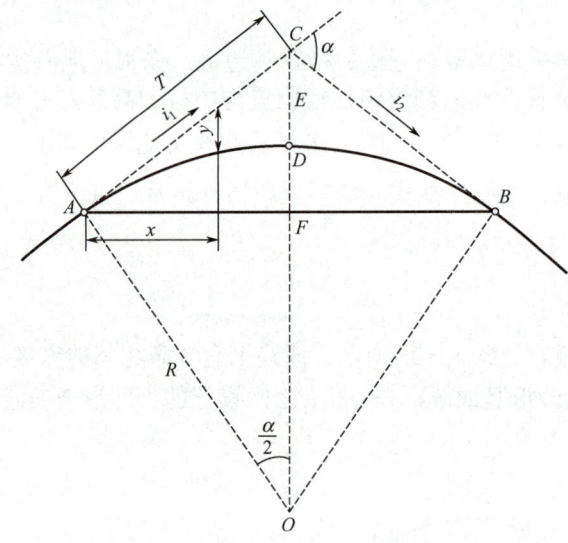

图 12-24 竖曲线放样元素

竖曲线起点、终点的放样方法与圆曲线相同，而竖曲线上各细部点的放样，只需将已经算得的各点坡道高程再加上(对于凹形竖曲线)或减去(对于凸形竖曲线)相应点上的标高改正值即可。

12.2 桥梁工程施工测量

桥梁工程施工测量的任务是根据桥梁设计的要求和施工详图，遵循从整体到局部的原则，先进行控制测量，再进行细部放样测量。将桥梁构造物的平面和高程位置在实地放样出来，及时为不同的施工阶段提供准确的设计位置和尺寸，并检查其施工质量。

桥梁工程施工阶段的测量工作首先是通过平面控制网的测量，求出桥轴线的长度、方向和放样桥梁墩台中心位置的数据，通过水准测量建立桥梁墩台施工放样的高程控制；其次，当桥梁构造物的主要轴线(如桥梁中线、墩台纵横轴线等)放样出来后，按

主要轴线进行构造物轮廓特征点的细部放样并进行施工观测；最后还要进行竣工测量及桥梁墩台的沉降位移观测。

12.2.1 桥梁工程施工控制测量

1. 平面控制

为了按规定精度求出桥轴线的长度和放样墩台的位置，通常需要建立桥梁控制网。其传统的方法是采用三角网、测边网及边角网等形式。三角网、测边网及边角网只是观测要素不同，而观测方法及布设形式是相同的。桥位平面控制网的布设形式如图 12-25 所示。

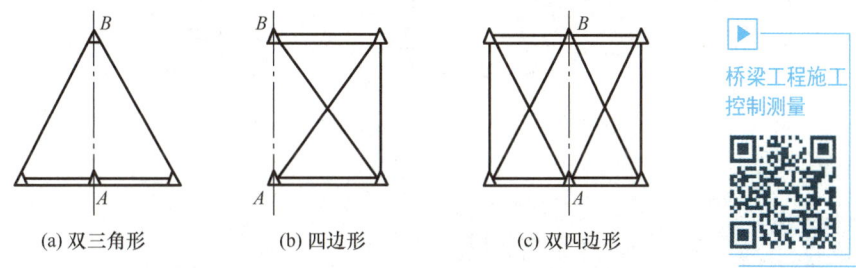

(a) 双三角形　　(b) 四边形　　(c) 双四边形

图 12-25　桥位平面控制网的布设形式

桥位三角网布设时应满足如下要求。
(1) 满足三角点选点的一般要求。
(2) 控制点要选在不被水淹、不受施工干扰的地方。
(3) 桥轴线应与基线一端连接且尽可能正交。
(4) 基线长度一般不小于桥轴线长度的 0.7 倍，困难地段不小于 0.5 倍。

桥位三角网的主要技术指标应符合表 12-3 的规定。

表 12-3　桥位三角网的主要技术指标

等级	桥轴线长度/m	测角中误差/(″)	桥轴线相对中误差	基线相对中误差	三角形最大闭合差/(″)
五	501～1000	±5.0	1/20000	1/40000	±15.0
六	201～500	±10.0	1/10000	1/20000	±30.0
七	≤200	±20.0	1/5000	1/10000	±60.0

桥位三角网基线观测采用精密量距的方法或测距仪测距的方法，三角网水平角观测采用方向观测法。

2. 高程控制

桥位的高程控制，是指在路线上通过水准测量的方法设立一系列水准点，以指导桥梁施工。在由河的一岸到另一岸时，由于过河路线较长，两岸水准点的高程应采用跨河水准测量的方法建立。桥梁在施工过程中，还必须加设施工水准点。所有桥址高程水准点不论是基本水准点还是施工水准点，都应根据其稳定性和应用情况定期检测，以保证施工高程放样测量和以后桥梁墩台变形观测的精度。检测间隔期一般在标石建立初期应短一些，随着标石稳定性的逐步提高，间隔期可逐步加长。桥址高程控制测量采用的高程基准必须与其连接的两端路线所采用的高程基准完全一致，一般多采用国家高程基准。当跨河水准跨越的宽度大于300m时，还必须采用精密水准仪观测。

跨河水准测量采用两台水准仪同时对向观测，两岸测站点和立尺点的布设形式如图12-26所示，图中 A、B 为立尺点，C、D 为测站点，要求 AD 和 BC 的距离基本相等，AC 与 BD 的距离也基本相等，AC 和 BD 的距离不小于 10m。

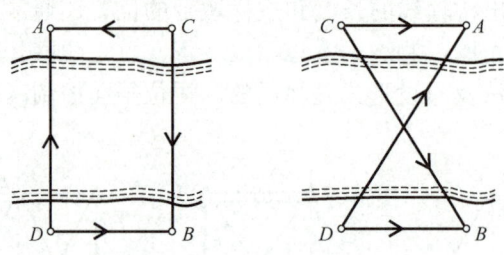

图 12-26　跨河水准测量

12.2.2　桥梁墩台定位测量

在桥梁墩台施工测量中，最主要的工作是准确地定出桥梁墩台的中心位置及墩台的纵横轴线。放样桥梁墩台中心位置的工作称为桥梁墩台定位测量。桥梁墩台定位测量通常都要以桥轴线两岸的控制点及平面控制点为依据，因此要保证桥梁墩台定位的精度，首先要保证桥轴线及平面控制网有足够的精度。

桥梁墩台定位测量所依据的资料为桥轴线控制桩的里程和桥梁墩台中心的设计里程，若为曲线桥梁，其墩台中心有的位于路线中线上，有的位于路线中线外侧，因此还需要考虑设计资料、曲线要素及主点里程等。

直线桥梁的墩台中心均位于桥轴线方向上，如图12-27所示，已知桥轴线控制桩 A、B 及各桥梁墩台中心的里程，由相邻两点的里程相减，即可求得其间的距离。桥梁墩台定位的方法，视河宽、水深及墩台位置的情况而异，根据条件一般可采用直接测量法、方向交会法或全站仪定位法。

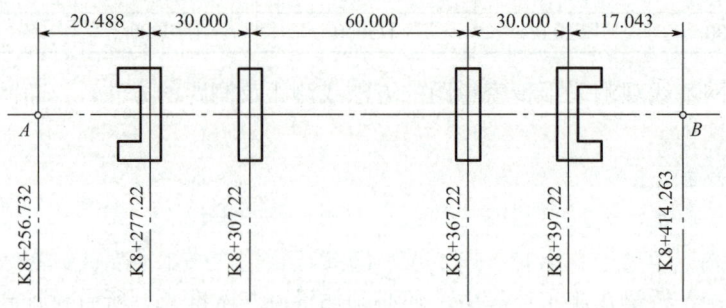

图 12-27　桥梁墩台平面图

1. 直接测量法

当桥梁墩台位于无水河滩上，或水面较窄时，可以用钢尺或测距仪直接测量出桥梁墩台的位置。使用的钢尺需经检定，测量方法与精密量距法相同。由于是放样已知的长度，因此应根据地形条件将其换算为应设置的斜距，并应进行尺长、温度和倾斜改正。

为保证放样精度，施加的拉力应与检定标尺时的拉力相同，同时测量的方向不应偏离桥轴线的方向。在放样出的点位上要用大木桩进行标志，在桩上应钉一小钉，并在终端与桥轴线上的控制桩进行校核，也可以从中间向两端放样。

按照这种顺序，容易保证每一跨都满足精度要求。只有在不得已时，才从桥轴线两端的控制桩向中间放样，由于这样容易将误差积累在中间衔接的一跨上，因此一定要对衔接的一跨设法进行校核。用直接测量法定位，其距离必须测量两次以上作为校核。当校核结果证明定位误差不超过 2cm 时，则认为满足要求。

用电磁波测距法放样时应根据当时测出的气象参数和放样的距离求出气象改正值。用全站仪测距法测设时可将气象参数输入仪器。为保证放样点位准确，常采用换站法进行校核，即将仪器搬到另一测站重新放样，两次放样的点位之差应满足有关精度要求。

2. 方向交会法

当桥梁墩台所在的位置河水较深，无法直接测量，也不便于架设反射棱镜时，则可用方向交会法放样桥梁墩台中心。

如图 12-28 所示，方向交会法是利用已有的平面控制点及墩位的已知坐标，计算出在控制点上应放样的角度 α、β，将 J2 或 J1 型 3 台经纬仪分别安置在控制点 A、B、D 上，从 3 个方向(其中 DE 为桥轴线方向)交会得出桥梁墩台中心。交会的误差三角形在桥轴线上的距离 C_2C_3，对于墩底定位不宜超过 25mm，对于墩顶定位不宜超过 15mm。再由 C_1 向桥轴线作垂线 C_1C，C 点即为桥梁墩台中心。

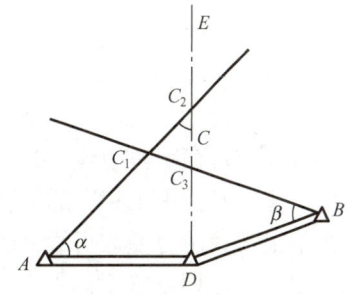

图 12-28　用方向交会法放样桥梁墩台中心

为了保证墩位的精度，交会角应接近于 90°，但由于各个桥梁墩台位置有远有近，因此交会时不能将仪器始终固定在两个控制点上，而有必要对控制点进行选择。为了获得适当的交会角，尽量不要在同岸交会，而应充分利用两岸交会，选择最为有利的观测条件。

在桥梁墩台的施工过程中，随着工程的进展，需要多次交会出桥梁墩台的中心位置。为了简化工作，可将交会方向延伸到对岸，用觇牌加以固定。这样在以后交会墩位时，只要照准对岸的觇牌即可。为避免混淆，应在相应的觇牌上表示出桥梁墩台的编号。

3. 全站仪定位法

用全站仪进行桥梁墩台定位，简便、快速、精确，只要在桥梁墩台中心处安置反射棱镜，而且仪器与棱镜能够通视，就可以进行有效的测量，即使其间有水流障碍也可进行测量。

在使用全站仪并在被放样的点位上可以安置棱镜的条件下，若用极坐标法放样桥梁墩台中心位置，可将仪器放在任何控制点上，并按计算的放样标定要素即水平角度和距离放样点位。放样时最好将仪器置于桥轴线的一个控制桩上，瞄准另一控制桩，此时望远镜所指方向即为桥轴线方向。在此方向上移动棱镜，通过放样模式，定出各桥梁墩台中心位置。这样放样可有效地控制横向误差。

若在桥轴线控制桩上放样有障碍，可将仪器置于任何一个控制点上，利用桥梁墩台中心的坐标进行放样。为了确保放样点位的准确，测后应将仪器迁至另一控制点上，按上述程序再放样一次，以进行校核。只有两次放样的位置满足限差要求才能停止。

在放样前应注意将所使用的棱镜常数和当地的气象、温度和气压参数输入仪器，全站仪自动对所测距离进行修正。

12.2.3　桥梁墩台施工测量

在完成桥梁墩台的平面定位后，还应建立桥梁施工的高程控制网，作为桥梁墩台施工高程放样的基础。

桥梁墩台主要由基础、墩身、墩帽三部分组成。它的细部放样是在实地标定好的桥梁墩台中心和桥梁墩台纵横轴线的基础上，根据施工的需要，按照设计图自上而下，分阶段地将桥梁墩台各部分尺寸放样到施工作业面上的。

1. 桥梁墩台的高程测量

1) 水准点布设

当桥长在 200m 以内时，可在河两岸各设置一个水准点。当桥长超过 200m 时，由于两岸联测起来比较困难，当水准点高程发生变化时不易复查，因此每岸至少应设置两个水准点。水准点应设在距桥中线 50～100m 范围内，选择坚实、稳固、能够长久保留、便于引测使用，且不易受施工和交通干扰的地方。相邻水准点之间的距离应小于 500m。

为了施工使用方便，可设立若干工作水准点，其位置以方便施工放样为准。但在整个施工期间，应定期复核工作水准点的高程，以确定其是否受到施工的影响或破坏。此外，对于桥梁墩台较高、两岸陡峭的情况，应在不同高度设置水准点，以便于桥梁墩台高程放样。

2) 高程控制网联测

桥梁高程控制网的起算高程数据，通常由桥址附近的国家水准点和路线水准点引入，其目的是保证桥梁高程控制网与路线采用同一高程系统，从而取得统一的高程基准。但高程控制网联测的精度可略低于桥梁高程控制网的精度，它不会影响桥梁各部分高程放样的相对精度，因此，桥梁高程控制网是个自由网。

3) 水准测量

水准测量作业之前，应按照规定对用于作业的水准仪和水准尺进行检验与校正；水准测量的实施方法及限差要求也应按相关等级的水准测量规范规定进行。

水准网的平差根据具体情况可采用多边形平差法、间接平差法及条件平差法计算。一般情况下，由于桥梁水准网形状简单，通常只有一个闭合环，因此平差计算比较简单。

2. 桥梁墩台轴线放样

在桥梁墩台施工前，需要根据已放样出的桥梁墩台中心位置，放样桥梁墩台的纵横轴线，作为放样桥梁墩台细部的依据。桥梁墩台纵轴线是指过桥梁墩台中心，垂直于路线方向的轴线；桥梁墩台横轴线是指过桥梁墩台中心，与路线方向一致的轴线。

在直线形桥上，桥梁墩台的横轴线与桥轴线重合，且所有桥梁墩台均一致，因此就可以利用桥轴线两端的控制桩标定横轴线方向，不需要另行放样。

桥梁墩台的纵轴线与横轴线垂直。在放样纵轴线时，在桥梁墩台中心点上安置经纬仪，以桥轴线方向为准放样 90°，即为纵轴线方向。由于在施工过程中经常需要恢复桥梁墩台的纵横轴线位置，因此需要用标桩将其准确地标定在地面上，这些标桩称为护桩，如图 12-29 所示。

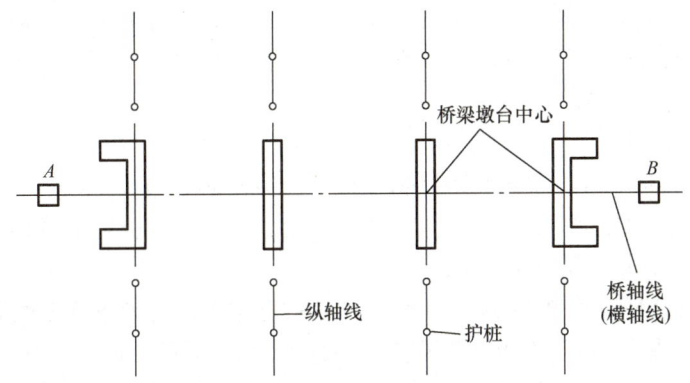

图 12-29　桥梁墩台轴线及护桩

为了消除仪器误差的影响，需要用盘左、盘右各放样一次，取其平均位置。在放样出的轴线方向上，应在桥轴线两侧各设置 2～3 个护桩，确保在个别护桩损坏后也能及时恢复。当桥梁墩台施工到一定高度时，将影响两侧护桩的通视，这时利用桥轴线同一侧的护桩即可恢复纵轴线位置。护桩的位置应选在离开施工场地一定距离、通视良好、地质稳定的地方，桩标一般采用木桩或混凝土桩。

位于水中的桥梁墩台，既不能安置仪器，也不能设护桩，可在初步定出的墩位处筑岛或建围堰，然后用方向交会法或其他方法精确放样墩位并设置轴线。若在深水大河上修建桥梁墩台，一般采用沉井基础，此时常采用前方交会进行定位，在沉井落入河床之前，应不断地进行观测，确保沉井位于设计位置上。利用光电测距仪进行放样时，可采用极坐标法进行定位。

3．基础施工放样

桥梁基础形式有明挖基础、管状基础、沉井基础等，以下主要讨论明挖基础的施工放样。

明挖基础适合在地面无水的地基上施工，先挖基坑，再在坑内砌筑块材基础，如图 12-30 所示。若在水面以下采用明挖基础，则要先建立围堰，将水排出后再施工。

根据桥梁墩台中心点位及纵横轴线，按设计的平面形状放样出基础轮廓线控制点。然后进行基础开挖

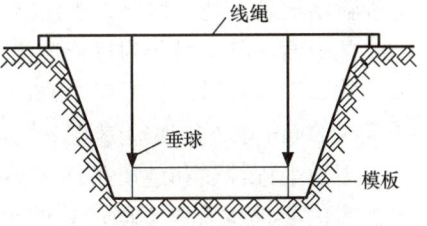

图 12-30　基础模板的放样

工作,当基坑开挖至坑底的设计高程时,应对坑底进行平整清理,进而安装模板,浇筑基础及墩身。

在进行基础及墩身的模板放样时,可将经纬仪安置在桥梁墩台中心线的一个护桩上,瞄准另一较远的护桩定向,这时仪器的视线即为中心线方向。安装时应调整模板位置,使其中点与视线重合,确保模板正确就位。

如图12-30所示,当模板的高度低于地面时,可用仪器在邻近基坑的位置,放出中心线上的两点。在这两点上挂线,用垂球将中线向下投测,引导模板的安装。在模板安装后,应检验模板内壁长、宽及与纵横轴线之间的关系尺寸,以及模板内壁的垂直度等。

基础及墩身模板的高程一般用水准测量的方法放样,当模板低于或高于地面很多,无法用水准尺直接放样时,可用水准仪在某一适当位置先放样一高程点,然后用钢尺垂直测量,定出放样的高程位置。

4. 墩身施工测量

桥梁基础施工完毕后,需要利用控制点重新交会出桥梁墩台中心点。然后,在桥梁墩台中心点安置经纬仪放出纵横轴线,同时根据岸上水准点,检查基础顶面高程。根据纵横轴线即可放样承台、墩身的外轮廓线。

随着桥梁墩台砌筑(浇筑)的升高,可用较重的垂球将标定的纵横轴线转移到上一段,每升高3~6m须利用三角点检查一次桥梁墩台中心点和纵横轴线。

桥梁墩台砌筑(浇筑)至离墩帽底约30cm时,再测出桥梁墩台中心点及纵横轴线,据此竖立墩帽模板、安装锚栓孔、安插钢筋等。在浇筑墩帽前,必须对桥梁墩台的中线、高程、拱座斜面及其他各部分尺寸进行复核,准确地放出墩帽的中心线。浇筑墩帽至顶部时,应埋入中心标志及水准点各1~2个。墩帽顶面水准点应从岸上水准点测定其高程,以作为安装桥梁上部结构的依据。

12.3 隧道工程施工测量

12.3.1 隧道工程测量概述

随着现代化建设的发展,我国地下隧道工程日益增多,如公路隧道、铁路隧道、水利工程输水隧道、地下铁路、矿山隧道等。

按长度,隧道可分为特长隧道、长隧道、中隧道和短隧道。一般来说,长度在3000m以上的属特长隧道;长度在1000~3000m的属长隧道;长度在500~1000m的属中隧道;长度在500m以下的属短隧道。

由于工程性质和地质条件的不同,隧道工程的施工方法也不尽相同。施工方法不同,对测量的要求也有所不同。总的来说,隧道工程施工需要进行的测量工作主要包括以下内容。

(1) 地面控制测量，即在地面上建立平面和高程控制网。
(2) 竖井定向测量，通过竖井将地面上的平面坐标、方位传递到地下隧道，建立地面地下统一坐标系统。
(3) 竖井高程传递，通过竖井将地面上的高程传递到地下隧道，建立地面地下统一高程系统。
(4) 地下控制测量，包括地下平面与高程控制测量。
(5) 隧道施工测量，根据隧道设计进行放样、指导开挖及衬砌的中线及高程测量。

所有这些测量工作的主要目的如下。
(1) 在地下标定出隧道工程构造物的设计中心线和高程，为开挖、衬砌和施工指定方向和位置。
(2) 保证在两个相向开挖面的掘进中，施工中线在平面和高程上按设计的要求正确贯通，保证开挖不超过规定的界线，保证所有建筑物在贯通前能正确地修建。
(3) 保证设备的正确安装。
(4) 为设计和管理部门提供竣工测量资料等。

12.3.2 地面控制测量

隧道工程控制测量是保证隧道按照规定精度正确贯通，并使地下各建(构)筑物按设计位置定位的工程措施。隧道控制网分地面和地下两部分。其中地面控制测量包括地面平面控制测量和地面高程控制测量。

1. 地面平面控制测量

地面平面控制网是包括进口控制点和出口控制点在内的控制网，并能保证进口点坐标和出口点坐标以及两者的连线方向达到设计要求。地面平面控制测量一般采用中线法、导线法、三角(边)锁法等。GNSS定位系统广泛应用，目前也已用于隧道施工的洞外控制测量。

1) 中线法

中线法是在隧道地面上按一定距离标出中线点，施工时据此作为中线控制桩使用。隧道工程施工时，分别在两端中线控制桩上安置仪器，将中线方向延伸到洞内，作为隧道的掘进方向。该法适宜用于隧道较短、洞顶地形较平坦，且无较高精度的测距设备的情况下，但必须反复测量，防止出错，并要注意延伸直线的检核。其优点是中线长度误差对贯通的横向误差几乎没有影响。

2) 导线法

当洞外地形复杂，量距又特别困难时，应布设导线来进行控制。施测导线时应尽量使导线为直伸形，减少转折角，以减小测角误差对贯通的横向误差的影响。

3) 三角(边)锁法

用三角(边)锁法建立隧道洞外的控制网时，必须测量高精度的基线，测角精度要求也较高，一般长隧道的测角精度为±2″左右，起始边精度要达到1/300000。因此要付出较大的人力和物力。用三角锁作为控制网时，最好将三角锁布设成直伸形，并且用单三角构成，使图形尽量简单，这样就可以使边长误差对贯通的横向误差的影响大大削弱。

4) 用 GNSS 定位系统建立控制网

利用 GNSS 定位系统建立洞外的隧道施工控制网，由于无须通视，故不受地形限制，减少了工作量，提高了速度，降低了费用，并能保证施工控制网的精度。

2. 地面高程控制测量

地面高程控制测量的目的是按照规定的精度，测量两开挖洞口的进口点间的高差，并建立洞内统一的高程系统，以保证在贯通面上高程的正确贯通。

相向贯通的隧道，在贯通面上对高程要求的精度为±25mm，分配到地面高程控制测量的影响值为±18mm，分配到洞内高程控制测量的影响值是±17mm。根据上述精度要求，按照路线的长度可确定必要的水准测量的等级。进口和出口要各设置 2 个以上的水准点，2 个水准点之间最好能安置一次仪器进行联测。水准点应埋设在坚实、稳定且避开施工干扰之处。地面水准测量的技术要求，参照水准测量规范相应等级的规定。

12.3.3　竖井定向测量

竖井定向测量的目的是把地面的平面坐标传递到地下，使地面地下建立统一的坐标系统，以便正确指导隧道施工工作，保证贯通顺利进行。竖井定向测量一般是通过竖井采用一井定向、两井定向等方法来传递平面坐标。

竖井定向测量

1. 一井定向

一井定向是在井筒内挂两根钢丝，钢丝的上端在地面，下端投到定向水平。在地面测算两钢丝的坐标，同时在井下与永久控制点连接，如此达到将一点坐标和一个方向导入地下的目的。定向工作分投点和连接测量两部分。

1) 投点

所谓投点是指在井筒中悬挂垂球线至定向水平。投点方法分稳定投点法和摆动投点法。投点所用垂球的质量与钢丝的直径随井深而不同。当井深小于 100m 时，垂球重 30～50kg；当井深大于或等于 100m 时，垂球重 50～100kg。钢丝直径的大小决定于垂球的质量。

投点时，先用小垂球(2kg)将钢丝下放至井下，然后换上大垂球，并将大垂球置于油桶或水桶内，使其稳定。由于井筒内受气流、滴水的影响，在投点时，还要根据实际情况采用加防风套管、挡水等措施，以降低投点误差的影响，提高投点精度。

2) 连接测量

投点工作完成后，应同时在地面和井下对垂球线进行观测，地面观测是为了求得两垂球线的坐标及其连线的方位角；井下观测是以两垂球线的坐标和方位角推算导线起始点的坐标和起始边的方位角。连接测量的方法普遍使用的是连接三角形法。

如图 12-31 所示，D 点和 C 点分别为地面上近井点和连接点，A、B 为两个垂球下放点，C'、D' 和 E' 为地下永久导线点。在井上下分别安置经纬仪于 C 点和 C' 点，观测 ϕ、φ、γ 和 ϕ'、φ'、γ'。测量边长 a、b、c 和 CD，以及井下的 a'、b'、c' 和 $C'D'$。由此，在井上下形成以 AB 为公共边的 $\triangle ABC$ 和 $\triangle ABC'$。由图 12-31 可以看出：已知 D 点坐标和

DE 边的方位角，观测三角形的各边长 a、b、c 及角 γ，就可推算出井下导线起始边的方位角和 D' 点的坐标。

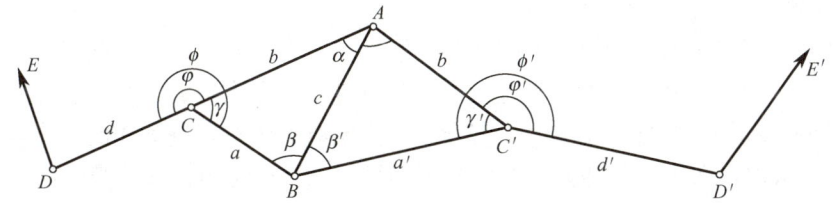

图 12-31　连接三角形

具体解算过程如下。

(1) 计算两垂球线之间的距离。

根据实测边长 a、b 及角 γ，按余弦公式计算两垂球线之间的距离。

$$c_{计} = \sqrt{a^2 + b^2 - 2ab\cos\gamma} \tag{12-38}$$

(2) 计算实测值与计算值之差，并进行改正。

$$c_{差} = c_{测} - c_{计} \tag{12-39}$$

对于地面连接三角形，$c_{差}$ 值不得超过 2mm；对于井下连接三角形，$c_{差}$ 值不得超过 4mm。符合要求后，按式(12-40)将其平均分配给 a、b、c。

$$\begin{cases} v_a = -\dfrac{c_{差}}{3} \\ v_b = -\dfrac{c_{差}}{3} \\ v_c = -\dfrac{c_{差}}{3} \end{cases} \tag{12-40}$$

(3) 连接三角形的解算。

根据实测的边长及平差后的边长，可按式(12-41)计算垂球线处的角度 α、β。

$$\begin{cases} \sin\alpha = \dfrac{a}{c}\sin\gamma \\ \sin\beta = \dfrac{b}{c}\sin\gamma \end{cases} \tag{12-41}$$

(4) 坐标计算。

计算方法与经纬仪导线测量计算相同。

2．两井定向

当有两个竖井，井下有巷道相通，并能进行测量时，就可以在两井筒中各下放一根垂球线，然后在地面和井下分别将其连接，形成一个闭合环，从而把地面坐标系统传递到井下，这就是两井定向，如图 12-32 所示。

两井定向的过程与一井定向大致相同，具体步骤如下。

1) 投点

两井定向的投点方法与一井定向相同。

2) 连接测量

当两竖井之间的距离较近时，可在两井之间建立一个近井点 C；当两竖井之间的距离较远时，两井可分别建立近井点。在进行地面测量时，首先应根据近井点和已知方位角，测定 A、B 两垂球线的坐标。事先布设好导线，定向时只测量各垂球线的一个连接角和一条边。导线布设时，要求沿两井方向布设成延伸形，以减少量距带来的横向误差。

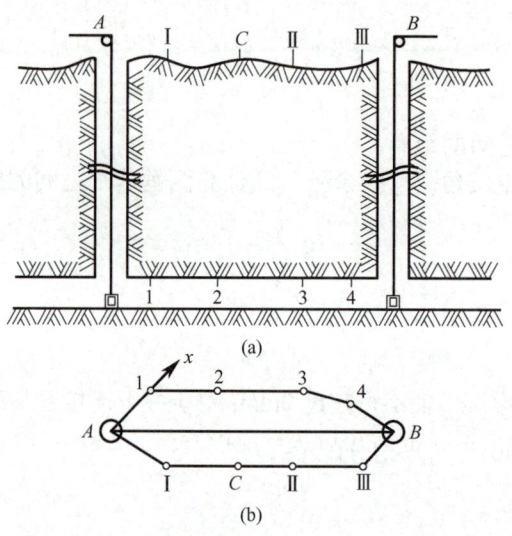

图 12-32 两井定向

井下连接测量是把导线以及垂球线进行联测。

3) 内业计算

(1) 根据地面导线计算两垂球线的坐标，反算连线的方位角 a_{AB} 和长度 c。

(2) 假定井下导线为独立坐标系，以 A 点为原点，以 $A1$ 为 x' 轴，用导线计算方法计算出 B 点的坐标，得 x'_B、y'_B，反算 AB 的假定方位角。

$$a'_{AB} = \tan^{-1} \frac{y'_B}{x'_B} \tag{12-42}$$

$$c' = \sqrt{y'^2_B + x'^2_B} \tag{12-43}$$

c 和 c' 不相等，一方面由于井上、井下不在一个高程面上，另一方面由于测量误差的存在，则地下边长 c' 加上井深改正后与地面相应边长 c 的较差为

$$f_c = c - \left(c' + \frac{H}{R} c \right) \tag{12-44}$$

式中：H ——井深；

R ——地球曲率半径，其值为 6371km；

f_c ——较差，不应大于两倍连接测量的中误差。

(3) 求出 AB 边井上、井下两方位角之差，计算出井下导线边的方位角。

$$\Delta a = a_{AB} - a'_{AB} = a_{A1} \quad (12\text{-}45)$$

井下导线各边的假定方位角，加上 Δa，即可求得井下各导线边的方位角。从而以地面 A 点的坐标 x_A、y_A 和 a_{AB} 为起算数据，以改正后的导线各边长 S，计算井下导线的坐标增量，并求闭合差。

$$f_x = \sum_A^B \Delta_x - (x_B - x_A) \quad (12\text{-}46)$$

$$f_y = \sum_A^B \Delta_y - (y_B - y_A) \quad (12\text{-}47)$$

$$f_S = \sqrt{f_x^2 + f_y^2} \quad (12\text{-}48)$$

其全长相对闭合差 $\dfrac{f_S}{[S]} \leqslant K_{容}$。

Ⅰ级导线的 $K_{容} \leqslant 1/4000$，Ⅱ级导线的 $K_{容} \leqslant 1/2000$。在满足精度要求的情况下，将 f_x、f_y 反符号按边长成正比例分配到各坐标增量上，然后计算井下导线上各点的坐标。

12.3.4 竖井高程传递

将地面上的高程传递到地下去，一般采用经由横洞传递高程、通过斜井传递高程、通过竖井传递高程等方法。当通过横洞传递高程时，可由地面向隧道中敷设水准路线，用一般水准测量或三角高程测量的方法传递高程。当通过斜井传递高程时，按照斜井的坡度和长度，可采用水准测量或三角高程测量的方法传递高程。当通过竖井传递高程时，可采用钢尺导入高程、红外测距导入高程等方法。以下主要介绍通过竖井传递高程中的采用钢尺导入高程的方法。

采用钢尺导入高程时通常采用专用钢尺进行，其长度有 100m、500m 两种。使用长钢尺时可通过井盖放入井下。钢尺零点端挂一 10kg 的垂球。在地面和井下分别安置水准仪，如图 12-33 所示，在水准点 A、B 的水准尺读数分别为 a 和 b'，两台仪器在钢尺上同时读数分别为 b 和 a'。最后在 A、B 水准点上读数，以复核原读数是否有误差。在井上、井下分别测定温度为 t_1、t_2。

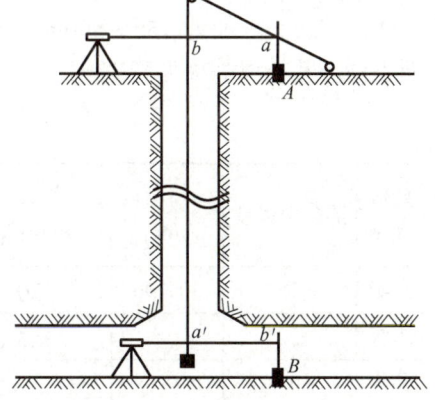

图 12-33 采用钢尺导入高程

由于钢尺受客观条件的影响，应加入尺长、温度、拉力和钢尺自重 4 项改正数。
井下 B 点的高程可通过式(12-49)计算得到。

$$H_B = H_A + (a - b) + (a' - b') + \Delta l_d + \Delta l_t + \Delta l_p + \Delta l_c \quad (12\text{-}49)$$

式中：H_B——B 点高程；

H_A——A 点高程；

Δl_d——尺长改正数；

Δl_t——温度改正数；

Δl_p——拉力改正数；

Δl_c——钢尺自重改正数。

12.3.5 地下控制测量

地下控制测量

1. 井下平面控制测量

井下平面控制测量和地面平面控制测量一样，也应采取正确的程序和方法，才能满足井下施工和测图的要求。因而首先要求测量工作必须遵循高级控制低级的原则，以便控制误差累积，提高精度；其次，测量工作应与施工工程所要求的精度相适应，不必追求过高的精度；最后，为了保证测量工作的正确性，要求每项测量工作都应有必要的检核工作。

井下空间的有限性，决定了井下平面控制测量只能采用导线进行测量。在隧道施工过程中，井下导线一般采取分级布设，可分别布设施工导线、基本控制导线和主要导线。

在开挖面向前推进时，用以进行放样且指导开挖的导线测量就是施工导线，施工导线的边长为 25～50m。当掘进长度达 100～300m 以后，为了检查隧道的方向是否与设计相符合，并提高导线精度，通常会选择一部分施工导线点布设边长较长、精度较高的基本控制导线，其边长一般为 50～100m。当隧道掘进 2km 后，可选择一部分基本导线点敷设主要导线，其边长一般为 150～800m。导线点多数埋设在巷道的顶板上，巷道的导线等级与地面不同，其布设等级见表 12-4。

表 12-4 各级导线技术指标

导线级别	测角中误差	一般边长/m	角度允许闭合差		方向闭合法较差	最大相对闭合差	
			闭(附)合导线	复测支导线		闭(附)合导线	复测支导线
高级	±15″	30～90	$±30″\sqrt{n}$	$±30″\sqrt{n_1+n_2}$	30″	1/6000	1/4000
Ⅰ级	±22″	—	$±45″\sqrt{n}$	$±45″\sqrt{n_1+n_2}$	30″	1/4000	1/3000
Ⅱ级	±45″	—	$±90″\sqrt{n}$	$±90″\sqrt{n_1+n_2}$	30″	1/2000	1/1500

注：n 为闭(附)合导线测站数；n_1、n_2 为复测支导线第一次、第二次测站数。

地下导线测量分外业和内业工作。外业工业包括选点和埋点、测角和量边等工作。选点时应注意选在比较坚固的底板或顶板上，要便于观测和保存，同时通视条件要好。测角和量边方法同地面测量，只是地下比较黑暗，需要照明。外业工作完成后，就进入内业计算阶段。

2. 井下高程控制测量

当隧道坡度小于 8°时，多采用水准测量，建立高程控制；当隧道坡度大于 8°时，采用三角高程测量比较方便。地下水准测量分两级布设，其技术指标见表 12-5。

表 12-5 地下水准测量技术指标

级别	两次高差之差或红黑面高差之差	支水准路线往返测高差不符值	闭(附)合路线闭合差
Ⅰ级	±4mm	$±15\sqrt{R}$	—
Ⅱ级	±5mm	$±30\sqrt{R}$	$±24\sqrt{L}$

注：R 为支水准线路长度，以百米计；L 为闭(附)合线路长度，以百米计。

Ⅰ级水准路线作为地下首级控制，从地下导入高程的起始水准点开始，沿主要隧道布设，可将永久导线点作为水准点，并且每 3 个为一组，便于检查水准点是否变动。

Ⅱ级水准点以Ⅰ级水准点作为起始点，且两者均为临时水准点，同时Ⅱ级导线点在某些情况下也可作为水准点使用。Ⅰ、Ⅱ级水准点在很多情况下都是支水准路线，必须往返观测进行检核。若有条件应尽量闭合或附合。

井下高程控制测量的方法与地面基本相同。若水准点在顶板上，则可用 1.5m 或 2m 的水准尺倒立于点下，其高差的计算与地面相同，只是读数的符号不同而已。

地下三角高程测量与地面三角高程测量相同。三角高程测量要往返观测，要求两次高差之差不超过 $(10+0.3 l_0)$ mm，其中 l_0 为两点间的水平距离。三角高程测量在可能的条件下要闭合或附合，其闭合差为

$$f_h = ±30\sqrt{L} \text{ (mm)} \tag{12-50}$$

式中：L——平距，以百米计。

12.3.6 隧道施工及竣工测量

在隧道施工过程中，测量人员的主要任务是随时确定开挖的方向，此外还要定期检查工作进度(进尺)及计算完成的土石方数量。在隧道竣工后，还要进行竣工测量。

1. 隧道施工测量

在隧道掘进过程中首先要给出掘进的方向，即隧道的中线，同时要给出掘进的坡度，一般通过腰线来标定，这样才能保证隧道按设计要求掘进。

1) 隧道中线放样

在全断面掘进的隧道中，常用中线给出隧道的掘进方向。如图 12-34 所示，Ⅰ、Ⅱ为导线点，A 为设计的中线点。已知其设计坐标和中线的坐标方位角，根据Ⅰ、Ⅱ点的坐标，可反算得到 $β_Ⅱ$、D 和 $β_A$。在Ⅱ点上安置仪器，放样 $β_Ⅱ$ 角和测量 D，便得 A 点的实际位置。在 A 点(底板或顶板)上埋设标志并安置仪器，后视Ⅱ点，拨 $β_A$ 角，则得中线方向。如果 A 点离掘进工作面较远，则在工作面近处建立新的中线点 A'，A 与 A' 间不应大于 100m。

在工作面附近，用正倒镜分中法设立临时中线点 D、E、F，如图 12-35 所示，都埋设在顶板上。D、E、F 之间的距离不宜小于 5m。在这 3 个点上悬挂垂球线，一人在后可以向前指出掘进的方向，并标定在工作面上。当继续向前掘进时，导线也随之向前延伸，

同时用导线放样中线点，以检查和修正掘进方向。

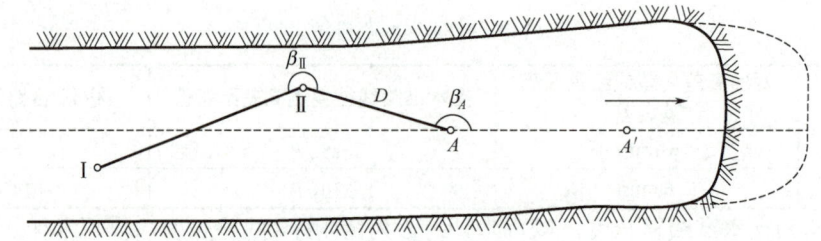

图 12-34　隧道中线放样

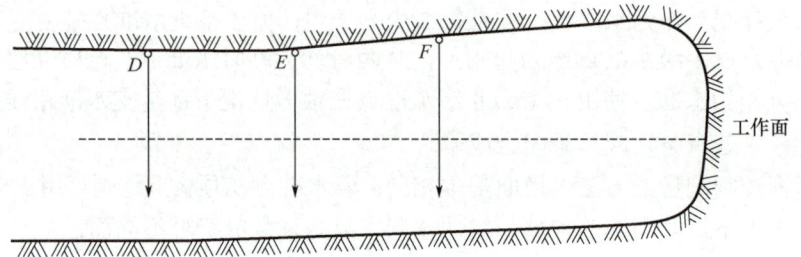

图 12-35　顶板上的临时中线点

2) 腰线的标定

在隧道掘进过程中，除给出中线外，还要给出掘进的坡度。一般用腰线法放样坡度和各部位的高程。腰线标定常用的方法主要有经纬仪法和水准仪法。

(1) 用经纬仪标定腰线。

用经纬仪标定腰线时，通常在放样中线的同时标定腰线。如图 12-36 所示，在 A 点安置经纬仪，量仪高 i，仪器视线高程 $H = H_A + i$，在 A 点的腰线高程设为 $H_{A1} + l$，则两者之差

$$k = (H_A + i) - (H_A + L) = i - l \tag{12-51}$$

式中：l——仪器腰线高，一般取 1m。

当经纬仪所测得的倾角为设计隧道的倾角 δ 时，瞄准中线上 D、E、F 3 点所挂的垂球线，从视点 1、2、3 向下量 k，即得腰线点 1′、2′、3′。

在隧道掘进过程中，标志隧道坡度的腰线点并不设在中线上，而往往设在隧道的两侧壁上。如图 12-37 所示，仪器安置于 A 点，在 AD 中线上倾角为 δ；若 B 点与 D 点同高，则 AB 线的倾角为 δ'，而并非 δ，通常称 δ' 为伪倾角。δ' 与 δ 之间的关系可按式(12-52)求出。

$$\tan \delta' = \cos \beta \tan \delta \tag{12-52}$$

根据现场观测的 β 角和设计的 δ 计算 δ' 之后，即可在隧道两侧壁上标定腰线点。

(2) 用水准仪标定腰线。

当隧道坡度在 8°以下时，可用水准仪标定腰线。如图 12-38 所示，A 点高程 H_A 为已知，且已知 B 点的设计高程 $H_设$，设坡度为 i，在中线上量出 1 点距 B 点的距离 l_1 和 1、2、

3 之间的距离 l_0，就可以计算出 1、2、3 点的设计高程，即

$$H_1 = H_{设} + l_1 i \tag{12-53}$$

$$H_2 = H_1 + l_0 i \tag{12-54}$$

$$H_3 = H_2 + l_0 i \tag{12-55}$$

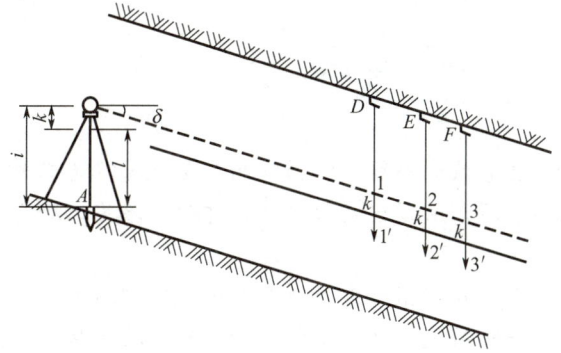

图 12-36 经纬仪标定腰线

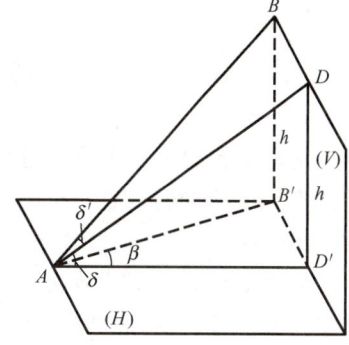

图 12-37 量测隧道倾角

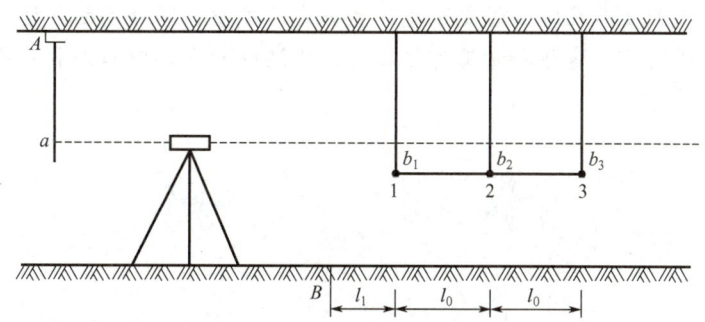

图 12-38 水准仪标定腰线

在水准点 A 与腰线点之间安置水准仪，后视点 A 水准尺，读出读数 a，则视线高程为

$$H_i = H_A + a \tag{12-56}$$

式中，a 的符号取决于水准点的位置，位于底板为正，位于顶板为负。

分别计算出视线与腰线点之间的高差为

$$b_1 = H_1 - H_i \tag{12-57}$$

$$b_2 = H_2 - H_i \tag{12-58}$$

$$b_3 = H_3 - H_i \tag{12-59}$$

根据 b_1、b_2、b_3 可以标定一组腰线点 1、2、3 点，用于指导隧道施工。

2. 隧道竣工测量

隧道竣工后，应在直线地段每 50m、曲线地段每 20m 或需要加测断面处测绘隧道的实际净空。测量时均以线路中线为准，包括测量隧道的拱顶高程、起拱线宽度、轨顶水平宽度、铺底或仰拱高程。

在竣工测量后，应在隧道的永久性中线点用混凝土包埋金属标志。在采用地下导线测量的隧道内，可利用原有中线点或根据调整后的线路中心点进行埋设。直线上的永久性中线点，每200～250m埋设一个，曲线上应在缓和曲线的起终点各埋设一个，在曲线中部，可根据通视条件适当增加。在隧道边墙上要画出永久性中线点的标志。洞内水准点应每千米埋设一个，并在边墙上画出标志。

小 结

道路工程施工测量涉及道路中线测量、圆曲线的放样、纵横断面测量及道路施工测量等内容。道路勘测一般分为初测和定测两个阶段，通过这两阶段的工作为道路施工测量提供施工依据。

桥梁工程施工测量涉及桥梁施工控制测量、桥梁墩台定位测量及桥梁墩台施工测量等内容。在桥梁工程施工时，测量工作的任务是精确地放样桥梁墩台的位置和跨越结构的各个部分，并随时检查施工质量。

隧道工程施工测量涉及地面控制测量、竖井定向测量、竖井高程传递、地下控制测量及隧道施工测量等内容。这些测量工作旨在标定出隧道的设计中心线和高程，为开挖和施工指定方向和位置。

习 题

一、填空题

1. 道路勘测一般分为初测和_____两个阶段。
2. 路线中线测量的任务是_____。
3. 某桩点距线路起点的距离为4450.78m，则它的桩号应写为_____。
4. 圆曲线主点放样元素有直圆点(ZY)、_____、_____。
5. 桥梁墩台定位方法有直接测量法、_____、_____。
6. 隧道施工的测量工作包括地面控制测量、_____、竖井高程传递、_____、隧道施工测量。

二、简答题

1. 道路施工测量中穿线法放样交点的方法及步骤是什么？
2. 圆曲线详细放样的方法及放样步骤是什么？
3. 桥梁墩台定位方法及步骤是什么？
4. 隧道工程施工测量工作的目的是什么？

三、计算题

1. 如图12-39所示，设导线点C_4的坐标为(200.000，400.000)，导线点C_5的坐标为

(600.000,800.000),线路中线交点 JD_{10} 的坐标为(400.000,600.000),在导线点 C_4 处设站,按极坐标法放样交点 JD_{10},试计算放样角度及距离,并说明放样步骤。

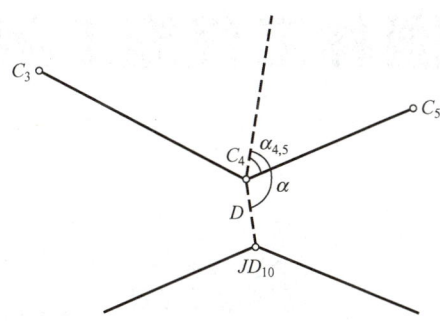

图 12-39 计算题 1 图

2. 在某线路上有一圆曲线,已知交点的桩号为 K1+600m,转角为 60°00′00″,设计圆曲线半径 R =200m,求圆曲线放样元素及主点桩号。

在线答题

第 13 章 园林工程施工测量

思维导图

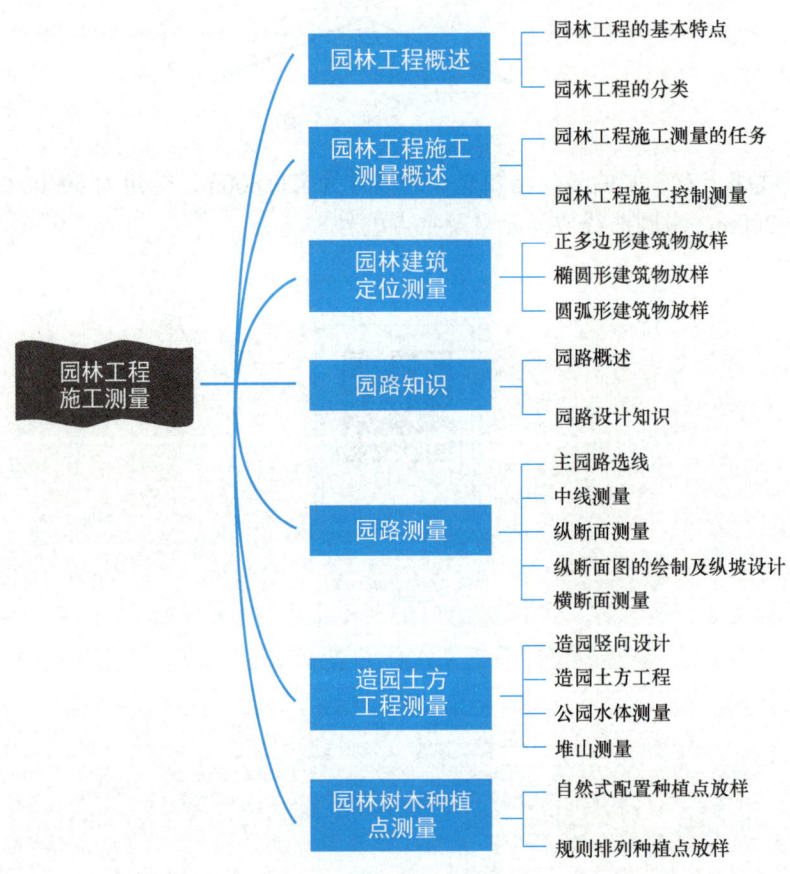

第13章 园林工程施工测量

【引言】

郑州树木园是郑州市南郊的一处景点,属于郑州市二七区侯寨乡辖区,建设面积4200多亩(1亩≈666.67m^2)。郑州树木园是尖岗水库水源涵养林工程的重要组成部分。

郑州树木园是郑州市区西南林区的核心工程,属于郑州文博森林公园的一部分,引进树木500多种,其中有珙桐、金钱松等国家一、二级保护树种20多种,是中原地区首屈一指的树木种质资源库,对改善郑州市城市人居环境起到了极大的作用。

2006年年初,郑州市委、市政府提出了建设"森林生态城"的战略目标,并将其作为郑州市实施跨越式发展的十大重点工程之一。郑州树木园是森林生态城组团工程中西南组团工程的核心工程,是森林生态城建设的重要组成部分。

郑州树木园位于侯寨乡尖岗水库南侧、东临郑密路西侧、南临西南绕城高速,涉及麦垛沟、台郭、全垌社区。

郑州树木园工程分为三期建设,其中一期工程的建设期限为2006—2007年,建设面积为4876.5亩,是树木园的核心功能区,其建设内容为总体规划中一期的绿化、道路及部分基础设施;二期工程的建设期限为2007—2009年,建设面积为7227亩,作为树木园的扩展区或缓冲区,其主要任务是完善并补充树木园的功能,突出外围防护功能,形成树木园的外围缓冲林带;三期工程的建设期限为2009—2015年,其主要任务是对一、二期工程未完成部分进行完善和补充。

一期工程是树木园的核心区,其主要功能区设在一、二期工程范围内,村庄用地较多,封闭管理难度较大,前期以防护为主,形成核心区的缓冲林带,待树木园建设成一定规模后,再将村庄逐步迁出或将村庄改造为旅游服务区,以发展森林旅游。一期工程主要功能分为引景区、树木科普区、科研研发区、综合服务区、观光游览区。这些功能区内分布着19个景区,如化石园景区、修木硕花区、地带树木展示区、垂直绿化区、空中花园、绚秋林、专类园区(桑园、桂园、药园、竹园、芳香树木园、松柏园、海棠园、木兰园)等,体现了不同的特色。二期工程主要以生态防护和森林游憩为主,设有生态防护区、森林游憩区、乡土树木园区、纪念林区四个分区。三期工程进行了如建设标本馆、气象馆、组培室等工作,以进一步提升树木园的功能和品质。

那么,如此大的一个公园的建设,我们测量人员需要做些什么呢?

13.1 园林工程概述

园林工程的概念有广义和狭义之分。从广义上讲,园林工程是综合的景观建设工程,是自项目起始至设计、施工及后期养护的全过程。从狭义上讲,园林工程是指以工程手段和艺术方法,通过对园林各个设计要素的现场施工而使目标园地成为特定优美景观区域的过程,也就是在特定范围内,通过人工手段(艺术的或技艺的)将园林的多个设计要素(也称施工要素)进行工程处理,以使园地达到一定的审美要求和艺术氛围。

13.1.1　园林工程的基本特点

园林工程实际上包含了一定的工程技术和艺术创造，是地形地物、石木花草、建筑小品、道路铺装等造园要素在特定地域内的艺术体现。因此，园林工程与其他工程相比具有其鲜明的特点。

1. 园林工程的艺术性

园林工程是一种综合景观工程，它虽然需要强大的技术支持，但又不同于一般的技术工程，而是一门艺术工程，涉及建筑艺术、雕塑艺术、造型艺术、语言艺术等多门艺术。

2. 园林工程的技术性

园林工程是一门技术性很强的综合性工程，它涉及土建施工技术、园路铺装技术、苗木种植技术、假山叠造技术，以及装饰装修、油漆彩绘等诸多技术。

3. 园林工程的综合性

园林作为一门综合艺术，在进行园林产品的创作时，所要求的技术无疑是复杂的。随着园林工程日趋大型化，协同作业、多方配合的特点日益突出；同时，随着新材料、新技术、新工艺、新方法的广泛应用，园林工程各要素的施工更注重技术的综合性。

4. 园林工程的时空性

园林实际上是一种五维艺术，除了其空间性，还有时间性，以及造园人的思想情感。园林工程在不同的地域，其空间性的表现形式迥异。园林工程的时间性，则主要体现于植物景观上，即常说的生物性。

5. 园林工程的安全性

"安全第一，景观第二"是园林创作的基本原则。对园林景观建设中的景石假山、水景驳岸、供电防火、设备安装、大树移植、建筑结构、索道滑道等均需格外注意。

6. 园林工程的后续性

园林工程的后续性主要表现在两方面：一方面是园林工程各施工要素有着极强的工序性；另一方面是园林作品不是一朝一夕就可以完全体现景观设计最终理念的，而必须经过较长时间才能显示其设计效果，因此园林工程施工结束并不等于作品已经完成。

7. 园林工程的体验性

园林工程的体验性既是时代的需求，也是人的心理美感的需求，更是现代园林工程以人为本理念的直观展现。人的体验是一种特有的心理活动，园林工程的体验性实质上是将人融于园林作品之中，通过自身的体验得到全面的心理感受。园林工程正是给人们提供这种心理感受的场所，这种审美追求对园林工作者提出了很高的要求，即要求园林工程中的各要素都做到完美无缺。

8. 园林工程的生态性与可持续性

园林工程与景观生态环境密切相关。如果项目能按照生态环境学的理论和要求进行设计和施工，保证建成后各种设计要素对环境不造成破坏，能反映一定的生态景观，体现出可持续发展的理念，就是比较好的项目。

13.1.2 园林工程的分类

园林工程的分类多是按照工程技术要素进行的,方法也有很多,其中按园林工程概预算定额的方法划分是比较合理的,也比较符合工程项目管理的要求。这一方法是将园林工程划分为 3 类工程,即单项园林工程、单位园林工程和分部园林工程。

(1) 单项园林工程是根据园林工程建设的内容来划分的,主要分为 3 类,即园林建筑工程、园林构筑工程和园林绿化工程。

① 园林建筑工程可分为亭、廊、榭、花架等建筑工程。
② 园林构筑工程可分为筑山、水体、道路、小品、花池等工程。
③ 园林绿化工程可分为道路绿化、行道树移植、庭院绿化、绿化养护等工程。

(2) 单位园林工程是在单项园林工程的基础上将园林的个体要素划归为相应的单项园林工程。

(3) 分部园林工程通过工程技术要素可划分为土方工程、基础工程、砌筑工程、混凝土工程、装饰工程、栽植工程、绿化养护工程等。

13.2 园林工程施工测量概述

想一想

上有天堂,下有苏杭。苏州有享誉国内外的著名园林,这些园林在建设施工的过程中,都应用了哪些测量技术呢?

13.2.1 园林工程施工测量的任务

园林工程施工测量的目的是把设计图上园林工程的平面位置和高程,准确地标定于实地,以便工程施工。园林工程施工测量的主要任务如下。

1. 施工控制网的布设

从点位的分布和精度来看,测图控制网通常情况下是不能满足施工测量的要求的,因此需要单独布设施工控制网。施工控制网的形式有三角网、边角网、导线网及方格网等,而方格网是园林工程中最普遍采用的施工控制网。

2. 园林工程施工测量的实施

园林工程施工测量应与施工过程密切配合,主要内容是园林建筑物的定位测量及细部放线。园林工程施工测量的实施首先要做好以下 3 点。

(1) 了解设计意图,熟悉设计图,核对设计图。园林工程的设计图有总平面图、建筑平面图、基础平面图等,施工测量人员应了解工程整体情况和设计者的主要设计意图,核对总平面图与建筑施工图的尺寸是否相符,有关图纸的相关尺寸有无矛盾,标高是否一致。

(2) 现场踏勘校核控制点。现场踏勘的目的是了解施工地区的地物地貌情况以及原有测量控制点的分布和保存情况,并对控制点进行必要的检核,以便确定是否可以利用。踏勘时还要进一步了解设计建筑物与现有地物之间的相对关系。

(3) 制订施工放样方案。根据设计要求与现场地形情况制订施工放样方案,计算放样数据,绘制放样略图。

13.2.2　园林工程施工控制测量

施工放线是各项园林工程的第一道工序,而在施工放线中,控制测量又是测量工作的第一道工序。尤其是在大中型园林工程中,遵守"从整体到局部、先控制后碎部"的原则尤为重要。实际工程施工时,各单项园林工程常常由不同施工单位组织实施,因此统一的控制就显得尤为重要。在统一的控制下进行放线,不仅可以保证放线的质量,而且各单位可以同时展开工作。若不在统一的控制下进行放线,而是各单位各自进行放线,则会给工程带来难以预料的质量隐患。

施工控制网包括平面控制网和高程控制网,它为园林工程提供统一的坐标系统。平面控制网的布设形式,应根据设计总平面图、施工场地的大小和地形情况、已有测量控制点的分布情况确定。对于地形起伏较大的山岭地区,可采用三角网或边角网;对于地势平坦,但通视较困难,或定位目标分布较散杂的地区,可采用导线网;对于通视良好、定位目标密集且分布较规则的平坦地区,可采用方格网或矩形格网;对于较小范围的地区,可采用施工基线。高程控制网的布设,一般都采用水准控制网。

图13-1所示为某公园的设计平面图,该地区原为一片较平坦的荒地,其北面有东纬公路,西面有北经公路,挖人工湖堆假山,公园内有各种建筑物,包括办公楼、温室、餐厅、敞厅、盆景馆、照相馆、金鱼馆等。对这些建筑物进行施工放样,首先应布设施工控制网。根据这里的实际地形,布设方格网最为方便。设计方格网的东西向主轴线平行于东纬公路,第1行方格网点编号为 A、B、C、D、E、F 等。方格网的南北向主轴线平行于北经公路,第1列方格网点编号为1、2、3、4等。一般方格网的主轴线应设置在场区的中央,但从实际情况出发,该公园北面建筑物较多,可以考虑把方格网的主轴线设置在公园的北边,以提高建筑物的定位精度。

方格网主轴线及各方格交点放样步骤如下。

(1) 放样东西向主轴线 AF。

(2) 放样南北向主轴线 AT。

(3) 放样方格网东南角的 R 点。

(4) 放样方格网四周方格交点。

(5) 放样方格网内部各交点。

(6) 将大方格按不同放样要求进行不同细化。

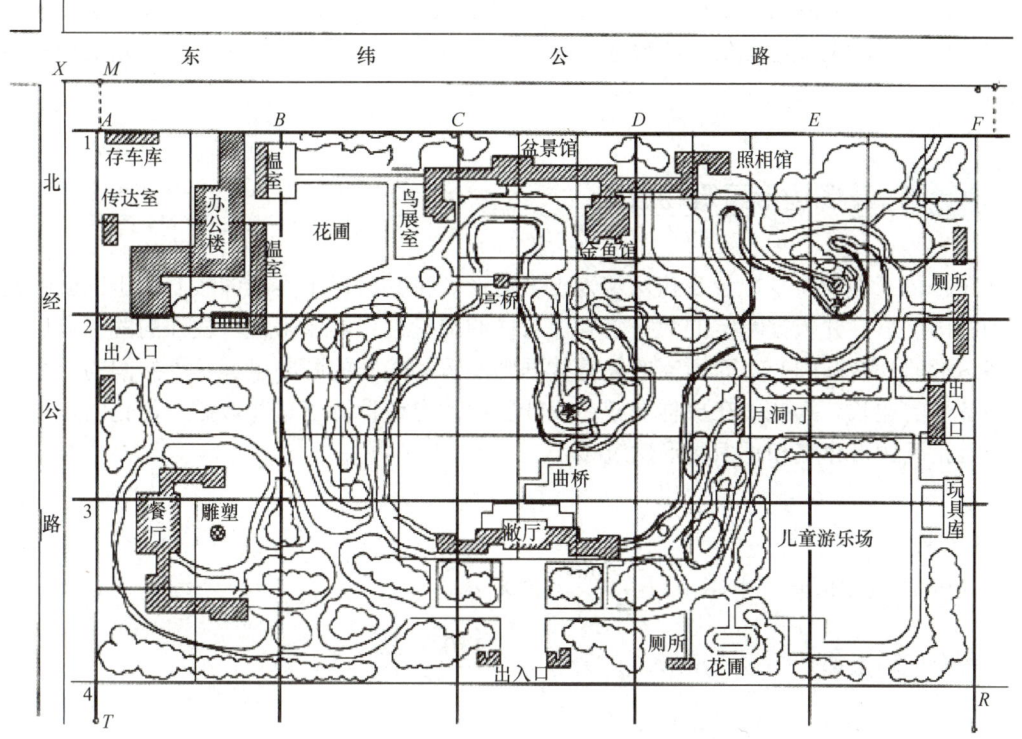

图 13-1 某公园的设计平面图

具体放样方法请参阅第 7 章，此处不再赘述。

上述各步骤完成后，地面上有 150m 大方格 20 个，为了标定建筑物，还要把大方格细分为 4~6 个小方格。例如，图西北角的大方格细分成 4 个小方格就可满足放样办公楼、温室、存车库、传达室等建筑物外轮廓轴线的交点(角点)的需求。西南角大方格也同样细分为 4 个小方格就可满足放样餐厅和雕塑位置的需求。

放样人工湖边界时，其精度要求不高，如果逐点用仪器放样，则工作量太大，此时可把大方格细分成 9 个小方格，实地也打 9 个小方格，这样就可在小方格中用目估并配合皮尺测量的方法定位人工湖边界点。树木栽植点定位也可采用同样的方法。但是，对于湖中小桥，其定位精度应同上述楼、馆等建筑物，应精确定位桥两端点并精确测量桥长，一般由大方格用直角坐标法定位。总之，局部地方，该严则严，该松则松，一般土建类要严，非土建类可松。对建筑物定位主要强调它们的相对位置要准确，而不必苛求其绝对位置的准确。

13.3　园林建筑定位测量

园林建筑工程是指在园林、城市绿地、风景名胜区及保护区中除大型建筑工程外的室外工程，如园林建筑及其设施工程(包括服务设施与公共设施等)、园林景观工程(包括挖湖堆山工程、山石溪涧景观工程、亭、廊、厅、阁、榭等)。常规的园林建筑物施工测量与民用建筑施工测量类似，此处不再赘述，本节仅介绍园林工程中一些特殊形状建筑物的定位测量。

13.3.1 正多边形建筑物放样

在园林工程中，亭、台及花坛常为正多边形，将其放样于实地的核心在于准确标定一系列关键点位，并依据特定的数据来确保放样的准确性。具体来说，放样的关键点位包括正多边形的外接圆圆心，而所需的关键数据则涵盖外接圆的圆心坐标、外接圆的半径以及正多边形的边长。为此，在放样前应在设计图中找出或计算出这些数据。常见的正多边形建筑有正五边形建筑和正六边形建筑。

1. 正五边形建筑

(1) 正五边形的特点。

如图 13-2(a)所示，中心角 $\alpha = \dfrac{360°}{5} = 72°$。

每个三角形都是等腰三角形，其底角 $\beta = \dfrac{180° - 72°}{2} = 54°$。

半径 R 与边长 S 之间关系如下。

$$S = 2R\cos 54° \tag{13-1}$$

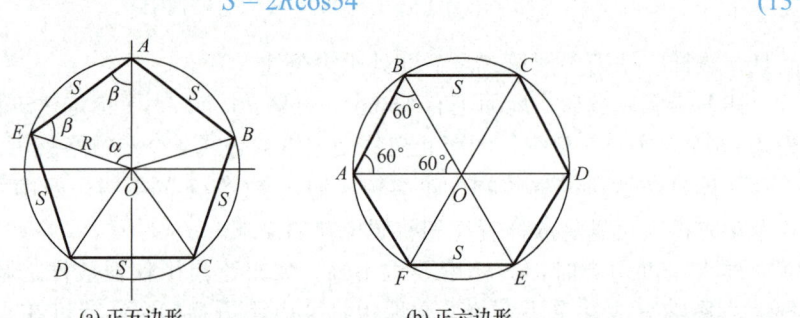

图 13-2　正五边形与正六边形

(2) 放样步骤。

如果设计图已给定 O 点坐标、OA 方向及边长 S，则放样步骤如下。

① 根据 O 点坐标，在现场用直角坐标法或极坐标法等方法将 O 点标定于实地。

② 在 O 点安置测站，根据设计图给出的 OA 方向在实地插标杆，从 O 点沿标杆方向量半径 R 长度，在实地标定 A 点位置。

③ 在 O 点安置仪器，以 OA 定向，用极坐标法放样角度 $\alpha = 72°$，量半径 R，标定 B 点，同法标定 C、D、E 各点。

2. 正六边形建筑

(1) 正六边形的特点。

如图 13-2(b)所示，正六边形各中心角均为 $60°$；各三角形均为等边三角形，因此 $R = S$。

(2) 放样方法。

正六边形的边角关系比较简单，在设计时只要给出 O 点的坐标以及一条边的长度和方向，就可使用极坐标法放样出正六边形的各点。

13.3.2 椭圆形建筑物放样

某些展馆、娱乐中心、游泳馆等，为使外形美观，常呈椭圆形的外轮廓。

1. 椭圆的公式

如图 13-3 所示，椭圆的公式可写为

$$\frac{x^2}{a^2}+\frac{x^2}{b^2}=1 \tag{13-2}$$

$$MF_1 + MF_2 = 2a \tag{13-3}$$

$$c^2 = a^2 - b^2 \tag{13-4}$$

式中：a——长半径；
b——短半径；
c——椭圆中心 O 至左焦点 F_1 或右焦点 F_2 的距离。

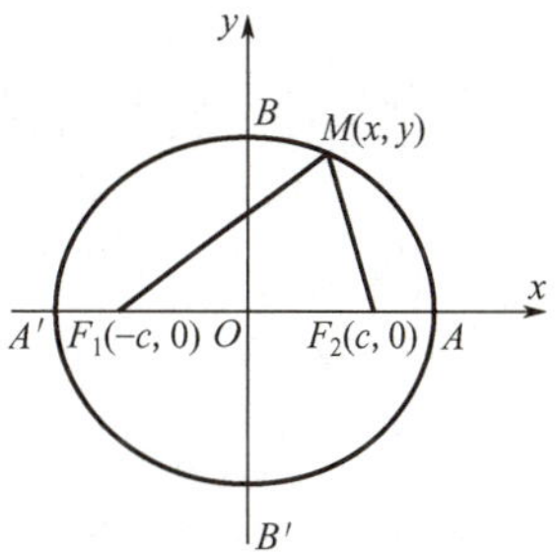

图 13-3 椭圆各元素

2. 放样方法

(1) 在现场拉线作图。

当椭圆尺寸较小($2a<50$m)时，采用此法简便易行，也能保证具有足够的精度。椭圆放样步骤如下。

① 据设计资料标定椭圆中心位置，放样长、短半径方向。
② 根据给定椭圆长、短半径，放样椭圆的 4 个顶点 A、A'、B、B'。
③ 放样焦点 F_1、F_2，放样数据 c 按式(13-4)计算。
④ 准备一根测绳，量测绳长为 $2a$ 处做一标志。测绳零端固定在 F_1 点，测绳做标志的另一端固定在 F_2 点上。将测钎套入测绳拉紧，然后将测钎绕中心画曲线，即得到椭圆曲线。实际操作时，应按一定间距在地上打木桩，以便施工。

(2) 解析法。

当椭圆尺寸较大($2a \geq 50$m)时，应采用解析法。若设计中给出了椭圆长、短半径，则可按式(13-2)计算椭圆曲线上各点的坐标。

设 $a=30$m，$b=20$m，$x=2$、4、6、8、10、12、…、30m，则相应的 y 值见表 13-1。

表 13-1 椭圆曲线 x、y 坐标值

x	2	4	6	8	10	12	14	16	18	20	22	24	26	28	30
y	19.96	19.82	19.60	19.28	18.86	18.33	17.69	16.92	16.00	14.91	13.60	12.00	9.98	7.18	0

放样步骤如下。

① 放样椭圆中心及长、短半轴方向。

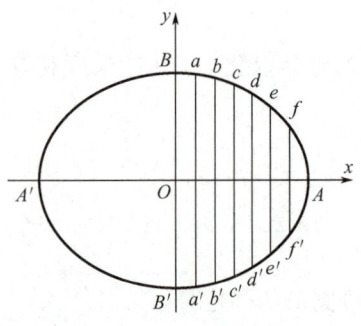

图 13-4 椭圆曲线放样

② 以长半轴为 x 轴，量距标定出 $x=2$、4、6、8、10、12、…、30 的位置。

③ 在长半轴标定的点位上作垂线，并沿垂线的方向量取 y 值，即得椭圆曲线上的 a、b、c、d…及 a'、b'、c'、d'…，如图 13-4 所示。将这些点用木桩钉在地面上，即可作为施工的依据。

13.3.3 圆弧形建筑物放样

1. 拉线法画弧

当建筑物为弧形平面时，若给出了半径，则可以先找出圆心，然后拉尺绳用给定的半径画弧定位。如图 13-5(a)所示，先在地面上定出弧弦的端点 A、B，然后分别以 A 点和 B 点为圆心，用给定的半径 R 画弧，两弧相交于 O 点，O 点即为弧形的圆心。再以 O 点为圆心，用给定的半径 R 画弧形，用测钎在地面上做标志，即得到所要求的弧形。

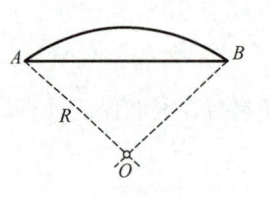
(a) 已知半径拉线法画弧

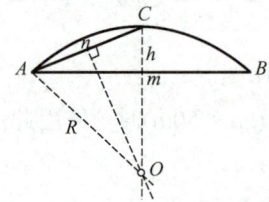
(b) 已知弦长和矢高定圆心画弧

图 13-5 拉线法画弧

如果给出了弦长与矢高，则可用作垂线的方法定位。如图 13-5(b)所示，先在地面上定出弧弦的端点 A、B，过 AB 直线的中点 m 作垂线，在垂线上量取矢高 h 定出 C 点。再过 AC 连线的中点 n 作垂线，两垂线相交于 O 点，O 点即为弧形的圆心。最后以 O 点为圆心、以 OA 为半径在 A、B 间画圆弧，并用测钎在地面上做标志，即得到所要求的弧形。

用拉线法画弧时，圆心点一定要设置牢固，可以打一木桩，在桩顶上再钉一大铁钉。所用的尺绳伸缩性要小，尺绳捆扎在大铁钉上，一人拉紧尺绳另一端，按半径长绕圆心画弧，并在地上插测钎做标志，定点之后再换成木桩。

2. 计算矢高法标定圆弧

当圆弧半径较大，或因在实地拉线画弧操作不方便时，可用计算矢高法标定圆弧。如图 13-6 所示，已知圆弧半径 R 为 40m，弦长 AB 为 20m。为了标定该圆弧上的各点，首先要求出弦上各点的矢高，为此，把弦长 AB 分成 10 等份，计算相应于 a、b、c、d 各点的矢高，即 a'、b'、c'、d'。因圆弧左右对称，所以计算求得右边矢高 a'、b'、c'、d' 的值，也适用于左边矢高-a′、-b′、-c′、-d′的值。最后将各点相连即得所求的圆弧。

放样步骤如下。

(1) 在地面上定出弦的两端点 A、B，将弦长均分为 10 等份，本例一等份为 2m，各等分点右边分别为 a、b、c、d、B，左边分别为-a、-b、-c、-d、A。

(2) 计算弦上各点的矢高，即 MN、aa′、bb′、cc′、dd′。

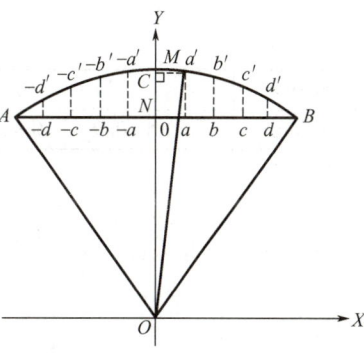

图 13–6　计算矢高法标定圆弧

① 计算 MN。

因为△ONB 为直角三角形，所以

$$ON = \sqrt{OB^2 - NB^2} = \sqrt{40^2 - 10^2} \approx 38.75(\mathrm{m})$$

$$MN = OM - ON = 40 - 38.73 = 1.27(\mathrm{m})$$

② 计算 aa′。

Na = 2m，因为△OCa′为直角三角形，所以

$$OC = \sqrt{R^2 - Na^2} = \sqrt{40^2 - 2^2} \approx 39.95(\mathrm{m})$$

aa′ = OC − ON，所以

$$aa' = 39.95 - 38.73 = 1.22(\mathrm{m})$$

③ 计算 bb′。

Nb = 4m，因为△OCb′为直角三角形，所以

$$OC = \sqrt{R^2 - Nb^2} = \sqrt{40^2 - 4^2} \approx 39.80(\mathrm{m})$$

bb′ = OC − ON，OC 长度随点而变化，而 ON 长度是固定的(38.73m)，所以

$$bb' = 39.80 - 38.73 = 1.07(\mathrm{m})$$

④ 计算 cc′。

Nc = 6m，因为△OCc′为直角三角形，所以

$$OC = \sqrt{R^2 - Nc^2} = \sqrt{40^2 - 6^2} \approx 39.55(\mathrm{m})$$

cc′ = OC − ON，所以

$$cc' = 39.55 - 38.73 = 0.82(\mathrm{m})$$

⑤ 计算 dd′。

Nd = 8m，因为△OCd′为直角三角形，所以

$$OC = \sqrt{R^2 - Nd^2} = \sqrt{40^2 - 8^2} \approx 39.19(\mathrm{m})$$

dd′ = OC − ON，所以

$$dd' = 39.19 - 38.73 = 0.46(\mathrm{m})$$

上述计算结果列于表 13−2 中。

表 13-2 弦上各等分点对应的矢高值

等分点	A	-d	-c	-b	-a	0	a	b	c	d	B
矢高/m	0	0.46	0.82	1.07	1.22	1.27	1.22	1.07	0.82	0.46	0

13.4 园路知识

13.4.1 园路概述

园路是贯穿园林的交通网络,是联系若干个景区和景点的纽带。它组织交通与导游,是园林风景的重要组成部分。

1. 按结构形式分类

按结构形式分类,园路分为路堑型园路、路堤型园路和特殊型园路。

(1) 路堑型园路,也称街道式园路,是指路面低于两侧地面的园路,其结构如图 13-7(a)所示。

(2) 路堤型园路,也称公路式园路,是指路面高于两侧地面的园路,其结构如图 13-7(b)所示。

(3) 特殊型园路,包括步石、汀步、磴道、攀梯等,其结构如图 13-7(c)所示。

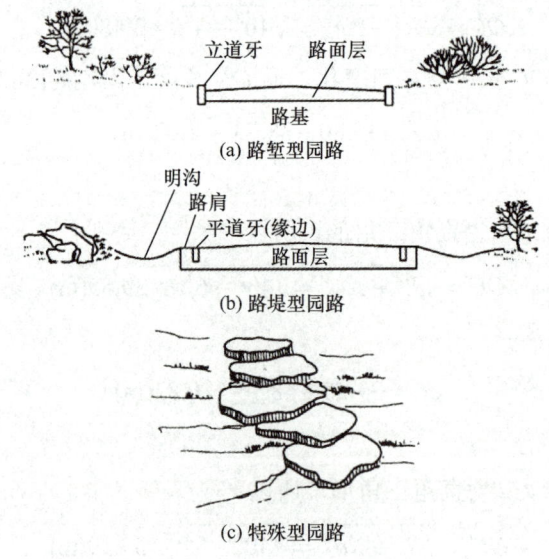

图 13-7 园路的三种类型

2. 按使用功能等级分类

按使用功能等级分类,园路分为主园路、次园路和小路。

(1) 主园路。主园路在风景区中又称主干道,是贯穿景区所有游览区,起骨干作用的园路。主园路常作为导游线，同时也满足少量园务运输车辆通行的要求。其宽度视公园性质和游人容量而定，一般为 3.5~6.0m。

(2) 次园路。次园路又称次干道，是主干道的分支，是贯穿各功能分区、联系重要景点和活动场所的道路。其宽度一般为 2.0~3.5m。

(3) 小路。小路又称步游道，是各景区内连接各景点，深入各个角落的游览小路。其宽度一般为 1~2m，有些游览小路宽度为 0.6~1m。

13.4.2 园路设计知识

1. 园路线型

园路的走向和线型，不仅受到地形、地物、水文、地质等因素的影响和制约，而且要满足园林功能的需要，如串联景点、组织景观、扩大视野等。园路线型包括平面线型和纵断面线型。

(1) 平面线型。

① 直线。在规则式园林场地中，多采用直线园路。直线线型规则、平直，交通方便。

② 圆曲线。在道路转弯处，弯道部分应采用圆曲线，圆曲线半径按相应的规定设定。

③ 自由曲线。自由曲线是指曲率不等且随意变化的自然曲线。小路主要采用此种线型，它随地形、景物变化而自然弯曲，柔顺协调。

园路曲折迂回应有目的性，一方面是为了满足地形及功能上的要求，如避绕障碍、串联景点、围绕草坪、组织景观、增加层次、延长游览路线、扩大视野；另一方面应避免无艺术性和功能性的过多弯曲。

(2) 纵断面线型。

道路的剖面(竖向)线型由水平线路、上坡、下坡，以及在变坡处加设的竖曲线组成，在变坡处加设竖曲线，目的是使行车平顺，一般采用圆曲线把相邻两个不同坡度的路线相连接，由于这条曲线位于竖直面内，故称为竖曲线。圆心位于下方的竖曲线，称为凸形竖曲线；圆心位于上方的竖曲线，称为凹形竖曲线，如图 13-8 所示。

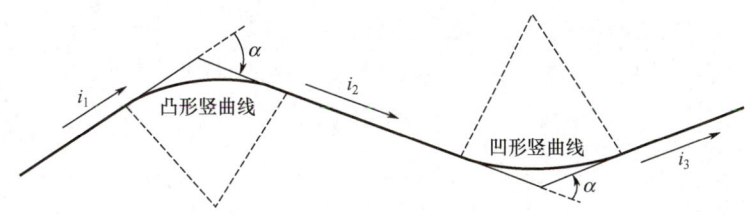

图 13-8 道路纵断面线型

纵断面线型的设计要求如下。

① 园路应根据造景的需要随形就势，即随地形起伏而起伏。

② 在满足造景艺术要求的同时，应尽量利用原有地形，以保证路基的稳定，减少土石方量。但也要避免过分迁就地形而使路线频繁起伏。尽量少用极限纵坡，以使路线平顺。

③ 尽量采用平缓的纵坡，纵坡不宜大于 6%，坡长不宜过短；较大的纵坡，坡长也不

宜过长。注意平曲线与竖曲线的合理组合，例如，长坡下端避免设置小半径平曲线，长直线上不宜设置大纵坡等，以利于行车安全。

2．道路宽度

对于总体规划时确定的园路平面位置及宽度应再次核实，并做到主次分明。在满足交通要求的情况下，道路宽度应趋于下限值，以扩大绿地面积的比例。游人及各种车辆的最小运动宽度，见表 13-3。

表 13-3 游人及各种车辆的最小运动宽度

交通种类	最小运动宽度/m	交通运动种类	最小运动宽度/m
单人	≥0.75	小轿车	2.00
自行车	0.6	消防车	2.06
三轮车	1.24	卡车	2.05
手扶拖拉机	0.84～1.50	大轿车	2.66

3．园路曲线半径及曲线加宽

行车道路转弯半径在满足机动车最小转弯半径的条件下，可结合地形、景物灵活处理，主要考虑实际地形、地物条件，行车安全及园林造景的需要，在条件困难的个别地段可以采取最小转弯半径 12m。

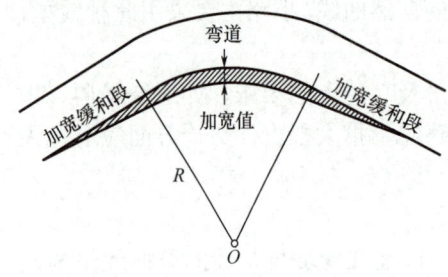

图 13-9 道路曲线段加宽示意图

汽车在曲线上行驶时，各车轮的轨迹半径是不相等的，后轴内侧车轮行驶轨迹半径最小，前轴外侧车轮行驶轨迹半径最大。因此，在车道内侧需要更宽一些的路面，以满足后轴内侧车轮行驶轨迹的要求，故公路曲线段需要加宽。但是，当平曲线半径 $R \geq 200m$ 时可以不必加宽。由于曲线段需要加宽，为使车辆由直线段进入弯道时能够平稳过渡，需要设置加宽缓和段，如图 13-9 所示。

4．纵向坡度与横向坡度

(1) 纵向坡度，即沿道路中心线方向的坡度，一般为 0.3%～8%，以保证排水和行车安全。对于小路及特殊的道路一般也不应大于 12%。

(2) 横向坡度，即垂直于路中心线方向的坡度，其主要目的是便于排水，一般为 1%～4%。通常横坡会设计成由中心向道路边缘倾斜的双面坡，但在弯道处，考虑道外侧设置超高会形成向内侧倾斜的单向横坡。

13.5　园路测量

园路中的主园路测量和一般线路测量一样，主要内容包括选线、中线测量、纵断面测量、纵断面图的绘制与纵坡设计、横断面测量、横断面图的绘制与路基设计、土石方量的计算、编制园路工程概预算等。次园路与小路测量比较简单，主要是根据园林设计图进行简单的定位即可。曲线多为自然曲线，在施工时，应用目测法把曲线尽可能地标定圆滑一些。

主园路测量完全按照一般线路工程测量步骤进行，下面主要介绍主园路选线、中线测量、纵断面测量、纵断面图的绘制与纵坡设计、横断面测量，现叙述如下。

13.5.1　主园路选线

主园路选线方法同一般线路工程测量，但应特别注意下列问题。

(1) 主园路应满足公园运输及导游两大任务。为大众服务的公园一般面积较大，主园路的选线要便于日常经营管理和运输，并为游人提供舒适、安全、方便的交通条件，引导游人从一个景区到另一景区，为游人欣赏园景提供连续不断的视点，取得步移景异的效果。

(2) 园路不仅要不占或少占景观用地，而且要参与造景。园路走向要以景区或景点的分布为依据，充分利用各种地形条件，挖掘地形要素的实用功能和造景潜力，使园路本身的曲线、色彩与周围环境协调统一，形成园林中新的景观。

(3) 选线应顺应自然地形，避免大填大挖，减少土石方量；不要破坏天然水体、山丘和植被，尤其是要保留古树、名树和大树，保护自然景观。

(4) 选线应避开滑坡、泥石流、软土、泥沼和地形陡峭等不良地质地段，确保园路工程安全。

13.5.2　中线测量

园路在总体规划设计图中确定后，应现场勘察地形、地质情况，在实地钉出路线的交点桩(又称转点桩，用 JD 表示)。在交点桩处安置经纬仪测量两直线的夹角 β，再换算为转角 α，根据转角 α 的大小，在现场选定圆曲线半径 R，计算圆曲线长 L、切线长 T 及外矩 E，然后计算圆曲线 3 个主点的里程桩号，并在实地打桩。如果圆曲线较长，还应钉细部桩。一般情况下主园路可以不设缓和曲线。

13.5.3　纵断面测量

纵断面测量的任务是测定中线上各中桩(里程桩)的地面高程，绘制路线纵断面图，以便于进行路线的纵坡设计。路线水准测量分两步进行。

(1) 基平测量，即沿线路方向设置若干水准点，建立线路的高程控制。
(2) 中平测量，即根据各水准点的高程，分段进行中桩水准测量。

13.5.4　纵断面图的绘制及纵坡设计

纵断面图是线路设计和施工中的重要资料，它是以中桩的里程为横坐标、中桩的高程为纵坐标绘制而成的。由于纵断面图表示了中线方向地面的起伏，因此可在其上进行纵坡设计(又称拉坡设计)。实际作业时，应等横断面图绘制完后，才能进行纵坡设计。

13.5.5 横断面测量

横断面测量的主要任务是在各中桩处测定垂直于道路中线方向的地面起伏，为绘制横断面图提供数据。

一般采用1∶100或1∶200的比例尺绘制横断面图。由横断面测量中得到的各点间的平距和高差，在毫米方格纸上可绘出各中桩的横断面图。横断面图画好后，即可进行路基设计，路线中桩处填高或挖深的数值取自路线纵断面图。

13.6 造园土方工程测量

13.6.1 造园竖向设计

园林工程的实施，往往是从土方工程开始的，或凿水筑山，或场地平整，或挖沟埋管，或开槽铺路。土方工程的设计包括平面设计和竖向设计两个方面，平面设计是指在场地上进行水平方向的布置和处理，竖向设计是指在场地上进行垂直于水平方向的布置和处理，它创造出园林中各个景点、各种设施及地貌等在高程上高低起伏的变化和实现园林的协调统一。

竖向设计主要包含的内容如下。

(1) 地形设计。地形设计是竖向设计的一项主要内容。地形骨架的"塑造"，山水布局，峰、峦、坡、谷、河、湖、泉、瀑等地貌小品的设置，它们之间的相对位置、高低、大小、比例、尺度、外观形态、坡度的控制和高程关系等都是通过地形设计来解决的。

(2) 园路、广场、桥涵和其他铺装场地的设计。在设计图上，以设计等高线表示园路及广场的纵横坡度和坡向，且标注有道桥连接处及桥面的标高。在大比例尺设计图中，为了更精确地表示园路的坡度和坡向，通常会用变坡点标高来辅助说明。

(3) 灌溉及排水设计。在地形设计的同时要考虑地表水的流向，特别是植物灌溉和地面积水的排除。

(4) 管道综合设计。园内各种管道(如供水、排水、供暖及煤气管道等)的布置，难免有些地方会出现交叉，因此在规划上应按一定原则，统筹安排各种管道交会时合理的高程关系，以及它们和地面上的构筑物或园内乔灌木的关系。

13.6.2 造园土方工程

在造园施工中,由于土方工程是一项比较艰巨的工作,所以准备工作和组织工作不仅应该先行,而且要做到周全仔细,否则会因场地大或施工点分散,而造成窝工甚至返工。在定点放线前,应做好以下两项工作。

(1) 清理场地。在施工场地范围内,凡有碍工程开展或影响工程稳定的地面物或地下物都应该清理,如不需要保留的树木、废旧建筑物或地下构筑物等。

(2) 排水。场地积水不仅不便于施工,而且会影响工程质量,因此施工前应设法将施工场地范围内的积水或过高的地下水排除。

在清场之后,为了确定施工范围及挖方或填方的标高,应按设计图的要求,用测量仪器在施工现场进行定点放线工作。为了使施工充分表达设计意图,放样时应尽量保证点位及其高程的精确性。下面就挖湖(水体)、堆山进行叙述。

13.6.3 公园水体测量

1. 用仪器测量

室内工作:第一步,在设计图上用量角器直接量取控制点至放样点(选取设计的湖泊、水渠的外形轮廓的拐点)的方向与其他已知边所夹的水平角度;第二步,用比例尺量取控制点至放样点之间的距离。

如果附近没有控制点,可在适当的位置布设一条基线,基线的方位角用罗盘仪测定,以便于将该基线在图上标出,然后在图上由基线端点量测放样点的水平角与距离。

实地工作:将仪器安置在所选的控制点(或基线端点)上,将室内量算的角度与距离按极坐标法一一放样到地面上,并钉上木桩,最后撒上白灰以圆滑的曲线连接,即得湖池的轮廓线(湖边线)。定出湖边线后即可动工,挖土机的开挖深度初期以目测控制,后期要用水准仪随时检查开挖深度,直至达到设计深度。

2. 格网法测量

在设计图中欲放样的湖面上打方格网,相应实地也打方格网,根据图上湖泊外轮廓线各点(或外轮廓线、等高线与格网的交点)在格网中的位置,在地面方格网中找出相应的点位,撒上白灰以圆滑的曲线连接,即得湖边线。定出湖边线后即可动工。

13.6.4 堆山测量

堆山或微地形等高线平面位置的放样方法与公园水体的放样方法相同。先用机械(推土机)堆土,只要标出堆山的边界线,司机参考堆山设计模型即可堆土,等堆到一定高度后,再用水准仪或经纬仪检查标高,若有不符合设计的地方,则要用人工加以修整,使之达到设计要求。

13.7　园林树木种植点测量

按照园林工程的建设施工程序，先理山水、改造地形、埋设管道，然后修筑道路、铺装场地、构筑建筑物及附属工程设施，最后实施绿化。

绿化是园林建设的主要组成部分，没有绿的环境，就不可能称其为园林。绿化工程分为种植和养护管理两部分，其中，种植是指人为地栽种植物。在实施种植前，需要对园林树木种植进行定点放线。

一般来说，种植放线不必像园林建筑或园路施工那样准确。但是，在种植设计中，若要满足特定活动空间尺寸要求、实现视线的控制或引导功能，或当所种植的树木作为独立景观元素时，以及树木采用规则式种植时，其间距、平面位置及相互位置关系都应尽可能准确地标定出来。放线时首先应选定一些点或线作为依据，如现状图上的建(构)筑物、道路或地面上的导线点等，然后将种植平面上的网格或偏距放样到地面上，并依次确定乔灌木的种植穴中心位置、坑径，以及草木、地物的种植范围线。

就树木的种植方式而言，有以下两种。

(1) 单株(如孤植树、大灌木与乔木配植的树丛)，它们每株树的中心位置在设计图上都有明确的表示。其中，一定范围的单株树木可以组成有规律的分布方式(如行道树，有固定的行距和株距)，也可以是有一定错落的自然式分布。

(2) 只在图上标明范围而无固定单株位置的树木(如灌木丛、成片树林、树群)。由于树木的种植方式各不相同，因此定点放线的方法也有多种。

当完成种植的定点工作后，应对现场标定位置的木桩或白灰线进行目视检查(必要时可用皮尺进行距离测量校核)，以确保实地定位与设计图的一致性。

13.7.1　自然式配置种植点放样

1. 网格法(坐标定点法)

网格法(坐标定点法)适用于范围大、地势平坦的绿地，其做法是根据植物配置的疏密度先按一定比例相应地在设计图及现场画出方格，定点时先在设计图上量好树木对方格的坐标距离，然后在现场按相应的方格找出种植点或树木范围线的位置，并钉上木桩或撒上白灰线标明。

2. 仪器放样法

仪器放样法使用全站仪放样定点。绿化范围较大、控制点明确的种植点可用此法，先在设计图上查询种植点的坐标，然后使用全站仪坐标放样程序在地面精确放样该点，钉上木桩，写明树种。

3. 支距法或距离交会法

支距法或距离交会法使用的工具主要是皮尺与标杆。对于草坪上或山坡上单棵树的种植，一般根据树木中心点至道路中线或路牙线(通常道路定位先于树木种植)的垂直距离，用皮尺测量放线。对于丛植型种植(几种乔灌木配植在一起)，此时可用支距法或距离交会法放样种植范围的边界，或先定出主树位置，然后用尺量定出其他树种位置。

4. 目测法

对于树木种植点精度要求较低，或设计图上无固定点的绿化种植，如灌木丛、树群等，可用目测法估画其栽植范围。定点时应注意植株的相互位置，注重自然美观。定好点后，多采用白灰打点或打桩，并标明树种、栽植数量、坑径。

13.7.2 规则排列种植点放样

通常防护林、风景林、纪念林、公园、苗圃等树木种植点排列都具有一定的规则，一种是矩形排列，另一种是菱形排列。其具体放样分述如下。

1. 矩形排列放样

如图 13-10(a)所示，$A'B'C'D'$ 为一个作业区的边界，其放样步骤如下。

(1) 以 $A'B'$ 为基准线按半个株距和半个行距先量出 A 点(地边第一个种植点)的位置，量 AB 使其平行于基线 $A'B'$，并且使 AB 的长为行距的整倍数，在 A 点安置仪器作 $AD \perp AB$，且使 AD 边长为株距的整倍数。如果种植区很大，作垂线 AD 太长可能产生很大偏差，则应分片进行。例如，先定出 AD 为 300m，以后继续按同法进行。

(2) 在 B 点作 $BC \perp AB$，并使 $BC=AD$，定出 C 点。为了防止量错，可在实地量 CD 的长度，看其是否等于 AB 的长度。

(3) 一般使用百米测绳测量，因此，分别在 AD、BC 线测量为整倍数株距长度时标定出 E、F 点，AE 与 BF 长一般不会超过 100m(因常见测绳最长为 100m)，这时我们首先把 $ABFE$ 区域标定种植点。

(4) 在 AB、EF 等线上按设计的行距量出 1、2、3…点和 1'、2'、3'…点。

(5) 用测绳逐步连接 1—1'、2—2'、3—3'…，并在连线上按株距定出各种植点，撒上白灰为记号。

区域下部完成后，用同样的方法标定区域上部的种植点。

2. 菱形排列放样

如图 13-10(b)所示，放线步骤：(1)~(3)步同矩形排列放样。第(4)步是按半个行距定出 1、2、3…点和 1'、2'、3'…点。第(5)步是连接 1—1'、2—2'、3—3'、4—4'…。奇数行(如 1—1'、3—3'…)的第一点应从半个株距起，按株距定出各种植点；偶数行(如 2—2'、4—4'…)则从起始边 AB 起，按株距定出各种植点。

3. 行道树定植放线

道路两侧的行道树，要求栽植的位置准确、株距相等。一般是按道路设计断面定点。在有路牙的道路上，以路牙为依据进行种植点放线。无路牙的道路则应找出道路中线，并以道路中线为定点的依据用皮尺定出行距，大约每 10 株钉一木桩，作为控制标记，每 10 株与路另一边的 10 株一一对应，最后撒上白灰标定出每个单株的位置。

若树木栽植为一弧线，如街道圆曲线转弯处的行道树，放线时可从弧的开始到末尾以路牙或道路中线为准，每隔一定距离分别画出与路牙或道路中线垂直的直线，在此直线上，按设计要求的树与路牙的距离定点，再把这些点连接起来就成为近似道路弧度的弧线，最后于此线上按株距要求定出各种植点来。

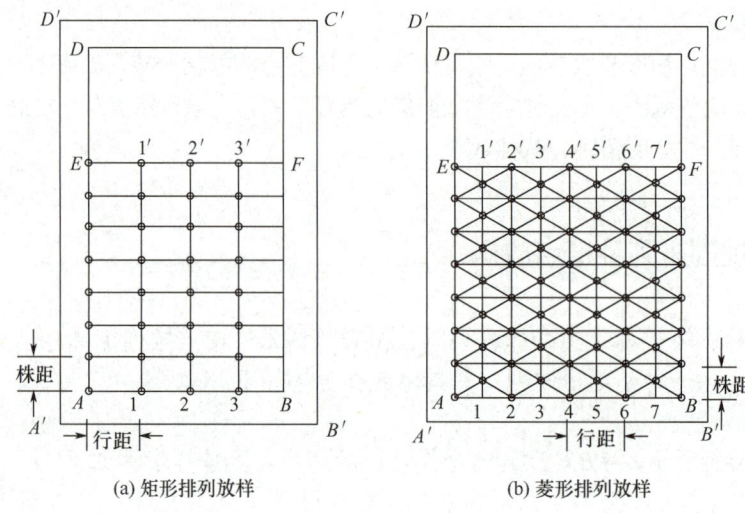

(a) 矩形排列放样　　　　　　　(b) 菱形排列放样

图 13-10　有规则种植的放样

园林工程包括 4 个方面，其中土建工程、道路工程与普通建筑工程施工测量没有什么差别，而景观工程和绿化工程有其自身的特点，施工测量的精度要求比前两者低，放样方法也有所不同。学习本章的目的是使学生能够承担这些工程的施工放样。

园林工程施工测量的目的是把设计图上园林工程的平面位置和高程，准确地标定于实地，以便工程施工。园林工程施工测量的主要任务是施工控制网的布设和园林施工测量实施。

园林工程施工测量之前应了解设计意图，熟悉设计图，核对设计图；现场踏勘校核控制点；制订施工放样方案。

园林工程施工测量包括园林建筑定位测量、园路测量、造园土方工程测量、园林树木种植点测量等。

简答题

1. 园林工程可以分为哪些种类？
2. 园林工程施工测量的主要任务是什么？
3. 园林工程施工测量之前应做好哪些准备工作？
4. 主园路选线应注意哪些问题？
5. 园路按使用功能分为哪几种？园路测量与一般公路测量有什么不同点？

在线答题

第 14 章 竣工测量与变形监测

思维导图

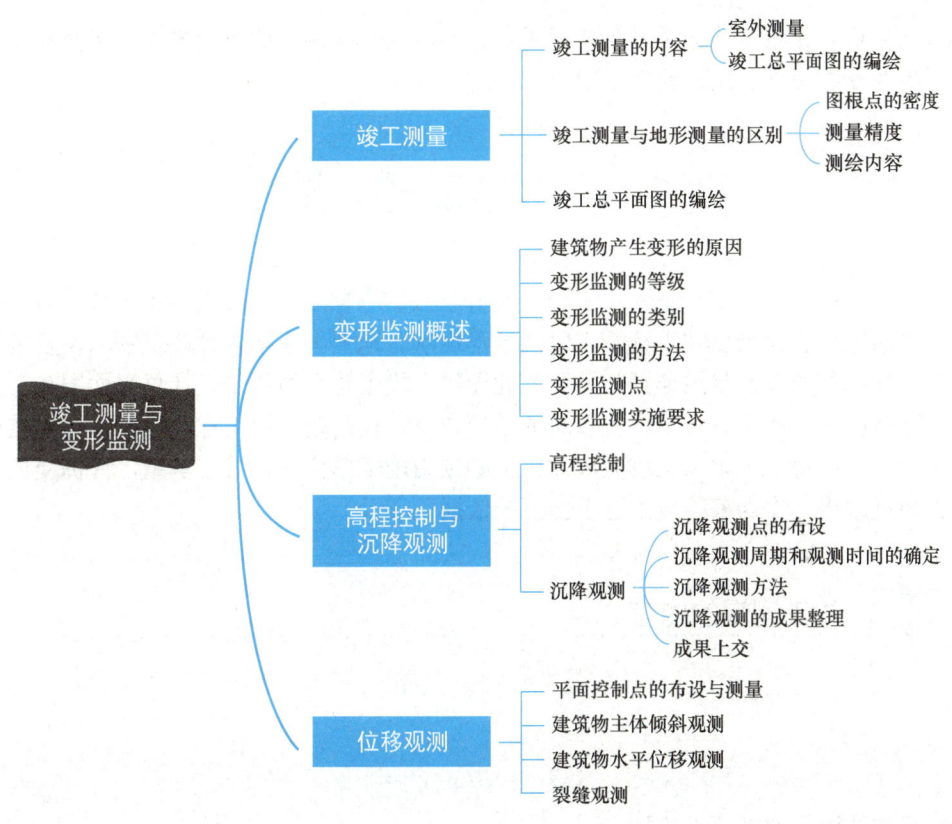

【引言】

近些年来，随着经济的飞速发展，高层建筑、地铁、高铁、桥梁、大坝等大型土木工程如雨后春笋般涌现，这些工程的安全问题越来越受到重视，其中变形监测和灾害预报成了不可缺少的关键环节。在变形监测中，基准点和观测点布设的优劣直接影响到观测数据能否准确反映出建筑物的整体沉降趋势和沉降特点。那么规范中对基准点和观测点的布设是怎么要求的呢？高层建筑中的基准点和观测点的布设又有哪些注意事项呢？

本章将重点介绍为什么要进行变形观测，基准点和观测点的布设要求，沉降观测和位移观测的基本方法以及成果处理原则。

14.1 竣 工 测 量

竣工测量是指各种工程建设竣工验收时所进行的测量工作。竣工测量的最终成果就是竣工总平面图，它包括反映工程竣工时的地形现状、地上与地下各种建筑物以及各类管线平面位置与高程的总现状地形图和各类专业图等。竣工总平面图是设计总平面图在工程施工后实际情况的全面反映和工程验收时的重要依据，也是竣工后工程改建、扩建的重要基础技术资料。在每一个单项工程完成后，都必须由施工单位进行竣工测量，并提交该工程的竣工测量成果，作为编绘竣工总平面图的依据。

14.1.1 竣工测量的内容

竣工测量包括室外测量和竣工总平面图的编绘。

1. 室外测量

室外测量是指野外实际测量与建筑物相关的各项设施，以方便后期编绘竣工总平面图。室外测量需要测量的主要设施如下：

(1) 工业厂房及一般建筑物。测定各房角坐标、几何尺寸，各种管线进出口的位置和高程，室内地坪及房角标高，并附注房屋结构层数、面积和竣工时间。

(2) 地下管线。测定检修井、转折点、起终点的坐标，井盖、井底、沟槽和管顶等的高程，附注管道及检修井的编号、名称、管径、管材、间距、坡度和流向。

(3) 架空管线。测定转折点、结点、交叉点和支点的坐标，支架间距，基础面标高等。

(4) 交通线路。测定线路起终点、转折点和交叉点的坐标，路面、人行道、绿化带界线等。

(5) 特种构筑物。测定沉淀池的外形和四角坐标、圆形构筑物的中心坐标，基础面标高，构筑物的高度或深度等。

2. 竣工总平面图的编绘

竣工总平面图是设计总平面图在施工后实际情况的全面反映,所以设计总平面图不能完全代替竣工总平面图。新建项目的施工总平面图,随着工程的陆续竣工相继进行编绘。如发现地下管线的位置有问题,可及时到现场核对,使竣工图能真实反映实际情况。竣工总平面图一般要求边竣工边编绘,其优点是:当工程全部竣工时,竣工总平面图也大部分编绘完成;竣工总平面图既可作为交工验收的资料,又可大大减少实测工作量,从而节约了人力和物力。

编绘竣工总平面图的目的如下。

(1) 在施工过程中可能由于设计时没有考虑到的问题而使设计有所变更,这种临时变更设计的情况必须通过测量反映到竣工总平面图上。

(2) 它将便于日后进行各种设施的维修工作,特别是地下管线等隐蔽工程的检查和维修工作。

(3) 它能为项目的扩建提供原有各项建(构)筑物、地上和地下各种管线及交通线路的坐标、高程等资料。

14.1.2 竣工测量与地形测量的区别

竣工测量的基本测量方法与地形测量相似,通常都是采用 GNSS-RTK、全站仪或者地面三维激光扫描根据业主方提供的控制点直接进行数字测图。但两者也略微有所区别,主要在于以下几点。

1. 图根点的密度

一般竣工测量图根点的密度要大于地形测量图根点的密度。

2. 测量精度

竣工测量的测量精度要高于地形测量的测量精度。地形测量的测量精度要求满足图解精度,而竣工测量的测量精度一般要满足解析精度,应精确至厘米。

3. 测绘内容

竣工测量的内容比地形测量的内容更丰富。竣工测量不仅要测地面的地物和地貌,还要测地下各种隐蔽工程,如上下水及热力管线等。

14.1.3 竣工总平面图的编绘

1. 编绘竣工总平面图的依据

竣工总平面图的比例尺,厂区宜选用 1∶500,线状工程宜选用 1∶2000;竣工总平面图的坐标系统高程基准、图幅大小、图上注记、线条规格,应与原设计图一致。编绘竣工总平面图的主要依据如下。

(1) 总平面图布置图。
(2) 施工设计图。

(3) 设计变更文件。
(4) 施工检测记录。
(5) 竣工测量资料。
(6) 其他相关资料。

2. 竣工总平面图编绘时应遵循的原则

竣工总平面图编绘前，应对所收集的资料进行实地对照检核，并应实测不符之处的位置、高程及尺寸。竣工总平面图编绘时应遵循以下原则。

(1) 地面建(构)筑物应按实际竣工位置和形状进行编绘。
(2) 地下管线等隐蔽工程应根据回填前的实测坐标和高程记录进行编绘。
(3) 施工中若有变更，应根据设计变更文件进行编绘。
(4) 资料与实地不符时，应按实测资料进行编绘。

3. 竣工总平面图绘制时的规定

竣工总平面图绘制时应符合下列规定。

(1) 应绘出地面的建(构)筑物、道路、铁路、地面排水沟渠、树木及绿化地等。
(2) 矩形建(构)筑物的外墙角应注明两个以上点的坐标。
(3) 圆形建(构)筑物应注明中心坐标及接地处半径。
(4) 主要建筑物应注明室内地坪高程。
(5) 道路的起终点、交叉点应注明中心点的坐标和高程，弯道处应注明交角、半径及交点坐标，路面应注明宽度及铺装材料。
(6) 铁路中心线的起终点、圆曲线交点应注明坐标，圆曲线上应注明圆曲线的半径、切线长、圆曲线长、外矢矩、偏角等圆曲线元素，铁路的起终点、变坡点及圆曲线的内轨轨面应注明高程。
(7) 给水管道、排水管道、动力管道、工艺管道、电力及通信线路等管线设施也应根据需要在图上标定出来。

14.2 变形监测概述

高层建筑物施工测量

随着经济的飞速发展，全国各地兴建了大量的高层建筑。由于各种因素的影响，这些建筑物在运营管理过程中都会产生形变，这种形变在一定范围内是正常现象，但若超过了规定的限值，就会影响建筑物的正常使用，严重时还会危及建筑物的安全。为保证建筑物在施工和运行中的安全，并为建筑物的设计、施工、管理和科学研究提供可靠的资料，在建筑物的施工和运行管理期间，需要对建筑物进行变形监测。

既然变形超过一定限度会产生危害，那么就必须通过变形监测的手段了解其变形特点。在变形影响范围之外设置稳定的测量基准点，在变形物外体上设置测量标志(观测点)，从基准点出发，定期地测量观测点相对于基准点的变化量，把多次测量的结果进行比较，就可以了解变形随时间的变化情况，这个过程就称为变形测量。

根据变形监测的目的，变形监测工作主要由以下三个部分组成。
(1) 根据不同的观测对象和目的设置基准点和观测点。
(2) 进行周期性的重复观测。
(3) 进行数据处理和分析。

14.2.1 建筑物产生变形的原因

在变形监测的过程中，了解其产生的原因是非常重要的。一般来讲，建筑物的变形主要是由以下两方面的原因引起的。

1. 客观原因
(1) 自然条件及其变化。
(2) 土壤的物理性质。
(3) 大气温度。
(4) 地下水位的升降及其对基础的侵蚀。
(5) 土基的塑性变形。
(6) 建筑结构与形式、建筑荷载。
(7) 附近新建工程对地基的扰动。
(8) 运转过程中的风力、振动等荷载的作用。

2. 主观原因
(1) 过量地抽取地下水后，土壤固结，引起地面沉降。
(2) 地质钻探不够充分，未能发现废河道、墓穴等。
(3) 设计有误，对地基土的特性认识不足，对土的承载力与荷载估算不当，结构计算差错等。
(4) 施工方法有误。
(5) 施工质量差。
(6) 软基处理不当引起地面沉降和位移。

14.2.2 变形监测的等级

变形测量工作开始前，应根据建筑地基基础设计的等级和要求、变形类型、测量目的、任务要求以及测区条件进行施测方案设计，以确定变形测量的内容、精度级别、基准点与观测点布设方案、观测周期、仪器设备及其检定要求、观测与数据处理方法、提交的成果内容等，编写技术设计书或施测方案。《建筑变形测量规范》(JGJ 8—2016)对必须进行变形监测的建筑物和变形测量的等级、精度做出了如下规定。

1. 必须进行变形测量的类型
(1) 地基基础设计等级为甲级的建筑。
(2) 软弱地基上的地基基础设计等级为乙级的建筑。

(3) 加层、扩建建筑或处理地基上的建筑。
(4) 受邻近施工影响或受场地地下水等环境因素变化影响的建筑。
(5) 采用新型基础或新型结构的建筑。
(6) 大型城市基础设施。
(7) 体型狭长且地基土变化明显的建筑。

2. 建筑变形测量的等级、精度指标及其适用范围

建筑变形测量的等级、精度指标及其适用范围应符合表 14-1 的规定。

表 14-1　建筑变形测量的等级、精度指标及其适用范围

建筑变形测量等级	沉降监测点测站高差中误差/mm	位移监测点坐标中误差/mm	主要适用范围
特级	0.05	0.3	特高精度要求的变形测量
一级	0.15	1.0	地基基础设计等级为甲级的建筑的变形测量；重要的古建筑、历史建筑的变形测量；重要的城市基础设施的变形测量；等等
二级	0.5	3.0	地基基础设计等级为甲、乙级的建筑的变形测量；重要场地的边坡监测；重要的基坑监测；重要管线的变形测量；地下工程施工及运营中变形测量；重要的城市基础设施的变形测量；等等
三级	1.5	10.0	地基基础设计等级为乙、丙级的建筑的变形测量；一般场地的边坡监测；一般的基坑监测；地表、道路及一般管线的变形测量；一般的城市基础设施的变形测量；日照变形测量；风振变形测量；等等
四级	3.0	20.0	精度要求低的变形测量

注：1. 沉降监测点测站高差中误差：对水准测量，为其测站高差中误差；对静力水准测量、三角高程测量，为相邻沉降监测点间等价的高差中误差。

2. 位移监测点坐标中误差：指的是监测点相对于基准点或工作基点的坐标中误差、监测点相对于基准点的偏差中误差、建筑上某点相对于其底部对应点的水平位移分量中误差等。坐标中误差为其点位中误差的 $1/\sqrt{2}$ 倍。

14.2.3　变形监测的类别

根据建筑物的变形产生原因，变形监测的类别可以从以下两个方面进行分类。

(1) 场地、地基及周边环境方面：主要包括场地沉降观测、地基土分层沉降观测、斜坡位移观测、基坑及其支护结构变形观测、周边环境变形观测。

(2) 基础及上部结构方面：主要包括沉降观测、水平位移观测、倾斜观测、裂缝观测、挠度观测、收敛变形观测、日照变形观测、风振变形观测、结构健康监测。

建筑物在施工期间和使用期间需进行的变形监测类别见表 14-2。

第 14 章 竣工测量与变形监测

表 14-2 建筑物在施工期间和使用期间需进行的变形监测类别

阶段	工程类别	变形监测类别
施工期间	各类建筑	沉降观测、场地沉降观测、地基土分层沉降观测、斜坡位移观测
	基坑工程	基坑及其支护结构变形观测和周边环境变形观测(对一级基坑,还应进行基坑回弹观测)
	高层和超高层建筑	倾斜观测
	建筑出现裂缝	裂缝观测
使用期间	各类建筑	沉降观测
	高层、超高层建筑及高耸构筑物	水平位移观测、倾斜观测
	超高层建筑	挠度观测、日照变形观测、风振变形观测
	市政桥梁、博览馆及体育场馆等大跨度建筑	挠度观测、风振变形观测
	隧道、涵洞	收敛变形观测
	建筑出现裂缝	裂缝观测
	建筑运营对周边环境产生影响	周边环境变形观测
	超高层建筑、大跨度建筑、异形建筑,以及地下公共设施、涵洞、桥梁等大型市政基础设施	结构健康监测

14.2.4 变形监测的方法

变形监测方法的选择应根据变形监测项目的特点、精度要求、变形速率以及监测体的安全性等指标按表 14-3 选用,也可多种方法联合监测。

表 14-3 变形监测方法

变形监测项目	变形监测方法
水平位移监测	三角形网、极坐标法、交会法、自由设站法、卫星定位测量、地面三维激光扫描法、地基雷达干涉测量法、正倒垂线法、视准线法、引张线法、激光准直法、精密测(量)距、伸缩仪法、多点位移计、倾斜仪等
垂直位移观测	水准测量、液体静力水准测量、电磁波测距三角高程测量、地基雷达干涉测量方法等
三维位移监测	全站仪自动跟踪测量法、卫星定位实时动态测量法、摄影测量法等
主体倾斜观测	经纬仪投点法、差异沉降法、激光准直法、垂线法、倾斜仪、电垂直梁等
挠度观测	垂线法、差异沉降法、位移计、挠度计等
监测体裂缝观测	精密测距、伸缩仪、测缝计、位移计、光纤光栅传感器、摄影测量等
应力应变监测	应力计、应变计

14.2.5 变形监测点

变形监测实施过程中的点位构成包括基准点、工作基准点和变形观测点。

1. 基准点

基准点是变形监测的基准,应选在变形影响区域之外稳固的位置,每个工程至少应有

373

3 个基准点，大型工程项目，水平位移基准点应采用带有强制归心装置的观测墩，垂直位移基准点宜采用双金属标或钢管标。

2. 工作基点

工作基点是作为高程和坐标的传递点使用，在观测期间要求稳定。工作基点应选在比较稳定且方便使用的位置，设立在大型工程施工区域内的水平位移监测工作基点应采用带有强制归心装置的观测墩，垂直位移监测工作基点可采用钢管标；对通视条件好的小型工程，可不设立工作基点，在基准点上直接测定变形观测点即可。

3. 变形观测点

变形观测点直接埋设在能反映监测体变形特征的部位或监测断面两侧，监测断面一般分为关键断面、重要断面和一般断面。需要时，还应埋设一定数量的应力、应变传感器。变形观测点要求结构合理、设置牢固、外形美观、观测方便且不影响监测体的外观和使用。

14.2.6 变形监测实施要求

变形监测作业前，应收集相关水文地质、岩土工程资料和设计图纸，并应根据岩土工程地质条件、工程类型、工程规模、基础埋深、建筑结构和施工方法等因素，进行变形监测方案设计。变形监测方案设计应包括监测的目的、技术依据、精度等级、监测方法、监测基准及基准网精度估算和点位布设、观测周期、项目预警值、使用的仪器设备、数据处理方法和成果质量检验等内容。

观测前，应对所使用的仪器和设备进行检查、校正，并应做好记录。每期观测结束后，应将观测数据转存至计算机，并应进行处理。

变形监测基准网应由基准点和部分工作基点构成。监测基准网应每半年复测一次；当对变形监测成果产生怀疑时，应随时检核监测基准网。

监测周期应根据监测体的变形特征、变形速率、观测精度和工程地质条件等因素综合确定。监测期间应根据变形量的变化情况进行调整。

变形监测出现下列情况之一时，必须通知建设单位，提高监测频率或增加监测内容。

(1) 变形量或变形速率达到变形预警值或接近允许值。

(2) 变形量或变形速率变化异常。

(3) 建(构)筑物的裂缝或地表的裂缝快速扩大。

变形监测项目，应根据变形监测项目实际工程需要和委托方的要求，提交下列有关资料。

(1) 变形监测设计方案。

(2) 变形监测阶段性监测报告，其应包括下列主要内容。

① 每期观测成果。

② 与前一期观测间的变形量和变形速率。

③ 本期观测后的累计变形及说明。

④ 变形监测图表及说明。

⑤ 监测过程中需要说明的事项。

(3) 变形监测技术总结报告，其应包括下列主要内容。
① 监测内容及基本技术要求。
② 作业过程及技术方法。
③ 每期观测成果汇总。
④ 变形监测图表及说明。
⑤ 变形监测过程中需要说明的事项。
⑥ 基准点稳定性分析资料。
⑦ 变形分析方法、结论和建议。
⑧ 其他需要说明的资料。

14.3 高程控制与沉降观测

14.3.1 高程控制

1. 高程控制网点的布设

高程控制网点分为基准点和工作基点。

基准点是为进行变形测量而布设的稳定的、需长期保存的测量控制点。特级沉降观测的高程基准点数不应少于 4 个，其他级别沉降观测的高程基准点数不应少于 3 个。工作基点是为直接观测变形点而在现场布设的相对稳定的测量控制点。高程工作基点可根据需要设置，高程基准点和工作基点应形成闭合环或形成由附合路线构成的结点网。

1) 高程基准点和工作基点位置选择的原则

(1) 高程基准点和工作基点应避开交通干道主路、地下管线、仓库堆栈、水源地、河岸、松软填土、滑坡地段、机器振动区，以及其他可能使标石、标志易遭腐蚀和破坏的地方。

(2) 高程基准点应选设在变形影响范围以外且稳定、易于长期保存的地方。在建筑区内，其点位与邻近建筑的距离应大于建筑基础最大宽度的 2 倍，其标石埋深应大于邻近建筑基础的深度。高程基准点也可选择设置在基础深且稳定的建筑上。

(3) 高程基准点和工作基点之间宜便于进行水准测量。当使用电磁波测距三角高程测量方法进行观测时，宜使各点周围的地形条件一致。当使用静力水准测量方法进行沉降观测时，用于联测观测点的工作基点宜与沉降观测点设在同一高程面上，偏差不应超过±1cm。当不能满足这一要求时，应设置上下高程不同但位置垂直对应的辅助点传递高程。

2) 高程基准点和工作基点标石、标志的选型及埋设规定

(1) 高程基准点的标石应埋设在基岩层或原状土层中，可根据点位所在处的不同地质条件，选埋基岩水准基点标石、深埋双金属管水准基点标石、深埋钢管水准基点标石、混凝土基本水准标石。在基岩壁或稳固的建筑上也可埋设墙上水准标志。

(2) 高程工作基点的标石可按点位的不同要求，选用浅埋钢管水准标石、混凝土普通

水准标石或墙上水准标志等。

(3) 标石、标志的形式和传统的水准测量基准点相同。特殊土地区和有特殊要求的标石、标志的规格及埋设要求，应另行设计。

2．高程控制网的观测技术要求

高程控制网的测定采用水准测量的方法进行。使用的水准仪、水准标尺，项目开始前应进行检验，项目进行中也应定期检验。沉降观测的作业方式应符合表 14-4 的规定，水准测量观测要求应符合表 14-5 的规定，水准测量观测限差应符合表 14-6 的规定。

表 14-4　沉降观测的作业方式

等级	基准点测量、工作基点联测及首期沉降观测			其他各期沉降观测			观测顺序
	DS05 型仪器	DS1 型仪器	DS3 型仪器	DS05 型仪器	DS1 型仪器	DS3 型仪器	
一等	往返测	—	—	往返测或单程双测站	—	—	奇数站：后—前—前—后 偶数站：前—后—后—前
二等	往返测	往返测或单程双测站	—	单程观测	单程双测站	—	奇数站：后—前—前—后 偶数站：前—后—后—前
三等	单程双测站	单程双测站	往返测或单程双测站	单程观测	单程观测	单程双测站	后—前—前—后
四等	—	单程双测站	往返测或单程双测站	—	单程观测	单程双测站	后—后—前—前

表 14-5　水准测量观测要求

等级	视线长度/m	前后视距差/m	前后视距累积差/m	视线高度/m	重复测量次数/次
一等	≥4 且≤30	≤1.0	≤3.0	≥0.65	≥3
二等	≥3 且≤50	≤1.5	≤5.0	≥0.55	≥2
三等	≥3 且≤75	≤2.0	≤6.0	≥0.45	≥2
四等	≥3 且≤100	≤3.0	≤10.0	≥0.35	≥2

注：室内作业时，视线高度不受本表的限制。

表 14-6　水准测量观测限差　　　　　　　　　　　　单位：mm

等级	两次读数所测高差之差限差	往返较差及附合或环线闭合差限差	单程双测站所测高差较差限差	检测已测测段高差之差限差
一等	0.5	$0.3\sqrt{n}$	$0.2\sqrt{n}$	$0.45\sqrt{n}$
二等	0.7	$1.0\sqrt{n}$	$0.7\sqrt{n}$	$1.5\sqrt{n}$
三等	3.0	$3.0\sqrt{n}$	$2.0\sqrt{n}$	$4.5\sqrt{n}$
四等	5.0	$6.0\sqrt{n}$	$4.0\sqrt{n}$	$8.5\sqrt{n}$

注：n 为测站数。

14.3.2 沉降观测

1. 沉降观测点的布设

沉降观测点是设立在变形体上、能反映其变形特征的点。沉降观测点的位置和数量应根据地质情况、支护结构形式、基坑周边环境和建(构)筑物荷载等情况确定；沉降观测点位置埋设合理，就可全面、准确地反映出变形体的沉降情况。

沉降观测点的布设应能全面反映建筑及地基变形特征，并顾及地质情况及建筑结构特点，当建筑结构或地质结构复杂时，应加密布点。

对于民用建筑，沉降观测点宜选设在下列位置。

(1) 建筑的四角、核心筒四角、大转角处及沿外墙每 10～20m 处或每隔 2～3 根柱基上。

(2) 高低层建筑、新旧建筑、纵横墙等交接处的两侧。

(3) 建筑裂缝、后浇带两侧、沉降缝两侧、基础埋深相差悬殊处、人工地基与天然地基接壤处、不同结构的分界处和填挖方分界处，以及地质条件变化处两侧。

(4) 对于宽度大于或等于 15m 或宽度虽小于 15m 但地质复杂以及膨胀土、湿陷性土地区的建筑，应在承重内隔墙中部设内墙点，并在室内地面中心及四周设地面点。

(5) 邻近堆置重物处、受振动显著影响的部位及基础下的暗浜(沟)处。

(6) 框架结构及钢结构建筑的每个或部分柱基上或纵横轴线上。

(7) 筏形基础、箱形基础底板或接近基础的结构部分的四角处及其中部位置。

(8) 重型设备基础和动力设备基础的四角、基础形式或埋深改变处。

(9) 超高层建筑或大型网架结构的每个大型结构柱监测点数不应少于 2 个，且应设置在对称位置。

(10) 装配式结构的建筑物应布置在变形明显而又有代表性的部位，标志应稳固可靠、便于观测和保存、不影响施工及建筑物的使用和美观，点位应在构件出厂前进行设置，且应避开暖气管、落水管、配电盘等临时构筑物。

(11) 对于电视塔、烟囱、水塔、油罐、炼油塔、高炉等大型或高耸建筑，沉降观测点应设在沿周边与基础轴线相交的对称位置上，点数不应少于 4 个。

沉降观测点的标志可根据待测建筑的结构类型和墙体材料等情况进行选择，标志的立尺部位应加工成半球形或有明显的突出点，并宜涂上防腐剂；标志的埋设位置应避开雨水管、窗台线、散热器、暖水管、电气开关等有碍设标与观测的障碍物，并应视立尺需要离开墙面、柱面或地面一定距离，宜与设计部门沟通；标志应美观，易于保护。图 14-1 所示为几种常见的沉降观测点标志及其埋设示意图。图 14-1(a)为窨井式标志，适合埋设在建筑内部；图 14-1(b)为盒式标志，适合埋设在设备基础上；图 14-1(c)为螺栓式标志，适合埋设在墙体上，作业中可以选用。

2. 沉降观测周期和观测时间的确定

沉降观测的周期应根据建(构)筑物的特征、变形速率、观测精度和工程地质条件等因素综合考虑，并根据沉降量的变化情况适当调整。

沉降观测的周期和观测时间应按下列要求并结合实际情况确定。

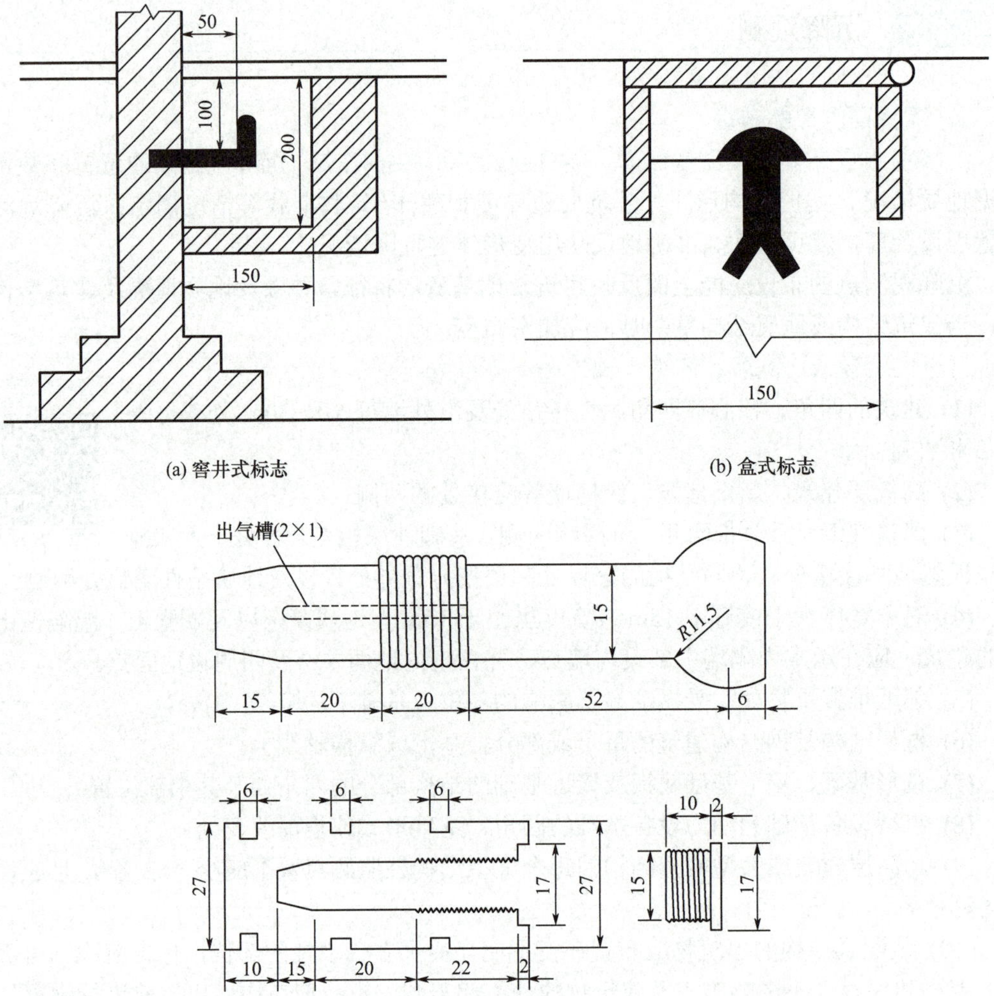

(a) 窨井式标志

(b) 盒式标志

(c) 螺栓式标志

图 14-1　沉降观测点标志及其埋设示意图(单位：mm)

(1) 建筑施工阶段的观测应符合下列规定。

① 普通建筑可在基础完工后或地下室砌完后开始观测，大型、高层建筑可在基础垫层或基础底部完成后开始观测。

② 观测次数与间隔时间应视地基与荷载增加情况而定。民用高层建筑可每加高 2～3 层观测一次，工业建筑可按回填基坑、安装柱子和屋架、砌筑墙体、安装设备等不同施工阶段分别进行观测。若建筑施工均匀增高，应至少在增加荷载的 25％、50％、75％和 100％ 时各测一次。

③ 施工过程中若暂时停工，则在停工时及重新开工时应各观测一次,停工期间每隔2～3 个月还应观测一次。

(2) 建筑运营阶段的观测次数，应视地基土类型和沉降速率大小而定。除有特殊要求外，可在第一年观测 3~4 次，第二年观测 2~3 次，第三年后每年观测 1 次，直至沉降达到稳定状态或满足观测要求。

(3) 观测过程中，若发现大规模沉降、严重不均匀沉降或严重裂缝等，或出现基础附近地面荷载突然增减、基础四周大量积水、长时间连续降雨等情况，应提高观测频率，并应实施安全预案。

(4) 建筑沉降达到稳定状态可由沉降量与时间关系曲线判定，当最后 100d 的最大沉降速率小于 0.01~0.04mm/d 时，可认为建筑沉降已达到稳定状态。对具体沉降观测项目，最大沉降速率的取值宜结合当地地基土的压缩性能来确定。

3. 沉降观测方法

沉降观测点首次观测的高程值是以后各次观测用以比较的依据，如果首次观测的高程精度不够或存在错误，则不仅无法补测，而且会造成沉降观测的矛盾现象。因此必须提高初测精度，首期变形监测应进行两次独立测量，之后各期变形监测宜符合下列规定。

(1) 宜采用相同的图形(观测路线)和观测方法。
(2) 宜使用同一仪器设备。
(3) 观测人员宜相对固定。
(4) 宜记录工况及相关环境因素，包括荷载、温度、降水、水位等。
(5) 宜采用同一基准处理数据。

沉降观测的水准路线应形成闭合线路。进行沉降观测时，除建筑物转角点、交接点、分界点等主要变形特征点外，允许使用间视法进行观测，但视线长度一般不大于 25m，每次安置仪器可以有几个前视点。观测时，仪器应避免安置在有空压机、搅拌机、卷扬机、起重机等振动影响的范围内；每次观测应记载施工进度、荷载量变动、建筑倾斜裂缝等各种影响沉降变化和异常的情况。

4. 沉降观测的成果整理

1) 观测资料的整理

每次观测结束后，应检查记录的数据和计算是否正确、精度是否合格，然后调整高差闭合差，推算出各沉降观测点的高程，并填入沉降观测记录表(表 14-7)中。

2) 计算沉降量

沉降量的计算内容和方法如下。

(1) 计算各沉降观测点的本次沉降量。

沉降观测点的本次沉降量=本次观测所得的高程-上次观测所得的高程

(2) 计算累积沉降量。

累积沉降量=本次沉降量+上次累积沉降量

将计算出的沉降观测点的本次沉降量、累积沉降量、观测日期和荷载情况等记入沉降观测记录表(表 14-7)中。

3) 绘制沉降曲线图

沉降曲线图分为两部分，即时间与沉降量关系曲线和时间与荷载关系曲线。

(1) 绘制时间与沉降量关系曲线。首先，以沉降量为纵轴、以时间为横轴，组成直角坐标系；然后，以每次累积沉降量为纵坐标、以每次观测日期为横坐标，标出沉降观测点的位置；最后，用曲线将标出的各点连接起来，并在曲线的一端注明沉降观测点号码，这样就绘制出了时间与沉降量关系曲线。

表 14-7　沉降观测记录表

观测次数	观测时间	各观测点的沉降情况						...	施工进展情况	荷载情况/(t/m²)
		1			2					
		高程/m	本次沉降量/mm	累积沉降量/mm	高程/m	本次沉降量/mm	累积沉降量/mm	...		
1	2021.01.10	80.954	0	0	80.973	0	0	...	一层平口	
2	2021.02.23	80.948	-6	-6	80.967	-6	-6		三层平口	40
3	2021.03.16	80.943	-5	-11	80.962	-5	-11		五层平口	60
4	2021.04.14	80.940	-3	-14	80.959	-3	-14		七层平口	70
5	2021.05.14	80.938	-2	-16	80.956	-3	-17		九层平口	80
6	2021.06.04	80.934	-4	-20	80.952	-4	-21		主体完	110
7	2021.08.30	80.929	-5	-25	80.947	-5	-26		竣工	
8	2021.11.06	80.925	-4	-29	80.945	-2	-28		使用	
9	2022.02.28	80.923	-2	-31	80.944	-1	-29			
10	2022.05.06	80.922	-1	-32	80.943	-1	-30			
11	2022.08.05	80.921	-1	-33	80.943	0	-30			
12	2022.12.25	80.921	0	-33	80.943	0	-30			

注：水准点的高程 BM_1 为 89.538mm；BM_2 为 90.123mm；BM_3 为 89.776mm。

(2) 绘制时间与荷载关系曲线(图 14-2)。首先，以荷载为纵轴、以时间为横轴，组成直角坐标系；再根据每次观测时间和相应的荷载标出各点，将各点连接起来，即可绘制出时间与荷载关系曲线。

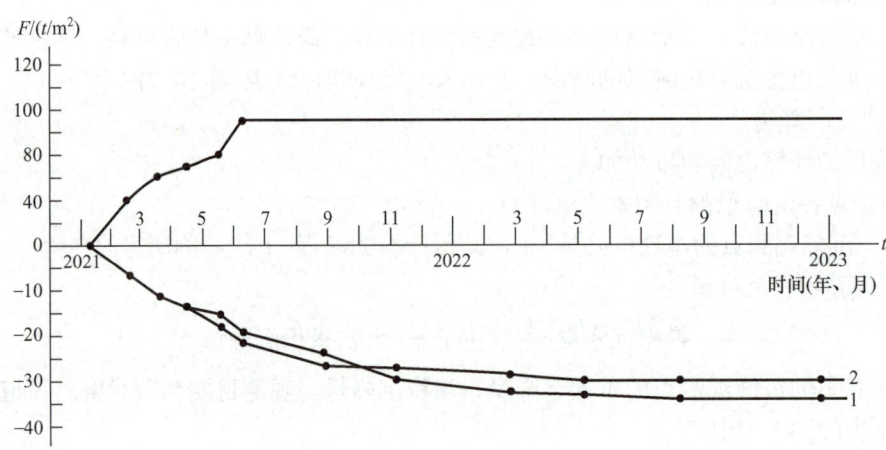

图 14-2　时间与荷载关系曲线

4) 问题及处理方法
(1) 曲线在首次观测后即发生回升现象。

在第二次观测时即发现曲线上升，至第三次后，曲线又逐渐下降。发生此种现象，一般是由于首次观测成果存在较大误差。此时，应将第一次观测成果作废，而采用第二次观测成果作为首测成果。

(2) 曲线在中间某点突然回升。

发生此种现象的原因，多半是水准基点或沉降观测点被碰，如水准基点被压低，或沉降观测点被撬高。此时，应仔细检查水准基点和沉降观测点的外形有无损伤。如果众多沉降观测点出现此种现象，则水准基点被压低的可能性很大，此时可改用其他水准点作为水准基点来继续观测，并再埋设新的水准点，以保证水准点个数不少于 3 个；如果只有一个沉降观测点出现此种现象，则多半是该点被撬高，如果沉降观测点被撬后已活动，则需另行埋设新点，若该点尚牢固，则可继续使用，但对于该点的沉降计算，则应进行合理处理。

(3) 曲线自某点起逐渐回升。

产生此种现象一般是由于水准基点下沉。此时，应根据水准点之间的高差来判断出最稳定的水准点，以此作为新的水准基点，并将原来下沉的水准基点废除。另外，埋在裙楼上的沉降观测点，由于受主楼的影响，有可能会出现属于正常的逐渐回升现象。

(4) 曲线的波浪起伏现象。

曲线在后期呈现微小波浪起伏现象，其原因是存在测量误差。曲线在前期波浪起伏之所以不突出，是因为下沉量大于测量误差；但到了后期，由于建筑物下沉极微或已接近稳定，因此在曲线上就会出现测量误差比较突出的现象。此时，可将波浪曲线改成水平线，并适当地延长观测的间隔时间。

5. 成果上交

对观测成果的综合分析评价是沉降观测中一项十分重要的工作。沉降观测全部结束之后应提交下列资料。

(1) 工程平面位置图及基准点分布图。
(2) 沉降观测点位分布图。
(3) 沉降观测成果表。
(4) 时间-荷载-沉降量曲线图。
(5) 等沉降曲线图。

14.4 位移观测

14.4.1 平面控制点的布设与测量

进行位移的变形测量时需要布设平面控制点，包括平面基准点和工作基点。

1. 平面基准点和工作基点的布设

平面基准点和工作基点在布设时应满足如下要求。

(1) 各级别位移观测的基准点(含方位定向点)不应少于 3 个，工作基点可根据需要设置。

(2) 平面基准点、工作基点应便于检核校验。

(3) 当使用 GNSS 测量方法进行平面或三维控制测量时，平面基准点位置还应满足下列要求。

① 应便于安置接收设备和操作。

② 视场内障碍物的高度角不宜超过 15°。

③ 离电视台、电台、微波站等大功率无线电发射源的距离不应小于 200m；离高压输电线和微波无线电信号传输通道的距离不应小于 50m；附近不应有强烈反射卫星信号的大面积水域、大型建筑以及热源等。

④ 通视条件好，应方便后续采用常规测量手段进行联测。

2. 平面基准点和工作基点的埋设

平面基准点和工作基点在埋设时应满足如下要求。

(1) 对特级、一级位移观测的平面基准点和工作基点，应建造具有强制对中装置的观测墩(图 14-3)或埋设专门观测标石。强制对中装置的对中误差不应超过±0.1mm。

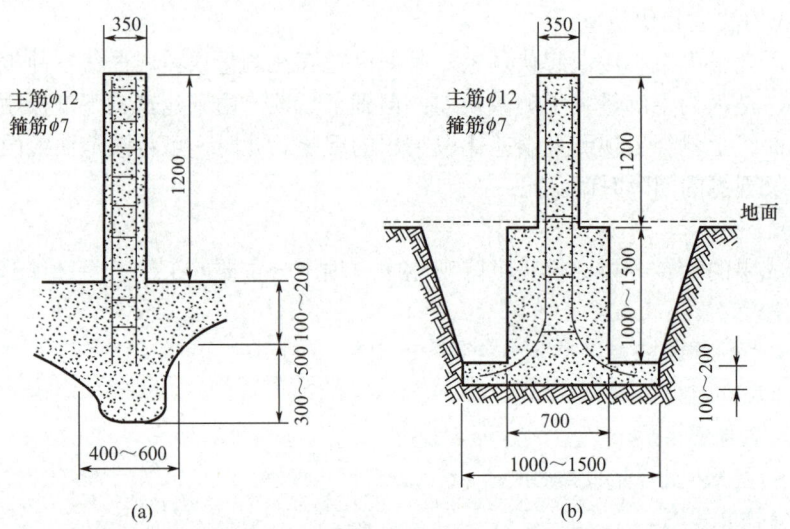

图 14-3　水平位移观测墩(单位：mm)

(2) 照准标志应具有明显的几何中心或轴线，并应符合图像反差大、图案对称、相位差小和本身不变形等要求。根据点位的不同情况，可选用重力平衡球式标志(图 14-4)、旋入式杆状标志、直插式觇牌、屋顶标志和墙上标志等形式的标志。

(3) 对用作平面基准点的深埋式标志、兼作高程基准的标石和标志，以及特殊土地区或有特殊要求的标石和标志及其埋设，应另行设计。

3. 平面基准点和工作基点的测量

全站仪边角测量法可用于位移基准点网观测及平面基准点与工作基点间的联测；全站仪小角法、极坐标法、前方交会法和自由设站法可用于监测点的位移观测；全站仪自动监测系统可用于日照、风振变形测量，以及监测点数量多、作业环境差、人员出入不便的建筑变形测量项目。

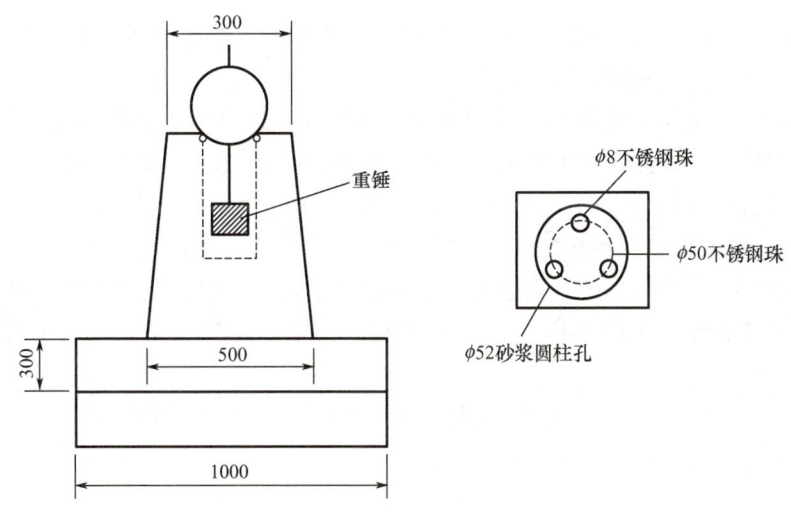

图 14-4　重力平衡球式标志(单位：mm)

卫星导航定位测量方法可用于二等、三等和四等位移观测。对二等观测，应采用静态测量模式；对三等、四等观测，可采用静态测量模式或动态测量模式。对日照、风振等变形测量，应采用动态测量模式。

激光测量可分为激光准直测量、激光垂准测量和激光扫描测量。激光准直测量可用于测定建筑水平位移；激光垂准测量可用于测定建筑倾斜；激光扫描测量可用于测定建筑沉降及水平位移。

近景摄影测量方法可用于测定二等、三等和四等变形测量，主要适应场景为建筑场地边坡监测、建筑倾斜及三维变形测量、大面积且不便人工量测的众多裂缝观测、日照变形测量等。

14.4.2　建筑物主体倾斜观测

基础的不均匀沉降将使建筑物的主体倾斜，对于高大建筑物其影响更大，严重的不均匀沉降会使建筑物产生裂缝甚至倒塌。因此，对于建筑物主体的倾斜必须及时观测、处理，以保证建筑物的安全。

1. 对一般建筑物主体的倾斜观测

对一般建筑物主体，应测定建筑物顶部观测点相对于底部观测点的偏移值，再根据建筑物的高度，计算建筑物主体的倾斜度，即

$$i = \tan \alpha = \frac{\Delta D}{H} \tag{14-1}$$

式中：i——建筑物主体的倾斜度；
　　　ΔD——建筑物顶部观测点相对于底部观测点的偏移值(m)；
　　　H——建筑物的高度(m)；
　　　α——倾斜角(°)。

由式(14-1)可知，倾斜观测主要是测定建筑物主体的偏移值 ΔD。偏移值 ΔD 的测定一般采用经纬仪投点法，具体观测方法如下。

(1) 如图 14-5 所示，将经纬仪安置在固定测站上，该测站到建筑物的距离为建筑物高度的 1.5 倍以上。瞄准建筑物 X 墙面上部的观测点 M，用盘左、盘右分中投点法，定出下部的观测点 N。用同样的方法，在与 X 墙面垂直的 Y 墙面上定出上观测点 P 和下观测点 Q。M、N 和 P、Q 即为所设观测标志。

(2) 相隔一段时间后，在原固定测站上安置经纬仪，分别瞄准上观测点 M 和 P，用盘左、盘右分中投点法，得到 N' 和 Q'。如果 N 与 N'、Q 与 Q' 不重合，则说明建筑物发生了倾斜。

(3) 用尺子量出在 X、Y 墙面的偏移值 ΔA、ΔB，然后用矢量相加的方法，计算出该建筑物的总偏移值 ΔD，即

$$\Delta D = \sqrt{\Delta A^2 + \Delta B^2} \tag{14-2}$$

根据总偏移值 ΔD 和建筑物的高度 H，用式(14-1)即可计算出其倾斜度 i。

2. 对圆形建(构)筑物的倾斜观测

在观测烟囱等圆形建(构)筑物的倾斜度时，首先要求得顶部中心 O' 点对底部中心 O 点的偏心距，如图 14-6 中的 OO'。

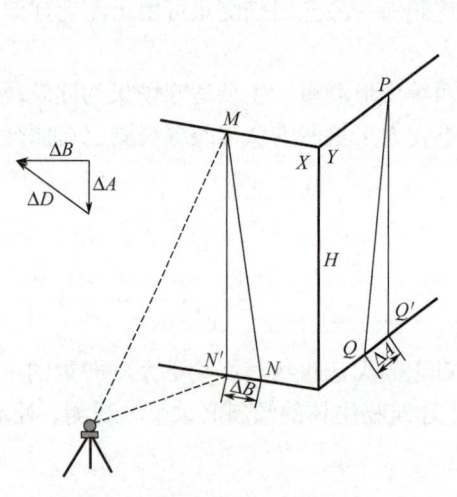

图 14-5　对一般建筑物主体的倾斜观测

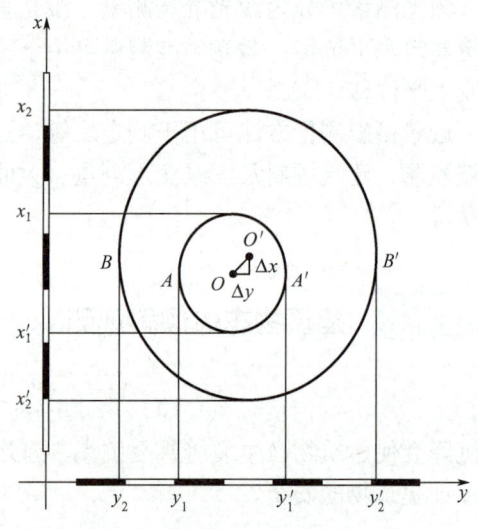

图 14-6　对圆形建(构)筑物的倾斜观测

具体观测方法如下。

(1) 在烟囱底部边沿放一根标尺，在标尺的垂直平分线方向上安置全站仪，使仪器距烟囱的距离不小于烟囱高度的 1.5 倍。

(2) 用望远镜瞄准顶部边缘两点 A、A' 及底部边缘两点 B、B'，并分别投点到标尺上，得读数为 y_1、y_1' 及 y_2、y_2'，则横向倾斜量为

$$\Delta y = \frac{y_1 + y_1'}{2} - \frac{y_2 + y_2'}{2}$$

(3) 用同样的方法，可测得在 x 方向上，顶部中心 O 点的偏移值 Δx 为

$$\Delta x = \frac{x_1 + x_1'}{2} - \frac{x_2 + x_2'}{2}$$

(4) 烟囱的总偏移值为

$$\Delta D = \sqrt{\Delta x^2 + \Delta y^2} \tag{14-3}$$

根据总偏移值 ΔD 和圆形建(构)筑物的高度 H，用式(14-1)即可计算出其倾斜度 i。

以上观测，要求仪器水平轴严格水平，因此，观测前应对仪器进行检验和校正，以使观测误差控制在允许误差范围之内，观测通常使用盘左、盘右观测两次取平均值。

3. 倾斜仪观测

倾斜仪一般能连续读数、自动记录和传输数字，又有较高的精度，故在倾斜观测中应用较多。常见的倾斜仪有水管式倾斜仪、水平摆倾斜仪、气泡式倾斜仪和电子倾斜仪 4 种，下面仅以气泡式倾斜仪为例做简单介绍。

气泡式倾斜仪由一个高灵敏度的气泡水准管和一套精密的测微器组成，测微器中包括测微杆、读数盘和指标。气泡水准管固定在支架上，将气泡式倾斜仪安置在需要的位置上，转动读数盘，使测微杆向上(向下)移动，直至水准管气泡居中。此时在读数盘上读数，即可得出该处的倾斜度。

我国制造的气泡式倾斜仪灵敏度为 2″，总的观测范围为 1°。气泡式倾斜仪适用于观测较大的倾斜角或量测局部地区的变形，如测定设备基础和平台的倾斜。

为了实现倾斜观测的自动化，可采用电子水准器。它是在普通的玻璃水准管的上下方装 3 个电极，形成差动电容器。电子水准器的工作原理是当玻璃水准管倾斜时，气泡会向旁边移动，介电常数会随之发生变化，引起桥路两臂的电抗发生变化，因而使桥路失去平衡，这时可用测量装置将其记录下来。这种电子水准器可固定地安置在建筑物或设备的适当位置上，它能自动地进行动态的倾斜观测。当测量范围在 200″以内时，测定倾斜值的中误差在±0.2″以下。

14.4.3 建筑物水平位移观测

根据平面控制点测定建筑物的平面位置随时间而移动的大小及方向，称为位移观测。

建筑物水平位移观测点的位置应选在墙角、柱基及裂缝两边等位置。标志可采用墙上标志，具体形式及其埋设应根据点位条件和观测要求确定。

当测量地面观测点在特定方向的位移时，可使用视准线法、激光准直法、测边角法等方法。

(1) 当采用视准线法测定位移时，应符合下列规定。

① 在视准线两端各自向外的延长线上，宜埋设检核点。在观测成果的处理中，应顾及视准线端点的偏差改正。

② 采用活动觇牌法进行视准线测量时，观测点偏离视准线的距离不应超过活动觇牌读数尺的读数范围。应在视准线一端安置仪器，瞄准安置在另一端的固定觇牌进行定向，待活动觇

牌的照准标志正好移至方向线上时读数。每个观测点应按确定的测回数进行往测与返测。

③ 采用小角法进行视准线测量时，视准线应按平行于待测建筑边线布置，观测点偏离视准线的偏角不应超过 30″。偏离值 d(图 14-7)可按下式计算。

$$d = \alpha/\rho \times D \tag{14-4}$$

式中：α ——偏角(″)；

ρ ——常数，值为 206265″；

D ——从测站点到观测点的距离(m)。

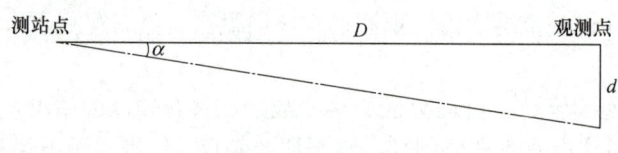

图 14-7　偏离值 d

(2) 当采用激光准直法测定位移时，应符合下列规定。

① 使用激光经纬仪准直法时，当要求具有 $10^{-5} \sim 10^{-4}$ 量级准直精度时，可采用 DJ2 型仪器配置氦氖激光器或半导体激光器的激光经纬仪及光电探测器或目测有机玻璃方格网板；当要求达 10^{-6} 量级精度时，可采用 DJ1 型仪器配置高稳定性氦氖激光器或半导体激光器的激光经纬仪及高精度光电探测系统。

② 对于较长距离的高精度准直，可采用三点式激光衍射准直系统或衍射频谱成像及投影成像激光准直系统。对于短距离的高精度准直，可采用衍射式激光准直仪或连续成像衍射板准直仪。

③ 激光仪器在使用前必须进行检校，仪器射出的激光束轴线、发射系统轴线和望远镜照准轴应三者重合，观测目标与最小激光斑应重合。

(3) 当采用测边角法测定位移时，对主要观测点，可以该点为测站测出对应视准线端点的边长和角度，求得偏差值；对其他观测点，可选适宜的主要观测点为测站，测出对应其他观测点的距离与方向值，按坐标法求得偏差值。角度观测测回数与长度的测量精度要求，应根据要求的偏差值观测中误差确定。

(4) 测量观测点任意方向位移时，可视观测点的分布情况，采用前方交会或方向差交会及极坐标等方法。单个建筑亦可采用直接量测位移分量的方向线法，在建筑纵、横轴线的相邻延长线上设置固定方向线，定期测出基础的纵向和横向位移。

(5) 对于观测内容较多的大测区或观测点远离稳定地区的测区，宜采用测角、测边、边角及 GNSS 与基准线法相结合的综合测量方法。

14.4.4　裂缝观测

当建筑物出现裂缝之后，应及时进行裂缝观测。常用的裂缝观测方法有以下两种。

1. 石膏板标志法

用厚 10mm、宽 50~80mm 的石膏板(长度视裂缝大小而定)，固定在裂缝的两侧。当裂缝继续发展时，石膏板也随之开裂，从而可以观察裂缝继续发展的情况。

2. 白铁皮标志法

如图 14-8 所示，观测标志可用两块白铁皮制成，一块为 150mm×150mm 的正方形，固定在裂缝的一侧，另一块为 50mm×200mm 的矩形，固定在裂缝的另一侧，两块白铁皮的边缘应相互平行，并使其中的一部分重叠。观测标志固定好后，在两块白铁皮的表面涂上红色油漆。如果裂缝继续发展，两块白铁皮将被逐渐拉开，露出正方形白铁皮上原来被覆盖的没有涂油漆的部分，其宽度即为裂缝加大的宽度。定期分别量取两组端线与边线之间的距离，取其平均值，即为裂缝扩大的宽度，连同观测时间一并记入手簿内。此外，还应观测裂缝的走向和长度等项目。

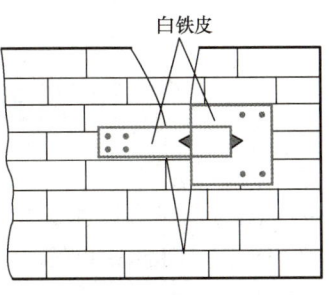

图 14-8 白铁皮标志法

小 结

竣工测量包括室外测量和竣工总平面图的编绘。

竣工总平面图包括反映工程竣工时的地形现状、地上与地下各种建筑物以及各类管线平面位置与高程的总现状地形图和各类专业图。

建筑物产生形变的原因包括客观原因和主观原因。

变形监测分类：场地、地基及周边环境方面主要包括场地沉降观测、地基土分层沉降观测、斜坡位移观测、基坑及其支护结构变形观测、周边环境变形观测；基础及上部结构方面主要包括沉降观测、水平位移观测、倾斜观测、裂缝观测、挠度观测、收敛变形观测、日照变形观测、风振变形观测、结构健康监测。

变形监测实施过程中的点位构成包括基准点、工作基点和变形观测点。

变形监测实施时需采用相同的图形(观测路线)和观测方法；宜使用同一仪器设备；观测人员宜相对固定；宜记录工况及相关环境因素，包括荷载、温度、降水、水位等；宜采用同一基准处理数据。

习 题

简答题

1. 建筑物竣工测量的内容有哪些？
2. 竣工总平面图的编绘有哪些要求？
3. 简述变形观测的含义。
4. 变形观测的种类有哪些？
5. 沉降观测有哪些规定？
6. 试简述一下沉降观测结束后应提交的成果。

在线答题

附录　AI 伴学内容及提示词

AI 伴学工具：生成式人工智能（GenAI）工具，如 DeepSeek、Kimi、豆包、通义千问、文心一言、ChatGPT 等。

序号	AI 伴学内容	AI 提示词
1	第1章 测量基础知识	测定和测设的区别
2		现代测绘技术中的 3S 系统主要指哪些技术？
3		测绘工程在国民经济建设和国防工程中的实际应用场景有哪些？
4		现代测绘学的发展趋势是什么？
5		空间技术和信息技术如何推动测绘学科的变革？
6	第2章 水准测量	水准测量的基本原理是什么？
7		高差法与仪高法有何区别？各自适用哪些场景？
8		视差对水准测量有何影响？如何正确消除视差？
9		水准路线有哪三种基本布设形式？各自如何闭合校核？
10		列出水准测量中三类主要误差来源，并说明其控制方法
11	第3章 角度测量	全站仪由哪三大核心系统组成？简述各系统的功能
12		电子经纬仪与光学经纬仪的测角原理有何本质区别？
13		全站仪测距误差中"固定误差"与"比例误差"分别受哪些因素影响？
14		全站仪坐标测量的基本原理是什么？
15		电子测角系统如何实现数字化测量？与光学测角系统相比有何优势？
16	第4章 距离测量与直线定向	钢尺量距时，定线偏差对结果的影响是系统性误差还是偶然性误差？
17		全站仪测距时，棱镜常数和气象改正如何设置？
18		真方位角、磁方位角、坐标方位角的定义及相互关系是什么？
19		电磁波测距的基本原理是什么？相位式与脉冲式测距有何区别？
20		GNSS 测距与全站仪测距的误差特性有何本质区别？
21	第5章 小地区控制测量	国家控制网与小地区控制网在功能和精度要求上有何区别？
22		平面控制网和高程控制网分别通过哪些方法建立？
23		导线测量的三种布设形式（闭合、附合、支导线）各适用于什么场景？
24		三、四等水准测量与三角高程测量的适用条件及精度对比
25		图根控制测量的精度要求是什么？
26		GNSS 控制网与传统导线网在布设形式和误差特性上有何本质区别？
27	第6章 智能测绘新技术	自动全站仪在建筑变形监测中如何布设控制网？需考虑哪些误差因素？
28		北斗系统在灾害应急测绘中如何实现快速定位与通信融合？
29		无人机航测的像控点布设原则是什么？
30		相位式与脉冲式激光扫描仪的测距原理及适用场景对比
31		人工智能如何优化多源测绘数据的融合处理效率？

续表

序号	AI 伴学内容	AI 提示词
32	第7章 地形图的测绘与应用	地形图分幅中梯形分幅与矩形分幅的适用场景及编号规则差异
33		碎部测量中如何根据地性线（山谷线、山脊线）布设地貌特征点？
34		地形图在工程选址中如何通过坡度分析确定适宜的建设区域？
35		城市建筑区测图中，独立地物与管线设施的取舍原则
36	第8章 施工放样	直接放样与归化放样在精度要求上的区别是什么？
37		极坐标法放样点位的操作步骤及误差控制要点
38		如何通过护坡桩网格控制坝体边坡修整精度？
39		全站仪自由设站法放样需满足的最少已知点数量是多少？
40	第9章 民用建筑施工测量	全站仪坐标放样轴线点的操作流程及精度验证标准
41		线坠法控制墙体垂直度时，线坠重量与钢丝规格的选择依据
42		民用建筑如何从政府永久水准点引测施工高程控制点？
43		日照变形对超高层建筑轴线投测的影响及应对措施
44	第10章 工业建筑施工测量	连续生产线设备基础预埋件的高程传递方法
45		行车梁安装时，如何通过跨距检测控制轨道中心线偏差？
46		大型工业厂房沉降观测点的布设原则
47		工业地坪施工的激光扫平仪平整度检测标准
48	第11章 装配式建筑施工测量	装配式建筑如何通过建筑方格网实现高精度平面控制？
49		超高层装配式建筑如何通过激光铅垂仪传递轴线？
50		后浇带定位放样需同步复核哪些预埋件位置？
51		套筒灌浆饱满度检测的方法
52	第12章 线路工程测量	如何利用全站仪进行线路导线测量？
53		线路交点（JD）的测设方法有哪些？
54		横断面测量常用的方法有哪些？
55		路基边桩放样需要考虑哪些因素？
56	第13章 园林工程施工测量	微地形堆坡施工时，高程控制点的布设间距如何确定？
57		园林地形改造中，如何利用全站仪进行等高线测绘？
58		园林工程沉降观测点的布设位置
59		庭院灯定位需避开哪些地下设施？
60	第14章 竣工测量与变形监测	沉降监测数据预处理时，如何鉴别和剔除粗差？
61		变形监测的方法
62		高层建筑沉降观测点如何布设？
63		建筑物水平位移观测的方法

参 考 文 献

陈传胜，张鲜化，2023，控制测量技术[M]. 2版. 武汉：武汉大学出版社.
陈日东，陈涛，2021，园林测量[M]. 2版. 北京：中国林业出版社.
梁永平，2024，工程测量实训指导手册[M]. 2版. 北京：中国铁道出版社.
石东，陈向阳，2023，建筑工程测量[M]. 3版. 北京：北京大学出版社.
谢爱萍，2021，道路工程测量[M]. 武汉：武汉理工大学出版社.
张敬伟，马华宇，2022. 建筑工程测量实验与实训指导[M]. 4版. 北京：北京大学出版社.
张敬伟，马华宇，2023. 建筑工程测量[M]. 4版. 北京：北京大学出版社.
赵玉肖，吴聚巧，2022，工程测量[M]. 3版. 北京：北京理工大学出版社.